Bauern als Händler

F. Konersmann / K.-J. Lorenzen-Schmidt (Hrsg.)

Quellen und Forschungen
zur Agrargeschichte

Herausgegeben von

Peter Blickle
Stefan Brakensiek
Erich Landsteiner
Heinrich Richard Schmidt
Clemens Zimmermann

Band 52

Frank Konersmann / Klaus-Joachim Lorenzen-Schmidt
(Herausgeber)

Bauern als Händler

Ökonomische Diversifizierung und soziale
Differenzierung bäuerlicher Agrarproduzenten
(15.-19. Jahrhundert)

 Lucius & Lucius · Stuttgart

Anschriften der Herausgeber:

Dr. Frank Konersmann
Universität Bielefeld
Fak. f. Geschichtswissenschaft, Philosophie und Theologie
Abteilung Geschichte
Postfach 10 01 31
33501 Bielefeld
fkonersm@uni-bielefeld.de

Dr. Klaus-Joachim Lorenzen-Schmidt
Staatsarchiv
Kattunbleiche 19
22041 Hamburg
klaus-joachim.lorenzen-schmidt@bkm.hamburg.de

Bibliographische Information der Deutschen Nationalbibliothek

Die Deutsche Nationalbibliothek verzeichnet diese Publikation in der Deutschen Nationalbibliographie; detaillierte bibliographische Daten sind im Internet über http://dnb.ddb.de abruf-bar

ISBN 978-3-8282-0542-0
ISSN 1617-0164

© Lucius & Lucius Verlagsgesellschaft mbH · Stuttgart · 2011
Gerokstraße 51 · D-70184 Stuttgart · www.luciusverlag.com

Das Werk einschließlich aller seiner Teile ist urheberrechtlich geschützt. Jede Verwertung außerhalb der engen Grenzen des Urheberrechtsgesetzes ist ohne Zustimmung des Verlags unzulässig und strafbar. Das gilt insbesondere für Vervielfältigungen, Übersetzungen, Mikroverfilmungen und die Einspeicherung und Verarbeitung in elektronischen Systemen.

Satz & Layout: HistoFakt, Bielefeld
Druck und Einband: Druckhaus Thomas Müntzer, Bad Langensalza
Printed in Germany

Inhalt

Vorwort..VII

Frank Konersmann und Klaus-Joachim Lorenzen-Schmidt
Zum Stand der deutschen Sozialgeschichte von Bauern.
Studien über Bauern als Händler zwischen dem 15. und 19. Jahrhundert............1

Stefan Sonderegger
Getreide, Fleisch und Geld gegen Wein.
Stadt-Umland-Beziehungen im spätmittelalterlichen St. Gallen..................17

Klaus-Joachim Lorenzen-Schmidt
Bauern der holsteinischen Elbmarschen als Händler........................35

Bjørn Poulsen
Handel dänischer Bauern in Mittelalter und Früher Neuzeit....................57

Frank Konersmann
Agrarproduktion – Gewerbe – Handel. Studien zum Sozialtypus des Bauernkaufmanns im linksrheinischen Südwesten Deutschlands (1740-1880)...........77

Johannes Bracht
Hof, Hammerwerk, Handel – „Geschäftsbereiche"
der ländlichen Reidemeister im märkischen Sauerland (ca. 1750-1810)...........95

Daniel Schläppi
Bäuerliches Handeln. Ökonomische Praxis zwischen Subsistenzwirtschaft
und Marktintegration in der alten Eidgenossenschaft (1750-1830)..............115

Niels Grüne
„Wir bedürfen weder überseeischen Taback noch indischen Zucker ..."
Vertriebsaktivitäten und handelspolitisches Engagement badisch-pfälzischer
Gewerbepflanzenbauern in der ersten Hälfte des 19. Jahrhunderts.............135

Gergely Krisztián Horváth
Der Rahmen des bäuerlichen Handels im Wieselburger Komitat (Ungarn)
in der ersten Hälfte des 19. Jahrhunderts.
Modell der Kommerzialisierung einer westungarischen Region................163

Quellen- und Literaturverzeichnis......................................185

Autorenverzeichnis...213

Vorwort

Die Tagung des Arbeitskreises für Agrargeschichte zum Thema Bauern als Händler fand 2006 noch in den Räumlichkeiten des vormaligen Max-Planck-Instituts für Geschichte in Göttingen statt. Sie wurde von der Gesellschaft für Agrargeschichte e.V. (GfA) und vom Arbeitskreis für Agrargeschichte (AKA) finanziert. Von den auf dieser Tagung vortragenden Kollegen vermochte sich lediglich Clifton J. Hubby nicht zu einer Drucklegung seiner Ausführungen zu entschließen, die Teilpacht und agrarische Kommerzialisierung im Geltungsbereich klösterlicher Grundherrschaft am Tegernsee während des 15. Jahrhunderts zum Gegenstand hatten. Dafür konnte Bjørn Poulsen für einen eigenständigen Beitrag zu dem Sammelband gewonnen werden, der bereits einschlägige Studien über Handel treibende Bauern in Dänemark vorgelegt hat. Dass sich die Drucklegung so lange hinzog, lag vor allem an den außerordentlichen Schwierigkeiten bei der Einwerbung von Geldmitteln für den Druck des Bandes. Daher sind wir sehr erleichtert, dass es uns jetzt mit Hilfe des Arbeitskreises für Agrargeschichte sowie der beiden Herausgeber der Reihe ‚Quellen und Forschungen zur Agrargeschichte‘, Prof. Dr. Stefan Brakensiek (Duisburg-Essen) und Prof. Dr. Clemens Zimmermann (Saarbrücken) gelungen ist, das Vorhaben zu einem Abschluss zu bringen. Allen Referenten, Autoren und Geldgebern, die die Tagung und den Sammelband ermöglicht haben, gilt unser herzlicher Dank. Ebenso gebührt unser Dank Jan H. Sachers M.A., der die technische Redaktion des Sammelbandes nicht nur ohne Umschweife übernommen sondern auch bemerkenswert zügig in ansprechender Gestalt realisiert hat.

Wir hoffen, dass die im Folgenden gegebenen Anregungen und Denkanstöße dazu beitragen, das nach wie vor normativ überfrachtete Bild von *den* Bauern in der Vergangenheit zu überwinden, auf wesentliche Konstellationen bäuerliche Existenz aufmerksam zu machen und neue Wege der Analyse offen zu legen. Denn holzschnittartige Beschreibungen „typisch bäuerlichen" Handelns haben in den letzten Jahren zunehmend deutlicher ihre geringe Tragfähigkeit zu erkennen gegeben. In der Agrargeschichte wird es zukünftig vor allem darauf ankommen, die Bandbreite bäuerlicher Handlungsmöglichkeiten aufzuspüren und zu erläutern, um beispielsweise tradierte Deutungsmuster einer zeitübergreifenden Stadt-Land-Differenz aufzuheben. Dass Bauern als Händler auftreten konnten und nicht ausschließlich auf städtische Mediatoren angewiesen waren, dass Bauern auch im gewerblichen Sektor beachtliche Handlungsmöglichkeiten hatten, dass Bauern lasen und schrieben, rechneten und kalkulierten – alles das wird bei genauerer Betrachtung des bäuerlichen Alltags und seiner Akteure immer deutlicher werden. Und es ist schon jetzt klar erkennbar, dass dies eine lange Geschichte hat.

Bielefeld/
Hamburg

Frank Konersmann
Klaus-J. Lorenzen-Schmidt

Zum Stand der deutschen Sozialgeschichte von Bauern

Studien über Bauern als Händler zwischen dem 15. und 19. Jahrhundert

FRANK KONERSMANN und KLAUS-JOACHIM LORENZEN-SCHMIDT

Vorbemerkung

Der vorliegende Sammelband, in dem der größte Teil der bei einer Tagung des Arbeitskreises für Agrargeschichte im Jahr 2006 in Göttingen gehaltenen Vorträge veröffentlicht wird,[1] eröffnet nähere Einblicke in konkrete Bedingungen und Praktiken von Bauerngruppen, die im Handel mehr oder weniger regelmäßig tätig waren, womit ein vollkommen offenes Forschungsfeld der deutschen Agrargeschichte betreten wird. Die einzelnen Studien sind aber zugleich auch als Beiträge zur Einlösung des generellen Desiderats einer deutschen Sozialgeschichte von Bauern zu verstehen, das seit den 1970er Jahren auf der Agenda der deutschen Agrargeschichte steht. Einige Aspekte dieses Desiderats können gerade mit Blick auf die Handelstätigkeit von Bauern präziser benannt werden, zumal diese Praxis begriffliche und konzeptionelle Fragen nach der Abgrenzung von und auch nach Gemeinsamkeiten mit anderen Sozialgruppen aufwirft. In der Einleitung werden einige dieser Aspekte aus forschungsgeschichtlicher Perspektive beleuchtet und auf die einzelnen Beiträge aufmerksam gemacht, die sich dieser Aspekte auf unterschiedlichen Wegen genähert haben.

Begriffliche und konzeptionelle Probleme einer Sozialgeschichte von Bauern

Spätestens durch die beiden Forschungsberichte Ian Farrs und Christof Dippers aus der Mitte der 1980er Jahre sind wesentliche Desiderate der deutschen Agrar- und Sozialgeschichte sowie der Agrarsoziologie einer breiteren wissenschaftlichen Öffentlichkeit bekannt geworden.[2] Eines dieser Desiderate besteht in der auffallenden Vernachlässigung nicht nur der Sozialgeschichte von Bauern, sondern auch der Geschichte ländlicher Gesellschaften insgesamt. Zum einen habe sich – so Dipper – selbst der 1957 gegründete Arbeitskreis für moderne Sozialgeschichte dieser Themenfelder nicht angenommen,[3]

---

1 Nähere Informationen über diese Tagung finden sich in Konersmann, Bericht.
2 Vgl. Farr, Tradition; Dipper, Bauern.
3 Dipper, Bauern, S. 19.

zum anderen habe – so David W. Sabean, Robert von Friedeburg und jüngst auch Julien Demade – die ältere deutsche Agrargeschichte ihre Aufmerksamkeit vornehmlich auf die politische und rechtliche Stellung von Bauern und Landgemeinden in der Feudalgesellschaft gerichtet, ohne die Notwendigkeit einer Modifikation und Erweiterung der Geschichte des Bauernstandes um eine Sozialgeschichte der ländlichen Gesellschaft zu erkennen.[4]

Die stark rechts- und politikgeschichtlich ausgerichtete ältere deutsche Agrargeschichte, die insbesondere Günther Franz verkörperte, widmete sich den Bauern als Vertretern eines angeblich bereits im Hochmittelalter rechtlich vereinheitlichten Standes.[5] Dessen Merkmale beurteilte er bis in das 18. Jahrhundert dauerhaft konstitutiv für die Beziehungen sowohl zur Grund- und Gerichtsherrschaft als auch zwischen den dörflichen Bewohnern. Hingegen schätzte er die seit dem Spätmittelalter zunehmende Anzahl minderberechtigter unterbäuerlicher Gruppierungen wegen ihrer Angewiesenheit auf Lohneinkommen als existentiell abhängig von Konjunkturen und Krisen ein,[6] so dass sie weitaus eher mit Veränderungen ihres Status konfrontiert wurden. Die vornehmlich auf den insinuierten Bauernstand konzentrierte Agrargeschichte prägte auch die wort- und begriffsgeschichtliche Forschung der 1970er Jahre, in der vor allem Rechtsquellen aus obrigkeitlicher und kirchlicher Überlieferung sowie Schriften von Gelehrten herangezogen wurden.[7] Die auffallend einseitige Auswahl und vor allem voreingenommene Interpretation der Quellen wurde schlichtweg damit begründet, daß „die Bauern" im Mittelalter und in der Frühneuzeit – so etwa Werner Conze – „fast gänzlich illiterat" gewesen seien,[8] ganz zu schweigen von den sogenannten unterbäuerlichen Gruppierun-

---

4   Sabean, Probleme, S. 132f., 150; Friedeburg, Die ländliche Gesellschaft, S. 38; Demade, The Medieval Countryside, S. 226-233.
5   Vgl. Franz, Bauerntum, S. 73; Franz, Geschichte, S. 35-36. Dieser Vorstellung folgt im Prinzip auch noch Werner Rösener, Bauern, S. 204-206, der hierbei weitgehend auf besitzrechtliche Befunde aus der Überlieferung klösterlicher Grundherrschaften des deutschen Südwestens rekurriert; vgl. auch Rösener, Grundherrschaft, S. 531-542. Im Vorwort seiner monographischen Darstellung beschrieb Günther Franz 1970 sein Anliegen, eine „Geschichte des Bauernstandes" zu schreiben, wobei er vor allem „die Stellung des Bauerntums im politischen Leben" erhellen wolle. Daß aber bis heute weder der begriffs- noch der sozialgeschichtliche Nachweis dieser Standesausprägung erbracht worden ist, wird in einem demnächst veröffentlichten Problemaufriss erläutert, vgl. Konersmann, Auf der Suche. Ausgangspunkt dieser Kritik bildet u. a. der von Werner Conze 1972 verfasste begriffsgeschichtliche Artikel ‚Bauer' in den ‚Geschichtlichen Grundbegriffen'.
6   Günther Franz widmete diesen Schichten immerhin einen kurzen Abschnitt in seiner Geschichte des Bauernstandes, vgl. Franz, Geschichte, S. 214-233.
7   Vgl. Conze, Bauer, passim. Das gilt auch für die meisten Beiträge in Wenskus, Wort und Begriff, passim.
8   Ebd., S. 408. Diese Einschätzung teilt indirekt auch Kurt Ranke, wenn er schreibt: „... der Landmann, der Bauer, der schweigt vom Anbeginn unserer Geschichte bis an die Schwelle unserer Tage." Ranke, Agrarische Denk- und Verhaltensformen, S. 208. Dieser Einschätzung folgt ebenfalls uneingeschränkt der Volkskundler Hermann Bausinger, Volkskundliche Anmerkungen, S. 206-214.

gen. Diese Einschätzung teilte selbst noch Walter Achilles in einem Aufsatz von 1986 über das soziale Ansehen der Bauern in Mittelalter und in der Frühen Neuzeit.[9] Zwar war den meisten Vertretern der älteren Agrargeschichte einigermaßen bewußt, daß sie mit dieser Interpretation im Grund genommen den Stereotypen einer weit zurückreichenden, von Adel, Klerus und Bürgertum in Anspruch genommenen Ständedidaxe folgten,[10] mit der je nach Anlaß und Gelegenheit Bauerlob oder Bauernschelte ausgesprochen wurde.[11] Diese Einsicht wurde aber nur mit wenigen Ausnahmen zum Anlaß genommen, um methodische und konzeptionelle Fragen sowohl der Begriffsgeschichte, etwa nach Unterschieden zwischen der Selbst- und Fremdzuschreibung von Bauern,[12] als auch der Sozialgeschichte, etwa nach der Gewichtung rechtlicher, politischer, sozialer und ökonomischer Merkmale bäuerlicher Existenzformen,[13] für das Mittelalter und die Frühe Neuzeit eingehender zu diskutieren. Eine der Ausnahmen bilden semantische Untersuchungen zum Begriff ‚gemeiner Mann' und zu seinen Bedeutungsvarianten im Übergang vom Spätmittelalter zur Frühen Neuzeit. Während Peter Blickle noch annahm, dass sich der Gebrauch des Begriffs im frühen 16. Jahrhundert auf die Bezeichnung von Bauern verengt habe,[14] kam Robert H. Lutz in seiner begriffsgeschichtlichen Studie zu dem Ergebnis, dass mit dem Begriff vor allem vollberechtigte Mitglieder eines Dorfes oder einer Stadt gemeint waren, die zwar über Hausbesitz, Nutzungsrechte an der Allmende und Zugangsrecht zur Gemeindeversammlung verfügten, aber in Städten nicht als ratsfähig akzeptiert wurden.[15] Insofern repräsentierten seiner Einschätzung nach Voll- und Kleinbauern sowie Handwerker den gemeinen Mann, nicht aber die so genannten unterbäuerlichen Gruppierungen.[16]

---

9   Walter Achilles stellte fest: „Die wenigen direkten Zeugnisse sind situationsgebunden und betreffen Einzelfälle. Sie stammen in der vorindustriellen Epoche fast nie von Bauern." Achilles, Bemerkungen, S. 2.
10 Vgl. Wunder, Der dumme, S. 35. Diese Einschätzung ergibt sich schon aus den von Günther Franz herangezogenen Quellen wie theologische Traktate, Annalen, höfische Epik, Theaterschwänke und Landfriedensordnungen, vgl. Franz, Geschichte, S. 33-46.
11 Den aus der Ständedidaxe abgeleiteten Stereotypen hat sich neuerdings Rippmann, Bilder vom Bauern, gewidmet, deren Befunde demnächst veröffentlicht werden. Zu verweisen ist auch auf den kritischen Kommentar zum Forschungsstand von Barbara Krug-Richter, Die Bilder, S. 89-98.
12 Diese methodische Problematik bildete den Ausgangspunkt einer kürzlich durchgeführten Tagung des ‚Arbeitskreis für Agrargeschichte', die vom 10.-11. Juli 2009 in Hannover stattfand. Die Tagung trug den Titel ‚Das Bild des Bauern vom Mittelalter bis ins 21. Jahrhundert. Selbst- und Fremdzuschreibungen. Deutschland, Europa, USA.' Eine Veröffentlichung der Beiträge ist von Daniela Münkel und Frank Uekötter 2011 geplant.
13 Ansätze hierfür erblickte Heide Wunder in einem noch 1975 von Günther Franz herausgegebenen Sammelband ‚Bauernschaft und Bauernstand', der ihrer Ansicht nach „Anstöße für eine künftige deutsche Sozial- oder besser noch Gesellschaftsgeschichte" der Bauern zu erkennen gebe. Wunder, Zum Stand, S. 598.
14 Vgl. Blickle, Landschaften, S. 27; Blickle, Die Revolution, S. 179.
15 Vgl. Lutz, Gemeiner Mann, S. 96-100.
16 Vgl. ebd., S. 103f.

Immerhin werden einige von Ian Farr 1986 aus der Perspektive der Sozialgeschichte der Bauern des 19. Jahrhunderts formulierte Desiderate[17] gelegentlich in der sich seit den 1990er Jahren ausprägenden neuen Agrargeschichte in Erinnerung gerufen,[18] die insbesondere von der Forschung zur Frühen Neuzeit wesentliche Impulse erfahren hat.[19] Hingegen finden die bereits 1975 formulierten Überlegungen von Reinhard Wenskus zur Wortgeschichte auch in der neueren Forschung keine kritische Würdigung, daß nämlich eine an der Quellensprache orientierte Begriffsgeschichte über ‚Bauer' und ‚Bauernstand' seiner Ansicht nach „völlig ins Leere" stoße, weil sich die vom Hochmittelalter bis zum 19. Jahrhundert ändernden Merkmale bäuerlicher Existenz nicht in der zeitgenössischen Begriffsbildung niedergeschlagen hätten.[20] Allerdings hat er die Berücksichtigung von Parallelbegriffen zum Begriff des ‚Bauern' wie etwa ‚arme Leute', ‚Gotteshausleute' und ‚gemeiner Mann' überhaupt nicht in Erwägung gezogen. Sein vorschneller negativer begriffsgeschichtlicher Befund motiviert ihn zum Plädoyer für die Verwendung „sachgemäßer Ausdrücke", „neuer Kunstworte"[21] und „idealtypischer" Merkmale für Bauern,[22] mit anderen Worten er votiert für die Verwendung analytischer Begriffe, die seiner Ansicht nach eher geeignet seien, den „Ackerbauer[n] und Viehhalter der Frühzeit" prägnant zu bestimmen.[23] In diesem Zusammenhang verwendete er beispielsweise für das Früh- und Hochmittelalter forschungspragmatische Begriffsprägungen wie „Adelsbauer"[24] und „Bauernkaufmann",[25] die auf Standesgrenzen überschreitende zeitspezifische Existenzformen und Wirtschaftspraktiken von Bauerngruppen Bezug nehmen. Eine ähnliche Begriffsbildung findet sich in der agrar- und sozialgeschichtlichen Forschung zum 18. und 19. Jahrhundert, wenn etwa von „fermocratie",[26] „Pächteraristokratie",[27]

---

17 So hatte Ian Farr konstatiert: „Indeed, there is a strong case for asserting that a major priority for any historian of the modern German peasantry must be to deconstruct the whole notion of a German peasantry. This would involve a much more rigorous analysis of the scale and nature of social differentiation in the German countryside, and a full evaluation of the varying ways in which the complex gradations in German rural society might satisfactorily be conceptualised." Farr, Tradition, S. 22f.
18 Vgl. Troßbach, Historische Anthropologie, passim; Troßbach / Zimmermann, Einleitung, S. 1-7.
19 Verwiesen sei auf die kulturgeschichtlichen Impulse der Frühneuzeitforschung für die Bestimmung der neuen Agrargeschichte in Troßbach / Zimmermann, Einleitung, S. 1 und in Brakensiek / Rösener / Zimmermann, Editorial, S. 8.
20 In den Worten von Wenskus: „Hier haben wir ein Paradebeispiel für eine jener Erscheinungen, die Walter Schlesinger vor Augen hatte und für die quellenmäßige Ausdrücke fehlen, weil sie nicht in das Selbstbewußtsein ihrer Zeit eingedrungen sind." Wenskus, Bauer, S. 27f.
21 Ebd., S. 27.
22 Ebd., S. 13.
23 Ebd., S. 28.
24 Ebd., S. 23.
25 Ebd., S. 24f.
26 Vgl. Jessenne, Le Pouvoir, S. 721f.
27 Vgl. Mahlerwein, Die Herren, S. 187.

„Bauernkaufleuten",[28] „Bauernprofessoren"[29] und „Arbeiterbauern"[30] die Rede ist. Für alle diese Komposita ist es kennzeichnend, daß sie bäuerliche Existenzformen entweder mit außeragrarischer Beschäftigung oder mit einem Habitus in Verbindung setzen, der ansonsten anderen Status- oder Berufsgruppen zugeschrieben wird.

Dieser Pragmatismus in der analytischen Begriffsbildung von Komposita zur Identifizierung verschiedener Existenzformen von Bauerngruppen, der sich auch in der gegenwärtigen französischen Agrargeschichte beobachten läßt,[31] verweist auf eine bemerkenswerte soziale, kulturelle und wirtschaftliche Heterogenität unter Bauern selbst in der neueren Geschichte, die sie – in den Worten Dippers – zu einem „Sonderfall innerhalb der modernen Gesellschaft" mache.[32] Auf diesen Umstand ist es mitunter zurückzuführen, daß noch bis in die Gegenwart z. B. die Betriebsführung und das Wirtschaftsverhalten von Bauern zuweilen als abweichend von den Standards moderner Berufsgruppen beurteilt werden.[33] Darüber hinaus ließ und läßt sich die heterogene Sozialgruppe der Bauern weder mit einer bestimmten ökonomischen und politischen Klasse identifizieren noch eindeutig einem Stand oder einer Schicht zuordnen.[34] Offenbar fehlen bis heute sowohl trennscharfe Kriterien zur Unterscheidung der Bauern von anderen gesellschaftlichen Gruppen als auch in der Forschung bewährte Konzepte zur Erschließung ihrer Spezifika;[35] ein Aspekt auf den auch der Beitrag von Bjørn Poulsen über die Verhältnisse in Dänemark aufmerksam macht.

Derartige Identifizierungs- und Zuordnungsprobleme sind bei dem im letzten Drittel des 18. Jahrhunderts im deutschen Sprachraum in Anspruch genommenen Begriff ‚Landwirt' und seinen sozialen Trägern nicht zu erkennen.[36] Zunächst bezeichneten Agrarreformer und Kameralisten wie J.H.G. von Justi als Landwirte diejenigen Agrarproduzenten, die sich – anstatt an Herkommen und am Status zu orientieren – zuneh-

---

28 Vgl. Konersmann, Existenzbedingungen, S. 64-67.
29 Vgl. Frijhoff, Autodidaxies, S. 22.
30 Vgl. Fehn, Das saarländische Arbeiterbauerntum; Zimmermann, Die Entwicklung, passim; Troßbach / Zimmermann, Geschichte, S. 221-225.
31 Verwiesen sei beispielsweise auf die Aufsätze in Vivier, Ruralité, insbesondere auf den Beitrag von Annie Antoine, Le paysans. Darin macht sie unter dem Stichwort „pluriactivité" auf Weberkaufleute, Uhrmacher, Fischer und Bauernkaufleute mit agrarischer Existenzgrundlage aufmerksam vgl. S. 164-166. Sie resümiert: „Il faut aussi remarquer que l'historiographie française a beaucoup insisté sur la variété locale des status du paysan, au point qu'il peut sembler difficile voire impossible de traiter DU paysan français." S. 166.
32 Dipper, Bauern, S. 19.
33 Vgl. Abel, Agrarpolitik, S. 71-80; Exner, Ländliche Gesellschaft; Achilles, Agrarkapitalismus, S. 525-528, 544; einige Bemerkungen zu verschiedenen Ansätzen finden sich in: Konersmann, Du *stand* paysan, passim.
34 Es verwundert daher nicht, daß Bauern in den einschlägigen Überblicken und Sammelbänden nur am Rande oder gar keine Berücksichtigung finden, so etwa bei Jürgen Kocka, Stand, und Hannes Siegrist, Bürgerliche Berufe. Vgl. auch Dipper, Bauern, 26-28; Ballwanz, Der Bauer, passim; Ballwanz, Bauernschaft, S. 20-24.
35 Vgl. Dipper, Bauern, S. 22-28; Troßbach, Offenheit, S. 127-132.
36 Vgl. Conze, Bauern, S. 417, 425f.

mend mehr auf ihre individuelle Beobachtung verließen, neue physiologische Kenntnisse über Pflanzen und Tiere in Anspruch nahmen und experimentell vorgingen. Es handelt sich mit anderen Worten um einen für die Sattelzeit typischen Erwartungsbegriff, dem es seinerzeit allerdings noch an einer durch Erfahrungen gesättigten sozialen Rückbindung an eine größere Anzahl unter den Agrarproduzenten fehlte.[37] Mit der Einführung landwirtschaftlicher Fachschulen und des Faches Agrarwissenschaften an der Wende zum 19. Jahrhundert sowie mit der staatsbürgerlichen Gleichstellung der Vertreter vormals niederer Stände im Zuge der Agrarreformen wurde nunmehr als Landwirt der persönlich freie, über Grundbesitz verfügende und agrarwissenschaftlich geschulte Agrarproduzent bezeichnet.[38] Vor allem dessen Fachkenntnisse und Ausbildung wurden ausschlaggebend für die Verwendung des Begriffes, während die soziale Herkunft und die Größe des Landbesitzes zunehmend in den Hintergrund rückten.

Das Kriterium der Fachgeschultheit entspricht dem Merkmal anderer moderner Berufe. Jedoch ist diese Kennzeichnung – abgesehen von einem Intermezzo in der ersten Hälfte des 19. Jahrhunderts,[39] als der Begriff ‚Landwirt' zu einem Oberbegriff avancierte und seine Integrationsfähigkeit gegenüber unterschiedlichen Bauerngruppen unter Beweis stellte[40] – offenbar erst in der zweiten Hälfte des 20. Jahrhunderts für alle Agrarproduzenten üblich geworden.[41] Die Gründe für die sich auffallend schleppend vollziehende Professionalisierung u. a. bäuerlicher Agrarproduzenten sind bis heute nicht erforscht. Stattdessen wird weiterhin unterstellt, daß sich Bauern stärker als andere Berufsgruppen an traditioneller Familienwirtschaft orientierten und nur an der Erhaltung ihrer Subsistenz interessiert waren;[42] hingegen werden die Entwicklung der Arbeitsmärkte und der Lohnstruktur kaum in die Betrachtung einbezogen.[43] Diese Forschungslücken korrespondieren mit der Tatsache, daß Fragen nach Bedingungen und Spezifika der Professionalisierung von Bauern zwar Ende der 1980er Jahre von Heide Wunder und Wolfgang Jacobeit aufgeworfen worden sind,[44] sie aber bis heute niemanden zu einer eingehenden historischen Untersuchung veranlaßt haben.[45]

---

37 Das ist eine der Beobachtungen von Konersmann, Auf der Suche. Zur eher sozialgeschichtlichen Erschließung dieses Typus vgl. den Beitrag von Konersmann in diesem Band.
38 Vgl. Jacobeit, Dorf, S. 321-326; S. 78-83; Achilles, Deutsche Agrargeschichte, S. 177-182; Brakensiek, Das Feld, passim.
39 Vgl. Muth, Bauer, S. 78-83
40 Diese Funktion des Begriffs erläutert in einem neuen Aufsatz an südwestdeutschen Beispielen demnächst Niels Grüne, Vom „Tagelöhner" zum „Landwirt".
41 Vgl. Henning, Der Beginn, S. 99; Exner, Ländliche Gesellschaft, S. 87ff.; Achilles, Grundsatzfragen, S. 316; Zimmermann, Ländliche Gesellschaft, S. 160.
42 Vgl. Bergmann, Bäuerlicher Familienbetrieb. Mit Blick auf das bäuerliche Bodeneigentum vgl. Rouette, Erbrecht, und Haupt / Moyaud, Bauer, S. 345, 351f.
43 Vgl. in Ansätzen Achilles, Grundsatzfragen, passim. Dies ist eine der Forderungen von Ian Farr für die zukünftige deutsche Agrargeschichte, vgl. Farr, Tradition, S. 23-25.
44 Vgl. Wunder, Zum Stand, S. 606; Wunder, Gemeinde, S. 89-92; Jacobeit, Dorf, S. 331f.
45 Erste Ansätze hierzu bei Laufer, Technik und Bildung, S. 235-245; Pelzer, Landwirtschaftliche Vereine, S. 48-59, 257-271 und Konersmann, Rechenfähigkeit, S. 163, 172, 180-183.

Offenbar unterliegen dem Begriff ‚Bauer' unterschiedliche und bis heute manchmal noch wirksame Bedeutungen – etwa Fixierung auf den eigenen Hof, Subsistenzorientierung, wesentlicher Träger des Volks- oder Regionalcharakters – Bedeutungen mithin, die sich normativ über Jahrhunderte hinweg, vor allem aber infolge der einflußreichen Schriften des Volkskundlers Wilhelm Heinrich Riehl in der Mitte des 19. Jahrhunderts[46] dem Begriff angelagert haben und in agrarpolitischen Debatten beispielsweise im Rahmen der Europäischen Union noch in der Gegenwart gelegentlich aktiviert werden. Daher ist nicht nur eine historische Semantik der Agrargeschichtsschreibung im Sinne Susanne Rouettes überfällig,[47] sondern es bedarf auch sozialwissenschaftlich angeleiteter Fallstudien über Bauernfamilien und Bauerngruppierungen, um Spezifika zu ermitteln, nach denen Bauern von anderen sozialen Gruppen unterschieden werden können. So lassen sich an den bereits erkennbaren agrar-gewerblichen und agrar-händlerischen Zwischenformen bäuerlicher Existenz Positionsverschiebungen in ländlichen Gesellschaften des Mittelalters und der Frühen Neuzeit erkennen. Demzufolge besteht mittlerweile Konsens darüber, daß einzelne Kriterien wie beispielsweise Hauptbeschäftigung in der Landwirtschaft, Größe des Landbesitzes oder personenrechtlicher Status[48] zur Identifizierung von Bauerngruppen nicht ausreichend sind. Denn zum einen gelten manche dieser Kriterien auch für Agrarproduzenten mit anderer Rechtstellung wie beispielsweise für bürgerliche Gutspächter[49] und für adlige Gutsherren,[50] zum anderen sind sie irrelevant für die Mehrheit der Klein- und Parzellenbauern, die ihre Existenz seit dem Spätmittelalter zunehmend häufiger durch Einkommen beispielsweise in der textil- und eisenverarbeitenden Protoindustrie, im Anbau von Sonderkulturen wie Wein und Hopfen oder aber im Anbau und in der Verarbeitung von Gewerbe- und Handelspflanzen sichern mußten.[51] Es drängt sich daher umso mehr die Beantwortung folgender Fragen auf: Welche Kriterien erlauben eine zuverlässige und raum-zeitlich angemessene Identifizierung von Bauern als sozialer Gruppe? Mit welchen Methoden können diese Kriterien gewonnen werden? In welchen Bereichen unterscheiden sich Bauern in ihrem Habitus von anderen Agrarproduzenten und wie lange sind diese Unterschiede relevant? Denn auch hinsichtlich bäuerlicher Winzer, die seit dem Hochmittelalter ihre Parzellen häufig im Teilbau bzw. in Teilpacht bewirtschafteten, ist von Otto Volk ein sozialgeschichtliches Desiderat konstatiert worden.[52]

Nach Einschätzung von Vertretern der neuen Agrargeschichte können derartige Fragen nur zufriedenstellend beantwortet werden, wenn bei der jeweiligen Positionsbe-

---

46 Verwiesen sei auf den hilfreichen Überblick von Muth, Bauern, S. 89-98.
47 Vgl. Rouette, Der traditionale Bauer, passim; Béaur / Schlumbohm, Einleitung, S. 24-26.
48 Hierauf rekurriert im wesentlichen Rösener, Grundherrschaft, S. 467-530, auch wenn er weitere Faktoren anspricht, vgl. S. 543-556, denen er jedoch systematisch keine Beachtung schenkt.
49 Vgl. Müller, Märkische Landwirtschaft, S. 108-142.
50 Vgl. Schremmer, Agrarverfassung; Wunder, Gutsherrschaft; Hagen, Ordinary Prussians.
51 Einschlägig zu Südwestdeutschland ist hierfür Grees, Ländliche Unterschichten, passim. Ansonsten ist auf neuere Überblicke zu verweisen: Troßbach / Zimmermann, Die Geschichte, S. 65-73, 117-128; Kiessling, Artikel: Ländliches Gewerbe; Grüne, Artikel: Einlieger; Grüne, Artikel: Häusler; Jatzlauk, Artikel: Kleinbauer.
52 Vgl. Volk, Weinbau, S. 159.

stimmung einer Bauernfamilie auch ihre gesellschaftlichen Beziehungen systematisch berücksichtigt werden.[53] Denn diese erlauben Aufschlüsse über stagnierende und sich verfestigende Positionen, aber auch über Positionsverschiebungen infolge gesellschaftlichen Wandels. Auf der Basis einer solchen Positions- und Verflechtungsanalyse kann erst der Anteil ständischer, korporativer, klientelistischer und klassenspezifischer Beziehungsformen gewichtet und beurteilt werden.[54] Diese Vorgehensweise ermöglicht die systematische Verknüpfung mikro- und makrohistorischer Ansätze, die von Josef Mooser, Jürgen Schlumbohm und Michael Kopsidis in ihren Fallstudien auf unterschiedliche Weise in Anspruch genommen worden sind.[55] Zudem ist für die Studien von Mooser und Schlumbohm die Verknüpfung von modern analytischen mit hermeneutisch erschlossenen, zeitspezifischen Kriterien kennzeichnend, eine Vorgehensweise, die nicht nur in der neueren deutschen Agrargeschichte in den letzten Jahren verschiedentlich gefordert worden ist.[56] Bei der Rekonstruktion ökonomischer und sozialer Positionen von Bauernfamilien ist zudem aus methodischen Gründen darauf zu achten, daß mehr als eine Generation in den Blick genommen wird, um individuelle und strukturelle Bedingungen des Wirtschaftsverhaltens bäuerlicher Akteure überhaupt voneinander unterscheiden zu können.

Auf diesem Wege dürfte es möglich sein, eine epochenspezifische Typologie bäuerlicher Existenzformen zu entwerfen. Für die Realisierung dieses Vorhabens bedarf es allerdings eines noch weiter entwickelten begrifflichen und konzeptionellen Instrumentariums. Hierzu gehört nach den Vorstellungen Josef Ehmers und Reinhold Reiths beispielsweise ein „offener analytischer Marktbegriff",[57] der die in der Wirtschaftsgeschichte lange vorherrschende klassische Dichotomie zwischen Haus- und Geldwirtschaft hinter sich lasse. Darüber hinaus fehlt es Toni Pierenkemper zufolge nach wie vor an betriebswirtschaftsgeschichtlichen Studien,[58] auch wenn solche in Ansätzen auf der Basis bäuerlicher Schreibebücher mittlerweile vorliegen und das bemerkenswerte Erkenntnispotential dieses Quellentyps zu erkennen gegeben haben.[59]

Die erkennbaren Anschlussprobleme zwischen mikro- und makrohistorischen Betrachtungen dürften mit zahlreichen Defiziten in der agrargeschichtlichen Grundlagenfor-

---

53 Zimmermann, Ländliche Gesellschaften; Troßbach, Beharrung; Béaur/ Schlumbohm, Einleitung.
54 Verwiesen sei auf die konzeptionellen Überlegungen von Troßbach, Offenheit, und Grüne / Konersmann, Gruppenbildung, S. 565-568.
55 Vgl. Mooser, Ländliche Klassengesellschaft; Schlumbohm, Lebensläufe; Kopsidis, Marktintegration; Troßbach, Historische Anthropologie, S. 190, 208f.; Zimmermann, Ländliche Gesellschaft, S. 162.
56 Dazu generell Schulze, Mikrohistorie, passim; Troßbach / Zimmermann, Einleitung, S. 3, 5; Béaur / Schlumbohm, Einleitung, S. 18-24.
57 Vgl. Ehmer / Reith, Märkte, S. 15, 18.
58 Vgl. Pierenkemper, Englische Agrarrevolution, S. 16.
59 Vgl. Lorenzen-Schmidt / Poulsen, Bäuerliche Anschreibebücher; Kopsidis, Marktintegration; Konersmann, Bauernkaufleute.

schung zusammenhängen, die etwa die Rekonstruktion der Entwicklung von Agrarpreisen und Löhnen und die systematische Erschließung von Produkt- und Faktormärkten betreffen. Die von Julien Demade kürzlich beschriebene wachsende Ungleichheit etwa auf den Getreidemärkten zwischen bäuerlichen Agrarproduzenten und über große Vorräte verfügenden Grundherren im Hoch- und Spätmittelalter eröffnen neue systematische Wege in der Erforschung sich verändernder Marktverhältnisse.[60] Zum dritten fehlt es an präzisen kultur-, politik-, sozial- und begriffsgeschichtlichen Studien, die das Selbstverständnis bäuerlicher Gruppen in Dörfern und ländlichen Gesellschaften im Wandel ländlicher Gesellschaften erschlossen hätten, so etwa im Zuge der Auflösung der Villikationsverfassung und der hochmittelalterlichen Agrarkonjunktur oder infolge der spätmittelalterlichen Krise im Kampf um Nutzungsrechte und Abgaben[61] oder unter den Bedingungen einer zunehmend kommerziellen Landwirtschaft im Verlauf des 18. und 19. Jahrhunderts. Mit Blick auf die zweite Hälfte des 19. Jahrhunderts stellen sich insbesondere folgende Fragen: In welchem Maße machte sich die national-konservative Aufwertung des ‚Bauerntums' durch Volkskunde,[62] Kunst und Kunstgewerbe[63] sowie Bauernverbände[64] im Verhalten unterschiedlicher Gruppen auf dem Land bemerkbar? Und: Inwiefern vermochten volkskundliche Vorstellungen von Bäuerlichkeit die soziale Ungleichheit vor Ort vermittels Bräuchen, Festen und Trachten dauerhaft zu kompensieren?

Impulse der Geldwirtschaft, des Handels und der Grundherrschaft für die bäuerliche und unterbäuerliche Ökonomie

Seit dem Hochmittelalter war für die Lebensbedingungen bäuerlicher Gruppierungen zum einen die Erhaltung ihrer Existenz vor Ort im zumeist dörflichen Siedlungsverband mit gegenseitiger Nachbarschaftshilfe und Gütertausch kennzeichnend.[65] Zum anderen standen – von wenigen Ausnahmen freier Bauern in Tirol, in der Schweiz, im Allgäu, in Friesland und in Dithmarschen abgesehen – die meisten bäuerlichen Gruppierungen in einem Verhältnis der Untertänigkeit zu feudalen Obrigkeiten, so daß sie mit unterschiedlichen Belastungen konfrontiert waren.[66] Gleichwohl vermochten man-

---

60 Vgl. Demade, Grundrente, S. 227-239.
61 Wegweisend hierfür sind die Arbeiten von Blickle, Studien, und Rösener, Grundherrschaft.
62 Ein maßgeblicher Stichwortgeber war der Schriftsteller und Journalist Wilhelm Heinrich Riehl, der – stark beeinflusst von dem Historiker und Publizisten Ernst Moritz Arndt – in „bäuerlicher Sitte" das wesentliche Kriterium zur Charakterisierug des Bauerntums gefunden zu haben glaubte. Vgl. Riehl, Die bürgerliche Gesellschaft, S. 51-81. Vgl. dazu auch Haupt / Mayaud, Bauer, S. 343, die betonen, daß der den „Bauern oft zugeschriebene Trend zum Konservatismus als Mythos" zu bezeichnen ist. Ebd., S. 356.
63 Verwiesen sei auf den kurzen Überblick in Troßbach / Zimmermann, Die Geschichte, S. 237-239.
64 Vgl. Puhle, Politische Agrarbewegungen.
65 Dazu eingehend das neue Handbuch von Troßbach / Zimmernann, Die Geschichte.
66 Einschlägig hierfür sind die Studien von Sabean, Landbesitz, und Asmuss, Das Einkommen.

che Bauern je nach ihrer herrschaftlichen und rechtlichen Ausgangslage die sich im Hochmittelalter vervielfältigenden Marktchancen in Städten und auf dem Land für sich zu nutzen.[67] Zudem nahm der Geldbedarf bei den Bauern infolge des Wandels der frühmittelalterlichen Villikationsverfassung in Richtung der Rentengrundherrschaft im Hoch- und Spätmittelalter zu. Zu den wesentlichen Merkmalen dieses Strukturwandels zählen laut Ludolf Kuchenbuch und Volker Stamm herrschaftliche Initiativen zur Erweiterung, Vervielfältigung, Flexibilisierung und Monetarisierung von bäuerlichen Diensten, Abgaben und Nutzungsrechten.[68] Für diese sich über zwei bis drei Jahrhunderte erstreckende Umstellung der Grundherrschaften waren offenbar die Impulse aus dem sich belebenden Nah-, Regional- und Fernhandel ein ausschlaggebender Faktor,[69] wofür beispielsweise die erhöhte Anzahl städtischer Spitäler auf grundherrschaftlicher Basis ein deutliches Indiz ist, weil die Spitäler häufig die Leiheform der Halbpacht favorisierten und die bäuerlichen Halbpächter durch Kredite langfristig an sich banden.[70]

Diese Impulse sowohl von Seiten der Grundherrschaften als auch von Seiten unterschiedlicher Märkte motivierten größere Bauern zur Arrondierung und Ausweitung ihrer Betriebsflächen, Intensivierung des Getreideanbaus und Vergrößerung ihres Viehbestandes,[71] während Mittel- und Kleinbauern, aber auch unterbäuerliche Gruppen durch den Anbau von Sonderkulturen und Gewerbepflanzen oder durch die Übernahme von Lohnarbeit ihre Existenz zu sichern suchten.[72] Ungeachtet solcher Unterschiede wurden alle bäuerlichen und unterbäuerlichen Gruppierungen im Zuge der neuen Rentengrundherrschaft mit einem neuen Modus der Vergesellschaftung konfrontiert, indem – Ludolf Kuchenbuch zufolge – ökonomische „Praktiken lokaler Valuierung" von Gütern, Ressourcen und Arbeitskräften gemäß ihrer Anzahl, ihrer Größe und ihres Geldwertes an Bedeutung gewannen.[73] Dieser erste Schub ökonomischer Rationalisierung in der Landwirtschaft trat im Hoch- und Spätmittelalter zunehmend in ein Spannungsverhältnis zur so genannten ‚traditionellen Landwirtschaft' infolge herrschaftlicher Bemühungen um Sicherung und Intensivierung bäuerlicher Untertänigkeit, eine Konstellation, auf die Ernst Pitz bereits Ende der 1970er Jahre aufmerksam gemacht hat.[74]

---

67 Vgl. Wunder, Bäuerliche Gemeinde, S.33-79; Sablonier, Das Dorf, S. 727-745; Verhulst, Aspekte, S. 25f. Auf die Vervielfältigung der Märkte auf dem Land hat kürzlich Volker Stamm, Gab es eine bäuerliche Landflucht, S. 318-320, aufmerksam gemacht.
68 Vgl. Kuchenbuch, Potestas, S. 127; Stamm, Gab es bäuerliche Landflucht, S. 316-319.
69 Vgl. Kuchenbuch, Vom Dienst, S. 16; Kießling, Markets, S. 146-158.
70 Verwiesen sei auf die Fallstudien von Kießling, Die Stadt, und Sonderegger, Landwirtschaftliche Entwicklung; vgl. auch den Beitrag von Stefan Sonderegger in diesem Band.
71 Verwiesen sei auf die Fallstudien über Westfalen von Lienen, Aspekte des Wandels, und über Oberschwaben von Sreenivasan, Peasants.
72 Vgl. Troßbach, Artikel: Landwirtschaft, Sp. 593-599; Kießling, Artikel: Ländliches Gewerbe, Sp. 532-533.
73 Kuchenbuch, Vom Dienst, S. 28f.
74 Vgl. Pitz, Wirtschafts- und Sozialgeschichte, S. 120-121.

Im Vergleich zu dieser spannungs- und konfliktreichen Konstellation befanden sich freie Bauern, insbesondere solche, denen informell Befugnisse freier Kaufmannschaft zugestanden wurden,[75] beispielsweise an den Küsten der Nord- und Ostsee in einer wesentlich günstigeren Ausgangslage. Sie wurden vergleichsweise früh und dauerhaft im Handel tätig, denn der „bäuerliche Seehandel" insbesondere mit Holz auf eigenen Schiffen reicht in das Frühmittelalter zurück, als sich die Hanse noch nicht konstituiert hatte.[76] Im Spätmittelalter vermochten Bauern ihr händlerisches Spektrum noch zu erweitern, indem sie sich auch im Getreide- und Ochsenhandel engagierten, vornehmlich bis zum Dreißigjährigen Krieg,[77] als bürgerliche Kaufleute mit Hilfe von Städten und Landesherren zunehmend in Konkurrenz zu den im Handel engagierten Bauern traten.[78] Gleichwohl hat Reinhard Wenskus gerade mit Blick auf die rege Handelstätigkeit dieser Bauern, auf ihr erhöhtes Einkommen aus außeragrarischer Tätigkeit und auf ihren Status als freie Bürger auf dem Land die Frage aufgeworfen, ob diese von Hermann Kellenbenz als „Bauernkaufmann" bezeichneten Händler überhaupt noch als Bauern bezeichnet werden sollten.[79] Solche Fragen erhellen einmal mehr die Herausforderung, trennscharfe und empirisch angemessene Kriterien zu benennen, um Bauern als Sozialgruppe zu ermitteln.

Daß die Beantwortung dieser Fragen ganz entscheidend von der analytischen Durchdringung sowohl der Sozialstruktur ländlicher Gesellschaften als auch der Vielfalt wirtschaftlicher Tätigkeiten auf dem Land mit ihren spezifischen Marktbedingungen abhängt, vermitteln Einsichten der neueren Agrargeschichte. So hat Werner Troßbach in einem neueren Überblick verschiedentlich nicht nur auf die armutsbedingte „pluriactivité" und den mit ihr verbundenen Kleinhandel,[80] sondern auch auf temporären Hausier- und Wanderhandel sowie auf großbäuerliche Händler von Holz, Getreide und Vieh und auf das weit verbreitete bäuerliche Fuhrgewerbe aufmerksam gemacht.[81] Insbesondere auf die eminente Bedeutung des Kleinhandels mit Vieh, gesammelten Kräutern etc. für eine Vielzahl von klein- und unterbäuerlichen Gruppierungen richten Daniel Schläppi und Gergely Krisztián Horváth den Blick in ihren Beiträgen für diesen Sammelband. Daß das Engagement mancher Großbauern im Handel eine wesentliche Funktion in ihrer Betriebsführung einnahm und nicht als eine temporäre Erscheinung

---

75 Vgl. Kellenbenz, Bäuerliche Unternehmertätigkeit, S. 16f.; Lorenzen-Schmidt, Bauern handeln, S. 18-23.
76 Ebd., S. 3-14; Kellenbenz, Unternehmerische Betätigung, S. 6-14.
77 Es sei auf den Beitrag von Björn Poulsen über Handel treibende Bauern in Dänemark in diesem Band verwiesen.
78 Ebd., S. 15. Daß manche Großbauern in den Elbmarschen auch nach dem Dreißigjährigen Krieg ihre starke Position in der Vieh- und Pferdezucht sowie im Pferdehandel zu behaupten wußten, hat Lorenzen-Schmidt verschiedentlich gezeigt, vgl. Lorenzen-Schmidt, Jütische Pferde, und ist auch Gegenstand seines Beitrages in diesem Band.
79 Vgl. Wenskus, Bauer, S. 24.
80 Troßbach, Artikel: Ländliche Gesellschaft, Sp. 517, 528.
81 Ebd.

einzuschätzen ist, wird zwar bereits aus manchen vorliegenden Fallstudien erkennbar,[82] dieser Aspekt harrt jedoch noch der eingehenden systematischen Erforschung. Darüber hinaus ist auf die Handelstätigkeit ländlicher Gemeinden in der Frühen Neuzeit und im 19. Jahrhundert aufmerksam zu machen, die bisher noch kaum in den Blick getreten ist und insbesondere von Gergely Krisztián Horváth in seinem Beitrag für diesen Band behandelt wird.

Darüber hinaus bedarf der sozial- und wirtschaftsgeschichtliche Befund verschieden angelegter Handelstätigkeiten von bäuerlichen und auch unterbäuerlichen Gruppen der Ergänzung durch Forschungen zum einen über Kredit- und Kapitalbeziehungen in ländlichen Gesellschaften,[83] zum anderen über die verschiedenen Märkte, die sich seit dem Hochmittelalter auf dem Land ausprägten.[84] Hierbei gilt es das Votum von Josef Ehmer und Reinhold Reith zu berücksichtigen, daß mit Hilfe eines offenen Marktbegriffs statt eines normativen Marktmodells „die Motive und Interessen der verschiedenen Akteure" eher erschlossen werden können, um auch die Prozesse der Preisbildung angemessener zu rekonstruieren.[85] Sie plädieren in diesem Zusammenhang für eine kritische Rezeption des malthusianischen Modells, „da es die Elastizität und das Wachstumspotential der europäischen Wirtschaft vor der Industriellen Revolution unterschätzt oder völlig ignoriert."[86] Auch in dieser konzeptionellen Hinsicht beschreitet die Fallstudie über das Wirtschaftsverhalten von bäuerlichen Familien im Einflußbereich des oberschwäbischen Klosters Ottobeuren von Govind P. Sreenivasan neue Wege,[87] auf die auch Bjørn Poulsen in seinem Beitrag für diesen Sammelband aufmerksam macht.

Bauern als Händler – Aspekte und Fragestellungen

Der Fokus dieses Sammelbandes liegt auf Bauerngruppen, die zwischen dem Spätmittelalter und dem 19. Jahrhundert nicht nur in der Agrarproduktion, sondern auch im Handel mehr oder weniger regelmäßig tätig waren. Damit wird zwar ein Ausschnitt wirtschaftlichen Verhaltens in den Blick genommen, in dem ein bisher nicht genau einzuschätzender Anteil bäuerlicher Gruppierungen aktiv gewesen sein dürfte. Gleichwohl kann die wachsende Bedeutung von Märkten sowohl für die bäuerliche Agrarproduktion als auch für die auf Kleinhandel zunehmend mehr angewiesenen unterbäuerlichen Gruppierungen mittlerweile als erwiesen gelten. Aus der Perspektive der älteren Agrar-

---

82 Vgl die Beiträge von Lorenzen-Schmidt und Konersmann in diesem Band.
83 Zu verweisen ist auf die Regionalstudien von Kießling, Stadt, von Rippmann, Bauern und Städter, und von Sonderegger, Landwirtschaftliche Entwicklung. Zu diesem Themenkomplex liegen zwei neue Sammelbände von Schlumbohm, Soziale Praxis, und von Lorenzen-Schmidt, Geld und Kredit, vor.
84 Zu verweisen ist auf den klassischen Überblick bei Kießling, Markets, S. 145-208.
85 Ehmer / Reith, Märkte, S. 18.
86 Ebd.
87 Sreenivasan, Peasants, S. 107-132.

geschichte handelt es sich um ein Tätigkeitsfeld, in dem zwar erwartungsgemäß vor allem bürgerliche Kaufleute auftraten, aber es war schon seit längerem bekannt, daß die erhöhte Präsenz von „Handelsbauern" beispielsweise im Ostsee- und Nordseeraum bereits seit dem Früh- und Hochmittelalter nicht zuletzt auf die fehlende politische und ökonomische Durchsetzungsfähigkeit feudaler Herrschaften und Städte zurück geführt werden kann.[88] Hingegen ist für den linksrheinischen Südwesten im 18. und frühen 19. Jahrhundert erst in jüngerer Zeit nachgewiesen worden, dass die bemerkenswerte Präsenz bäuerlicher Händler in dieser Region höchst wahrscheinlich mit einer nur in Ansätzen entwickelten großstädtischen Infrastruktur in Zusammenhang gebracht werden dürfte.[89]

Neben dem jeweiligen regionalen Stellenwert bäuerlicher Handelsaktivität gilt es selbstverständlich noch andere Rahmenbedingungen und Faktoren zu beachten und miteinander in Beziehung zu setzen. Dazu gehören die Rechtsstellung der Bauern und – komplementär dazu – die Herrschaftspraxis der Grundherren, wie das kürzlich Govind P. Sreenivasan anhand bäuerlicher Handlungsspielräume in der Klosterherrschaft Ottobeuren für das Spätmittelalter und die Frühneuzeit vor Augen geführt hat.[90] Überhaupt lässt sich insbesondere für königliche, klösterliche und städtische Grundherrschaften des Hoch- und Spätmittelalters feststellen, dass von ihnen bemerkenswerte Impulse für die Belebung von Handel und Gewerbe ausgingen. Von diesen Impulsen wurden auch ihre pflichtigen Bauern erfasst, insofern sie beispielsweise mit dem Verkauf agrarischer Überschüsse beauftragt wurden.[91]

Weiterhin bedürfen die Haushalts-, Familien- und Verwandschaftsstrukturen von Handel treibenden Bauern verstärkter Aufmerksamkeit. So sind etwa die Familien der Bauernkaufleute in der Pfalz und in Rheinhessen – ähnlich wie im Fall bürgerlicher Kaufleute – bis weit in das 19. Jahrhundert als ein tragendes soziales Fundament ihrer Handelstätigkeit, ihrer Geschäftsbeziehungen und ihrer Art der Betriebsführung einzuschätzen.[92] Zudem lassen sich in diesen Bauernfamilien nicht nur eine bemerkenswerte Rollendiversifikation zwischen Altersgruppen und Geschlechtern,[93] sondern komplementär dazu auch Strategien ökonomischer Spezialisierung beobachten. Den landwirtschaftlichen Betrieben wurden beispielsweise eine Mühle, Ziegelei, Brennerei,[94] Gerberei oder andere Gewerbebetriebe wie Schmiedehämmer[95] angegliedert, die von Söh-

---

88 Vgl. Kellenbenz, Bäuerliche Unternehmertätigkeit, S. 5, 14. 16-20; Lorenzen-Schmidt, Bauern handeln, S. 16; Kießling, Markets, S. 147.
89 Vgl. Konersmann, Rechtslage; Konersmann, Bauernkaufleute.
90 Vgl. Sreenivasan, Peasants.
91 Vgl. Kuchenbuch, Bäuerliche Gesellschaft, S. 299-305; Stamm, Gab es eine bäuerliche Landflucht, S. 319.
92 Konersmann, Handelspraktiken.
93 Konersmann, Rechenfähigkeit, S. 172.
94 Konersmann, Bäuerliche Branntweinbrenner.
95 Zu verweisen ist auf den Beitrag von Bracht in diesem Band.

nen und Schwiegersöhnen bewirtschaftet wurden.[96] Auf der Basis ihrer familiären und ökonomischen Netzwerke dürften Bauernkaufleute zur Vergewerblichung ländlicher Gesellschaften in einem bisher noch nicht bekannten Ausmaß beigetragen haben.[97] Inwiefern sich ihre exponierte wirtschaftliche Stellung vor Ort auf ihre Sozialbeziehungen im Dorf auswirkte, ist ein offener Untersuchungsgegenstand. So ist nach entstehenden Klientelverhältnissen zu Handwerkern und Parzellenbauern und/oder nach sich abzeichnenden ökonomischen Klassenlagen zu fragen, wie sie im Umfeld westfälicher Großbauern[98] und südwestdeutscher Bauernkaufleute beobachtet werden können.

Darüber hinaus ist auf die Beziehungen von Bauernhändlern zu Grund- und Landesherren zu achten. Denn der von diesen gewährte Schutz vor Konkurrenz bzw. die von ihnen gewährten Handelsfreiheiten und Gewerbeprivilegien bildeten bereits im Hoch- und Spätmittelalter eine wesentliche Ausgangsbedingung für den bemerkenswerten Handlungsspielraum Handel treibender Bauern.[99] Dieses institutionelle und rechtliche Strukturmerkmal läßt sich auch in der gesamten Frühneuzeit beispielsweise in Friesland,[100] in der Magdeburger Börde[101] und im linksrheinischen Südwesten[102] feststellen.

Ein weiteres Augenmerk gilt der Stellung dieser Bauerngruppe auf den Faktormärkten (Boden, Arbeit, Kapital, Wissen) und auf den Produktmärkten.[103] In diesem Zusammenhang stellen sich zahlreiche Fragen wie beispielsweise: Inwiefern und wie lange traten sie als Selbstvermarkter auf? Ob und wann nahmen sie Makler in Anspruch? Bei welchen Waren traten sie als Zwischenhändler[104] im Transfer zwischen Dorf und Stadt in Erscheinung? An wen und in welchem Umfang verkauften sie ihre Produkte? Welche Ausdehnung erreichte ihr Geschäftsradius? Inwiefern und in welcher Form vermochten sie Kapital zu akkumulieren? Bei wem nahmen sie Kredite auf und gegenüber welchen Gruppen traten sie als Kreditgeber auf? Welchen Anteil am Gesamteinkommen hatten die Einnahmen aus solchen Geldgeschäften? Wie lange übernahmen Bauern den Transport ihrer Produkte? Ab wann beauftragten sie hierfür Fuhrunternehmer und Schiffer?[105] Ein besonderes Augenmerk gilt der Vielzahl auf Kleinhandel angewiese-

---

96 Vgl. Mahlerwein, Die Herren, S. 46-59; Konersmann, Rechtslage, S. 98-102.
97 Grundsätzlich bleibt aber weiterhin mit Christof Dipper festzustellen, daß „die Phase der Frühindustrialisierung Deutschlands ... in vieler Hinsicht gewissermaßen noch immer in der Luft" hänge, da ihr das Fundament fehle, „das tief in der ländlichen Gesellschaft des späten 18. Jahrhunderts ruht." In: Dipper, Übergangsgesellschaft, S. 59.
98 Vgl. Mooser, Ländliche Klassengesellschaft, S. 218-226, 298-308.
99 Vgl. Verhulst, Aspekte, S. 27.
100 Vgl. Kellenbenz, Bäuerliche Unternehmertätigkeit.
101 Vgl. Harnisch, Kapitalistische Agrarreform.
102 Vgl. Konersmann, Existenzbedingungen.
103 Dazu neuerdings aus entwicklungs- und aus institutionenökonomischer Perspektive Kopsidis, Agrarentwicklung, S. 136-197.
104 Vgl. Lorenzen-Schmidt, Jütische Pferde.
105 Vgl. Lorenzen-Schmidt, Bauern handeln, S. 24-26. Zu verweisen ist insbesondere auf die Beiträge von Grüne, Konersmann und Lorenzen-Schmidt in diesem Band.

nen Kleinbauern und unterbäuerlichen Gruppierungen, die durch den Verkauf von Kleinvieh, Milchprodukten, Gemüse, Obst und Kräutern offenbar ihre Subsistenz auf bemerkenswerte Weise zu sichern vermochten.[106]

Schließlich ist auch der soziale und kulturelle Habitus dieser Bauernfamilien zu berücksichtigen, wobei u. a. die Handhabung des Lesens, Schreibens und Rechnens von nicht zu unterschätzender Bedeutung ist.[107] Es handelt sich insgesamt um ein noch wenig beackertes Forschungsfeld. Der sichere und flexible Umgang mit diesen Techniken dürfte je länger je mehr eine der wesentlichen mentalen und habituellen Voraussetzungen für ihre standesübergreifenden Geschäfts- und Freundschaftsbeziehungen gebildet haben, die ihnen Chancen zur aktiven Beteiligung in neuen Berufsgruppen und Klassen insbesondere an der Wende zum 19. Jahrhundert eröffneten, nicht zuletzt durch ihre Aufnahme in sich neu bildende, sozial exklusive Heiratskreise.[108] Für die Beantwortung dieser Fragen ist auch die Analyse der bisher noch kaum sozialgeschichtlich erschlossenen landwirtschaftlichen Vereine des frühen 19. Jahrhunderts[109] und auch mancher der schon in den 1830er Jahren gegründeten Genossenschaften[110] von Relevanz.

Die Berücksichtigung dieser und anderer neuartiger Vergesellschaftungsformen verspricht Aufschlüsse beispielsweise zu folgenden Fragen: Inwiefern wurden Bauernkaufleute und andere Bauerngruppen in die entstehende nationale Staatsbürgergesellschaft des 19. Jahrhunderts integriert? Lassen sich neue Sozialformationen zwischen Handel treibenden Bauern und diversen Bürgergruppen feststellen? Wie verhielten sich die entstehenden Bauernverbände, Genossenschaften und Parteien gegenüber diesen Integrationsprozessen und wie beurteilten sie die exponierte gesellschaftliche Stellung der im Handel engagierten Bauern? Die gleiche Frage richtet sich an Handels- und Gewerbepflanzen anbauende Klein- und Parzellenbauern, denen bei guter Preisentwicklung und vorteilhaften Absatzbedingungen an der Wende zum 19. Jahrhundert ein bemerkenswerter sozialer Aufstieg beispielsweise in manchen Tabakdörfern des Oberrheins gelang,[111] die manche von ihnen sogar zu Aktivitäten im Handel ermunterten.[112]

Insgesamt zielen alle diese Fragen zum einen auf die Erschließung der Entwicklungspotentiale ländlicher Gesellschaften, zum anderen auf ihren spezifischen Beitrag zum gesellschaftlichen Wandel zwischen Mittelalter und 19. Jahrhundert, um etwa den bäu-

---

106 Diesem Sachverhalt widmet sich eingehend Daniel Schläppi in seinem Beitrag in dem Band.
107 Dazu der kurze Überblick in dem Artikel von Prass, Alphabetisierung, S.p. 241-243 und die beiden Problemaufrisse von Lorenzen-Schmidt, Stadtgebundene Verschriftlichungsprozesse, S. 127-138, und von Konersmann, Schriftgebrauch, S. 287-313. Das Forschungsfeld mit Blick auf ländliche Gesellschaften umschreiben einige Beiträge in dem Sammelband von Hans-Erich Bödecker und Ernst Hinrichs, Alphabetisierung.
108 Mahlerwein, Die Herren, S. 104-112; Konersmann, Du *stand* paysan, S. 220, 223, 228; Konersmann, Freundschaft, passim.
109 Vgl. Pelzer, Landwirtschaftliche Vereine.
110 Vgl. Hagelberg / Müller, Kapitalgesellschaften.
111 Vgl. Grüne, Vom innerdörflichen Sozialkonflikt, und Grüne, Commerce.
112 Verwiesen sei auf den Beitrag von Niels Grüne in diesem Band.

erlichen Impulsen zur Ausprägung einer bürgerlichen Gesellschaft auf die Spur zu kommen, die allzu oft noch heute als bloße Nachahmung stadtbürgerlicher Verhaltens-, Lebens- und Kulturstandards interpretiert werden.

Getreide, Fleisch und Geld gegen Wein

Stadt-Umland-Beziehungen im spätmittelalterlichen St. Gallen

STEFAN SONDEREGGER

Der Titel dieses Bandes „Bauern als Händler" setzt die Existenz eines Handels mit landwirtschaftlichen Gütern, den Tausch Ware gegen Ware oder Ware gegen Geld voraus. Im Rahmen der Beschäftigung mit der ländlichen Gesellschaft des Mittelalters stellt sich konkret die Frage, wie stark landwirtschaftliche Produzenten in die Vermarktung ihrer Güter einbezogen waren. Denn dass Bauernwirtschaften keine reinen Subsistenzwirtschaften darstellten, sondern an die Warenzirkulation angeschlossen waren, scheint nach dem heutigen Kenntnisstand über die ländliche Gesellschaft des Spätmittelalters und der Frühen Neuzeit unbestritten. Die Frage ist nur, wie stark dies der Fall war. Es ist deshalb nach wie vor im Einzelfall zu untersuchen, welche Konsumgüter Bauernwirtschaften für den Tausch bzw. Verkauf produzierten und umgekehrt auf diesem Weg erwarben. Im Folgenden wird diesen Fragen punktuell am Beispiel der Nordostschweiz im 15. Jahrhundert nachgegangen.

Voraussetzung dafür, dass Bauern als Händler tätig sein können, ist die Produktion landwirtschaftlicher Güter und deren Distribution. Wichtigster Ort des Umschlags war der städtische Markt; Bauern des Umlands verkauften dort ihre Produkte und deckten sich mit dem ein, was sie selber nicht oder nicht ausreichend herstellten. Zwischen Stadt und Land bestand ein Austausch, der mit dem Wachsen der Städte vor allem im Spätmittelalter an Bedeutung gewann. Abgewickelt wurde der Austausch vor allem – aber nicht nur, wie im Folgenden gezeigt wird – über die Stadt, das heißt den Markt oder andere städtische Einrichtungen oder Akteure.

Die folgenden Ausführungen basieren auf Untersuchungen zu den Stadt-Umland-Beziehungen und den damit verbundenen Entwicklungen der Landwirtschaft[1] in der spät-

---

[1] Aus der Fülle an Literatur seien erwähnt Abel, Geschichte, S. 121; ders., Agrarkrisen, S. 75; ders. Landwirtschaft, S. 315; Duby, Landwirtschaft, S. 136; ders., Formation; Slicher van Bath, History, S. 170; Rösener, Bauern; Mazoyer/ Roudart, Histoire. Bedenklich ist die Tatsache, dass die Schweizer Forschung zur mittelalterlichen Landwirtschaft bzw. ländlichen Gesellschaft bisher kaum zur Kenntnis genommen wurde. Vgl. etwa Moser, Sonderfall, der auf die Forschungen der Universität Zürich nicht eingeht. Einen Überblick über die am Lehrstuhl von Roger Sablonier, Zürich, entstandenen Arbeiten zur ländlichen Gesellschaft findet sich in: Meier/Sablonier, Wirtschaft. Es sei im Zusammenhang mit der spätmittelalterlichen Landwirtschaft auch auf die lange Diskussion zur so genannten „spätmittelalterlichen Agrarkrise" hingewiesen. Ohne näher darauf einzugehen – einen Überblick bieten Rösener, Krisen, S. 24-38 und Rösener, Europa –,

mittelalterlichen Region St. Gallen.² Als Quellenbasis wurden alle gedruckten Urkunden (bis 1463)³ sowie die Rechnungs- und Zinsbücher des städtischen Spitals St. Gallen⁴ herangezogen. Das 1228 gegründete Heiliggeistspital St. Gallen war eine von Beginn an städtische Einrichtung mit Sitz in der Stadt selbst und mit ausgedehntem Grundbesitz im Umland der Stadt. Es bietet sich an, anhand dieses großen und sozial wie wirtschaftlich wichtigen städtischen Akteurs auf das spätmittelalterliche Stadt-Umland-Verhältnis auf dem Gebiet der heutigen Nordostschweiz einzugehen und dabei Aspekte des bäuerlichen Handels aufzugreifen.

Der Aufsatz ist folgendermaßen gegliedert: Zuerst werden kurz die historischen bzw. herrschaftlichen Verhältnisse dargelegt sowie das städtische Spital St. Gallen vorgestellt. Danach folgt eine Skizze der aus dem Quellenmaterial eruierten landwirtschaftlichen Produktionsformen und ihres Verhältnisses zueinander. Im dritten Teil folgt die Darstellung der aus den Quellen ermittelten Formen des Handels mit landwirtschaftlichen Produkten und die Folgen für die daran Beteiligten. Abschließend werden die Resultate kurz diskutiert.

Herrschaftliche Verhältnisse, das städtische Spital

Die Stadt St. Gallen verdankt ihren Namen dem Gründerheiligen Gallus des gleichnamigen Klosters. Sie wurde nicht gegründet, sondern wuchs um dieses geistliche und herrschaftliche Zentrum. Im Laufe des 13. und 14. Jahrhunderts gelang es der Stadt, immer mehr Freiheiten und schließlich den Status einer Reichsstadt zu erlangen. In diesem von Spannungen und Konflikten begleiteten Prozess konnte sich die Stadt sukzessive faktisch aus der Herrschaft des Klosters befreien. Die Trennung vollzog sich im Verlauf des 15. und 16. Jahrhunderts.

Diese Emanzipation war begleitet vom wirtschaftlichen Aufstieg St. Gallens zur wichtigsten Textilhandelsstadt im erweiterten Bodenseegebiet. Bis zur Aufhebung des Klosters 1803 bestanden fortan zwei unabhängige „Staaten" nebeneinander: Die Fürstabtei St. Gallen, deren Territorium zu den größten im Gebiet der heutigen Ostschweiz gehörte, und der „Zwergstaat" Stadt St. Gallen, dessen Hoheitsgebiet eine Fläche von 2,5 mal 1,5 Quadratkilometer betrug. Die Stadt St. Gallen, die um 1500 3.000 bis 4.000

---

sei betont, dass hier unter diesem Begriff nicht nur „Depression", sondern ebenso „Impuls zu Veränderungen oder Neuerungen" verstanden wird. Zur aktuellen Diskussion in Verknüpfung mit der Stadt-Umland-Diskussion vgl. beispielsweise die Beiträge von Zimmermann, Dorf und Stadt, Rösener, Stadt-Land-Beziehungen, und Rippmann, Kommentar. Grundsätzlich zur Stadt-Umland-Diskussion: Gilomen, Stadt-Land-Beziehungen, S. 10-48, und Kießling, Stadt.

2 Sonderegger, Landwirtschaftliche Entwicklung.
3 Chartularium Sangallense, Bde. 3-10, Urkundenbuch der Abtei Sanct Gallen.
4 Stadtarchiv St. Gallen, Spitalarchiv (StadtASG, SpA).

Einwohner gehabt haben dürfte und damit zu den mittelgroßen Städten[5] zählte, wurde vom Herrschaftsgebiet des Klosters umringt.

Im streng begrifflichen Sinn verfügte die Stadt St. Gallen über kein herrschaftlich von ihr besessenes Umland. Dennoch ist ein starker Einfluss der Stadt auf die Landschaft seit dem 14. Jahrhundert zu erkennen. Dies entspricht einer allgemeinen Tendenz: Unabhängig davon, ob eine Stadt ein von ihr beherrschtes Territorium hatte, wie zum Beispiel Zürich oder Bern, oder eben nicht, ist im Spätmittelalter ein starker Einfluss der Städte auf ihre Umgebung auszumachen. Dieser war wohl in den meisten Fällen primär wirtschaftlicher Natur. Güter in der Landschaft befanden sich in städtischer Hand.[6] Konkret waren es neben städtischen Institutionen Bürger, die Güter im Umland kauften und oft als langfristige Lehen besaßen. Erbliche Lehen gaben ihren Besitzern hohe Handlungsfreiheiten in die Hand, sie kamen einem faktischen Eigentum gleich. Man könnte den im Spätmittelalter und der Frühen Neuzeit zunehmenden bürgerlichen Güterbesitz in der Landschaft als privaten Zugriff auf das Umland bezeichnen. Dadurch wurde das Umland zunehmend für städtische Interessen im öffentlichen (z.B. Versorgung mit Grundnahrungsmitteln), aber auch privaten (z.B. Rentenkäufe, Versorgung mit Vieh bei Metzgern) Sinn nutzbar gemacht, und es entstanden wirtschaftliche und speziell finanzielle Bindungen des Landes an die nahe Stadt. Das Beispiel des städtischen Spitals, auf das im Folgenden eingegangen wird, zeigt dies eindrücklich.

Am 2. September 1228 gründeten der St. Galler Truchsess Ulrich von Singenberg und der Stadtbürger Ulrich Blarer mit Zustimmung des Abtes und anderer das Spital „Zum Heiligen Geist".[7] Wie viele andere Heiliggeistspitäler in diesem Raum ist auch die St. Galler Gründung von Anfang an vom Typ her als bürgerliches Spital zu sehen.[8] Sie stand in Verbindung mit der Entwicklung der Städte im 12. und 13. Jahrhundert. Wachsende Probleme der Armen-, Alters- und Krankenfürsorge, die nicht mehr nur von geistlichen Spitälern bewältigt werden konnten, verlangten nach adäquaten Lösungen.[9]

Der weltlich bzw. städtisch geprägte Charakter kommt in der Verwaltung, wie sie im 15. Jahrhundert dokumentiert ist, klar zum Ausdruck. Als oberste Behörde wirkte der städtische Rat. Aus dessen Reihen übernahm ein Dreiergremium Aufsichts- und Rechnungsprüfungsaufgaben und -kompetenzen. Die Geschäftsführung oblag dem Spitalmeister und dem Spitalschreiber.[10]

---

5   Peyer, Leinwandgewerbe, Bd. II, 61 nimmt für die zweite Hälfte des 15. Jahrhunderts eine Zahl von 3.500 Einwohnern an.
6   So etwa das Nebeneinander von Güterbesitz des städtischen Spitals, von Bürgern und des Klosters St. Gallen in der Umgebung der Stadt St. Gallen vgl. Zangger, Wittenbach, S. 108.
7   Zur Gründungsurkunde vgl. Clavadetscher, Gründungsurkunden, S. 17-18. Zur Geschichte des Spitals vgl. Ziegler, Heiliggeist-Spital.
8   Einen Überblick über die verschiedenen Spitaltypen gibt Reicke, Spital, S. 3-95.
9   Clavadetscher, Gründungsurkunden.
10 Ziegler, Heiliggeist-Spital, S. 21-27.

Die stadtbürgerliche Ausrichtung zeigt sich zudem in der weiteren Entwicklung. Am Anfang überwog noch klar der karitative Gedanke. So hält die Spitalordnung von 1228 fest, dass keine Personen, die betteln gehen konnten oder eigenes Gut besaßen, dagegen vor allem Alte, Kranke und Waisen darin Aufnahme finden sollten. Mitte des 15. Jahrhunderts gab es andere Schwerpunkte. Das Spital St. Gallen präsentierte sich zu jener Zeit als typisches Pfrundhaus, die Gewichte der sozialen Aufgaben hatten sich in Richtung Altersversorgung von St. Galler Stadtbürgern verschoben.

Die Erfüllung der sozialen Aufgaben innerhalb der Stadt setzte eine entsprechende materielle Grundlage voraus. Zwar kann kein verlässliches Zahlenmaterial geliefert werden, doch muss der spitalinterne Eigenverbrauch allein an wichtigen Nahrungsmitteln wie Getreide, Fleisch und Wein bereits bei 100 bis 200 geschätzten Insassen[11] als beträchtlich erachtet werden. Auf welche Weise wurde die Versorgung sichergestellt? Ähnlich dem Kloster St. Gallen bestand das Spital aus einer Zentrale in der Stadt mit den Spitalbaulichkeiten und den abgabebelasteten Gütern im städtischen Umland. Durch Stiftungen, Schenkungen, Leibgedinge und Zukauf hat es das Spital verstanden, seinen Besitz kontinuierlich zu erweitern.

Die Abgaben (Zinsen und Zehnten) aus diesen Gütern stellten die zentrale Einnahmequelle des Spitals dar. Naturalabgaben in Form von Getreide und Wein, die in die Zentrale flossen, wurden zu einem großen Teil für die Verköstigung der Insassen gebraucht. Diesem Umstand hatte die Spitalleitung Rechnung zu tragen. Das Spektrum der Funktionen und wirtschaftlichen Aktivitäten des Spitals umfasste jedoch weit mehr Bereiche, die der Stadt dienlich waren. Das Spital war stark von den Interessen des städtischen Rats geprägt. Das Heiliggeistspital stellte eine grundherrschaftlich strukturierte städtische Einrichtung dar, die sozioökonomische Funktionen und Aufgaben in der Stadt übernahm.[12]

Wirtschaftliche Regionalisierung

Das Heiliggeistspital St. Gallen verfügte seit Mitte des 15. Jahrhunderts über ein reiches Verwaltungsschriftgut. Das Spitalarchiv (eine Spezialabteilung im Stadtarchiv St. Gallen) ist im Besitz einer langen Reihe serieller Quellen. Zum Bestand gehören Urbarien, Zins-, Rechnungs- und Schuldbücher, die alle mit kleinen Abweichungen zwischen 1430 und 1440 beginnen.[13] Die Buchführung des Spitals steht auf einem für jene Zeit quali-

---

11 Zum Vergleich: von Tscharner-Aue, Wirtschaftsführung, S. 46 und 48, rechnet für die zweite Hälfte des 15. Jahrhunderts mit durchschnittlich 50 Kranken und 15-20 Pfründnern.
12 Zum Problem der Verflechtung von Stadt und Spital siehe auch Kießling, Gesellschaft, S. 159-167; Sydow, Spital, S. 175-195; Heimpel, Entwicklung, S. 10-18.
13 Urbarien: StadtASG, SpA, G; Zinsbücher: StadtASG, SpA, A; Rechnungsbücher: StadtASG, SpA, B; Schuldbücher: StadtASG, SpA, C. Zu den Beständen des Spitalarchivs vgl. Mayer, Spitalarchiv.

tativ bemerkenswerten Niveau.[14] Zwar entspricht sie noch nicht einer voll ausgebildeten bzw. modernen doppelten Buchhaltung, die eine genaue Kontrolle über die Ein- und Ausgänge und die Lagerbestände erlaubt hätte, doch kann die Technik als bereits erweiterte einfache Buchhaltung bezeichnet werden.[15] Die Buchführung des Spitals St. Gallen entsprach wohl dem damaligen Standard.[16]

Wichtig für unsere Fragestellung ist die Tatsache, dass die Buchführung Informationen liefert, die in Urkunden und im Verwaltungsschriftgut kaum zu finden sind. Die Eintragungen in den seit 1430 erhaltenen Zins- und Schuldbüchern erlauben nämlich eine genaue Rekonstruktion der landwirtschaftlichen Anbauformen im Spitalbesitz. Im Gegensatz zu urbarialen Quellen, die in der Regel lediglich die Sollbeträge angeben, machen die Zinsbücher Angaben sowohl zu festgelegten als auch zu effektiv geleisteten Beträgen. Diese Zusatzinformationen ermöglichen es, anhand bezifferter Abgaben auf die tatsächlichen Produktionsformen zu schließen. Die Fehlerquellen beim Aufbau einer regionalen Topographie der landwirtschaftlichen Produktionsformen werden so auf ein Minimum reduziert. Ältere Arbeiten zur Geschichte der Landwirtschaft, die ausschließlich mit Urbaren und Urkunden arbeiteten, haben nämlich auf diese quellenkritischen Punkte zu wenig Sorgfalt gelegt; deren Ergebnisse sind deshalb mit Vorsicht zu genießen.[17]

Die anhand der ausgewerteten Urkunden und Zinsbücher vorgenommene Typologisierung und Kartierung der Abgabeneinheiten lässt den Eindruck einer Dreiteilung entstehen. Sie ist das Abbild einer landwirtschaftlichen Spezialisierung einzelner Regionen und somit der wirtschaftlichen Regionalisierung der spätmittelalterlichen Nordostschweiz. Vorwiegend Getreidebau lässt sich im Flachland des Oberthurgaus und St. Galler Fürstenlands und im sanft gegen das Appenzellerland ansteigenden Gebiet nachweisen, im voralpinen Appenzellerland und in Teilen des Toggenburgs ist ein Schwerpunkt in der Viehwirtschaft auszumachen, und im St. Galler Unterrheintal, einem von Süden nach Norden verlaufenden Tal, überwiegt der Weinbau.

Nach diesem Befund der landwirtschaftlichen Regionalisierung ist danach zu fragen, weshalb und wie es zu einer solchen Differenzierung gekommen ist. Weiter wird dargelegt, wie das Gesamtsystem funktionierte. Ausgegangen wird von den ökonomischen Interessen des Heiliggeistspitals an der landwirtschaftlichen Produktion. Zuerst ist die Eigenversorgung in der Spitalzentrale zu erwähnen, die im Wesentlichen über die bäu-

---

14 Vergleiche mit der Buchführung des Klosters St. Gallen zeigen, dass jene um die Mitte des 15. Jahrhunderts auf einem qualitativ niedrigeren Stand war. Vgl. hierzu Zangger, Verwaltung, S. 151-178.
15 Weishaupt, Appenzellerland, S. 19.
16 Gilomen, Endettement, S. 365, Anm. 45.
17 Im Quellenmaterial des Heiliggeistspitals ist zu beobachten, dass viele im Grundeintrag genannte Abgaben in Art und Höhe oft nicht den effektiv geleisteten entsprachen. Angesichts dieser Tatsache ist grundsätzlich auf die Gefahren bei der Auswertung urbarialer Quellen hinzuweisen, geben sie doch – im Gegensatz zu seriellen Quellen – vielfach nur den Soll- und nicht den Istzustand wieder. Vgl. auch Sablonier, Verschriftlichung, S. 91-120.

erlichen Abgaben sichergestellt wurde. Hinzu kommen aber noch weitergehende wirtschaftliche Interessen des Spitals, die sich vor allem in den Bereichen Weinbau und Viehwirtschaft zeigen lassen.

Ein wichtiger, gewinnbringender Teil der Spitalökonomie war die Produktion und Vermarktung von Wein, der in Form von Abgaben und zusätzlich durch Kauf bei den Rheintaler Bauern bezogen wurde. Einmal in die Zentrale gelangt, wurde der Wein entweder in jungem Stadium oder aber nach kürzerer Lagerung im Hause ausgeschenkt[18], an im Spital gepflegte Wöchnerinnen verabreicht[19] oder quasi im Detailhandel[20] verkauft. Die Gewinne daraus waren von nicht zu unterschätzendem Wert für die Spitalwirtschaft. In der Zeit von 1466 bis 1499 nahmen die Einnahmen aus dem Weinverkauf kontinuierlich zu. Gegenüber 1466 wies die Bilanz Ende des Jahrhunderts eine Umsatzsteigerung von ca. 200 % aus. Es ist mit guten Gründen anzunehmen, die Weinproduktion bzw. -vermarktung habe einen hohen Stellenwert in der Spitalökonomie gehabt.

Zu ähnlichen Ergebnissen kommt man im Bereich der Viehwirtschaft bzw. des Viehhandels. Schlachtvieh, Schmalz und Käse für das Spital und den städtischen Markt stammte zu einem guten Teil aus dem voralpinen Appenzellerland. Das Spital und neben ihm Stadtbürger verfügten über Güter im Appenzellerland und über Weideplätze im Alpstein, die sie bewirtschaften ließen, und beteiligten sich mit Krediten an der Viehhaltung von Bauern.

Stellt man diese Ergebnisse zum Weinbau und zur Viehwirtschaft des Spitals in einen größeren Zusammenhang, so kann gesagt werden, die Institution Heiliggeistspital habe Funktionen in der städtischen Versorgung übernommen. Die Produktion von Wein im St. Galler Unterrheintal diente dem Spital nicht nur zum Eigenverbrauch, sondern darüber hinaus zur Vermarktung, vornehmlich in der Stadt St. Gallen. Über das Heiliggeistspital war es der Stadt möglich, ihre ökonomischen Interessen im Umland wahrzunehmen. Für St. Gallen als mittelgroße aufstrebende Gewerbe- und Handelsstadt dürfte das Umland als Lieferant von Nahrungsgütern lebenswichtig gewesen sein.[21] Vor diesem

---

18 In den Quellen als „schenkwin" bezeichnet.
19 In den Quellen als „kindpettrenwin" bezeichnet.
20 In den Quellen als „zapffenwin" bezeichnet.
21 Offenbar im Bewusstsein der gegenseitigen Abhängigkeit in der Beziehung zwischen der Stadt und ihrem Hinterland untersuchte Hektor Ammann in einem Aufsatz im Bereich der Stadt-Umland-Problematik, S. 284 dessen Bedeutung als Lieferant von Nahrungsgütern. Demgegenüber konzentrieren sich die Erkenntnisinteressen der historischen Stadt-Umland-Forschung bis heute einseitig auf die Stadt. Dies kommt gut in einem übersichtsartigen Aufsatz von Irsigler, Stadt, S. 13-38, zum Ausdruck. In der Weiterentwicklung des vom Geographen Walter Christaller, entworfenen Modells der zentralen Orte zur historischen Zentralitätsforschung wird versucht, einen theoretischen Zugang zur Stadt-Umland-Problematik zu finden. Dadurch wird der Blickwinkel eingeengt bzw. allzu sehr nur in eine Richtung gelenkt, denn Gegenstand des Interesses bilden hauptsächlich Funktionen der Stadt für das Umland (Markt, Gericht usw.); Funktionen des Umlandes für die Stadt – eben die Versorgung mit Nahrungsgütern – werden nur am Rande thematisiert. Zur stärkeren Berücksichtigung der ländlichen Seite vgl. nunmehr

Hintergrund erscheint das Heiliggeistspital als ein auf grundherrschaftlichen Strukturen basierender „ökonomischer Betrieb" mit Aufgaben in der städtischen Versorgung.[22]
Wo ist nun aber der Zusammenhang mit der wirtschaftlichen Regionalisierung zu sehen? Die Strategie wirtschaftlichen Handelns des Spitals kann auf einer exemplarischen Ebene zur Erklärung herangezogen werden. Das Heiliggeistspital reagierte auf die Nachfragesteigerung von Wein, Getreide und Fleisch, indem es die Produktion zu erhöhen versuchte. Dabei folgte es den vorgegebenen Strukturen und förderte beispielsweise den Weinbau und die Viehzucht vornehmlich in jenen Gebieten, wo diese Produktionsformen schon seit langem einen Schwerpunkt bildeten.[23] In der zweiten Hälfte des 15. Jahrhunderts – wesentlich als Ergebnis dieses Prozesses – gliederte sich das Gebiet um die Stadt St. Gallen in drei klar zu unterscheidende Landwirtschaftszonen. Dabei hat man sich den Prozess als wechselseitig dynamisch vorzustellen: Die Spezialisierung einer Zone förderte jene der angrenzenden. Diese Entwicklung lief auf eine Arbeitsteilung auf dem Land selbst und mit gegenseitigen Abhängigkeiten der verschiedenen Zonen voneinander hinaus. In dem Maße, wie sich eine Zone wirtschaftlich spezialisierte, wuchs nämlich die Abhängigkeit von den Importen aus den Nachbarzonen. Modellhaft gesehen ergab sich dadurch ein Raumgeflecht mit Zonen, die in einem arbeitsteiligen, zum Teil komplementären Verhältnis zueinander standen. Gleichsam im Schnittpunkt der drei Zonen befand sich die Stadt St. Gallen als regionales Zentrum. Das verweist auf die Rolle, die der Stadt St. Gallen in diesem Prozess zufiel und ganz allgemein auf die vor allem im Umfeld von Städten zu beobachtende „Tendenz zur Kapitalisierung der (agrarischen) Produktion und zur Kommerzialisierung".[24] Die ländliche Gesellschaft wurde im Spätmittelalter verstärkt an den städtischen Markt und Handel angebunden, und zwar mit allen damit verbundenen Konsequenzen. Ein erneuter Blick auf die Weinbau und die Viehwirtschaft verdeutlicht dies.

---

      die Beiträge in: Zimmermann, Dorf und Stadt.

22 Wesentlich weiter geht Zeller, Spitäler, S. 84, wenn er schreibt: „Das Spital ist vielmehr zum Instrument städtischer Politik geworden, zur Grundlage reichsstädtischer Herrlichkeit auf dem Lande. Erwerb und Sicherung weiter ländlicher Gebiete, deren immer engere Durchdringung und Anziehung, erreichte die Stadt am besten durch ihr Spital." Ähnlich Kießling, Gesellschaft, S. 167, und Sydow, Spital, S. 191. Die städtischen Spitäler werden als Instrumente zur Durchsetzung städtischer Territorialpolitik angesehen. Nun verfügte die Stadt St. Gallen bekanntlich über kein herrschaftliches Territorium, das Bestreben der Stadt, über das Heiliggeistspital ihre Versorgung zu sichern, kann denn auch nicht als Territorialpolitik im streng begrifflichen Sinn bezeichnet werden.

23 In dem von Hermann Wartmann auf den Übergang vom 12. zum 13. Jahrhundert datierten Rodel des Klosters St. Gallen (UB St. Gallen III, S. 746ff.) fällt auf, dass beispielsweise das Gebiet um die heutige Ortschaft Appenzell hauptsächlich mit Abgaben aus der Viehwirtschaft belastet war. Dies heißt zwar noch bei weitem nicht, es hätten keine anderen landwirtschaftlichen Kulturformen existiert – denn in erster Linie liefert der Rodel Informationen über die Klosterwirtschaft und somit über dessen Interessen in seinem Grundbesitz –, doch scheinen zumindest Anzeichen zu einer Spezialisierung dieser voralpinen Gegend auf Viehwirtschaft angezeigt zu sein. Diesbezüglich werden jedoch noch weitere Nachforschungen nötig sein.

24 Sablonier, Gesellschaft, S. 207.

Handel, Spezialisierung, Versorgungsabhängigkeit, Verschuldung

Im Weinbau ist für die zweite Hälfte des 15. Jahrhunderts aufgrund hoher städtischer Nachfrage eine besondere Intensivierung festzustellen. Das drückt sich beispielsweise in einer auf 1471 datierten Abmachung zwischen der Stadt St. Gallen und den Weindörfern aus. Anlass zu diesem so genannten Rebbrief[25] waren offenbar unterschiedliche Ansichten über die Festsetzung der alljährlichen Weinpreise sowie über die Pflichtenverteilungen, insbesondere über die Erneuerung von Rebstecken, die Beschaffung von Dünger und Erde, die in den Rebhängen weggeschwemmt worden war. Grundsätzlich waren beide Parteien an der Preisfestsetzung und an den Pflichten beteiligt, das heißt der „Lehenherr" und der „Buwmann", wie die originale Bezeichnung lautet. Diese Bezeichnungen drücken die rechtlichen Verhältnisse aus: Die ortsansässigen Bauern bewirtschafteten gegen Abgaben die Reben, die sie von Städtern und – wie in unserem Fall – vom Spital als bäuerliche Leihe erhalten hatten. Die Abschöpfung bestand in einem prozentualen Anteil der Ernte, wie dies im Weinbau üblich war. Am besten nachweisen lässt sich die so genannte Halbpacht, also die Abgabe der Hälfte des Ertrags durch die Bauern an ihre Herren. Wie viel das jeweils war, wurde in dieser Zeit nicht schriftlich festgehalten; insofern sind auch keine Konjunkturverläufe (höchstens Schätzungen[26]) zu errechnen.

Zwischen dem städtischen Spital und den Weinbauern ist ein enger wirtschaftlicher Tauschverkehr nachzuweisen. Eigens für den Umgang mit den Rheintalern geführte „Rheintaler Schuldbücher" halten regelmäßige Getreide- und Fleischlieferungen des Spitals an die Bauern fest. Kontokorrentmäßig wurde für jeden Bauern eine separate Abrechnung geführt, in welcher in chronologischer Abfolge die Warenbezüge und die dafür berechneten Geldbeträge aufgelistet wurden. Letztere stellten die Sollbeträge der Bauern dem Heiliggeistspital gegenüber dar. Umgekehrt wurde ihnen alljährlich eine gewisse Summe für den an das Spital verkauften Wein gutgeschrieben. Zu Beginn eines jeden neuen Rechnungsjahres zog man Bilanz, wobei in der Regel die Rechnung zuungunsten der Bauern ausfiel. Dadurch entstand ein permanentes Schuldnerverhältnis der Weinbauern gegenüber dem Spital.

Die Einträge der Jahre 1444 bis 1447 für den Weinbauern Hans Nesler im Schuldbuch des Spitals verdeutlichen den Aufbau und Inhalt dieser Rechnungen:

„Blatt 33r:
1   "Hans Nesler sol 15 lb 18 s d r[ati]o uff Epiphanie domini [= 6. Januar] [14]44
2   Sol 3 s d umb 3 1b unslit [= Fett] post [rationem] Epiphanie [14]44
3   Sol 16 s d verlihens [ausgeliehenes Bargeld], nam der sun [= Sohn] Anthony [14]44
4   Sol 18 s d umb 1 mut kernen [= entspelzter Dinkel] purificationis Marie [14]44
5   Sol 2 s d bar gelihen Agathe [14]44

---

25 Sonderegger, Rebbrief, S. 43.
26 Vgl. dazu Sonderegger, Entwicklung, S. 215.

6	Sol 17 1/2 s d umb 19 lb swinin flaisch [= Schweinefleisch] uff Agathe [14]44
7	Sol 1 lb d sins tails umb mist [= Mist, Dünger], nam Hans Klain Valentini [14]44
8	Sol 8 s d umb 2 fl mel [= Mehl] Valentini [14]44
9	Sol 10 s d verlihens, nam Kempf 14 tag mertzen [14]44
10	Sol 10 s d, nam sin sun uff Stillenfritag [14]44
11	Sol 5 s d, nam sin sun uff Pasce [14]44
12	Sol 4 s 4 d umb 1 fl [fiertel] mel [= Mehl] Philippy et Jacobi [14]44
13	Sol 30 s d verlihens uff 16 tag mayo [14]44
14	Sol 1 lb 3 1/2 s d umb 23 1/2 lb schwinin flaisch [= Schweinefleisch] in der Crutzwuchen [14]44
15	Sol 8 s 8 d umb 2 fl mel [= Mehl] vigilia Pentecoste [14]44
16	Sol 8 s 8 d umb 2 fl mel [= Mehl] Johannis paptiste [14]44
17	Sol 1 lb d, nam der sun uff Uolrici [14]44
18	Restat 26 lb 2 s 8 d
19	Sol 10 s d, nam der sun post Pelagi [14]44
20	Sol 10 s d, nam der sun Mathei [14]44
21	Sol 4 s d umb 4 lb schmer [= Fett] uff Mathei [14]44
22	Sol 12 s d, nam er Galli [14]44
23	Sol 1 lb 4 s d umb 2 fuoder stikel [2 Fuder Rebstickel] von R[uedi] Oegster uff Galli [14]44
24	Sol 12 s d umb 1 fiedrel schmaltz [Butter] von R[uedi] Oegster Galli [14]44 25 Sol 2 lb 4 s d umb 1 rindflaisch [= Rindfleisch] Simonis et Jude [14]44
26	Sol 16 s d, nam der sun uff donstag post Thome [14]44
27	Sol 1 lb d, nam der sun Silvestri [14]45
28	Sol 8 s d umb 2 fl mel [= Mehl] uff Epiphanie [14]45
29	Sol im [= ihm, d. h. dem Hans Nesler] 15 lb 15 s d umb 10 1/2 som win in der wimmi [14]44."

ZEILE 1: Auf der ersten Zeile steht der Name des Schuldners (Hans Nesler) und dessen ausstehender Betrag gegenüber dem Heiliggeistspital. Dieser Eintrag wurde bei oder kurz nach der Jahresabrechnung gemacht.

ZEILEN 2-29: Hans Nesler bezog das Jahr hindurch beim Spital Güter des täglichen Bedarfs, vor allem Getreide und Fleisch. Im Gegenzug lieferte er dem Spital selbst produzierten Wein. Diese Leistungen und Gegenleistungen wurden in den Rheintaler Schuldbüchern in Form dieser laufenden Rechnungen zwischen Nesler und dem Spital Posten für Posten aufgeschrieben. Am Schluss des Jahres oder zu Beginn des neuen Jahres erfolgte die Abrechnung, wobei diese in der Regel zuungunsten des Produzenten ausfiel. Diese Vorgänge kommen auf dem abgebildeten Blatt des Rheintaler Schuldbuches folgendermaßen zum Ausdruck: Auf den Zeilen 2-17 folgen die Nesler belastenden Beträge für die fortlaufend beim Spital konsumierten Güter. Das „Sol" am Anfang der Zeile drückt dabei sein Soll gegenüber dem Spital – den für die bezogene Ware dem Spital geschuldeten Geldwert – aus, das „umb" kann sinngemäß mit „für" übersetzt werden. „Ratione" in der ersten Zeile kann sinngemäß mit „auf den Zeitpunkt der Abrechnung" übersetzt werden. „Post rationem" in der zweiten Zeile bedeutet, dass die Waren oder das Bargeld unmittelbar nach der vorangegangenen Abrechnung bezogen wurden. Ob die Geldkredite – ausgedrückt in „verlihens" im Sinne von „es wurde geliehen" – zinslos gewährt wurden, muss offen bleiben. Das „nam" (z.B. in der elften Zeile „Sol 5 s d, nam sin sun uff Pasce [14]44") muss mit „nahm" übersetzt werden; es drückt aus, dass eine andere Person als jene, mit welcher die laufende Rechnung geführt wurde, die effektive Handlung (Waren- oder Geldbezug) vollzogen hatte.

ZEILE 18: Mit der Bemerkung „restat" (= es bleibt übrig an Schuld des Nesler gegenüber dem Spital) findet sich auf dieser Zeile eine Addition der bisher angelaufenen Schulden. Danach wird die laufende Rechnung (Zeilen 19-28) weitergeführt.

In der letzten Zeile (Zeile 29) folgt nun der Hans Nesler vom Spital gutgeschriebene Betrag für den Wein, welchen er dem Spital verkauft hatte. Das kommt in der Formulierung „sol im" zum Ausdruck: Das Spital soll Hans Nesler für 10,5 Saum Wein den Betrag von 15 Pfund geben. Dieser Betrag wurde sodann von seinen aufgelaufenen Schulden abgezogen.

Dieser Ausschnitt zeigt, dass zwischen dem Spital und seinen Bauern ein Tausch von Produkt (Getreide, Fleisch usw.) gegen Produkt (Wein) und entsprechenden, schriftlich festgehaltenen Guthaben bzw. Belastungen in Geldwerten stattfand. Das heißt: Die Weinbauern handelten mit dem von ihnen hergestellten und nach Abzug der Abgaben[27], die hier nicht erscheinen, noch zur Verfügung stehenden Wein. Beide Teile standen in einem wechselseitigen Anbieter- und Abnehmerverhältnis zueinander, und insofern waren beide Teile an der Aufrechterhaltung der Wirtschaftsbeziehungen interessiert.

Etwas anders stellt sich die Beziehung zwischen dem Spital und den Fleisch- und Milchproduzenten dar. In diesem Sektor trat das Heiliggeistspital „unternehmerisch" aktiver in Erscheinung, indem es den Bauern Kapital zur Verfügung stellte und so direkt in den Produktionsprozess eingriff. Dadurch bildete sich eine Art von arbeitsteiliger, profitorientierter Interessengemeinschaft. Dieser Umstand drückt sich in den diversen Formen der so genannten Viehgemeinschaften aus. Was ist darunter zu verstehen?

Die Viehwirtschaft des Heiliggeistspitals war ein marktorientierter, mit Geldinvestitionen verbundener Bereich.[28] In einem Urbar der Jahre 1438/39 wurden unter dem Titel „So ist dis vom vih" die Viehverstellungen des Spitals bei Appenzeller Bauern festgehalten. Viehverstellungen gehen auf die spätmittelalterliche Art der Viehpacht zurück und waren weit verbreitet in Italien, weiten Teilen Frankreichs, in Spanien, Flandern, im Hennegau, in Oberdeutschland und der Schweiz. Eine Verstellung konnte Pferde, Rinder, Schafe, Schweine und sogar Bienen umfassen. In den Quellen werden Viehverstellungen als Viehgemeinschaften – „vechgmainden" – bezeichnet. „Gmain vech" ist dabei das Synonym für Halbvieh[29] und bezieht sich auf das Vieh, welches zu einer Viehgemeinschaft gehörte. An einer Viehgemeinschaft waren in der Regel zwei Partei-

---

27 Im Weinbau war der Teilbau üblich, also die Abgabe eines bestimmten Quantums des Ertrags. Im St. Galler Rheintal scheint die Halbpacht, also die Abgabe des halben Ertrages, üblich gewesen zu sein..
28 Die Ergebnisse sind dargestellt in: Sonderegger/Weishaupt, Landwirtschaft.
29 Schweizerisches Idiotikon, S. 649.

en beteiligt: auf der einen Seite jene Person oder Institution, die Vieh oder das dazu nötige Kapital einer anderen Person gab, und auf der anderen Seite jene Partei, welche das Vieh bei sich im Stall einstellte. Beide werden „gmainder", Teilhaber einer Viehgemeinschaft, genannt. Um die beiden Parteien unterscheiden zu können, wird die eine als Versteller und die andere als Einsteller bezeichnet. Solche Viehgemeinden wurden oft zwischen Stadtbürgern oder städtischen Institutionen (in unserem Fall dem Heiliggeistspital) auf der einen Seite als Versteller und Bauern der Umgebung (in unserem Fall Appenzeller Bauern) auf der anderen Seite als Einsteller geschlossen. Insbesondere Metzger oder eben Spitäler nutzten Viehgemeinschaften mit Bauern im städtischen Umland als Kapitalinvestitionen und zur Sicherung des Bedarfs für die Eigenversorgung und den gewinnorientierten Handel. Metzgern boten sie zudem die Möglichkeit, ihr Vieh bis zum Weiterverkauf oder zur Schlachtung in der Nähe unterzubringen. Für die Bauern hingegen waren sie eine Möglichkeit der Kreditnahme.

Nutzen und Lasten waren in einer Viehgemeinschaft in der Regel folgendermaßen verteilt: Der Versteller brachte Geld in die Gemeinschaft ein, und der Einsteller hatte für die Unterbringung, die Pflege und die Fütterung des Viehs aufzukommen. Für diesen Aufwand durfte der Einsteller über die Zugkraft, den Mist und die Milch verfügen. Der gemeinsame Nutzen bestand in der Wertvermehrung des Stammviehs und in der Nachzucht. Wie diese Nachzucht unter den beiden Partnern zu verteilen war, wurde manchmal in so genannten Offnungen – einer Art von Dorfrechten – festgelegt. Eine solche von Magdenau aus der zweiten Hälfte des 15. Jahrhunderts enthält beispielsweise die Bestimmung, der Einsteller habe dem Versteller jährlich auf St. Martinstag (11. November) von zwei Kühen ein Kalb oder aber von einer Kuh in zwei Jahren ein Kalb zu geben.[30] Um 1430 unterhielt das Spital St. Gallen mit Appenzeller und Toggenburger Bauern rund dreißig Viehgemeinschaften. Diese befanden sich im Gebiet zwischen Herisau, Schönengrund, St. Peterzell, Hemberg und Urnäsch. Die größte Viehgemeinschaft bestand in Urnäsch mit über 30 Haupt Vieh.[31]

Offenkundig ist die Zusammenarbeit auch bei den verschiedenen Lastenverteilungen im Produktions- und Arbeitsprozess. Im Rebbau wurden nach schriftlicher Abmachung (Rebbrief von 1471) die Ausgaben für Unterhaltsarbeiten von beiden Teilen, d.h. vom Spital und vom Weinbauern, getragen. Hinzu kamen hier nicht weiter auszuführende kontakt- und arbeitsvermittelnde Funktionen des Spitals, die auf die reale Präsenz des Spitals in der Produktionssphäre zurückzuführen sind.[32] Aus diesem Blickwinkel betrachtet, erscheint die Beziehung zwischen dem Heiliggeistspital und seinen Bauern als Kooperation zur Erlangung gleicher oder zumindest ähnlicher Ziele und Interessen.

Das ist aber nur die eine von zwei Seiten. Der oben zitierte Ausschnitt des Schuldbuches mit den Aufzeichnungen für den Weinbauern Hans Nesler zeigt neben dem gegen-

---

30   Die Rechtsquellen des Kantons St. Gallen, S. 347.
31   StadtASG, SpA, G, 9, Bl. 35v..
32   Dazu Sonderegger, Entwicklung, S. 363.

seitigen Warentausch noch etwas mehr. Auch wenn kein verlässliches Zahlenmaterial präsentiert werden kann, welches den Umfang der Getreide- und Fleischlieferungen des Spitals an die Weinbauern im Verhältnis zu deren Gesamtbedarf erkennen läßt, zeigt deren Regelmäßigkeit doch, dass sie für die Nahrungsversorgung der Rheintaler Weinproduzenten eine große Bedeutung hatten. Als Folge der Intensivierung dieser Sonderkultur entwickelte sich offenbar eine gewisse Versorgungsabhängigkeit. Einer Bevölkerung in Gebieten mit landwirtschaftlichen Monokulturen vergleichbar, sahen sich viele nicht mehr in der Lage, die für den Eigenbedarf wichtigsten Grundnahrungsmittel selbst produzieren zu können. Die Rheintaler Bauern waren gezwungen, vor allem Getreide, aber auch Fleisch über das Spital einzukaufen. Im Zusammenhang mit der hier relevanten Fragestellung ist die Tatsache hervorzuheben, dass die Versorgungsleistung des Heiliggeistspitals nicht an die Stadt oder einen Markt gebunden war, sondern innerhalb der Landschaft abgewickelt wurde. Das Spital verfügte nachweislich über im Rheintal ansässige Filialen, so genannte „hüser", die von Vertretern des Spitals geführt wurden. Dort scheint der Warentausch in der Landschaft abgewickelt oder zumindest registriert worden zu sein. Neben diesen Filialen kommen noch Umschlagplätze am Rhein und Bodensee in Frage, ohne dass sie explizit erwähnt werden. Dabei ist zu bedenken, dass das Spital als „internes Verteilsystem" gegenüber anderen, z.B. städtischen und lokalen Märkten, für „seine" Bauern den Vorteil bot, Produkte auf Kredit oder im Tausch gegen Wein (bei fortlaufender Rechnung) beziehen zu können, was – und das ist die andere Seite – dessen Position gegenüber den Bauern zusätzlich gestärkt haben wird. Das heißt mit anderen Worten: Die Institution Heiliggeistspital hatte mit seinen Filialen („hüser") in der Landschaft für einen Teil seiner Bauern eine zentralörtliche Funktion.[33]

Bei genauerem Hinsehen erscheint vieles, das in der Beziehung zwischen dem städtischen Spital und den Bauern auf den ersten Blick als für beide Seiten nutzbringende Kooperation gedeutet werden kann, in einem anderen Licht. Es ist nämlich zu fragen, ob die dominante Stellung das Spital nicht dazu verleitete, seine Interessen ungeachtet der Konsequenzen, die sie für die Bauern haben konnten, konsequent zu verfolgen: Das Spital war Grund- und vereinzelt sogar Leibherr und mit Dünger- und Rebsteckenlieferungen sowie Lohnzahlungen für Arbeiter aktiv am Produktions- und Arbeitsprozess

---

33 Eine „husröchi" des Heiliggeistspitals St. Gallen in Altstätten wird im Rebbrief von 1470, vgl. Göldi, Der Hof, S. 102, erwähnt. Zudem ein „hus zuo Bernang" in den Pfennigzinsbüchern (C, 3, Bl. 112v). Es ist anzunehmen, dass diese sogenannten „hüser" die Orte darstellten, wo der Spital direkt in der Produktionssphäre vertreten war. Ob die Geschäftsvorgänge mit den Bauern dort, an Transport-Umschlagplätzen oder auf lokalen Märkten abgewickelt wurden, kann nicht entschieden werden. Das heißt, die zentralen Funktionen des Spitals für seine Bauern (Versorgung mit Getreide und Fleisch) wurden weniger über die Zentrale, sondern mehr über Außenstellen wahrgenommen. Zentrale Orte sind demnach nicht nur mit zentralen Siedlungen gleichzusetzen. Das Merkmal zentraler Orte ist vielmehr die Koordination zentraler Funktionen. Insofern können auch demographisch unbedeutende Örtlichkeiten wie Mühlen, Tavernen, Märkte – und eben solche erwähnten Filialen des Spitals – zentralörtliche Stellung einnehmen. Zu diesem Problem vgl. die Bemerkungen von Mitterauer, Problem, S. 31.

beteiligt. Darüber hinaus war es in der Organisation und Durchführung der Transporte des Weins vom Produktionsort in die Stadt involviert und versorgte die Bauern mit lebenswichtigen Gütern. Diese starke Stellung und der Einblick bis in die „Mikroebene" hinab erlaubte dem Spital eine direkte Einflussnahme auf die Produktion und deren Steuerung nach eigenen Interessen. Die einseitige Ausrichtung der Produktion scheint die Folge nicht zuletzt dieses Umstandes zu sein.

Die Auswirkungen für die Weinbauern waren gravierend: Erstens waren sie als Produzenten eines marktorientierten, einkommenselastisch nachgefragten Gutes wie Wein ständig mit Nachfrage- bzw. Absatz- und/oder Preisschwankungen konfrontiert. Zweitens waren sie selber in ihrer Eigenversorgung mit Grundnahrungsmitteln (Getreide) zum Teil fremdabhängig, und drittens bestand eine permanente Verschuldung der Weinbauern gegenüber dem städtischen Spital. Von „unternehmerischer Freiheit" der Bauern kann unter diesen Umständen nur sehr bedingt gesprochen werden.

Ähnlich ist die Situation im Bereich der Viehwirtschaft. Das in solchen Viehgemeinschaften den Bauern durch das Heiliggeistspital geliehene Geld führte mitunter zu großen Verschuldungen einzelner Bauernfamilien. Für die Kredite verlangte das Spital entsprechende Sicherheiten; die Bauern mussten oft ihre Liegenschaft als Unterpfand einsetzen, und sie hatten einen entsprechenden jährlichen Zins – üblich waren 5 % – zu bezahlen.

Am Hof Wolfetschwendi bei Schönengrund im Appenzeller Hinterland lassen sich die Folgen dieser Verschuldung exemplarisch aufzeigen. Der Hof wurde von einem Ueli Töring bewirtschaftet. 1452 war er gezwungen, dem Heiliggeistspital einen Zins zu 6½ Pfund zu verkaufen. Oder anders ausgedrückt: Um sein stark verschuldetes Vieh zu entlasten und um seinen Zinsverpflichtungen nachkommen zu können, war er gezwungen, auf seinen Boden und Hof eine Hypothek von 130 Pfund aufzunehmen, die er jährlich mit 6½ Pfund (5 % von 130 Pfund) verzinsen musste. Töring geriet im weiteren Verlauf der Jahre mit seinen Zinszahlungen immer stärker in Verzug, und als 1470 gemäß Eintrag im Zinsbuch seine Zinsschuld auf 28 Pfund, 9 Schillinge und 8 Pfennige angewachsen war, drohten ihm die Spitalverantwortlichen als Kreditoren ein erstes Mal mit Pfändung. In Anwesenheit seines Bruders Küeni musste er dem Spitalmeister versichern, seinen Zahlungsverpflichtungen innerhalb von acht Tagen nach der Martini-Abrechnung (11. November) nachzukommen. Im gleichen Jahr gab er dem Spital vier Stiere und sechs Gulden in bar, und 1471 kamen vier Ochsen dazu. Daraufhin wurden ihm 7 Pfund von seiner angelaufenen Schuld abgezogen, und zudem erhielt er eine Barauszahlung. Mit seinen Zahlungen hatte er sein Versprechen der Zahlung eingelöst, und die Verpfändungsandrohung wurde zurückgezogen. Als aber die Zahlungen 1472 wiederum ausblieben, griff der Spitalmeister zu härteren Mitteln, indem er ihm mit „giselhaft" drohte. Das heißt, Ueli Töring sollte so lange auf seine Kosten in der Stadt gefangen gesetzt werden, bis seine Familie die Schuld beglichen hatte.

Auch in den folgenden Jahren änderte sich an Törings Lage nichts Grundsätzliches. Seine Schuld gegenüber dem Spital stieg bis 1477 auf über 25 Pfund. Das veranlasste den Spitalmeister dazu, zum äußersten Mittel zu greifen: Er drohte Töring mit der Einschaltung des Weibels und der Vergantung seiner Liegenschaft, falls die Schulden nicht bezahlt würden. Töring lieferte dem Spital auf diese Drohung hin in kürzester Zeit vier schöne Tiere ab, die dem Spitalmeister offenbar gefielen, und er konnte so die Vergantung seines Hofes und seiner Fahrhabe abwenden. Das Beispiel zeigt eines deutlich: Viehzucht und Viehhandel waren mit hohen Krediten und entsprechend hohen Risiken für die Bauern verbunden.

Diskussion der Resultate

a. Um das Thema „Bauern als Händler" sinnvoll behandeln zu können, müssen beide Ebenen, die Produktion landwirtschaftlicher Güter und deren Distribution, untersucht werden. Dies ist anhand von regionalen Beispielen im Bereich der Stadt-Umland-Beziehungen möglich. Die Stadt mit ihrem Markt und anderen Einrichtungen und Akteuren war der wichtigste Umschlagort. Zudem waren Städte im Sinne der Sicherung ihrer Versorgung und auch aus kommerziellen Gründen an der Landwirtschaft ihres Umlands interessiert.

b. Am Beispiel der Wirtschaftsführung des Spitals als der größten städtischen Institution im spätmittelalterlichen St. Gallen konnte gezeigt werden, dass die Stadt einen starken Einfluss auf die landwirtschaftliche Produktion des Umlands ausübte. Im Vordergrund stand die Sicherung der Versorgung mit Grundnahrungsmitteln; darüber hinaus bestanden aber auch kommerzielle Interessen. Das zeigt sich daran, dass vor allem die Viehwirtschaft und der Weinbau gefördert wurden, um den Verkauf von Schlachtvieh, Milchprodukten und Wein in der Stadt, auf dem Land und womöglich für den Export über den Bodensee zu gewährleisten. Als Folge davon bildeten sich um das städtische Zentrum drei aufeinander angewiesene, spezialisierte Landwirtschaftszonen mit den Schwerpunkten Getreidebau, Viehwirtschaft und Weinbau.

c. Die landwirtschaftliche Spezialisierung einzelner, im Umland einer Stadt liegender Zonen entspricht einer regionalen Arbeitsteilung. Es findet nicht nur ein Tausch zwischen der Stadt und dem Land statt, sondern auch ein Tausch zwischen den unterschiedlich strukturierten Landwirtschaftszonen. Landwirtschaftliche Produkte werden einerseits zwischen Stadt und Land und andererseits zwischen Land und Land (landwirtschaftlich unterschiedliche Zonen) gehandelt. Zentral in diesem Zusammenhang ist die Tatsache, dass es sich auf beiden Ebenen um einen „organisierten" Austausch handelte. Das Spital als weltliche Herrschaft nahm „seinen" Bauern Produkte ab und belieferte sie mit ihnen fehlenden Produkten oder mit Bargeld; die Bezüge bzw. Lieferungen wurden in den individuell geführten Konten den Bauern belastet bzw. gutgeschrieben. Was bedeutet das? Das präsentierte Beispiel relativiert die in der Literatur womöglich überbewertete Funktion des städtischen Marktes als wirtschaftlicher Angelpunkt zwischen

Stadt und Land.³⁴ Jedenfalls war die Abwicklung des Warentausches nicht zwangsläufig an die Stadt und deren Markt gebunden. Es stellt sich ohnehin die Frage, wie wichtig Märkte – städtische und lokale – für den Tausch waren. Unser Beispiel zeigt zumindest, dass es auch andere, „interne" Verteilungssysteme gab. Hinzu kommt die Möglichkeit des nicht oder nur indirekt nachweisbaren zwischenbäuerlichen Austausches, dessen Bedeutung ebenfalls nicht zu fassen ist.³⁵

d. In der Diskussion über Stadt-Land-Beziehungen sind zwei unterschiedliche Positionen auszumachen. Der verbreitete Forschungsansatz hebt den Bedeutungsüberschuss der Stadt gegenüber dem Land hervor; die andere Position interpretiert die Beziehung zwischen Stadt und Land als partnerschaftlich harmonisch.³⁶ Wie ist die Stadt-Land-Beziehung in der Region St. Gallen Ende des 15. Jahrhunderts zu beurteilen? Vor dem Hintergrund der gemachten Ausführungen zu den landwirtschaftlichen Spezialisierungen und den sich daraus ergebenen Tauschbeziehungen hat eine Interpretation meines Erachtens entlang den Begriffen „Komplementaritäten" einerseits und „Abhängigkeiten" andererseits zu geschehen. Zuerst zu den Komplementaritäten: Der Ansatz, die Stadt-Land-Beziehungen nicht einseitig von der Stadt her und als Dominanz gegenüber dem Land zu sehen, wurde schon in den 1970er Jahren aufgegriffen.³⁷ Er sollte im Sinne eines Postulats zur besseren Erforschung der ländlichen Bevölkerung und Wirtschaft unbedingt weiterverfolgt werden. Regionale Studien zeigen nämlich, dass die Grenzen zwischen Stadt und Land, zwischen Stadt und Dorf, zwischen städtischer und ländlicher Bevölkerung fließend waren. Die hier präsentierten Ergebnisse, die auf Untersuchungen sowohl zur Stadt als auch zur ländlichen Bevölkerung basieren, zeigen zudem deutlich, dass beide Seiten – wenn auch in unterschiedlichem Maße – von den wirtschaftlichen Beziehungen miteinander profitierten. Allein schon der Hinweis auf die Versorgung genügt: Das Land belieferte die Stadt mit Nahrungsgütern, und als Gegenleistung bezogen die landwirtschaftlichen Produzenten Geld oder Güter des täglichen Bedarfs, die sie nicht selber herstellten oder von einem anderen Ort (lokaler Markt, Nachbar) bezogen. Das partnerschaftliche Moment wird auch im direkten Tauschverkehr sichtbar; es entsteht der Eindruck eines für beide Seiten vorteilhaft eingespielten Verhältnisses. Den Bauern war es möglich, Naturalien und Bargeld, die ihnen mangelten, auf Kredit zu beziehen und diesen später in Form von Wein, den sie selber herstellten, zu bedienen. Von der Stadt gewährte Kredite halfen den Bauern, einen Viehhandel zu entwickeln, und die Versorgung mit Grundnahrungsmitteln ermöglichte es den Weinbauern, sich auf den gewinnbringenden Weinbau zu konzentrieren. Das Dargelegte macht deut-

---

34 Rösener, Stadt-Land-Beziehungen, S. 47.
35 Diese Aussage lässt sich auch mit Nachweisen für einen direkten zwischenbäuerlichen Austausch über Distanzen bis zu 10 Kilometern in der untersuchten Region bekräftigen. Vgl. dazu Sonderegger, Landwirtschaftliche Entwicklung, S. 363. Dieselben Beobachtungen hat Zangger im Zürcher Oberland gemacht, und zwar in einem Gebiet mit kleinräumig unterschiedlichen landwirtschaftlichen Produktionsstrukturen. Sonderegger/Zangger, Deckung, S. 31.
36 Rösener, Stadt-Land-Beziehungen, S. 40.
37 Vgl. Anm. 21.

lich, dass Stadt-Land-Beziehungen auch aus Komplementaritäten bestanden, die für beide Seiten von Nutzen waren. – Zu den Abhängigkeiten: Diese Aspekte dürfen aber nicht dazu verleiten, darin eine rein harmonische Kooperation zu sehen. Unter anderem im Bestreben, ihre Versorgung zu sichern und agrarischen Handel zu treiben, griffen Stadtbürger und städtische Institutionen auf das Land aus, indem sie Böden und Höfe sowie Herrschaftsrechte kauften oder als Lehen übernahmen, Renten erwarben sowie mit kontinuierlichen Krediten und Naturallieferungen die landwirtschaftliche Produktion steuerten und die landwirtschaftlichen Produzenten an sich banden. Zwischen Stadt und Land fand nicht einfach ein freies Spiel der Wirtschaftskräfte statt, es bestanden herrschaftliche und zunehmend starke ökonomische Abhängigkeiten und Zwänge, welche die Handlungsfreiheit der ländlichen Bevölkerung gerade in wirtschaftlichen Belangen einschränkten. Hinzu kommt ein Problem, das sich mit zunehmendem Kommerzialisierungsgrad der landwirtschaftlichen Produktion verschärfte: die bäuerliche Verschuldung.[38] Die Fleisch- und Milchproduzenten befanden sich in einer zum Teil hohen finanziellen Abhängigkeit. Als Viehhändler brauchten sie große Kredite, damit verbunden waren hohe Verschuldungen mit Risiken. Der Gläubiger verlangte, dass der Schuldner mit seinem liegenden und fahrenden Gut als Unterpfand haftete. Bei ausbleibender Zahlung der Zinsen konnte dem Schuldner mit der Pfändung bzw. Vergantung seines Unterpfandes gedroht werden. Die Vergantung der Liegenschaft bedeutete den Verlust der Existenzgrundlage. Die Verschuldung der Weinbauern hingegen war anders als jene der Viehbauern. Es waren keine einmalig gewährten, hohen Beträge; die Schulden setzten sich zusammen aus vielen kleinen und mittleren Waren- und Bargeldkrediten. Pfändungen oder Vergantungsandrohungen können nicht nachgewiesen werden; allein daraus den Schluss zu ziehen, die Verschuldung der Weinbauern sei im Vergleich mit derjenigen der Viehbauern weniger drückend oder bindend gewesen, ist jedoch nicht gerechtfertigt. Entscheidend ist, dass in beiden Fällen die Verschuldung gewissermaßen zur Struktur der Beziehung zwischen den Bauern und ihrer Herrschaft gehörte. Kontinuierliche, längerfristige, zum Teil hohe Verschuldungen banden über die Abzahlungsverpflichtungen die Bauern an ihre Herrschaft; es stellt sich sogar die Frage, ob Grundherren im Sinne einer Stärkung ihrer Herrschaftsdurchsetzung Verschuldungen dieser Art förderten. Dem Thema bäuerliche Verschuldung wird die Forschung sowohl in Bezug auf ökonomische als auch herrschaftliche Aspekte mehr Beachtung schenken müssen.

Insgesamt gesehen war die Stadt gegenüber dem Land in der wirtschaftlich stärkeren Position. Die Stadt förderte die landwirtschaftliche Spezialisierung und schuf dadurch die Voraussetzungen für die Arbeitsteilung zwischen verschiedenen Regionen sowie zwischen den Regionen und ihr selbst. Die Stadt organisierte zudem mit ihrem Markt oder wie im vorliegenden Fall mit der größten städtischen Institution, einer weltlichen Herrschaft mit Grundbesitz in der Landschaft, den Tausch. Kurz gesagt: Das Gesamtsystem funktionierte über die Stadt. Solche Beobachtungen lassen einen deutlichen Be-

---

38 Grundsätzlich dazu Gilomen, Motiv, S. 173–189, u. ders., Endettement, S. 99–137.

deutungsüberschuss der Stadt gegenüber dem Land erkennen und sie zeigen meines Erachtens, dass die Grundlagen für eine grundsätzliche Neubewertung der Stadt-Land-Beziehungen hin zu einer Land-Stadt-Beziehung als Umkehr der Kräfteverhältnisse noch nicht geschaffen worden sind.

Bauern der holsteinischen Elbmarschen als Händler

Klaus-J. Lorenzen-Schmidt

Die Bauern der holsteinischen Elbmarschen galten seit der Mitte des 18. Jahrhunderts in den Herzogtümern Schleswig und Holstein als besonders reich. Im 19. Jahrhundert bildeten sie Züge einer ländlichen Aristokratie heraus, die sich durch scharfe Abgrenzung von den übrigen Landbewohnern und Städtern, durch ein auf Ebenbürtigkeit ausgerichtetes Konnubium und durch Repräsentativität der Baulichkeiten ihrer Hofanlagen bemerkbar machte. Seit 1919 befand sich diese Gesellschaftsschicht in einem permanenten, krisenhaften Abstiegsprozess, der mit der allgemeinen Entwicklung der Landwirtschaft korrespondiert. Dass die durch die konjunkturellen Bedingungen des 19. Jahrhunderts zu besonders großem Reichtum gelangten Bauern sich über lange Zeit, nämlich seit dem Spätmittelalter, nicht zu schade waren, selbst am Handel mit ihren Produkten teilzunehmen und erst spät dazu übergingen, den Handel mit Pferden, Vieh und Feldfrüchten Maklern und nicht der Agrarproduktionssphäre entstammenden Kaufleuten zu überlassen, soll im Folgenden gezeigt werden. Dieser Verlust an Marktnähe und -erfahrung dürfte keinen geringen Anteil an der Schärfe der krisenhaften Entwicklung (und deren Wahrnehmung durch die Bauern, insbesondere in den 1920er Jahren) gehabt haben.

Das Gebiet und seine Inwertsetzung

Das Gebiet der holsteinischen Elbmarschen[1] stellt einen sehr kleinen Teil der Grafschaft, des späteren Herzogtums Holstein dar, das sich am Nordrand der Elbe zwischen Hamburg und Dithmarschen erstreckt. Es umfasst etwa 63 km² und gliedert sich naturräumlich in zwei größere und zwei kleinere, durch Flüsse voneinander getrennte Abschnitte: im Westen die 22 km² große Wilstermarsch, die von der 29 km² großen Krempermarsch durch die Stör getrennt ist; südöstlich anschließend und durch die Krückau getrennt die 4 km² große Seestermüher Marsch, an die sich nach Überschreiten der Pinnau die nur knapp 3,5 km² große Haseldorfer Marsch anschließt. Insgesamt machen diese Marschen

---

1   Nach wie vor ist das Standardwerk für diese Region: Detlefsen, Elbmarschen, 1891/2. Detlefsens Werk ist stark verwaltungs- und politikgeschichtlich orientiert, doch ist er auch zeitgenössischen Ansätzen der Kulturgeschichte verpflichtet. Fast alle späteren Autoren sind Detlefsen auf mannigfache Weise verpflichtet. Hinsichtlich von Deichbau und Entwässerung vgl. Fischer, Elbmarschen. Zur Landwirtschaftsgeschichte und ländlichen Sozialgeschichte vgl. die Zeitschrift „Archiv für Agrargeschichte der holsteinischen Elbmarschen" (hinfort: AfA). Überblicke für die beiden beteiligten Kreise bieten: Geschichte Pinneberg und Heimatbuch Steinburg.

etwa 3,3 % der Fläche des Bundeslandes Schleswig-Holstein aus. Sie gliedern sich in den Marschensaum an der kontinentalen Nordseeküste ein, der sich – aus See- und Flussmarschen unterschiedlichen Alters zusammengesetzt – von Belgien bis nach Dänemark erstreckt und zum Teil eine beträchtliche Breite erreicht. Dieses Anwachsland wurde im Rahmen der Siedlungsexpansion des 12. und 13. Jahrhunderts sukzessive urbar gemacht und besiedelt.[2] Die Siedler kamen unserer gegenwärtigen Kenntnis nach aus dem angrenzenden sächsischen Siedlungsraum, zu einem kleinen Teil aber auch aus Holland und Flandern; vor allem die westeuropäischen Siedler dürften das know-how der regelmäßigen Entwässerung und des effektiven Deichbaus mitgebracht haben.

Eine Besiedlung der Marschen hatte zunächst drei Aufgaben zu erfüllen: 1. den Bau von Deichen, um a. das Tide- und Sturmfluthochwasser, b. das rückwärtige Moorwasser und c. das von der Geest nachströmende Oberflächenwasser fernzuhalten; 2. den Bau von Entwässerungsgräben, um a. das feuchte, zunächst noch mit relativ umfänglichen Stehgewässern überzogene Land trockenzulegen und b. eine Drainage der rückwärtigen Moore (und damit zugleich des nachströmenden Geestwassers) zu ermöglichen; 3. den Bau von Schleusen, um den Durchlass des Binnenwassers in die Flüsse bzw. in das Meer zu gewährleisten.

Gesellschaft und Wirtschaft

Die Siedlungen dieses Typs dürften zunächst ganz gleichmäßig aufgeteilt worden sein, wobei der Boden frei vererbbar war. Abgaben waren dem Grundherren (zum größten Teil dem Landesherren, den klösterlichen Herrschaften und einigen wenigen kleinen Grundherren, seit dem Spätmittelalter auch Gutsbesitzern) zu leisten. Die Gleichheit der Hufen ist dann auch die Voraussetzung des genossenschaftlichen Bandes, das alle Landbesitzer in Deich-, Entwässerungs- und Wegebau bzw. -unterhaltung eint. Das übliche Verfahren war dabei, dass die Leistungen gleichmäßig nach Größe des Grundbesitzes (und zwar der Morgen dem Morgen gleich) verteilt wurden, so dass jeder Hufner eine bestimmte Deichstrecke, ein bestimmtes Wetternstück (Entwässerungsgraben) und einen bestimmten Wegeschlag zu unterhalten hatte. Diese Voraussetzungen schufen eine genossenschaftliche Verfassungsform der Gemeinden, die im Wesentlichen von einer Gleichberechtigung aller Dorfgenossen ausging.[3] Es war recht einfach, Land zu verkaufen und Besitzungen zu teilen, so dass hier ein reger Bodenmarkt schon im Mittelalter entstand und eine starke Grundbesitzdifferenzierung zur Folge hatte.

---

2 Über den Prozess der frühen Besiedlung der holsteinischen Elbmarschen sind wir aus Quellen nur höchst unzureichend informiert. Es bleibt für die Analyse des Ablaufs eine aufeinander bezogene Interpretation von dürftigen Schriftquellen, topographischen Befunden und Resultaten der Forschung für andere nordwestdeutsche Flussmarschen. Hervorragend ist hier die Arbeit von Hofmeister, Elbmarschen.

3 Vgl. dazu: Lorenzen-Schmidt, Kremper-Marsch-Commüne.

In der Krempermarsch hatten die Höfe eine ursprüngliche Größe von etwa 24 ha, doch scheint es, als hätten die kleinen Marschen im Südosten, die zunächst besiedelt worden waren, kleinere Hofstellen gehabt. Jedenfalls weisen sie heute erheblich kleinere Durchschnittshofgrößen auf als die Kremper- und Wilstermarsch. Ob das mit der ursprünglichen Besiedlung, mit den Wirkungen des Bodenmarktes oder mit spätmittelalterlichen Teilungen zu tun hat, muss vorerst eine offene Frage bleiben. Allerdings sind Realteilungen enge Grenzen gesetzt, weil ein pflugfähiger Betrieb in der Regel um 8 ha Weide- und Heubergungsfläche zur Versorgung der benötigten Pflugpferde braucht. Unter 15 ha konnte also nicht geteilt werden. Unter diesen Bedingungen wurde die Realteilung monetär abgewickelt, was zum Teil zu erheblichen Belastungen des Hoferben durch weichende Erben führte.

Nicht das ganze Gebiet konnte von Siedlungsbeginn an als Ackerland genutzt werden, weil alle Köge (durch Deiche geschütztes Marschland) noch für geraume Zeit offene Gewässer oder Moore aufwiesen. Immerhin konnte doch etwa 75 % der Fläche für Getreidebau mit der Aussicht auf enorme Erträge bearbeitet werden. Die ersten überlieferten Zahlen zeigen, dass in den Marschen etwa mit dem drei- bis vierfachen Ertrag der Geestäcker gerechnet werden konnte.[4] Dieser hohe Ertrag erforderte jedoch eine sehr intensive Landbautechnik[5], insbesondere eine sorgfältige Vorbereitung des Saatlandes. Pflügen und Eggen waren sehr arbeitsintensiv. Normalerweise wurden die einscharigen Pflüge hier von vier Pferden gezogen; bei besonders bindigen Böden erforderte das Pflügen sechs Pferde. Diese Anforderungen erzwangen von Beginn der Siedlung an einen hohen Pferdebesatz der Stellen, der dem des Rindviehbesatzes gleich kam. Auf jedem Hof wurde bis zum Ende der traditionellen Elbmarschen-Landwirtschaft zu Beginn des 20. Jahrhunderts die gleiche Stallfläche für Pferde und Rinder bereitgestellt. Sieben bis acht Pferde inklusive der Fohlen wurden so gehalten. Schweine hingegen wurden nur wenig und nahezu ausschließlich zur Selbstversorgung in Anspruch genommen; das gilt auch für Schafe, die Wolle und Fleisch lieferten. Jeder Bauer ließ im Herbst ein Rind und zwei Schweine schlachten, um die Fleischversorgung zu sichern.

Diese Quantitäten der Vorratshaltung verweisen auf große Haushalte. Tatsächlich konnte ein solcher Hof nur mit fünf bis sechs dauernden und zwei bis drei saisonalen Arbeitskräften betrieben werden. Zu diesen kamen in den Arbeitsspitzen zwei bis drei Tagelöhner/innen. Alle diese Menschen wurden auf dem Hof versorgt[6] - zusätzlich zur Bauernfamilie. Das Pflügen mit vier bis sechs Pferden erforderte drei Mann bzw. Jungen. Jede Erntearbeitergruppe bestand aus drei Arbeitskräften; drei bis vier Gruppen arbeiteten einen Tag, um einen Hektar zu ernten. Die gewöhnlichen Arbeiten wie

---

4   Vgl. die von dem Segeberger Amtmann von Rosen erhobenen Daten aus den 1820er Jahren - LAS Abt. 400.1; Lorenzen-Schmidt, Statistik der Landwirtschaft; ders., Güter; ders., Herrschaft; ders., Marschdistrikte; ders., Klöster; ders., Raa.
5   Vgl. Struve, Kremper Marsch; Schacht, Zustände.
6   Der Tagelöhner hatte zwar seinen eigenen Haushalt, nahm aber beim zweiten Frühstück, dem Mittagessen und der Vesper am Gesindetisch Platz, denn sein Weg zur Arbeit war normalerweise lang.

Füttern, Ausmisten, Gartenarbeit, Melken, Buttern, Dreschen, Kleien u.s.w. mussten zeitweilig täglich besorgt werden. Der bäuerliche Familienzyklus bestimmte den Bedarf an familienfremden Arbeitskräften, aber seit der zweiten Hälfte des 18. Jahrhunderts arbeitete der Bauern körperlich nur bis zur Hofübernahme. Danach leitete er seinen Betrieb, beobachtete das Marktgeschehen, insbesondere die für den Absatz seiner Produkte wichtige Preisentwicklung, und widmete sich genossenschaftlichen und kommunalen Aufgaben. Die Vermarktung seiner Erzeugnisse lag überwiegend in der Hand des Landwirts; Makler treten in dieser Zeit nur höchst vereinzelt auf. Nur wichtigere Arbeiten führte der Bauer noch selbst aus; dazu gehörte das Säen. Die Arbeit wurde also von der Bauernfamilie, dem Gesinde (ganzjährig oder im siebenmonatigen Sommer- bzw. im fünfmonatigen Winterhalbjahr) und Tagelöhnern getan. Während die Tagelöhner seit dem 15. Jahrhundert normalerweise in den Marschen in Eigentums-Katen wohnten[7], kam der größte Teil des Gesindes aus Bauernfamilien der Geest. Wenn Knechte oder Mägde eine eigene Familie gründeten, wurden sie Tagelöhner; verheiratetes Gesinde kam hier nicht vor, ohne dass es dafür einen anderen Grund als den des Herkommens gab. Die soziale Trennung zwischen Bauern und Kätnern war scharf. Auch einzelne Bauernsöhne, denen es nicht gelang, in andere Bauernfamilien einzuheiraten und Nachfolger ihres Schwiegervaters zu werden, sanken in die Kätnerschicht ab[8].

Das bis 1472 in einer Reihe von Gemeinden geltende hollische Recht beschleunigte im Gegensatz zu dem schwerfälligeren Sachsenrecht Landtransaktionen. Ein lebhafter Bodenmarkt entstand bereits in den ersten Jahrzehnten nach der Besiedlung, und deshalb ist es nicht verwunderlich, wenn wir in den ersten erhaltenen Steuerlisten um 1500 eine sozial stark differenzierte Bevölkerung feststellen können[9]. Eine homogene Bauernbevölkerung gab es nicht mehr – große Bauern, kleine Bauern und Kätner stellen die Hauptgruppen dar. Die Katen wurden oft auf Kirchengrund[10] errichtet und bildeten so relativ geschlossene Dörfer; auch die Deicherde[11] (neben den eigentlichen Deichen

---

7   Diese waren allerdings durch den Kauf meist hypothekarisch stark belastet.
8   Gravert, Bauernhöfe. Die Herausgeber des posthum erschienen Werkes, E. Holst und T. Ahsbahs, schrieben in ihrem Vorwort: „Es war zu Anfang angenommen worden, dass der verwandtschaftliche Zusammenhang zwischen den Familien der Bauern und der Kätner unbedeutend ist. Es hat sich aber im Laufe der Arbeit gezeigt, dass in unserem Gebiet, welches eine Eroberer- und Herrenschicht niemals gekannt hat, die Bevölkerung blutsmäßig durchaus einheitlich ist. Wie man aus dem Werke sehen kann, sind ... Bauernfamilien in den Kätnerstand übergegangen." (V)
9   Vgl. Lorenzen-Schmidt, Vermögens- und Sozialverhältnisse; ders., Registrum 1512; ders., Registrum 1514. Im Überblick: ders., Hufner und Kätner.
10 Die Kirchspielorganisation in den Elbmarschen ist mit Ausnahme des Kirchspiels Wilster außerordentlich kleinteilig. Fast jede Dorfschaft hatte ihre eigene Kirche. Den Kirchen wurden gewöhnlicher Weise bei der Kolonisierung zwei Hufen beigelegt - eine für den Kirchenunterhalt, eine zur Versorgung des Pfarrherrn. Da die Pastoren schon im 17. Jahrhundert zumeist auf eigene Ackerwirtschaft verzichteten und nur Vieh und Pferde hielten, konnte ihr Land für Parzellierungen zur Verfügung gestellt werden.
11 Deicherde ist das Land, auf dem der Deich steht. Es hat meistens eine größere Breite als der Deichfuß, denn zum Teil (etwa bei mangelndem Vorland) musste von hier Erde zu Reparatur-

das einzige Gemeinschaftsland in den Elbmarschen, wenn man einmal von den sehr kleinen „Bauergütern" der Dorfschaften absieht) wurde für Katenreihensiedlungen genutzt. Kätner waren Tagelöhner und Landhandwerker bzw. kleine Gewerbetreibende (z.B. Höker).

Lange Zeit wurde das Größenwachstum einzelner Höfe durch den Faktor Zeit begrenzt. Denn die Vorbereitung des Ackerlandes konnte nur in einer sehr kurzen Zeitspanne während trockenen Wetters erfolgen, weil der bindige Klei ein besonderes Verhältnis von Trockenheit und Feuchtigkeit braucht, damit er gepflügt und geeggt werden kann. Die Tagesleistung eines Pfluggespanns bestand aus etwa einem Hektar. Da die Pfluggespanne wegen fehlender Futtergrundlage für die Zugpferde nicht grenzenlos vermehrt werden konnten, waren auch der Feldbestellung enge Grenzen gesetzt. Ohnehin verteilte sich die Fläche eines Hofes im Ackerbaugebiet der Wilster- und Krempermarsch auf etwa 50 % Ackerland und 50 % Weide- und Heubergungsland für Pferde und Rinder.

Allerdings waren die Elbmarschen seit dem Ende des Mittelalters kein reines Ackerbaugebiet mehr. In weiten Teilen der Wilstermarsch hatte sich durch die planmäßige natürliche Entwässerung und die damit verbundene Austrocknung torfiger und mooriger Bodenschichten eine Absenkung eingestellt, die zunächst unlösbare Entwässerungsprobleme aufwarf. Erst seit der Mitte des 16. Jahrhunderts wurden diese tiefliegenden Ländereien von niederländischen Flüchtlingen, die ihre Heimat wegen des Unabhängigkeitskrieges gegen Spanien und später wegen religiöser Zerwürfnisse verlassen mussten, wieder in Kultur genommen.[12] Unter anderem ist es das Verdienst dieser Immigranten, dass sie die Milchwirtschaft als profitable Nutzung niedriger Ländereien eingeführt und schließlich auch verbreitet haben. Zur Inwertsetzung der vernässten Weidegründe konstruierten sie ein eigenes Entwässerungssystem, das das Wasser über Schöpfmühlen (bald schon unter Verwendung archimedischer Schrauben) so weit hob, dass es bei Ebbe mühelos aus den Hauptvorflutern abfließen konnte. Das so gewonnene Gräsungs- und Heuwerbungsland diente den stark anwachsenden Milchkuhherden als Futtergrundlage. Da Milch ein hochgradig verderbliches Nahrungsmittel ist, war sie nur durch Verarbeitung zu Butter (traditionell) und Fettkäse (neu) haltbar und handelbar zu machen. Die lange Tradition der verschiedenen Wilstermarschkäse geht ausschließlich auf diese zweite niederländische Einwanderungswelle des 16. und beginnenden 17. Jahrhunderts zurück.

Auch andere Innovationen wurden versucht. Gegen Ende des 16. Jahrhunderts wurde erstmals Raps angebaut. Der Anbau von Gemüse – besonders in den Wildnissen[13] um die 1616 angelegte und 1617 mit Stadtrecht bewidmete Festung Glückstadt – entwickelte sich, nicht nur zur Versorgung der rasch wachsenden Stadt mit ihrer Garnison, sondern auch, um der zunehmenden Nachfrage der niederdeutschen Metropole Hamburg

---

zwecken entnommen werden.
12 Vgl. Scheer und Matthieu, Barghus.
13 Vgl. Ehlers, Herzhorn.

gerecht zu werden. Basis dieser Produktion waren die vorherrschenden Kleinparzellen, die ihren Ursprung in der Beteiligung der Bauern im Herrschaftsbereich des Herzogs von Holstein und des Grafen von Holstein-Pinneberg an der Bedeichung hatten. Für ihre Arbeit erhielten sie Landzuweisungen von zwei Hektar Größe, die sie aber oft wegen der großen Entfernung von ihren Höfen nicht selbst nutzen konnten und deshalb an Kleinbauern verkauften, die hier den arbeitsintensiven, gärtnerischen Gemüsebau (Kohl[14], Karotten, Zwiebeln, später: Kartoffeln und nach der großen Kartoffelseuche von 1846/7 besonders Frühkartoffeln) durchweg in Handarbeit betrieben.

Marktorientierung

Wie aus verschiedenen Hinweisen erschlossen werden kann, war die Landwirtschaft der Elbmarschen sehr rasch – nach einer kurzen Phase der Stabilisierung nach dem Siedlungsbeginn – exportorientiert. Dies ist Folge der Überschussproduktion. Diese frühe Marktproduktion ließ monetäres Denken entstehen und machte Geld zum entscheidenden Dreh- und Angelpunkt der bäuerlichen Wirtschaft, in der selbstverständlich Steuer- und Abgabenzahlungen eine Rolle spielten; sie waren in den Marschen seit Siedlungsbeginn niedriger als im Altsiedelland. Auf der anderen Seite machte diese Marktproduktion aber auch abhängig von den Nachfrageschwankungen etwa in Folge von Bevölkerungsrückgang (Epidemien) oder Überangeboten aus anderen Produktionsgebieten. Die Bauern der Elbmarschen waren auf diese Weise äußerst eng an die Zyklen des Marktes gebunden. Sie versuchten, dieser Bedrohung aufgrund kurzfristiger Nachfrageminderung durch Geldakkumulation, bisweilen durch Änderung ihrer Produktion zu begegnen. Ihre überwiegend prosperierende Lage gewährleistete Bestandssicherheit trotz dieser Herausforderungen.

Insgesamt hatte die frühe monetäre Orientierung und die ungebrochene Marktproduktion während des Spätmittelalters und der Neuzeit zur Folge, dass die Marschbauern nicht nur ein stark rechenhaftes Denken ausbildeten und bereits früh schrieben, sondern dass auch die sozialen Beziehungen innerhalb der ländlichen Gesellschaft erheblich von Geld- und Edelmetallflüssen geprägt waren. Wer auf dieser Ebene nicht mithalten konnte, schied schon bald als Ehepartner oder Gevatter aus dem Kreis der Bessergestellten aus und hatte an dem verwandtschaftlich strukturierten, gemeindeübergreifenden informellen (nämlich familiären) Beziehungsnetz keinen Anteil. Das konnte rasch unmittelbare (auf der Kreditebene) oder mittelbare (auf der Vererbungsebene) Folgen haben, die in gewisser Weise den längerfristigen Ausschluss aus der Bauernbevölkerung nach sich ziehen konnten.

Wer allerdings kein Land in genügender Größe bewirtschaftete, gehörte ohnehin nicht zu den Bauern und hatte weder sozial noch auf der Ebene der gemeindlichen Selbst-

---

14 Danach werden sie auch „Köhlker" genannt.

verwaltung mitzureden. Eheschließungen zwischen den Angehörigen der landarmen und landlosen Schichten (Kätner, Insten) und Bauern gab es nur, wenn der Bauernsohn oder die Bauerntochter bereit war, ihre regional hohe Sozialschicht zu verlassen und damit „abzusinken". Kein Kätner wurde zwischen 1500 und 1800 Bauer, aber relativ viele Bauernsöhne wurden Kätner. Mit diesem Positionswechsel wurde das familiäre und soziale Band zur Herkunftsschicht zerschnitten. Erst im 19. Jahrhundert, als es wenigen Kätnern über gewerbliche und händlerische Aktivitäten gelang, Vermögen und vergrößerten Landbesitz zu erwerben, wurden diese in gewisser Weise von der Bauernschicht „rezipiert".

Fluten und Kriegsschäden

Eine ständige Bedrohung für die Elbmarschenbewohner lag in den Wässern der Nordsee und der Elbe, die zu verschiedenen Zeiten die Deiche durchbrachen und weite Teile der Marschen überfluteten. Nur einmal wurde erwogen, die Wilstermarsch aufzugeben. Das war infolge der Fluten zwischen 1717 und 1721, als es bis 1721 nicht gelang, die große Brunsbütteler Brake zu schließen. Katastrophen wie diese stellten immer massive Erschütterungen des Landwirtschaft dar, insbesondere wenn Salzwasser Teile der Saat vernichtete oder das Ackerland für eine Zeit unbrauchbar machte, wenn große Moorflächen auf Ackerland abgesetzt wurden, wenn Vieh ertrank, Getreide- und Heuvorräte weggetrieben wurden und nicht zuletzt Häuser und ihr Inventar verloren gingen – von den ertrunkenen Menschen gar nicht zu reden. Niemals konnten die Verheerungen die Überlebenden davon abhalten, ihre ererbten Höfe aufzugeben. Wo dies geschah, waren es Einzelfälle, für die bereits das Deichrecht des Mittelalters Vorsorge getroffen hatte. Die Überschwemmungsschäden konnten – eben aufgrund der positiven wirtschaftlichen Gesamtlage – zumeist rasch wieder kompensiert werden. In gleicher Weise erholten sich die Bauern im Umfeld der beiden Festungen Krempe und Glückstadt von den Verwüstungen während des kriegerischen 17. Jahrhunderts.[15]

Konjunkturen

Seit dem Mittelalter wurden die Bauern der Marschen und insbesondere der Elbmarschen als „reiche Bauern" angesehen. Dies wurde besonders in der zweiten Hälfte des 18. Jahrhundert – bei allgemeiner Zunahme der veröffentlichten Reiseberichte in aufklärerischer oder kameralistischer Absicht – von verschiedenen Besuchern betont[16]. Der Reichtum wurde durch große, stattliche Häuser mit exquisiten Interieurs, einem reichen

---

15 Vgl. Schwennicke, Elbmarschen.
16 Etwa: Publicola, Eindrücke; Niemann, Bemerkungen; Dau, Sitten. Auch: Reise Bemerkungen, S. 119ff.

mobilen Inventar, einer Kleidung aus teuren Stoffen mit viel Silberzierrat zur Schau gestellt. Das wohlgenährte Vieh, die gut organisierte Wirtschaft sowie das selbstbewusste und repräsentative Auftreten der Bauern riefen stets Bewunderung hervor. Auch die penible Reinlichkeit von Hofstellen und Wohnräumen – bei doch allgemein festgestellter „Kotigkeit" der Wege – fielen auf. Die meisten dieser Berichte fallen in die Phase des ersten „goldenen Zeitalters" der Elbmarschen-Landwirtschaft zwischen 1740 und 1807, dem Zeitpunkt des Eintritts des dänischen Gesamtstaates in die Allianz mit Frankreich während der napoleonischen Kriege. Diese Periode ist gekennzeichnet durch hohe Getreideerträge, den lohnenden Anbau von Ölfrüchten, die Produktion von Käse, Butter und Fleisch, letzteres erstmalig auch durch Fettgräsung jütischer Magerochsen auf den saftigen Weiden. In dieser Phase wurden zahlreiche Innovationen der Agrartechnik und der Pflanzenproduktion unternommen (neue englische Pflüge, Kleesaat u.s.w.). Nach der Niederlage von 1813 kurz nach dem dänischen Staatsbankrott wirkte sich die große Agrarkrise zwischen 1819 und 1829 auch hier aus.[17]

Danach trat die Landwirtschaft in eine zweite Boomphase ein, die – cum grano salis – bis 1918 anhielt. Dies ist die Zeit, in der viele Änderungen (z.B. Mergeldüngung, Feldbau von Gemüsen, besonders Kartoffeln, Obstproduktion, Pferde- und Schweinezucht, Ochsenmästung, Milchproduktion und -verarbeitung, Drainage, Dampfentwässerung) die traditionelle Landwirtschaft in eine moderne verwandelten. Auch in sozialgeschichtlicher Hinsicht stellt diese Periode ein Novum insofern dar, als die Kluft zwischen den Hofbesitzern und ihren Familien einerseits und Kätnern, Landarbeitern und Gesinde sich stark vertiefte, die Abschottung der Bauernfamilien nach unten porendicht gemacht wurde und immer mehr Bauern danach trachteten, ihre Höfe zu verkaufen, um als wohlhabende Rentiers in den kleinen Städten und am Rand der Elbmarschen „ihr Geld zu leben"[18].

Familienbeziehungen

Die Hofbesitzerschicht dieser Region wies und weist eine sehr starke Binnenorientierung der Heiratsbeziehungen (soziale Endogamie) auf.[19] Dabei stellen im 18. und 19. Jahrhundert die Bauernhöfe der Wohngemeinde das eigentliche Rekrutierungsfeld für Ehepartner dar. Stets kommen über 50 % der Ehepartner aus der eigenen Gemeinde, weitere 30 % aus den benachbarten Gemeinden.[20] Die Folge ist eine hohe verwandtschaftliche Verwebung der besitzbäuerlichen Population, die bisweilen den Charakter

---

17 Vgl. Lorenzen-Schmidt, Agrarkrise.
18 Als Beispiel: Lorenzen-Schmidt, Nachlass.
19 Vgl. dazu: Lorenzen-Schmidt, Eheanbahnung. Ähnliches wurde auch in anderen Mikroregionen festgestellt wie etwa in Württemberg und Rheinhessen – vgl. etwa Sabean, Property, und Mahlerwein, Herren.
20 Lorenzen-Schmidt, Heiratsverhalten.

von Inzucht angenommen hat. Das führt im Zusammenhang mit dem vorherrschenden Erbrecht zu einem System „kommunizierender Röhren" hinsichtlich der monetären Ströme. Bei ähnlichen Grundausstattungen mit Vermögen gab es doch beträchtliche Unterschiede, die durch Erbgänge in verschiedener Weise ausgeglichen wurden. Hatte ein Bauer etwa fünf Töchter, dann hatte er für vier davon beträchtliche Mitgiftausgaben, während er an eine den Hof übergab. Damit war der Hof aber mit vier weiteren Höfen der engeren Umgebung verwandtschaftlich verbunden. Teile der Mitgift, vielleicht ganze Höfe konnten durch Erbgang an den Hof zurückfallen. Für Geldtransaktionen spielte der verwandtschaftliche Kredit die Hauptrolle.

Scharf und sich im Verlauf des 19. Jahrhunderts noch verschärfend war die Wahrnehmung der sozialen Differenzierung. Von der Hofbesitzerschicht war die der Kleinstelleninhaber (Kätner), noch mehr der haus- und landbesitzlosen Insten getrennt. Wer von den Bauernkindern in die Schicht der Landarmen abstieg, wurde gewissermaßen aus dem Familienverband ausgeschlossen und durfte allerhöchstens auf Kreditgewährung hoffen.[21] Nach 1850 wurde dies mehr und mehr dadurch vermieden, dass unverheiratete Söhne und Töchter (dann als ältere Onkel und Tanten) auf dem Hof ihrer Geschwister wohnen blieben. Insgesamt lässt sich die Durchsetzung der scharfen sozio-ökonomischen Trennung zwischen verwandten Bauern und Kätnern als Erosionsprozess überkommener Familienstrukturen im Zuge protokapitalistischer Entwicklung deuten.

Bauern als Händler

Aus dem Gesagten wird deutlich, dass auf den Höfen der holsteinischen Elbmarschen in der Regel hohe Überschüsse bei Getreide und anderen Feldfrüchten und Überschüsse bei Pferden und Vieh erzielt wurden; in der Wilstermarsch gab es eine hohe Überschussproduktion an Milch, die lokal zu Fettkäse, erst in zweiter Linie zu Butter verarbeitet wurde. Grund- und landesherrliche Steuern und Abgaben waren im Verhältnis zu den Geestgebieten Holsteins, vor allem aber zu den gutsherrschaftlich geprägten Regionen Ostholsteins gering. (Marschgüter gab es zwar auch, doch waren die hier zu leistenden Abgaben sehr viel niedriger als auf den Gütern des Ostens und es gab keine Leibeigenschaft!) Dafür lagen die Kosten für Deich- und Entwässerungserhaltung beträchtlich hoch.

Wie vermarkteten die Bauern nun ihre Überschüsse? Zu dieser Frage können Antworten neben Quellen der in der Zeit um 1737 zögerlich einsetzenden kameralistisch-statistischen Erfassung der Wirtschaft des Herzogtums Holstein (gemeinsam mit dem Herzogtum Schleswig bis 1864/7 Teil der dänischen Monarchie) ausschließlich aus bäuerlichen Schreibebüchern gefunden werden. Das behandelte Gebiet gehört aufgrund etwas intensiverer Erforschung zu den Regionen mit der dichtesten bekannten

---

21 Bei Gravert, Bauernhöfe, finden sich dazu entsprechende Beispiele.

Schreibebuchüberlieferung in Deutschland und dem nicht eben schlecht erforschten skandinavischen Ausland.[22] Ohne hier die Vielfalt solcher bäuerlicher Aufzeichnungen noch einmal zu thematisieren,[23] kann doch darauf hingewiesen werden, dass zahlreiche dieser Notizbücher betriebswirtschaftliche Details enthalten. Die landwirtschaftlichen Betriebsführer schrieben häufig Ergebnisse ihrer Vermarktung auf, um daraus ablesen zu können, wie sich ihr Einkommen zusammensetzte – allerdings ohne zu betriebswirtschaftlichen Gesamtrechnungen zu kommen. Die Aufzeichnungen folgen keinem Schema; jeder schreibende Bauer notierte ganz individuell. Das macht in vielen Fällen möglich, Vermarktung von Agrarprodukten im Allgemeinen festzuhalten und Einnahmen daraus zu berechnen. Aber es läßt in vielen Fällen nicht zu, den Weg der Vermarktung festzustellen, weil etwa die Abnehmer der Produkte nicht genannt werden.

Durchweg aber lässt sich erkennen, dass im 18. bis in die erste Hälfte des 19. Jahrhunderts eine Direktvermarktung stattfand. Der einzelne Landwirt verkaufte direkt an den Händler/Kaufmann oder den Agrarproduktverarbeiter (Müller, Bäcker, Schlachter, Gerber etc.) bzw. -nutzer (Pferde- und Viehhändler, Fuhrmann). Sehr selten wurde dafür ein öffentlicher Markt aufgesucht. Die Nachfrager kamen direkt zum Landwirt und traten mit ihm in eine Handelsbeziehung. Das Auftreten von Maklern, also Agenten, die den Marktkontakt herstellten, ist in den Elbmarschen erst im Verlauf der zweiten langanhaltenden Blüteperiode der Landwirtschaft zwischen 1835 und 1914 – und hier vor allem in der Zeit nach der Annexion durch Preußen (1867) bzw. der Reichsgründung (1871) – festzustellen, als sich die Wirtschaft des Herzogtums Holstein (seit 1867 Teil der preußischen Provinz Schleswig-Holstein) geographisch neu orientierte, nämlich auf das Gebiet des Deutschen Reiches, und damit die Handelsbeziehungen unübersichtlicher wurden.

Das Einschalten von Maklern hat auch etwas mit der Distanzierung der Betriebsführer von der Betriebswirtschaft zu tun. Der vermögende Marschbauer schon der 1840er Jahre überließ die Ausführung der landwirtschaftlichen Arbeiten auf seiner Hofstelle dem „Vorgänger" (einem erfahrenen Tagelöhner), der die anderen Arbeitskräfte einteilte und unter der Oberaufsicht des Hofbesitzers wirkte. Der Landwirt verbrachte seine Tage mit kommunalpolitischen und gesellschaftlichen Aktivitäten, studierte die Wechselkurse in den Zeitungen und verfolgte die Agrarpreisnotierungen der wichtigsten Märkte sowie die relativ wenig bewegte Zinsentwicklung. Nach 1871 musste er sich auch über die Börsenkurse auf dem laufenden halten, da Geldanlagen auf den internationalen und nationalen Finanzmärkten zum betriebswirtschaftlichen Überschussmanagement gehörten. So, wie sich der Landwirt von der Arbeit auf seinem Betrieb entfernte, nahm er auch Abstand von der Direktvermarktung seiner Produkte – er schaltete in immer stärkerem Maße Makler ein, die er selbstverständlich dank seiner Kenntnisse der Marktpreise einigermaßen überwachen konnte. Diese Haltung machte die Landwirte aber tatsächlich immer stärker abhängig von den Detailkenntnissen der Makler und Händler, was in der Höchstkonjunktur der Kaiserzeit wenig Probleme bereitete – beide Seiten

---

22 Lorenzen-Schmidt, Anschreibebuchforschung.
23 Vgl. dazu Peters, Pflug.

hatten da ihren Profit. Die Marktentwöhnung der Elbmarschenbauern (und nicht nur der Bauern hier, sondern in ganz Schleswig-Holstein und auch anderwärts) wurde erst in der krisenhaften Entwicklung der Weimarer Republik deutlich und schmerzlich gefühlt (mit der Folge der sog. Landvolkbewegung).

Anhand von zwei Beispielen möchte ich die händlerischen Aktivitäten von Krempermarsch-Bauern beleuchten.

Zwei Beispiele: Ein Getreideproduzent aus Eltersdorf und ein Pferdehändler aus Steinburg

EINNAHMEN EINES ELTERSDORFER HOFES IN DEN JAHREN 1845-1864

1840 übernahm Jacob Reimers (1807-1858) einen etwa 35 ha großen Hof von seinem Vater Johann Reimers in Eltersdorf (Kirchspiel Borsfleth), den er als jüngster Sohn nach den Erbgewohnheiten der Kremper Marsch, nachdem seine älteren Geschwister in Höfe eingeheiratet bzw. eigene Hofstellen erworben hatten, erhielt. Jacob Reimers heiratete 1842 Magdalena Schwormstede (1816-1900) von einem in der Nachbarschaft gelegenen Hof. Er führte die Wirtschaft bis zu seinem Tod 1858, dann übernahm die Witwe die Wirtschaftsführung bis 1868; sie heiratete wenige Jahre nach ihrer Verwitwung Clauß Voß (1815-1897) von einem Hof in der benachbarten Dorfschaft Bahrenfleth (in Groß-Wisch). Den Hof übernahm 1868 der Sohn Johannes Reimers (1843-1877). Von dem Hof hat sich ein kleines Schreibebuch erhalten, in dem Jacob und Magdalena Reimers Einnahmen notierten.[24]

Das Heft enthält nur Aufzeichnungen über die Einnahmen des Hofes – und hier auch fast nur die Einnahmen aus dem Verkauf von Feldfrüchten (Weizen, Gerste, Hafer, Roggen, Raps, Bohnen, Erbsen, Wicken und Senf). Nur sehr wenige Eintragungen beziehen sich auf den Verkauf von Vieh und Pferden. Es lässt uns Einblick nehmen in die Produktions- und Absatzstruktur eines größeren Kremper-Marsch-Hofes um die Mitte des 19. Jahrhunderts, gibt uns die räumlichen Aspekte der Marktbeziehungen zu erkennen und vermittelt uns auch Preisinformationen. Die Angaben sind nicht gleichmäßig gemacht worden: Für das Jahr 1845 ist nur ein Teil der Einnahmen notiert, nach dem Februar 1858 (Tod von Jacob Reimers) brechen die Eintragungen für 1 ½ Jahre ab; sie fließen danach spärlicher – offenbar, weil die Witwe sie nicht in gleicher Intensität fortgeführt hat.

Betrachten wir zunächst die Verkaufsmengen.

---

24 Es handelt sich um ein Oktavheft in gelbem Einband, der auf der Vorderseite ein Bildnis von „Kaiser Napoleon", auf der Rückseite eines von „Friedrich der Große, König von Preußen" zeigt. Das Heftchen war im Besitz von Dr. Hans Vormeyer (†), Itzehoe, der mit einer Urenkelin des schreibenden Paars, Luise Reimers, verehelicht war. Er hat es mir zur Auswertung überlassen.

Tabelle 1: Verkaufsmengen von Hof Reimers in Eltersdorf 1845-1864 in Tonnen zu ca. 50 kg

Jahr	Weizen	Gerste	Hafer	Roggen	Bohnen	Erbsen	Wicken	Senf	Raps	Stroh (Klappen)
1845	20	20								
1846	107,5		212		30				86,4	
1847	101,3		132		83				51,3	
1848	106		121		76		8	4	76,5	
1849	175,5	30	75		45	6		3,8		
1850	127,5		13		6				164,5	
1851	32								130	
1852	30	8	110		41					
1853	52,5	46,5	120		9				47,4	
1854	75,3		151,5		40				145,1	360
1855	77,5		174		10					
1856	49,5	12	142	9	11				60,8	
1857	39	10	100		98			4	82	
1858	65									
1859			70		17	10,3			16	1080
1860										
1861			63		20				8	
1862	82	110	236		54				90	
1863	118									
1864	50		100		11					

Will man die Gesamtmenge der verkauften Feldfrüchte in eine Reihenfolge nach den einzelnen Feldfrüchten bringen, dann ergibt sich eine Rangordnung, die das tatsächliche Anbauverhältnis auf dem Hof von Reimers wiedergeben dürfte. Dabei ist allerdings zu bedenken, dass insbesondere Hafer und Roggen im Wesentlichen für den Eigenbedarf angebaut wurden, während die anderen Feldfrüchte als Marktprodukte gelten können.

Tabelle 2: Umsatzmengen von Feldfrüchten auf Hof Reimers in Eltersdorf 1845-1864

Fruchtart	Tonnen	%
Hafer	1.884,5	38,3
Weizen	1.125,6	22,9
Raps	1.052,0	21,4
Bohnen	551,0	11,2
Gerste	236,5	4,9
Senf	31,8	0,6
Erbsen	16,3	0,3
Wicken	12,0	0,2
Roggen	9,0	0,2
Summe	4.918,7	100,0

Nicht in jedem Jahr wurden gleiche Mengen von Feldfrüchten abgesetzt. Die in Borsfleth und Eltersdorf vorherrschende Fruchtfolge, über die bisher keine genauen Angaben für diese Zeit vorliegen, machte Jahr für Jahr ganz unterschiedliche Ernten bei den einzelnen Fruchtarten möglich. Beim Verkauf könnte auch die Lagerung eine Rolle gespielt haben, doch bemerkt Reimers nur ein einziges Mal, dass er „alten" Weizen, nämlich solchen aus dem Vorjahre, verkauft. Der abgelagerte und trockene Weizen des Vorjahres war in der Regel höher im Preis als der frische, doch hing eine darauf ausgerichtete Vermarktung vor allem mit den Lagermöglichkeiten auf dem Hof zusammen.

Tabelle 3: Jährliche Verkaufsmengen von Feldfrüchten von Hof Reimers 1845-1864 in Tonnen zu etwa 50 kg[25]

Jahr	Weizen	Gerste	Hafer	Roggen	Bohnen	Erbsen	Wicken	Senf	Raps
1845	20	20	0	0	0	0	0	0	0
1846	107,5	0	212	0	30	0	0	0	86,3
1847	101,3	0	132	0	83	0	0	0	51,3
1848	106	0	121	0	76	0	8	4	76,5
1849	175,5	30	75	0	45	6	0	3,8	0
1850	127,5	0	13	0	6	0	0	0	164,5
1851	32	0	0	0	0	0	0	0	130
1852	30	8	110	0	41	0	0	0	0
1853	52,5	46,5	120	0	9	0	0	0	47,5
1854	75,3	0	151,5	0	40	0	0	0	145,1
1855	77,5	0	174	0	10	0	0	0	0
1856	49,5	12	142	9	11	0	0	0	60,8
1857	39	10	100	0	98	0	4	0	82
[1858	0	0	65	0	0	0	0	0	0]
[1859	0	0	70	0	17	10,3	0	16	0]
[1860	0	0	0	0	0	0	0	0	0]
1861	13,3	0	103	0	20	0	0	8	0
1862	82	110	236	0	54	0	0	0	90
1863	0	0	0	0	0	0	0	0	118
1864	50	0	100	0	11	0	0	0	0

Das Absatzgebiet für die Feldfrüchte vom Hof Reimers war nicht sehr klein: Es reichte von Eiderstedt, ja sogar einem Olander Schiffer, bis nach Uetersen, hatte aber eindeutig seine Schwerpunkte in der Krempermarsch. Bei Weizen waren die stärksten Abnehmer Glückstädter Bäcker (59,6 %), mit Abstand gefolgt von den Kremper Berufsgenossen (12,4 %). Raps wurde hauptsächlich von Senator (Ratsmitglied) Obstfelder in Krempe, der ein umfängliches Produktengeschäft betrieb, aufgekauft (51,0 %), aber auch von Johann Kleinwordt in Bielenberg (29,0 %), einem Kleinbauern und Getreidehändler.

---

25 Die alten Maße wurden dezimalisch gerundet.

Hafer ging vor allem an Gastwirte (etwa in den Städten Krempe und Glückstadt), die große Mengen für die Fütterung der Kutschpferde der bei ihnen einkehrenden Bauern benötigten, und dann an Zwischenhändler – ebenso Bohnen, Erbsen, Wicken und Senf. Bemerkbar machen sich weitere Verbindungen: Etwa mit dem aufstrebenden Grützmüller Peter Kölln in Elmshorn (heute: Köllnflocken-Werke) und dem Ölmüller Timm in Uetersen. Der Transportweg für Glückstadt, Krempe, Bielenberg, Kollmar, Elmshorn und Uetersen dürfte wohl die Kremperau gewesen sein, wie Reimers es zweimal vermerkt – denn der Hof lag ja direkt an diesem schiffbaren Fluss.

Tabelle 4: Absatzorte für Feldfrüchte vom Hof Reimers in Eltersdorf 1845-1864
(in Tonnen zu etwa 50 kg)

Ort	Weizen	Gerste	Hafer	Roggen	Bohnen	Erbsen	Wicken	Senf	Raps
Krempermarsch									
Glückstadt	675	16	362	6	153	6	0	4	0
Krempe	140,3	8	306,5	0	6	0	0	3,8	536,8
Borsfleth	6	0	4	0	0	1	0	0	0
Altendeich	14	19,5	0	3	0	0	0	0	0
Elskop	0	0	0	0	23	0	0	0	0
Schmerland	0	10	0	0	0	0	0	0	0
Neuenbrook	0	0	130	0	0	0	0	0	0
Steinburg	0	0	0	0	20	0	0	0	0
Süderau	0	0	30	0	0	0	0	0	0
Krempdorf	2	0	0	0	0	0	0	0	0
Siethwende	0	0	94	0	0	0	0	0	0
Kollmar	12	0	0	0	0	0	0	0	0
Bielenberg	63,5	20	88	0	95	0	0	9,5	305,5
Wilstermarsch									
Wewelsfleth	0	30	50	0	136,3	0	5	0	51,3
Beidenfleth	5	9	29	0	0	0	0	0	0
Wilster	10	0	0	0	0	0	0	0	0
Weiteres Herzogtum Holstein									
Breitenburg	0	0	60	0	0	0	0	0	0
Horst	0	0	80	0	25	0	0	0	0
Elmshorn	80	0	150	0	70	0	3	0	16
Uetersen	0	0	0	0	0	0	0	0	142,7
Bokel	0	0	12	0	0	0	0	0	0
Meezen	0	0	13	0	0	0	0	0	0
Herzogtum Schleswig									
Eiderstedt	0	22	0	0	9	0	4	0	0
ohne und andere	124,8	129	423	0	73,8	2,5		8	0

PFERDEHÄNDLER AUS STEINBURG/GREVENKOP

Johann Ahsbahs (*1777 in Steinburg, †1848 in Grevenkop) dürfte sich zunächst gemeinsam mit seinen älteren Brüdern Jürgen (*1766), Hans (*1767) und Claus (*1770) dem Pferdehandel unter Anleitung des Vaters gewidmet haben, wobei er im Wesentlichen die Usancen kennenlernte. Die väterliche Hofstelle in Steinburg, die sich aus einer Brennerei und Gastwirtschaft, hauptsächlich durch den Erwerb der ehemaligen Steinburger Vorwerksländereien[26], entwickelte, war nicht groß genug, um für alle Söhne genügende Aussteuern abzuwerfen. So musste Johann klein anfangen, als er sich 1812 ganz selbständig machte. Er war in erster Linie Pferdehändler, erst in zweiter Linie Bauer und schließlich auch noch Gastwirt, denn in seinem Haus, das 1828 abbrannte und durch einen repräsentativen Neubau in T-Haus-Form ersetzt wurde, logierten Pferdehändler aus aller Herren Ländern. Selbst in seinen letzten Lebensjahren änderte sich an seiner Einstellung zur Landwirtschaft nichts Wesentliches. Wohl erkannte er, dass sie die Grundlage seines Pferdehandels ist (er wäre schlecht dran, wollte er alle Pferde gegen Grasgeld bei Nachbarn weiden lassen bzw. alles Rauhfutter kaufen); deshalb versuchte er auch, seine Stelle zu vergrößern. Um 1833 hatte er um 18 Morgen (ca. 18 ha) Land, und 1844 kaufte er noch einmal gut 10 Morgen für 17.100 Mark hinzu. Dennoch ist seine ganze Ausrichtung weniger landwirtschaftlich als vielmehr händlerisch.

Im folgenden soll versucht werden, anhand des Briefbuches von Johann Ahsbahs aus Grevenkop wenigstens für ein Jahrzehnt des 19. Jahrhunderts Aufschlüsse über die Handelsaktivitäten eines der bedeutenderen Pferdehändler der Herzogtümer Schleswig und Holstein in der ersten Hälfte des Jahrhunderts und über die damit zusammenhängenden Wirtschaftsfragen zu geben. Das Briefbuch gehört zu einem Komplex von drei erhaltenen Anschreibebüchern dieses Bauern und Händlers, die von 1828 bis 1848 reichen. Vor allem das Briefbuch[27] ermöglicht tiefe Einblicke in die Funktionsweise des Pferdehandels, sowohl was den Einkauf in Jütland und den Herzogtümern, wie auch was den Verkauf nach Preußen, Sachsen, Böhmen, Österreich, Italien, Frankreich und Belgien angeht. Die beiden Kontokorrentbücher, die Ahsbahs neben seinem Briefbuch führte, geben Auskünfte über seine Compagnie-Geschäfte, seine Bankverbindungen und die von ihm betriebene Landwirtschaft.

In und aus den Elbmarschen fand schon im 18. Jahrhundert ein schwunghafter Handel mit Pferden statt. Kurz vor 1800 dürfte auch der erste Neuenbrooker Pferdemarkt eingerichtet worden sein; er fand am 28. Juli jeden Jahres statt. Die Einrichtung eines Marktes ist als Zeichen für die gestiegene Bedeutung des Handels in diesem Gebiet zu bewerten. Die Märkte wurden von Händlern beschickt und zogen schon bald nach Beendigung der napoleonischen Kriege finanzstarke militärische und zivile Aufkäufer an, denn die europäischen Staaten waren durch die anhaltenden kriegerischen Ereignisse

---

26 Die Ländereien des ehemaligen Wirtschaftshofes der Steinburg, die seit 1729 vererbpachtet worden waren.
27 Lorenzen-Schmidt, Pferde.

und die damit verbundenen hohen Pferdeverluste auf Neuausrüstung der Kavallerie- und Artillerie-Verbände angewiesen. Auch der zivile Fuhr- und Reitpark war durch Militärrequisitionen stark dezimiert. Die Nachfrage war also groß.

Der Export von Pferden aus Holstein ergibt sich aus einer „generellen Übersicht der declarirten Exporten und Importen der Herzogthümer Schleswig und Holstein in den Jahren 1833-1838 incl."[28]

Tabelle 5: Export aus den Herzogtümern Schleswig und Holstein 1833-1838

Jahr	aus beiden Herzogtümern	allein aus Holstein	%
1833	9.075	6.280	69
1834	8.411	5.439	65
1835	8.180	5.638	69
1836	7.879	5.140	65
1837	9.424	5.765	61
1838	10.863	6.863	63

Die angebotenen Pferde stammten überwiegend nicht aus den Elbmarschen selbst, wie die Pferdeliebhaber in ihren historischen Werken immer wieder behaupten. Auch wenn der Import englischer Beschäler, nach 1820 von Jakob Olde begonnen,[29] zur Hebung der einheimischen Zucht, die bereits zu diesem Zeitpunkt einen guten Namen hatte, beitrug, wurden doch die allermeisten in Südwestholstein verkauften Pferde aus Jütland importiert. Denn die geforderten und gegen klingende Münze zu verkaufenden Pferde konnten gar nicht alle in der Kremper- und Wilstermarsch erzeugt werden.

Der Bedarf an Pferden bestand sowohl im militärischen als auch im zivilen Bereich. Von den Bedürfnissen profitierten Regionen mit einem Überschuss an kräftigen Pferden wie etwa Jütland, dessen Pferdeschlag vor allem wegen seines „starken Körperbaus, weshalb sie vor allen anderen, besonders wegen der damit verbundenen ausgezeichneten Kraft und Ausdauer als Zug-, Wagen- und Kavalleriepferde geschätzt" wurde.[30] So ist es nicht verwunderlich, dass das Königreich Dänemark keine einzige Remonte (Militärpferd) zukaufen musste (und damit ähnlich gut dastand wie Schweden, Russland und England). Alle deutschen Staaten bis auf Mecklenburg, Hannover und Oldenburg, besonders aber Frankreich, Belgien und die Niederlande, Spanien und die italienischen Staaten waren auf Militärpferdelieferungen angewiesen, auch wenn sie versuchten, mit eigener Zucht diesem Mangel abzuhelfen. Remontelieferungen in Höhe von 700 bis 1.000 Stück für den preußischen Bedarf, wie sie J. Ahsbahs und seine Companie noch zu

---

28 Neues Staatsbürgerliches Magazin 10 (1841), S. 540ff.
29 Der erste importierte englische Zuchthengst war der 1819 geborene dunkelbraune „Catrick" (Nr. 7 des Gestütbuches), dem der ebenfalls 1819 geborene Schimmel „Wellesley" (Nr. 9) folgte.
30 Gudme, Schleswig-Holstein, Band 1, S. 141. Vgl. auch Søndergaard, Hesteavls, u. Jensen, Hest.

Beginn der 1830er Jahre auszuführen hatten, stellten also durchaus etwas übliches dar, auch wenn die Größe einer solchen Bestellung etwas aus dem Rahmen fiel. Häufiger waren kleinere Liefermengen von 100 bis 200 Stück.

Nicht in dem großen Umfang, wohl aber in dem großen Wert kamen den Remontelieferungen aus den Herzogtümern die Lieferungen von Pferden für den Zivilbedarf gleich – ja, in den Jahren nach 1830/35 begann der Handel auf diesem Gebiet eine immer größere Rolle zu spielen. Dabei ist nicht so sehr an den Handel mit ganz normalen Gebrauchspferden zu denken. Diese wurden in der Regel nicht über große Distanzen gehandelt, sondern entstammten einheimischen Rassen und Schlägen. Vielmehr wurde das Gros der gehandelten Tiere von Luxuspferden, vor allem Kutsch- und Reitpferden gestellt. Denn in der vornehmen europäischen Gesellschaft entwickelte sich nach dem Ende der napoleonischen Kriege geradezu eine Pferdemanie. Besonders hoch waren die Anforderungen in den damaligen Zentren Europas, in den Residenzstädten Berlin, Petersburg, Moskau, Prag, Wien, Paris und Brüssel – natürlich auch und gerade in London. Und auf diesen Luxusbedarf stellten sich die Produzenten ein, indem sie ihr Zuchtziel veränderten und besonders durch Einkreuzung mit englischen Rassehengsten eine eigene Zuchtrichtung kreierten. So ist es nicht verwunderlich, dass der Aufkauf von Luxuspferden bei den Anbietern an der Westküste der Herzogtümer in den 1830er Jahren zunahm. Ahsbahs berichtet an verschiedenen Stellen seiner Korrespondenz von den englischen, niederländischen, französischen, belgischen und italienischen Kaufleuten, die den edlen Tieren nachstellten und doch immer auf die Mittlerrolle der einheimischen Experten angewiesen blieben.

Der Pferdehandel spielte sich in den Herzogtümern im Wesentlichen auf den Pferdemärkten ab. Die im Lande gezogenen und aus Jütland herangeführten Pferde wurden dort von den Händlern der Region ausgestellt und zum Verkauf angeboten. Die Abnehmer wählten das ihnen Genehme aus. Abnehmer konnten direkt ausländische Aufkäufer sein, die sich zumeist einheimischer Berater bedienten, oder aber einheimische Händler, die ihrerseits suchten, für Auftraggeber des Auslandes möglichst passende Pferde in genügender Zahl zusammenzustellen. Auch der Einkauf in Jütland erfolgte im wesentlichen über Märkte – nur in Sonderfällen suchten einige (dann schon als Geschäftspartner bekannte) holsteinische Händler die Bauern auf ihren Höfen auf, um sich besondere Pferde zu sichern und der Marktkonkurrenz zu entgehen. Die Pferdehandelsgesellschaft von Johann Ahsbahs rühmte sich besonders guter und tief in die sonst „unbekannte" Fläche dringender Kontakte zu Züchtern.

Die großen Pferdemärkte, auf denen auch die Prämierungen vorgenommen wurden, fanden bereits Erwähnung, doch ist unter den Korrespondenzen von Johann Ahsbahs auch Hamburg[31] zu nennen. 1837 gab es in den Herzogtümern allein 143 kleinere und größere Märkte, die ausschließlich oder zum Teil dem Pferdehandel dienten.

---

31   Lehe, Märkte.

Der Umfang der Geschäfte, vor allem bei den großen Remontelieferungen, überstieg für gewöhnlich die Kapazität eines einzigen Händlers. Es schlossen sich daher für einzelne Lieferungen, aber auch auf längere Zeit, Handelscompagnien zusammen, die arbeitsteilig die Geschäfte abwickelten – sei es, dass einige nur einkauften und andere den kaufmännischen Teil erledigten, sei es, dass alle sich den Einkauf teilten. Der resultierende Gewinn wurde zu gleichen Teilen unter den Compagnons verteilt. Johann Ahsbahs hatte wenigstens zu Beginn der 1830er Jahre „Compagnie" mit vier Partnern: mit seinem Bruder Peter, mit Thomas Harms aus Bekenreihe, mit Jakob Scharmer aus Horstmoor und Joachim Olde aus Süderau.

Die Handelspartner, die als Verkäufer von Pferden auftreten, kommen überall aus Jütland, besonders aber aus den Westküstenregionen der Herzogtümer. In wenigen Fällen werden auch Pferde aus anderen Regionen gekauft – etwa aus Ostholstein. Dabei dürften im Einkauf in Jütland Bauern als direkte Handelspartner dominiert haben; auf den Märkten der Herzogtümer waren eher Händler oder Händler-Landwirte anzutreffen. – Die Käufer kamen aus aller Herren Ländern, wobei in Remonten besonders die preußische Remonteinspektion anfangs der 1830er Jahre in Erscheinung trat und später die Franzosen, Belgier, Italiener und Böhmer eine Rolle spielten. Einzelne Reit- und Kutschpferde wurden von überall her angefordert. Hamburger, Mecklenburger, Niederländer, Belgier, Franzosen, Italiener, aber auch Händler aus Brandenburg (Berlin!), Sachsen und Frankfurt, daneben besonders Engländer traten auf und fragten auf den Märkten von Neuenbrook, Hamburg und Wandsbek nach, wenn sie nicht direkt mit den Händlern in Kontakt traten.

Von besonderer Bedeutung für Ahsbahs waren neben dem Remonteinspekteur Beier und seinem Stab aus Berlin der Franzose Lion Moyse aus Vaucouleurs und der Belgier Noël Cousin aus dem Brüsseler Vorort Ixelles. Mit ihnen korrespondierte er am meisten und ihnen dürfte er auch den größten Anteil seiner Pferde verkauft haben. Wenigstens Moyse war Jude – wie überhaupt ein großer Anteil jüdischer oder christianisiert-jüdischer Händler auffällt: Ezechiel aus Brandenburg, Herschel aus Dresden, Leib Peine, Leib Selnitz, die beiden Cerfs, Hesse, allesamt handelt es sich um jüdische Namen. Und Ahsbahs sagt es einmal selbst, als er anläßlich eines französischen Remontenkaufs von „der ganzen französische(n) Judengeschichte" schreibt. Ahsbahs hatte – wie er es etwa im Falle von Israel Philipp Rée 1830 sagt – keine antisemitischen Neigungen: „Der Hamburger [Rée] ist auch ein prächtiger Mann!"[32] Juden gaben im damaligen Europa im Pferde- wie auch im Viehhandel[33] den Ton an.

Eine besondere Bedeutung im Rahmen seines Pferdehandels hatten die Geldgeschäfte von J. Ahsbahs & Co. Die Bezahlung auf den Märkten erfolgte überwiegend in bar. Bei

---

32 Damit unterschied er sich übrigens von anderen Kaufleuten der Herzogtümer. Der Gravensteiner Kaufmann Otto Friedrich Ahlmann (1786-1866) schrieb 1840 an seinen Sohn Wilhelm: „Mit Rée will ich ... nichts zu thun haben. Ich traue nun einmal den Juden nicht. Du magst es Vorurteil nennen oder wie du willst." Hagenah, Ahlmann, S. 6.
33 Vgl. Richarz, Viehhandel.

Barzahlung wurden im Bereich des Deutschen Bundes als übergreifende Handelswährungen die preußischen Silber- (Taler, Konventionstaler) und Goldmünzen (Friedrichsd'or) genutzt. Im Verkehr mit dem europäischen Ausland griff man gerne auf Louisd'or bzw. Napoleonsd'or zurück, die französischen großen Goldmünzen. In den Herzogtümern, in Hamburg und Lübeck rechnete man nach Reichstalern (zu 48 Schilling Courant), in Dänemark und Schleswig wohl auch in den unbeliebten Reichsbanktalern (zu 30 Schilling Courant) oder in Bancomark. Nun wurde aber nicht alles zum Pferdehandel benötigte Geld bar bezahlt. Kannten sich Händler aus längerer Zusammenarbeit, hielten sie sich für kreditwürdig, dann wurden die Geschäfte bargeldlos, durch Verschreibungen, Anweisungen und Wechsel geregelt, wobei der Wechsel die handelsrechtlich unbedenklichste Form darstellte.

Für beide Abwicklungsarten brauchte man Geldwechsler oder Bankiers, hier im Norden mit Hamburg(-Altona) als zentralem Bankplatz am besten solche, die ein Konto bei der Hamburger Bank unterhielten, mit dem der Giralverkehr um vieles erleichtert wurde. Verbindungen dieser Art machten den Geldverkehr einfacher, denn die Hamburger Kaufleute konnten an der Börse, wo zweimal wöchentlich die Wechselkurse festgesetzt wurden, rasch die aktuellen Informationen bekommen und hatten zumeist eigene Verbindungen auch mit weit entfernt wohnenden Bankiers. Dabei waren fast alle Hamburger Bankiers dieser Zeit in erster Linie sogenannte „merchant bankers"[34], also Kaufleute, die nebenher das Geldgeschäft betrieben. Dabei kamen Spezialisierungen bis hin zu fast reinem Wechsel- und Geldtauschgeschäft vor.

Die Summen, die Ahsbahs für seine einkaufenden Compagnons in den Herzogtümern und Jütland bereithalten bzw. bereitstellen lassen musste, wurden hauptsächlich durch zwei Hamburger Bankiers organisiert: Israel Philipp Rée aus der dänisch-deutschen Bankiersfirma Rée, die ausgehend vom Haupthaus in Aarhus mit Dependancen in Ålborg, Randers, Altona, Hamburg und Frankfurt/M. arbeitete,[35] und Jahncke & Sutor, später Johann Philipp Nicolaus Jahncke allein (1830-1838). Daneben wurde eine Reihe anderer Kaufleute in den Städten Hadersleben/Haderslev (Andreas Christian Juhl) und Flensburg (Ebsen & Jacobsen) in Anspruch genommen, um dort auf Anweisungen auf die Hamburger Bankiers Geld aufzunehmen. Diese Form bargeldlosen Verkehrs, wie sie in vielen Schreiben angegeben wird, scheint sich bewährt zu haben. Unklar ist, wieso I.P. Rée – von Ahsbahs als „prächtiger Mann" bezeichnet – nach Februar 1831 keine Rolle mehr spielte (er starb erst 1835) und Jahncke & Sutor hinfort wesentlicher Anlaufpunkt wurde. Später kam aus familiären Erwägungen die Fa. Pruter & Wulff hinzu, allerdings nur in sehr kleinem Umfang.

Im internationalen Zahlungsverkehr bewährten sich die Wechsel, zumeist Tratten, wobei sich die ausländischen Partner ihrerseits Bankhäuser bedienten wie Noel Cousin des Amsterdamer Bankiers Nijpels oder Lion Moyse der nordwestfranzösischen Bankiers-

---

34   Vgl. Pohl, Bankengeschichte; Beheim, Merchant-Banker.
35   Vgl. Fischer, Rée, S. 40 f.

firma Goudchaux frères. Ähnlichkeiten mit der Firma Hartvig Philipp Rée in Aarhus/Jütland und Deutschland sind zu erkennen. Das Wechselgeschäft ging über den reinen Kredit der einzelnen Bezogenen hinaus, da die Wechsel wie Wertpapiere an der Hamburger Börse gehandelt wurden. Im Ganzen hatte Ahsbahs mit den Zahlungen seiner Partner keine Probleme – nur einmal ging ein Wechsel in Belgien zu Protest.

Da das Einzelgeschäft auf den Pferdemärkten bar abgewickelt wurde, brauchte man dazu beachtliche Mengen Geld. In den Schreiben von Ahsbahs ist davon mehrfach die Rede. Das Geld musste in möglichst günstiger Form (meist in Teiltalern bzw. Schillingstücken) aus Hamburg mitgebracht werden bzw. bei einem Kaufmann im Lande bereitstehen. Bisweilen kam es bei solchem Verfahren vor, dass Geld in den Beuteln fehlte – ein solcher Fall wird im Briefbuch aus dem Jahre 1834 geschildert. Dass man sich schon einmal verzählen konnte, liegt auf der Hand – das passierte sogar selbst dem peniblen Ahsbahs.

Neben diesen großen und kleinen Geldgeschäften unterhielt Ahsbahs auch mit einer Reihe von Verwandten, Freunden und Bekannten Kontokorrentgeschäfte, deren Umfang nicht sehr groß war und selten über ein paar tausend Courantmark hinausging. Unberührt von diesen kurzfristigen – eben laufenden – Geldbewegungen arbeitete Johann Ahsbahs ebenfalls mit Geld aus hypothekarischen Belastungen seines Landbesitzes und aus Schuldverschreibungen.

Diese Angaben könnten Johann Ahsbahs als rein geldbedürftigen Händler und Landwirt darstellen. Einer starken Geldaufnahme stand aber eine erhebliche Ausleihung gegenüber. Aus dem Anschreibebuch läßt sich ersehen, dass er Ausleihungen im Gesamtumfang von 6. bis 10.000 Mark machte, wobei seine Debitoren in erster Linie aus der Nachbarschaft (Steinburg, Grevenkop, Hohenfelde und Krempe) und aus der Verwandtschaft kamen.

Die Geldgeschäfte von Johann Ahsbahs dienten in erster Linie der Finanzierung seines Handels, in zweiter Linie der Sicherung und Vergrößerung seines Grundbesitzes und erst in dritter Linie der verzinslichen Anlage überschüssigen Geldes. Seine Ausleihungen mit relativ kleinen Summen sollten im wesentlichen Verwandten, Freunden und Bekannten der Überbrückung von Engpässen dienen. Die Ausleihungen hatten überwiegend längere Laufzeiten als die Kreditaufnahmen. Kredit war – vor allem nach der großen Agrarkrise der 1820er Jahre – wieder und mit stetig sich verbessernder Ertragslage der Landwirtschaft immer leichter zu bekommen.

Schluss

Die Bauern der holsteinischen Elbmarschen produzierten seit Beginn der Besiedlung im 12. Jahrhundert für den Markt. Dabei traten sie selbst aktiv als Anbieter ihrer Produkte (vor allem Getreide und Vieh, später auch Gemüse, Fettkäse und Äpfel) auf und ließen sich erst seit der zweiten Hälfte des 19. Jahrhunderts auf Zwischenhändler und Makler ein. Eine Reihe von Landwirten spezialisierte sich auf direkte händlerische Tätigkeit wie den Pferdehandel (erst im letzten Drittel des 19. Jahrhunderts auch Pferdezucht in nennenswertem Umfang). Die hervorragenden Einnahmen in den beiden neuzeitlichen Hoch- und Höchstkonjunkturperioden (1750-1813 und 1840-1914) ließen insbesondere in der zweiten Hälfte des 19. Jahrhunderts und zu Beginn des 20. eine Schicht von sehr vermögenden Rentiers entstehen, die – nachdem die Erben mit Höfen versehen oder seit 1850 akademisch ausbildet waren – ihre Höfe kapitalisierten, sich aus der Landwirtschaft zurückzogen und von den Zinsen ihrer Geldanlagen lebten.

Die beiden vorgestellten Landwirte und Händler können durchaus als repräsentativ für die Hofbesitzerpopulation der holsteinischen Elbmarschen ihrer Zeit (1830-1870) gelten. Ein Übergang von der agrarischen Produktion zur Veredelung oder gar großgewerblichen Verarbeitung kann in dieser Region nicht beobachtet werden (war offensichtlich bei der Profitabilität der reinen Erzeugung auch nicht nötig), wohl aber eine breite Vermarktung der Produkte, die zumeist relativ stabile Handelsbeziehungen mit sich brachte. Der Kleinhandel auf den Wochenmärkten spielte für diese Landwirte keine Rolle, sondern wurde ländlichen oder städtischen Detaillisten überlassen.

Anhand dieser beiden Beispiele aus dem 19. Jahrhundert sind in diesem Beitrag händlerische Aktivitäten von Landwirten der Krempermarsch vorgestellt worden. Haben wir es bei Jacob Reimers aus Eltersdorf (Gem. Borsfleth, Kreis Steinburg) mit einem Bauern zu tun, für den Feldfruchtproduktion mit dem Schwerpunkt auf Getreide an erster Stelle steht, so finden wir in Johann Ahsbahs aus Steinburg (Gem. Süderau, Kreis Steinburg) einen hochgradig spezialisierten Händler, für den die Landwirtschaft nur die nötige Grundlage seines Pferdehandels darstellt. Ist Reimers eher auf die engere Umgebung seiner Hofstelle orientiert (Radius etwa 15 km), finden wir bei Ahsbahs eine europaweite Ausrichtung: Pferde werden in Jütland eingekauft und in Mittel- und Westeuropa verkauft (Radius etwa 1000 km). Sehr groß ist die Bedeutung der Verwandtschaft im Handelsnetzwerk, im Compagnie-Betrieb und im Kreditverkehr. Wir können davon ausgehen, dass beide ihre betriebswirtschaftlichen Kenntnisse durch Lernen im elterlichen Betrieb gewannen, wobei die Komplexität bei Ahsbahs (komplizierte, internationale Finanztransaktionen, Wechselgeschäfte, Börsenhandel verbunden mit Fremdsprachenkenntnissen) sehr viel höher war als bei Reimers. Trotzdem bezeichnete sich Ahsbahs weiter als Bauer und fühlte sich ganz seinem bäuerlichen Verwandtenkreis zugehörig. Er war – anders als Reimers – aber aus der rein bäuerlichen Umgebung herausgewachsen und nahm in gewisser Weise die später allgemeiner werdende Verbürgerlichung seiner Berufskollegen in den Elbmarschen vorweg.

Die weiteren mentalen Ergebnisse dieser Entwicklung sind besonders gut in der Kaiserzeit zu beobachten, als für die weichenden Bauernsöhne Abitur und akademische Ausbildung (mit dem Ziel freier Berufe und höherer Beamtenpositionen), für die Töchter höhere Mädchenbildung in Privatlehranstalten (und der Perspektive der Eheschließung mit Angehörigen des höheren Bürgertums) mehr und mehr angestrebt wurden.

Die finanziellen Verhältnisse der Eltern erlaubten ihren Kindern zumeist wenigstens eine privatlehrervermittelte Bildung und eine dem städtischen Bürgertum angenäherte Mentalität. Die Distanz dieser Hofbesitzerschicht zu den „kleinen Leuten", aber auch zu den traditionell wirtschaftenden und lebenden Berufskollegen vergrößerte sich dadurch, wurde jedoch durch die alten genossenschaftlichen Bindungen und das gemeindliche Aufeinander-Angewiesen-Sein zum Teil wieder überbrückt. Übrigens bewahrte die mentale Beweglichkeit, die der Hofbesitzerpopulation ihre ökonomisch hervorragende Position in der Kaiserzeit beschert hatte, diese nach 1918 nicht vor einer unflexiblen Haltung gegenüber stark veränderten ökonomischen Rahmenbedingungen – was zu starker Akzeptanz der sogenannten Landvolkbewegung am Ende der 1920er Jahre führte. Der Eindruck täuscht wohl nicht, dass die anhaltend gute und sehr gute konjunkturelle Situation der Landwirtschaft dieses Gebietes bei den Hofbesitzern zu einer Art satter Hybris geführt hatte, sie vom – scheinbar unverändert günstigen – Markt entfernte und ihnen damit die Anpassung an dramatisch veränderte Rahmenbedingungen erschwerte.

Handel dänischer Bauern in Mittelalter und Früher Neuzeit

BJØRN POULSEN

Einleitung

So gern wir uns händlerischen Aktivitäten von Bauern in älteren Zeiten näherten, so schwierig ist der Zugang zu diesem Bereich. Ein dänisches Theaterstück, das des Helsingører Bürgers Hans Christensen Sthen mit dem Titel „*Kort Vending*" (dt. „Kurze Wendung") aus der Zeit um 1570, kann uns vielleicht einen Hinweis auf die zeitgenössische Einschätzung bäuerlichen Handels geben. Es wird darin nämlich eine Reihe für die Stände der Gesellschaft repräsentativer Porträts gezeichnet.[1]

Sthen lässt in seinem Schauspiel auch drei Vertreter der Landbevölkerung auftreten: den reichen Bauern, den armen Bauern und den Dienstknecht. Die beiden Bauern sind Brüder, jedoch von ganz unterschiedlicher Stellung. Der reiche Bauer freut sich zu Beginn. Er ist vergnügt, dass er seine Gebäude und Truhen voll von Vieh und Getreide hat. Im Hause hat seine Frau Gutes zum Kochen und auch in der Speisekammer verwahrt, so dass der Hausherr drinnen sitzen kann, während Kinder und Gesinde sich um die Arbeiten auf der Hofstelle kümmern. Im Stall stehen vier Pferde, daneben Kühe und Ochsen, und in jedem Jahr kommen Fohlen und Kälber hinzu. Schafe hält er ebenso wie Schweine, die man pökeln und verkaufen kann. Das Geld strömt in die mit Talern und Goldmünzen schon gefüllten Kisten des Bauern. Alljährlich kann er zehn Ochsen für 16 Taler pro Paar verkaufen. Das Getreide verwahrt er bis kurz vor Beginn der Ernte des nächsten Jahres, wenn man dafür die besten Preise erzielen kann. Dann soll der Kaufmann sein Geld bereit halten und dem Bauern auf den Tisch zählen. Dem Gutshof leistet dieser wohlhabende Landbewohner keine Fuhren oder gar Frondienste, sondern leistet nur die gewöhnliche Abgabe vom Land.

Ganz anders sieht es beim armen Bauern aus, den sein eigener Bruder als „Knecht" (dän. *træl*) bezeichnet und als Verlierer ansieht: Wenn er nur so tüchtig wäre wie er selbst, dann sollte es bei ihm wohl auch besser gehen. Der arme Mann wohnt in einem kleinen Straßenhaus voller Läuse. Seine Frau und ihre vielen Kinder hungern und gehen frierend und „nackt" umher. Weder Fleisch noch Fisch zum Essen sind zur Stärkung vorhanden. Nur wenig Land nennt er sein eigen und die Ernte beträgt kaum einen Scheffel. Der Arme kann sich weder Pferd noch Wagen leisten, so dass er selbst in den Wald ziehen muss, um Reiser und Späne für das häusliche Feuer nach Hause zu tragen; große Baumstämme kann er nicht transportieren. Geld ist durch Lohnarbeit nicht zu verdienen, obwohl es des armen Mannes größter Wunsch ist, Gelegenheit zum Dreschen oder

---

1   Sthen, Vending; Poulsen, Samfundet, S. 123-139.

Ausmisten bei Bauern zu erhalten. Doch hat er für seine Herrschaft Frondienste zu leisten und sieht sich selbst als ärmsten Mann in einem Umkreis an.

Im zweiten Teil des Stückes haben sich die Verhältnisse geändert. Der reiche Bauer, der seinem Bruder nicht einmal ein Stück trockenes Brot geben mochte, ist nun verarmt, während der Arme zu Ehren und Macht gekommen ist. Symbolisch wird das dadurch ausgedrückt, dass die Frau des reichen jetzt für andere Leute weben muss, während der einst arme Bruder jetzt auf stolzen Pferden reitet und seine Frau in teuren Kleiderstoffen aus Leiden und England herumspaziert. Der früher reiche Bauer ist beim Gedanken ans Erbetteln von Gnadenbrot tief unglücklich. Alles hat er verloren, und auch seine Kinder, die ihn im Alter ernähren sollten, sind gestorben. Ihm bleiben weder Mehl noch Malz, Gänse, Hühner oder ein Schwein, und sein Bruder befürchtet, dass er sich vor Kummer aufhängen werde.

Der dritte ländliche Charakter in dem Theaterstück ist der Dienstknecht. Er hat sieben Jahre bei einem Bauern (dän. *bundemandtt*) gedient und dafür jedes Jahr wenn auch wenig Lohn bekommen. Von seiner Arbeit berichtet er: er habe gedroschen und gemistet, gepflügt, Pferde und Kühe betreut und sei in den Wald gefahren. Doch war sein Ertrag dabei gering. Er müsse viel arbeiten, um ein einfaches Gewand aus eigen gemachtem Gewebe zu bekommen und eigene Ersparnisse seien nur schwer anzulegen. Dennoch ist es sein Ziel, soviel zu sparen, dass er sich ein paar Ochsen oder ein Pferd kaufen kann, was jedoch sehr schwierig ist. Darüber hinaus erzählt der Knecht, dass Bauern immer Bauern bleiben und keinen anderen Verstand als den auf dem Lande üblichen haben. Auch Gottes Wort bekomme man in der Stadt eher zu hören als auf dem Lande. Vor diesem Hintergrund beschließt der Knecht, sich vom Dorf in eine Stadt zu begeben, wo es sich besser dienen lässt und wo man „gute Sitten" lerne. Ganz unmöglich will ihm das nicht scheinen, denn er kenne viele fromme Stadtbewohner, die vom Land in die Stadt gezogen seien und jetzt, obwohl sie anfangs nur vier Schilling in der Tasche hatten, gemachte Leute seien. Das Projekt glückt: der Bauernknecht, „der gute Pflugknecht", wie er im Theaterstück „*Kort Vending*" heißt, wird für sein Gottvertrauen belohnt. Er kommt in den Dienst bei einem Kaufmann, wird dessen Gehilfe und wird als solcher in Geldgeschäften ins In- und Ausland geschickt. Danach wird er selbst Kaufmann und bekommt eine reiche und hübsche Bürgertochter als Ehefrau.

Die Verbindung von Bauer und Handel, Kaufmann und Städten war bekannt und wurde offenbar von den Stadtbürgern als konstitutiv für das Bauerndasein angesehen. Für die Zeitgenossen war es überhaupt nicht verwunderlich, dass Bauern und Mitglieder des Gesindes handelten und dass bestimmte Leute auf dem Lande viel Geld bei diesem Handel verdienten. Keiner der drei von Sthen gezeichneten Typen war auf reine Selbstversorgung aus. Das Ziel aller war Geld zu verdienen, und das konnte man am ehesten durch den Verkauf von Leistungen. Diese konnten aus Dienstleistungen wie Dreschen, Misten oder Weben bestehen, aber am ertragreichsten war doch der Handel. In dem Theaterstück finden wir den Wechsel von Land und Stadt, zwischen Bauer und Kaufmann im Zentrum, während Fernhandel von Bauern keine Erwähnung findet, obwohl wir gleich sehen werden, dass dieser durchaus vorkam. Bevor auf der Grundlage anderer Quellen der Realitätsgehalt des Schauspiels hinsichtlich der Darstellung des Handels geprüft werden soll, dürfte es gut sein, einige definitorische Überlegungen voranzustellen.

Definitionsprobleme

Will man über den Handel von Bauern im dänischen Mittelalter schreiben, dann gilt es, einige definitorische Probleme zu lösen.

Das Königreich Dänemark hat ganz sicher im 11. Jahrhundert und später eine hinreichend bekannte geographische Gestalt, doch möchte ich betonen, dass ich unter Dänemark das Reich vor dem Zweiten Schwedischen Krieg (1658-1660) verstehe, also vor der Abtretung von Schonen, Halland und Blekinge an Schweden. Ebenso gehört das Herzogtum Schleswig mit dazu.

Kompliziert ist es, die Menschen, die wir „Bauer" (dän. *bonde*) nennen, als eine Gruppe zu fassen.[2] In der ältesten Zeit und noch in den Landschaftsgesetzen des 13. Jahrhunderts war *bonde* die Bezeichnung für den vollwertigen Mann in der Gesellschaft. Im 13. Jahrhundert stand der *bonde* im Gegensatz zu dem Landwirt, der sein Land nur gepachtet hatte, dem *landbo*, und dem *bryde* (lat. *villicus*), der nur als Verwalter tätig war. Die Stadtbewohner nannte man häufig bis in das 13. Jahrhundert ebenfalls *bonde* (latinisiert *bondo*) oder *fæster* (*landbo*, lat. *colonus*).[3] Im Spätmittelalter näherten sich die Bezeichnungen für die Landwirte allmählich an, so dass *bonde* schließlich eine sehr breite Gruppe bezeichnete. Zur gleichen Zeit entstand das Städtebürgertum mit eigenem Rechtscharakter. Etwa um 1400 wurde die Bezeichnung *bymand* (Dorf- oder Stadtmann) für den Stadtbewohner von *borger* (Bürger) abgelöst – zweifelsohne für eine voll rechtskräftige Person.[4] Dass *bonde* nun in steigendem Maße eine zusammenfassende Bezeichnung wurde, bedeutete aber nicht, dass die so genannte Gruppe im Spätmittelalter in sozioökonomischer Hinsicht homogen war. Es gab enorme Vermögensunterschiede. Auf Seeland gab es im frühen 16. Jahrhundert sehr große Unterschiede zwischen reichen und armen Bauern. Umtriebige Bauern sammelten Vermögen – und handelten, die ärmeren mussten mit weniger auskommen. Es gab zahlreiche Bauern mit Vermögen zwischen 300 und 400 Mark.[5] Im Herzogtum Schleswig gab es in den 1530er Jahren Kirchspiele, in denen die Vermögensunterschiede etwa so groß waren wie im heutigen Brasilien. Hier gab es Bauern, die bis zu 2.000 Mark Lübisch besaßen.[6]

---

2   Die Probleme mit dem Bauernbegriff werden nur allzu deutlich, wenn man ihn vergleichend oder nur im europäischen Rahmen benutzt; vgl. Scott, The Peasantries.
3   Steenstrup, Studier, S. 22, 147; Andrén, urbana, S. 85; vgl. u.a. Diplomatarium Danicum 1. R, Bd. 3, Nr. 191.
4   Christensen, Borger, S. 17-19.
5   Ulsig, Bonde og godsejer, S. 106-122.
6   Ethelberg/Hardt/Poulsen/Sørensen, Landbrug, 636-639.

Es ist also ziemlich deutlich, dass im Schaupiel „*Kort Vending*" bezüglich der Vermögensunterschiede auf dem Lande reale Verhältnisse widergespiegelt werden, wie sie infolge des wirtschaftlichen Aufschwungs seit dem späten 15. Jahrhundert entstanden und sich während des 16. Jahrhunderts weiter ausprägten. Einige Landwirte konnten auf der einen Seite den Markt ausnutzen und mit Profit die Hauptprodukte der dänischen Landwirtschaft verkaufen, nämlich Getreide und Vieh. In der Zeit zwischen 1560 und den 1580er Jahren, als das Theaterstück geschrieben wurde, entwickelten sich die Preise und die Absatzmöglichkeiten für landwirtschaftliche Produkte äußerst günstig, und es gab – wie im Stück dargestellt – eine starke Nachfrage nach Getreide und Ochsen.[7] Andere Landwirte, denen es nicht gelang, in den Besitz einer Hofstelle zu kommen, die Überschüsse abwarf, sanken in die Unterklasse der ländlichen Gesellschaft ab. In der vorherrschenden demographischen Wachstumsperiode waren sie das Opfer eines Systems mit einer festgelegten Anzahl von Bauernhöfen und wurden Kätner (dän. *husmænd*), die man praktischerweise in einem expandierenden Gutsbetrieb gut brauchen konnte. Der arme Bauer des Schaupiels ist nämlich als Straßenhausbewohner in das Gutssystem integriert und hat seine Abgaben in Form wöchentlichen Fron- oder Hofdienstes zu erbringen. Der Dienstknecht brennt – für seinen Stand ganz verständlich – darauf, in die Reihen der Ochsen- und Pferdehändler einzutreten, doch gelingt das auf dem Lande nicht so richtig. Erst durch seine Abwanderung in die Stadt hat er Glück und steigt durch erfolgreiche wirtschaftliche Tätigkeit in die Reihen der Bürger auf. Dies sind Betrachtungen, die die tatsächlichen Gegebenheiten in der Gesellschaft wiedergeben und die illustrieren, wie differenziert die ländliche Gesellschaft und die Bedingungen des Handels waren.

Handel ist selbstverständlich kein leicht zu definierender Begriff. In den ältesten Zeiten scheidet sich der Handel zunächst ganz allmählich von anderen Tauschformen wie Tribut oder Geschenk, des weiteren blieben ganze Gesellschaften bis in neueste Zeiten von einer „Kommandowirtschaft" geprägt, in der erzwungene Transfers (etwa in Form von Landpacht, Abgaben oder Steuern) und stark regulierter Handel die Norm waren. Oft vermischten sich befohlene Transaktionen mit rein kommerziellen, wie man es beispielsweise in der für den mittelalterlichen und frühneuzeitlichen Bauern so charakteristischen Kleinschifffahrt sieht. Bauern auf den südlichen dänischen Inseln waren verpflichtet, für die lokalen königlichen Vertreter zu den norddeutschen Städten zu segeln, nutzten das aber auch für eigene Handelsaktivitäten.[8] Man kann sich vorstellen, wie ein solches Schiff ebensoviel königliche wie bäuerliche Waren an Bord hatte. Der Handel konnte in vielen verschiedenen Formen abgewickelt werden. Es ist ein großer Unterschied, ob man Waren auf einen wöchentlichen Markt bringt oder ob man am internationalen Fernhandel mit eigenem Schiff teilnimmt. Dänische Bauern taten beides. Seetransport war im ganzen gesehen unabdingbar für den älteren dänischen Handel und Warentausch. Kein einziger Ort in Dänemark liegt mehr als 65 km von der Mee-

---

7   Frandsen, 1536, S. 121.
8   Bill/Poulsen/Rieck/Ventegodt, Stammebåd, S. 192.

resküste entfernt, so dass in Zeiten schlechter Wegeverbindungen der Schiffstransport normalerweise das billigste und leichteste Verfahren war, um Waren zu bewegen. Die so genannten Thords-Artikel, Ende des 13. Jahrhunderts niedergeschriebene Vorschriften, fordern, dass man eine Tonne Bier höchstens für eine Mark oder acht Öre in Küstenstädten verkaufen sollte, aber für 10 Öre in Städte, die nur mit einem Wagen erreicht werden könnten. Der Landtransport verteuerte also Waren um ein Fünftel.[9] Vor diesem Hintergrund bildete die Kleinschifffahrt für dänische Bauern eine sehr interessante ökonomische Nische.

Im Folgenden sollen einige Hauptlinien des Bauernhandels in der Zeit zwischen 1000 und 1600 mit Schwerpunkt auf dem Spätmittelalter und unter Berücksichtigung verschiedener Handelsniveaus umrissen werden.

Strandmärkte und Marktstandhandel

Archäologische Funde haben in den letzten Jahren Aufschlüsse über die Landbevölkerung der Eisenzeit und des frühen Mittelalters erbracht. Zunächst ist sicher, dass es entlang der dänischen Küste und in den Förden eine ganze Reihe von Landungsstellen für Schiffe gegeben hat. Neben den sehr wenigen Orten mit einem schon ausgeprägten städtischen Charakter gab es zwischen dem 7. und dem 12. Jahrhundert zahlreiche Plätze an den Küsten, die nur kurzzeitig bebaut waren. Funde mit Überresten von Bronzeguss, Waagen und Gewichten, Hacksilber und Münzen verweisen auf die einst hier stattgehabten Aktivitäten. Es gibt gute Gründe, diese Plätze als Orte saisonalen Handels anzusehen, wobei deren Küstennähe anzeigt, dass breite Bevölkerungsgruppen sie nutzten.[10] Andererseits wird es immer deutlicher, dass Münzeinzelfunde des 10. und 11. Jahrhunderts auf den großen Höfen dieser Zeit auftauchen. Die agrarische Elite ging bereits zu dieser Zeit offensichtlich mit einer gewissen Routine mit Münzen um.[11]

Die große Urbanisierungsphase begann in Dänemark wie im übrigen Nordeuropa im Hochmittelalter. Am Ausgang des Mittelalters gab es in Dänemark etwa 100 Städte. Während nur 20 davon im 11. und 12. Jahrhundert gegründet worden waren, können wir mindestens 63 auf die Gründungsphase zwischen 1200 und 1350 datieren. Die restlichen Städte stammen aus der Zeit zwischen 1400 und 1550 und waren überwiegend klein.[12] Es ereignete sich also im Hochmittelalter eine urbane Revolution. Es liegt auf der Hand, dass die Teilung der Bevölkerung in eine stärker agrarische und eine städtische Gruppe, die sich aus dieser Entwicklung ergab, soziale Konsequenzen nach sich zog. Zu erkennen ist nämlich, dass die genannten Schiffslandungsplätze aufgegeben wurden und dass sich nun Münzen in allen Schichten der Landbevölkerung fanden.

---

9 Aarsberetninger, S. 35.
10 Ulriksen, Anløbspladser; Ulriksen, Sites, S. 797-811.
11 Moesgaard, Mønter, S. 17-34.
12 Andrén, urbana.

Während man die Verbreitung von Münzen durch die Städte im örtlichen Umlauf auf den Zeitraum zwischen 1150 und 1200 fixieren kann, gibt es auf dem Lande bis 1250 kaum Einzelfunde. Eine neue und erweiterte Form des Gebrauchs von Münzen scheint zunächst Ende des 12. Jahrhunderts in den Städten entwickelt worden zu sein und breitete sich von hier auf das Land aus.[13] Die Städte entstanden als Zentralorte für den Handel aus den Landbezirken.

Aus der Mitte des 13. Jahrhunderts gibt es aussagekräftige Quellen über Bauern, die in die Städte zogen, um ihre Waren zu verkaufen. Das Stadtrecht von Roskilde von 1286 erwähnt Bier, das auf dem Lande gebraut und zum Verkauf in die Stadt gebracht werden sollte.[14] Auf dem Markt stand der „Bauernfänger" bereit, der gut informierte Stadtbewohner, der die Naivität in Gelddingen des den Markt besuchenden Bauern auszunutzen trachtete. Das Stadtrecht von Ribe von 1269 legt fest, dass „ein Bauer, der aus Unwissenheit mit falschem Geld erwischt würde, zur Buße der Stadt und dem Vogt je eine Mark Geldes geben sollte". Die Abgabe Marktpfennig (dän. *torveørtug*) von den Wagen, die in die Stadt kamen, wurde allgemein.[15]

Im Kopenhagener Stadtrecht von 1254 ist von Bürgern zu lesen, die zum Verkauf von Tuch und Leinwand und zum Kauf von Rinderhäuten und Lammfellen Stände auf den Markt stellen, und von anderen, die dort Getreide und Fleisch kaufen.[16] 1263 besaß ein Bürger in Ribe eine Bude, die Fleischhändlerbank (dän. *Ködmangerskammel*) oder Schlachterbude genannt wurde, am dortigen Markt.[17] Im Jahre 1302 erwarben die Domherren in Aarhus entsprechend vier Buden am dortigen Markt.[18] Der wöchentliche Markthandel wird hier sichtbar.

In Lund gab es einen Platz oder wenigstens eine Aktivität, die 1120 Markt (lat. *forum*) genannt wurde, und archäologisches Material zeigt, dass Bebauung und Handwerk zuerst im 12. Jahrhundert einsetzten.[19] Man kann jedoch vermuten, dass die hier stattfindenden Aktivitäten sehr begrenzt waren und sich eng an die Funktion eines öffentlichen Begegnungsortes anlehnten.[20] In Næstved auf Seeland übertrug König Erik Lam 1140 den Markt, die Bußgeldrechte mitsamt der Stadtsteuer dem Kloster St. Petri.[21] In einem Privileg von etwa 1200 (vielleicht später), werden alle Handwerker angehalten, wessen coloni sie auch immer seien, die auf dem dortigen Markt handeln wollen, dem genannten Kloster ein Marktgeld zu geben.[22] Es gab also deutliche Ansätze zur Entwicklung eines regelmäßigen Markthandels im 12. Jahrhundert. Doch deutet alles darauf hin, dass der

---

13 Poulsen, Møntbrug, S. 281-285; Carelli, Varubytet, S. 19-20; Grinder-Hansen, Krise, S. 182.
14 Købstadslovgivning, Bd. 3, S. 165ff.
15 Kong Valdemars Jordebog, Bd. 1, S. 21; Roskildebispens Jordebøger, S. 101.
16 DD, 2. Reihe, Bd. 1, Nr. 138.
17 DD, 2. Reihe, Bd. 1, Nr. 404; vgl. auch ebenda, Nr. 278.
18 DD, 2. Reihe, Bd. 5, Nr. 216.
19 Necrologium Lundense, S. 7; Andrén, urbana, S. 81.
20 Carelli, Varubytet, S. 3-27.
21 DD, 1. Reihe, Bd. 2, Nr. 78; Andersen, Næstved, S. 50.
22 Købstadslovgivning, Bd. 3, S. 243.

Markt als ein besonders definierter Platz erst im 13. Jahrhundert Verbreitung fand und dass sich zeitgleich eine besondere Gesetzgebung für Kauf und Verkauf auf diesen Marktplätzen, nämlich den Marktkauf, entwickelte.[23] In Lund fing man um das Jahr 1200 an, Buden um den Markt zu bauen.[24] In Schleswig wurde um 1205 oder kurz danach ein Markt angelegt, den man archäologisch nachgewiesen hat.[25] Augenscheinlich erfolgte die volle Privilegierung dieses Marktes aber erst 1261. Denn in diesem Jahr erhielt die Stadt das Recht, zweimal wöchentlich (dienstags und donnerstags) Markt zu halten. Zur Begründung diente einmal der ökonomische Niedergang der Stadt, dann aber auch, „dass auf den Gerichtsstätten und in den Handelsorten (dän. *købinge*), die um die Stadt liegen, Märkte gehalten werden".[26] In Ribe gab es den *horsetorv*, also Pferdemarkt, vor 1224.[27] Aarhus erhielt seinen Marktplatz vor der Domkirche in der Mitte des 13. Jahrhunderts, und auf diesem wurde ein erster gemeinsamer Stadtbrunnen in den Jahren 1257 bis 1261 angelegt.[28] Im 13. Jahrhundert wurden die Märkte ein wichtiges Element der Planung in neu angelegten Städten. Zu den besten Beispielen gehören Køge, das zwischen 1280 und 1288 auf einer Strandwiese errichtet wurde, und die ältere Stadt Horsens, die um 1300 eine radikale Umgestaltung des Stadtplanes erlebte. Beide waren in der Folge um einen großen Marktplatz angelegt, zu dem man durch die breiten Hauptstraßen der Städte fahren konnte. Auf dem neuen Markt in Horsens gab es regen Warenumsatz, wie Funde von hunderten Einzelmünzen, Kupferstücken, Schuhmacherabfällen, Tuchzeichen und anderem aus dem 14. Jahrhundert und danach beweisen.[29]

Der Handel zwischen Bauern und Kaufleuten der Städte blieb während Mittelalter und Neuzeit zentral. Im Verlauf der Mittelalters entwickelten sich jedoch eher persönliche Abhängigkeitsverhältnisse, die in Bindungen zwischen einzelnen Kaufleuten und Bauern zum Ausdruck kommen. Schon 1291 ist zu sehen, dass die Bürger Schleswigs das Recht erhielten, Landbewohner gerichtlich wegen Schulden zu verfolgen, und dementsprechend geht aus Bestimmungen des 15. Jahrhunderts hervor, dass die Stadtbürger Schulden bei den umliegenden Bauern haben konnten. Informationen über feste Beziehungen zwischen Landbewohner und städtischem Händler erhält man aber erst aus den Handlungsbüchern des Malmöer Kaufmanns Ditlev Enbeck und des Flensburger Händlers Jansen der ersten Jahrzehnte des 16. Jahrhunderts.[30] Doch wenn das Schauspiel „*Kort Vending*" den Kaufmannskontakt zu den Bauern betont, dann geschah das vor einem realen Hintergrund.

---

23 Andrén, urbana, S. 88.
24 Carelli, kapitalistisk, S. 178-209.
25 Vogel, Schleswig, S. 52.
26 DD, 2. Reihe, Bd. 1, Nr. 330.
27 DD, 1. Reihe, Bd. 6, Nr. 30.
28 Middelalder-arkæologisk Nyhedsbrev 51, S. 17.
29 Schiørring, middelalderby, S. 113-149; Mikkelsen und Smidt-Jensen, smuk, S. 5-9.
30 Andersen, Malmøkøbmanden; Stadtarchiv Flensburg, Altes Archiv, B, Königliches Gymnasium, Nr. 565.

Die innerdänische Arbeitsteilung

Liest man die Stadtrechte – und auch das Theaterstück „*Kort Vending*" –, dann könnte man sich den Austausch zwischen Stadt und Land als einen isolierten Kreislauf vorstellen, so wie er von Karl Bücher in seinem Modell der Stadtwirtschaft entworfen worden ist.[31] Tatsächlich wurden die Stadtrechte verschärft, um diesen Zustand zu fördern, und er blieb sehr markant für das Spätmittelalter. Schon in den 1360er Jahren trieb die Königsmacht in Schonen eine bürgerfreundliche Politik, die festschrieb, dass Gastkaufleute nicht mit anderen Gästen, sondern nur mit den einheimischen Bürgern handeln durften, dass Waren in großen Partien nur von Bürgern gekauft werden sollten und dass Detailhandel und Handwerk den einheimischen Bürgern vorbehalten blieben. Um das auch durchzusetzen, durfte Handel nur noch auf den städtischen Märkten stattfinden. Diese Art Regulierung breitete sich rasch im ganzen Land aus, und in ihrem Umkreis wurden An- und Verkauf im Landgebiet verboten. Um etwa 1460 wurde diese Regulierung für viele Städte in der Weise präzisiert, dass die Städte die einzigen legitimen Handelsstätten für eine angegebene Zahl umliegender Landkirchspiele, Harden, Lehen oder für einen Kreis mit dem Radius von einer Meile, zwei oder vier Meilen bildeten.[32] Außerhalb dieser Bereiche war Handel im Grundsatz verboten und Handwerk stark eingeschränkt.

Die Realität sah jedoch ganz anders aus. Schon im Hochmittelalter muss man mit einem Markteinfluss auf die Landwirtschaft rechnen, so dass mit ganz anderen Modellen als dem Büchers gearbeitet werden muss; hier bietet sich von Thünens Modell der Zonen agrarischer Produktion um zentrale Orte an.[33] Es enthält den Gedanken regionaler agrarischer Spezialisierung und weist auf Austauschprozesse über große Entfernungen hin. Es dürfte klar sein, dass diese Spezialisierung im Spätmittelalter zunahm. Sie bedeutete zunächst, dass die Bauernstellen Gewicht auf besondere Produktion legen konnten, dann aber auch, dass die städtischen Märkte Waren von weither an sich zogen; schließlich öffnete sie Bauern aber auch die Teilnahme am internationalen Markt. Wichtig hierfür war die funktionale Gliederung des Landes in Gegenden, in denen überwiegend Getreide gebaut, Rinder gezüchtet oder Waldwirtschaft getrieben wurde. Hinzu kam eine ganze Reihe anderer Nischenprodukte.[34]

Das Land wurde allmählich in Gebiete mit mehr oder weniger Wald aufgeteilt. Diese Teilung war in so weit nichts Neues. Auf Seeland etwa bestand die Region zwischen Roskilde, Køge und Kopenhagen aus urbarem Land, das im Gegensatz zu den umliegenden Waldarealen bereits in der Bronzezeit gerodet worden war. Doch wurde nun die Zweiteilung der Landschaft generell, und die großen Waldressourcen in Schonen, Halland und Blekinge wurden nicht nur für die Bevölkerung östlich des Öresundes in-

---

31 Bücher, Entstehung.
32 Vestergaard, Forkøb, S. 185-218.
33 Thünen, Staat. Zu Analysen der hochmittelalterlichen Landwirtschaft unter Berufung auf von Thünens Modell siehe Campbell, Seignorial; Campbell/Galloway/Keene/Murphy, Capital.
34 Poulsen, Marked og agrar, S. 105-118.

teressant. Wenn das seeländische Kloster Esrom 1197 mit Freude die Besitzungen bei Toager auf der anderen Seite des Kattegats im ostdänischen Halland mit der Begründung übernahm, dass „dort hinreichend Bauholz für seine Gebäude" wäre, dann ist das nur als Ausdruck für diesen Zusammenhang aufzufassen.[35] Ebenso wichtig war für dasselbe Kloster im Jahre 1301 ein Privileg, demzufolge ihm erlaubt war, Bauholz, Brennholz sowie Eisennägel in Helsingborg einzukaufen.[36] Die östlichen Teile der Monarchie nahmen nun ihren Platz als Holzlieferanten für das übrige Dänemark ein.

Im Spätmittelalter ist das Bild klar: Die Gebiete mit intensivem Getreidebau mussten den Holzhandel einschränken. Auf Lolland verbot man den Bauern den Verkauf von Bau- und Brennholz in die Städte und den Export zu Schiff, und ein Gesetz in Fünen verbot entsprechend die Ausfuhr von Brennholz zu Schiff.[37] Diese Gegenden waren Holzeinfuhrland, und im 15. Jahrhundert ist zu sehen, dass Bauern von Fünen nach Ostjütland segelten, um Bau- und Brennholz einzukaufen. Ein Gesetz von 1522 berichtet ganz generell, dass die Einwohner Seelands nach Jütland, Schonen und anderwärts reisten, um Holz zu beschaffen.[38]

Im fast baumlosen Westschleswig war der Holzbedarf ausgeprägt. Diese Region konnte als intensiv genutzte Agrarzone überhaupt nur mit Hilfe von Holzlieferungen aus den östlichen Reichsteilen aufrechterhalten werden. Ein Teil des Bauholzes kam aus den nordostschleswigschen Wäldern und wurde über Ribe in die Marschgebiete verschifft. Als 1480 der Holzexport über Ribe verboten wurde, galt doch eine Ausnahme für Sylt, Föhr und Eiderstedt. Eine weiter südlich gelegene Transitstelle für Bauholz war die Burg des Schleswiger Bischofs in Schwabstedt an der Treene, über die Holz aus den ausgedehnten südostschleswigschen Wäldern gehandelt wurde. Eine auf der Burg geführte Zollrechnung von 1504 registriert große Holzsendungen aus dem Inland in die Marschen, ja, sogar einzelne Lieferungen bis Helgoland.[39]

Eine der Folgen des Holzmangels in den intensiver genutzten Regionen innerhalb des dänischen Reichs bestand darin, dass Halland und Südnorwegen in ständig steigendem Maße in einen Austauschprozess mit diesen gerieten.[40] Eine Reihe königlicher Verordnungen aus dem 15. Jahrhundert deutet auf eine gewisse Kleinschifffahrt der halländischen Bauern hin. Zu diesem Zeitpunkt war es bereits eine eingeführte Praxis, dass norwegische Bauholzschiffe in den nordjütischen Isefjord einliefen.[41] 1489 wurden zwei norwegische Schiffer, die vor der Hornsharde lagen und den Bauern fortwährend Holz

---

35 DD, 1. Reihe, Bd. 3, Nr. 223.
36 DD, 2. Reihe, Bd. 5, Nr. 148.
37 Den danske rigslovgivning 1397-1513, S. 137-139; Porsmose, Landsbyers, S. 90.
38 Den danske rigslovgivning 1513-1523, S. 184.
39 LAS, Abt. 162 Amtsrechnung 1504.
40 Zum nordjütisch-halländisch-norwegischen Handel mit Kleinschiffen siehe Hvidtfeldt, Skudehandelen, S. 27-29; Klitgaard, Skudehandel, S. 383-392; Enemark, Skudehandel, S. 1-3; Holm, Kystfolk.
41 Danske Magazin, 3. Reihe, Bd. 5, S. 147-148.

verkauften, von zornigen Bürgern aus Roskilde überfallen. Die Bürger, die ihre Gerechtigkeiten verletzt sahen, räumten die Schiffe der Nordmänner, tranken deren Bier und nahmen ihnen auch noch die Segel.[42] Auch nach Fünen wurden um 1500 Verbindungen geknüpft. 1519 liefen in den Flusshafen von Odense 17 Schiffe aus Halland und Norwegen ein, um unter anderem Kalksteine zu löschen und Getreide zu laden.[43] 1539 erhielten halländische Bauern das Recht, Bauholz und Steine auszuführen und Bedarfsgüter einzuführen.[44] Der Durchbruch im Anliegerhandel über Kattegat und Skagerak scheint jedoch erst in der Mitte des 16. Jahrhunderts erfolgt zu sein. Ein Vergleich der Rechnungen von 1518 und 1583 aus Ålborg zeigt die Entwicklung: 1583 wurden hier 76 Schiffe aus Südnorwegen und Halland registriert, während es 1518 kein einziges war.[45]

Die Einbeziehung Nordjütlands in den Kattegat-Skagerak-Handel wurde vermutlich von einer stärkeren Einbeziehung anderer Teile Dänemarks und norwegischer Landesteile begleitet und war in hohem Grad Bauernhandel. 1562 wird erstmals ein Hafen bei Næsby auf Westseeland erwähnt, in den Nordmänner kamen und Bauholz an die örtlichen Bauern verkauften.[46] 1568 und 1571 wird berichtet, dass Leute aus Halland und Norwegen in den Limfjord einliefen und nahe Mors Bauholz gegen Getreide tauschten.[47] Den halländischen Bauern wurde 1568 noch einmal ihr Privileg von 1539 über die Ausfuhr von Bauholz bestätigt, doch befürchtete die Obrigkeit, dass zu große Schiffe gebaut würden und legte eine Größenbegrenzung nach oben fest.[48] In jedem Fall war in den 1590er Jahren der Handel zwischen dem nördlichen Teil der jütischen Westküste und Norwegen etabliert – er wurde in hohem Grad von Bauern getragen. 1596/7 landeten im Ganzen 58 norwegische Fahrzeuge in Thy an.[49] Bauern von der norwegischen Südküste, dem sogenannten Nedenes Lehn, erhielten nun die Erlaubnis des Königs, nach Jütland zu segeln und Getreide aufzukaufen, und seit 1630 begannen auch nordjütische Bauern den Handel mit Kleinschiffen nordwärts. Mit einer Reihe von Maßnahmen versuchte die Stadt Thisted ohne Erfolg, sich in den Handel einzuschalten.[50] Die in dieser Zeit stark wachsende Hauptstadt Kopenhagen zog vor allem Schiffe aus Halland an. 1615 liefen allein 110 Fahrzeuge aus Halland (etwa 11 % der gesamten Menge einlaufender Schiffe) den Hafen von Kopenhagen an.[51]

Grundlegend für den Verkehr über das Kattegat war Getreide, das nordwärts in die norwegischen Provinzen und Halland geschifft, und Bauholz, das nach Süden expor-

---

42 Ebda.
43 RAK, Reg. 108 A, pk. 24, nr. 1.
44 Danske Magazin, 3. Reihe, Bd. 6, S. 279.
45 Poulsen, middelalder, S. 43-64.
46 Kancelliets Brevbøger 1561-1565, S. 388.
47 Kancelliets Brevbøger 1566-1579, S. 357-388; Kancelliets Brevbøger 1571-1575, S. 31-32.
48 Kancelliets Brevbøger 1566-1570, S. 192, 311, 490-491; Kancelliets Brevbøger 1571-1575, S. 416.
49 Hvidtfeld, skudehandel, S. 31.
50 Ebda.
51 Mortensøn, Renæssancens, S. 173.

tiert wurde.⁵² Von diesem Handelsverkehr ist in den obrigkeitlichen Verordnungen aus der Mitte des 16. Jahrhunderts und danach die Rede.⁵³ Ferner geht daraus hervor, dass die Bauern aus Halland, dem norwegischen Bohuslehn und Südnorwegen Brot, Hering, Salz und deutsches Bier als Rückfrachten geladen hatten.⁵⁴ So wird ganz deutlich, dass im Süden Bauholz, insbesondere für den Hausbau, benötigt wurde, während im Norden ein Getreideversorgungsunterschuss vorhanden war. Erst im 16. Jahrhundert weitete sich die Zahl der am Handel beteiligten Bauern aus. Auch westschleswigsche Bauernschiffer segelten nun nach Norwegen, um Holz zu kaufen, denn hier gab es starken Bedarf für den Deich- und Schleusenbau und den Hausbau. Ganz typisch ist es zum Beispiel, dass die Einwohner des Dorfes Møgeltønder 1562 die obrigkeitliche Erlaubnis erhielten, Eichenholz für Schleusen- und Hausbauten aus Norwegen zu holen.⁵⁵

In Norwegen wurde unter diesen Bedingungen die Waldnutzung intensiviert, nachdem sich ab 1520 wassergetriebene Sägemühlen ausbreiteten; der Holzhandel explodierte, als die holländische Nachfrage in der Mitte des 16. Jahrhunderts einsetzte. Eine zeitlang wurden viele südnorwegische Bauern eine Art Kleinkapitalisten, die sich auf Waldnutzung für einen internationalen Markt spezialisiert hatten.⁵⁶ Zur gleichen Zeit stellten sich die nordjütischen Bauern zweifellos darauf ein, ihre Produkte in Regionen mit hohem Holzbedarf zu liefern.⁵⁷

Die Entwicklung in der nördlichen Kattegatregion war nicht einzigartig. Genauso wurde die Provinz Blekinge um 1500 zu einer Holz exportierenden und Getreide importierenden Region. In den ersten Jahren des 16. Jahrhunderts ist gut zu erkennen, dass die Dörfer auf Bornholm nach Blekinge Getreide verkauften und von dort Holz bezogen, und in dieser Zeit war die Bauernschifffahrt in diesen Regionen normal.⁵⁸ 1514 verbot König Christian II. nämlich Blekinges Bauern, in das Ausland zu segeln, und untersagte gleichzeitig ausländischen Kaufleuten, Häfen außerhalb städtischer Anlegeplätze in dieser Region aufzusuchen. Wenn die Ausländer allerdings keine „volle Last" in den Städten erhalten könnten, dann war ihnen doch der Besuch der Minderhäfen auf dem Lande erlaubt, wo sie gegen bares Geld Bauholz, Holzstämme und Brennholz einkaufen durften.⁵⁹ Diese Verordnung wurde 1521 noch einmal eingeschärft, jedoch ein Jahr nach der Absetzung des Königs aufgehoben.⁶⁰ Als die Städte in Blekinge 1538 den König ersuchten, die Bauernschifffahrt zu verbieten, führte dieser an, „dass dort nur wenig Getreide auf dem Lande wachse, so dass sie wenig zur Nahrung hätten, wenn sie

---

52 Eine Analyse des Handelssystems „Kattegat-Skagerak" über 400 Jahre bietet Holm, Kystfolk.
53 Beispielsweise: Kancelliets Brevbøger 1561-1565, S. 388; Kancelliets Brevbøger 1566-1570, S. 311, 357-388.
54 Kancelliets Brevbøger 1566-1570, S. 296, 490-491.
55 Kancelliets Brevbøger 1561-1565, S. 168.
56 Tveite, Skovbrugshistorie; Maarbjerg, Scandinavia, S. 248-249.
57 Holm, Havskab, S. 45.
58 Købstadslovgivning, Bd. 4, S. 243-244.
59 Ebd., S. 330-332.
60 Ebd., S. 365-367.

nicht Wald und Strand nutzen können" und ergänzte, dass ihnen, würde man sie davon fernhalten, ihr bester Nahrungszweig genommen würde. Der König legte fest, dass keiner der Blekinger Bauern Waren außerhalb des Reiches verhandeln dürfte.[61] 1550 wurde diese Frage erneut diskutiert, als sowohl die Städte Ronneby und Lykå als auch die Bauern von Blekinge sich über ein königliches Verbot der Holzausfuhr beklagten. Daher hob der König das Bauholzexportverbot auf, aber schärfte noch einmal die Bestimmung von 1538 ein, dass die Bauern nur innerhalb des dänischen Reiches mit ihren Waren segeln dürften.[62] In den folgenden Jahren zeigt sich, dass es einen regen Verkehr von dänischen und deutschen Kaufleuten in den Kleinhäfen der Landschaft gab; einige Bauern versuchten sogar, ihre Kleinschifffahrt nach Deutschland zu legalisieren.[63] Das gelang 1568 und wurde 1582 noch einmal bestätigt.[64]

Aus den vielen Verordnungen wird deutlich, dass aus Blekinge vor allem Bauholz und Fassdauben ausgeführt wurden, man jedoch gegen Ende des 16. Jahrhunderts nur noch Brennholz (von Erlen und Birken) ausführen durfte. Um diese Zeit wurde Fisch offensichtlich ein wichtiger Exportartikel. Importiert wurden vor allem Mehl, Malz, Hopfen, Salz, Bier und Stahl.[65] Dass der Export für die Produktion Blekinges bedeutend wurde, liegt auf der Hand. Nur eine spezialisierte Waldnutzung hatte das Bevölkerungswachstum möglich gemacht, das dieser unfruchtbare Landesteil seit dem 16. Jahrhundert erlebte, selbst wenn man die Rolle der Fischerei brücksichtigt. Wie die Bauern nicht müde wurden, in ihren Eingaben an die Zentralmacht zu betonen, hatten sie nur geringe Getreideproduktion und mussten ihr Brotgetreide von auswärts beziehen.

Aus der Vogelperspektive betrachtet stellt sich das dänische Reich aus einer Reihe spezialisierter Regionen zusammengesetzt dar, die durch handelnde Bauern miteinander verbunden wurden, aber selbstverständlich auch durch spezielle städtische Händler. Aber Spezialisierungen gab es auch in geringerem Maßstab auf eher lokaler Ebene. Die Bauern konzentrierten sich auf Getreidebau oder Viehhaltung oder etwas anderes, je nachdem, was die natürlichen Grundlagen hergaben. So kam es zu Ackerregionen auf fetten Böden oder zu den durch gutes Weideland begünstigten westjütischen Viehregionen, die nun wieder für Ackerbau ungeeignet waren. Eine Spezialisierung über die Selbstversorgung hinaus findet sich aber auch auf den mageren und sandigen Heideböden. Das wird beispielsweise sichtbar, wenn man die Bauern in der westjütischen Skast-Harde (dem heutigen Esbjerg) betrachtet. Die Abgabe (dän. *landgilde*), die einer der Pächter von Königsgut, Chresten Ibsen in Nordenskov, im Jahre 1537 zu liefern hatte, bestand aus ½ Tonne Butter, ½ Tonne Honig und einem Schwein. Im Erdbuch

---

61 Danske Kancelliregistranter 1535-1550, S. 73.
62 Ebd., S. 453.
63 Ebd., S. 73.
64 Swensson, Bondehamnar, S. 67; Kancelliets brevbøger 1571-1575, S. 673-674; Kancelliets brevbøger 1580-1583, S. 521.
65 Danske Kancelliregistranter 1535-1550, S. 453; Kancelliets brevbøger 1571-1575, S. 673-674; Kancelliets brevbøger 1588-1592, S. 719; Kancelliets brevbøger 1616-1620, S. 188; Secher, Forordninger, Bd. 6, S. 339.

von 1562 ist eben dieser Chresten wiederzufinden – er muss nun auch noch Getreide abliefern, nämlich etwa 200 Liter (dän. 1 *ortug*) Roggen. Doch war seine Getreideernte nicht groß, wie aus einer Erdbuchnotiz von 1537 über Zehntabgaben hervorgeht. Hier heißt es, dass der königliche Beamte dem Lehnsmann (dän. *lensmanden*) 4 ½ Tonnen Zehntengetreide an „Cresten i Nørdenskoff" für 2 ½ Taler verkaufte. Der Bauer hatte also nicht genug Getreide für seinen Eigenbedarf geerntet, sondern musste hinzukaufen. Darf man aber von seiner Abgabe her urteilen, dann hatte er genügend Vieh inklusive Schweine und eine beträchtliche Bienenhaltung. Was ihm das Geld für seinen Getreidekauf verschaffte, dürfte wohl seine Viehhaltung gewesen sein; aber dann waren da noch seine Bienen. Eine Tonne Honig kostete in den 1540er Jahren ganze 120 Schillinge. Die 2 ½ Taler, die er 1537 für Getreide ausgab, machen aber nur 75 Schillinge aus. Nimmt man an, dass das gekaufte Getreide seinen Jahresbedarf ausmachte, dann brauchte er nicht einmal eine Tonne Honig, um zu Hause das Nötige bereitzustellen.[66] Die aus den Heideflächen gewonnenen Heidesträucher stellten für die hier wohnenden Bauern zweifellos eine bedeutende Einnahmequelle dar. Man kann sicher sagen, dass ihr kommerzielles Engagement ihnen ein gutes Leben ermöglichte – und das in einer natürlichen Umwelt, die für Selbstversorgung kaum ausreichte.

Sieht man sich die Stadtrechnungen an, dann wird die lokale agrarische Spezialisierung ganz deutlich. Beispielsweise lässt die Zollrechnung von Hadersleben aus dem Jahre 1539[67] erkennen, dass das nordöstliche Schleswig zu dieser Zeit keine für die Eigenversorgung ausreichende Getreideproduktion hatte. Bauern kamen mit ihren Kleinschiffen mit Getreide aus Ärö, Askö, Lolland, Falster und Fehmarn in die Stadt. Ein Schiff kam mit einer Weizenladung aus Fehmarn, was für sich selbst spricht. Naheliegenderweise kann man diese Getreideversorgung damit erklären, dass sich die Bauern hier zum Teil auf animalische Produkte spezialisiert hatten. Das wird auch in der Rechnung von 1539 bestätigt. Hieraus lässt sich entnehmen, dass die Bauern aus dem Westen des Landes, aus der Gram-, Böking- und Karrharde sowie Nordfriesland und Angeln mit Ochsen nach Hadersleben kamen, jedoch andererseits die waldarmen Gebiete an der Westküste zum Herbst in großen Mengen Schweine von den Bauern des östlichen Hügellandes einkauften. Die Städte im vorindustriellen Dänemark fungierten in hohem Maße als Zentren für die regional spezialisierten Landwirte.

Austausch mit den großen Handelszentren

Dänemark bekam erst im 16. Jahrhundert mit Kopenhagen einen Markt, der sich deutlich von den anderen abhob und die Produktion eines großen Umkreises an sich ziehen konnte. Früher aber hatten norddeutsche oder niederländische Städte die Nachfrage-

---

66 Poulsen, Middelalder, S. 190.
67 RAK. Slesvig og holstenske regnskaber før 1580. Reviderede regnskaber. Haderslev toldregnskab 1539.

funktion für eine exportorientierte dänische Landwirtschaft. Und ebenso früh setzten die Bewohner dieser Städte ihre Produkte oder Handelswaren an die Kunden in den Landgebieten ab.

Die dänischen Städte waren längst nicht der einzige Ort, an dem dieser Auslandshandel vollzogen wurde. In den ländlichen Gegenden existierten eine Vielzahl von Hausierern, Landaufkäufern und Kaufmannsgehilfen, gegen die die Gesetzgebung vergeblich vorzugehen versuchte. 1496 erließ König Johann eine ganz typische Verordnung, dass kein schottischer, deutscher oder dänischer Kaufmann seine Gehilfen zum Aufkauf in die Dörfer um Køge schicken dürfe.[68] Deutsche Kaufleute reisten im Land umher und versuchten, Waren aufzukaufen. Mehrere Beispiele zeigen, dass sie dies mit Zustimmung der königlichen Beamten taten. Ein Rechtsstreit von 1482, als in Nordeuropa Getreidemangel herrschte, zeigt etwa, dass in diesem Jahr ein lübischer Kaufmann vom Hardesvogt in Rødby, Anders Hovet, eine Erlaubnis erhalten hatte, in dessen Verwaltungsbezirk (Fuglse Harde auf Lolland) Getreide aufzukaufen. Außerhalb dieses Bezirks konnte der Hardesvogt selbstverständlich das Handelsrecht des Lübeckers nicht garantieren, und als dieser in der Nachbarharde einige Lämmer kaufte, geriet er in Schwierigkeiten.[69] Die Agrarprodukte, die in den ausländischen Städten benötigt wurden, verkauften die dänischen Bauern zum Teil direkt an deren Bürger, und in einigen Fällen waren diese Bauern sogar im Fernhandel aktiv und brachten ihre Waren selbst in die Fremde.

Schon seit der Eisenzeit kennen wir Anzeichen für einen lebhaften Güteraustausch über die Ostsee zwischen Slawen und Dänen. Dieser Austausch setzte sich nach der deutschen Kolonisation des südlichen Ostseeufers fort.[70] Mit Entstehung der großen Heringsmärkte und Warenmessen bei Skanör und Falsterbo in Schonen gegen Ende des 12. Jahrhunderts kamen diese als wichtige Warenumschlagplätze zwischen Deutschen und Dänen hinzu.[71] Dieser Austausch geschah zu Schiff mit Hilfe größerer und kleinerer Häfen. Im 13. Jahrhundert dürften nicht so viele Hafenplätze entlang der Küsten und außerhalb der Städte vorhanden gewesen sein, doch im südlichen Seeland gab es einige. Drei Klein"häfen" an der hiesigen Küste (Jungshoved, Vimose und Skåningehavn) erscheinen bereits im Erdbuch König Waldemars aus dem Jahr 1231 und zahlten dem König beträchtliche Abgaben.[72] Im 14. Jahrhundert, als Händler aus Kalvehave und Vimose auf den Schonenmärkten auftauchen, hört man nur noch von zwei Kleinhäfen hier: Kindvig und Sandvig, die beide Zoll an den Bischof von Roskilde zahlten.[73] Vor diesem Hintergrund lässt es sich nicht von der Hand weisen, dass es eine relativ breite Einbindung der Landbevölkerung in den Handel zu Schiff im 13. Jahrhundert gab und

---

68 Købstadslovgivning Bd. 3, S. 211.
69 Ebel, Ratsurteile, Bd. 1, Nr. 277. Vgl. Repertorium diplomaticum regni Danici, 1. Reihe, Nr. 6389; 2. Reihe, Nrn. 1754, 2830, 3285, 3639, 5501, 6626, 12780.
70 Ulriksen, Late Iron Age, S. 227-255.
71 Jahnke, Silber.
72 Kong Valdemars Jordbog, Bd. 1, S. 20.
73 DD, 2. Reihe, Bd. 10, Nr. 413; 4. Reihe, Bd. 1, Nr. 133.

dass es eine Kontinuität bis zurück in die Wikingerzeit – überspitzt gesagt – „demokratischer" Partizipation am Handel gegeben hatte.

Andererseits spricht nahezu alles für eine Revolution im dänischen Schiffshandel von Bauern am Ende des 14. Jahrhunderts. Die dänischen Städte begannen in diesen Jahren einen langwierigen und zähen Kampf gegen zahlreiche, nicht städtisch kontrollierte Kleinhäfen, die offenbar erst kurz zuvor entstanden waren. Ebenso bekämpften die Städte natürlich den eigenständigen Bauernhandel zu Schiff. Ganz typisch für diese Geschehnisse ist eine Verordnung aus dem Jahr 1413, in der König Erich von Pommern den Handel vom Lande aus um die südfünische Stadt Svendborg verbot, zugleich Ausländern untersagte, in dieser Stadt Detailhandel mit Leinwand, Tuch, Tauwerk, Hopfen und Eisen zu betreiben und auch noch das Anlaufen und Handeltreiben in den naheliegenden illegalen Häfen unter Strafe stellte.[74] Um 1400 lief die Bauernschifffahrt von den südfünischen Inseln, von Südseeland und Lolland-Falster zu den norddeutschen Ostseehäfen gut und im 16. Jahrhundert beteiligten sich auch bäuerliche Kleinschiffe aus Halland und Blekinge an diesem Geschäft. Zu gleicher Zeit verschifften die großen Herren und die Amtmänner von ihren Höfen aus mit eigenen Schiffen ihre Produkte, die sie direkt an deutsche Kaufleute verkauften. Die Städtebürger waren also keineswegs in einer Position der Alleinhändler, wie sie es sicher gern gesehen hätten.

Genauere Studien des Rechnungsmaterials untermauern diesen Eindruck. Ein Durchgang durch die Zollrechnungen der schleswigschen Insel Ärö aus dem Jahr 1539 zeigt zum Beispiel, dass die meisten Schiffer, die von hier versegelten, aus den Dörfern der Insel kamen. Von den 29 Fahrzeugen, die 1539 die Insel verließen, kamen eigentlich nur zwei aus der hier liegenden Stadt Äröskøbing. Die Fahrzeuge wurden von 26 Männern geführt, so dass deutlich wird, dass die Schiffer nur eine Tour im Jahr machten. Vergleicht man die Namen dieser Männer mit dem Register der dänischen Steuer der Landgilde, dann findet man sie als Zahler von Bauernstellen wieder. Es ist völlig klar, dass ganz gewöhnliche Bauern ihre Landwirtschaft mit dem Schiffshandel kombinierten.[75]

Einen Eindruck vom Umfang des Handels von den süddänischen Inseln im 16. Jahrhundert kann man aus den *certificationes* bekommen, in denen alle Fahrzeuge, die in den Jahren 1579 bis 1581 von Lübeck absegelten, verzeichnet sind. So findet man für den 27. Oktober 1579 folgende Personen verzeichnet:[76]

Jurgen Jensen na Lalandt
Martenn Branndt na Femern
Jacob Andersen na Lalanndt
Christoffer Dousen na Lalanndt
Peter Belsen na Lalanndt
Hans Wasteme na Stettin.

---

74 Købstadslovgivning Bd. 3, S. 534-535.
75 Poulsen, skibsfart, S. 38-58.
76 AHL, Altes Senatsarchiv, Certificationes, 1579-1581.

Von den sechs Schiffen, die an diesem Herbsttag Lübeck auf der Trave verließen, waren vier auf dem Weg nach Lolland und eines nach Fehmarn, das man mit gewissem Recht (es war Bestandteil des Herzogtums Schleswig) mit zu den süddänischen Inseln rechnen kann. So ausgeprägt süddänisch war die Seefahrt nicht immer. Von den 1.982 Schiffen, die Lübeck 1580 verließen, fuhren 1.149 in dänische Häfen. Von diesen gaben 134 Fehmarn, 133 Lolland oder Falster und 63 Langeland als Zielinseln an. Der Verkehr spielte sich vor allem in den Herbstmonaten ab, nachdem die Ernte eingebracht worden war. Wenn man versuchte, den Handel aus diesen Gebieten zu unterdrücken, entstand ein Angebotsdruck, der sich dann in einer unglaublich dichten Segelschiffahrt in großem Stil abbaute. Während des Krieges 1509-1510 gegen Lübeck und dem nachfolgenden Ausfuhrverbot lässt sich beobachten, wie Repräsentanten des dänischen Königs eine Reihe von mit Landesprodukten gefüllten Bauernschiffen auf dem Weg nach Süden in die Hansestädte aufgriffen.[77] Als Christian II. im Winter 1517 das Schifffahrtsverbot aufhob, führte das – dem Chronisten Reimar Kock zufolge – dazu, dass innerhalb von zwei Tagen 200 dänische Kleinschiffe Lübeck anliefen, obwohl der Frost bereits eingesetzt hatte.[78] Im 15. und 16. Jahrhundert wurden von den süddänischen Inseln vor allem Pferde, Ochsen- und Schweinefleisch, aber auch Getreide und Erbsen nach Norddeutschland verschifft.

Einen ganz entsprechenden Bauernhandel zu Schiff kann man in Westschleswig oder Nordfriesland antreffen, wo in beide Richtungen ein lebhafter Schiffsverkehr zu den südlicheren Regionen bis hin zu den Niederlanden stattfand. Schon 1284 erhielten die Eiderstedter und Friesen freies Geleit in Bremen.[79] Für das 14. Jahrhundert beweisen verschiedene Dokumente Kontakte zwischen Nordstrand (vor der Sturmflut von 1634: Strand), der Edomsharde und Eiderstedt nach Hamburg, Bremen, Holland und Flandern. So liest man 1340 von Bürgern aus Strand, die auf die Stader und Hamburger Märkte kamen.[80] Eine Klageschrift von 1360 berichtet von Hamburger Schiffen, die in Kleinhäfen der Insel Föhr und im Hafen von List auf Sylt lagen.[81]

Die westschleswigschen Kontakte auf dem Schiffahrtswege nach Süden wurden durch die Jahrhunderte immer intensiver, und aufgrund der schwachen Urbanisierung, hatte der Bauernhandel eine größere Bedeutung als andernorts. Zugleich gab die Lage der Region nahe an den Niederlanden – dem Kernbereich der entstehenden Weltwirtschaft – den Bauern einzigartige Möglichkeiten des Marktzuganges. In einer Urteilssammlung von Strand und Eiderstedt aus den Jahren 1444 bis 1449 werden zum Beispiel elf Bauern genannt, deren Schiffe bei lokalen Unruhen aufgebracht worden waren. Einige von ihnen waren offenbar aktiv im Handel mit Friesensalz.[82] Andere wie der Bauer Maie Odenson aus Eiderstedt, der 30 Tonnen Roggen und Weizen, eine Tonne Bohnen und

---

77 RAK. Reg 108 A, gl.pk. 6, læg 5. Lensregnskab for Nykøbing len.
78 Hansen, Beiträge, S. 29.
79 DD, 2. Reihe, Bd. 3, Nr. 100.
80 Pitz, Zolltarife, S. 23.
81 DD, 3. Reihe, Bd. 5, Nr. 387.
82 Poulsen, Wirtschaftliche, S. 279-292.

eine Tonne Erbsen in seinem Stauraum hatte, trieben Handel mit Nahrungsmitteln nach Süden. Käufer fanden sie und andere Getreide exportierende Bauern in Hamburg, Bremen und den niederländischen Städten. Dann wurde auch Schlachtvieh an Bord der Bauernschiffe transportiert. Der Großbauer Frodde Brodersen von Toftum in der Wiedingharde stach beispielsweise 1512, als der Krieg mit den Hansestädten den Landhandel behinderte, mit einer Ladung von Ochsen, Häuten, Federn und eigenem Tuch nach Holland in See.[83] Bald wurde lebendes Vieh ein bedeutender Exportartikel, und die schleswigschen Bauern traten nun in eine engere Verbindung mit dem niederländischen Weltmarkt als jede andere Region Dänemarks. 1576 war der Ochsenhandel ein so fester Bestandteil der Wirtschaft schleswigscher Bauern, dass die Einwohner von Föhr anführen konnten, es würde sie ruinieren, wenn sie keine Ochsen ins Ausland verkaufen dürften.[84] Im Gegenzug mussten – wie erwähnt – diese Gegenden schon früh Holz aus anderen Regionen, seit dem 15. Jahrhundert vorzugsweise aus Norwegen, einführen. Besondere Bedeutung erhielten im 16. und 17. Jahrhundert die Inseln Röm und Föhr sowie eine Reihe von Kleinhäfen entlang der Festlandsküste. Ein Zoll, der an der Westküste in den Jahren 1642 bis 1643 erhoben wurde, der sogenannte Liststromzoll, vermittelt einen Eindruck von der Größe der Handelsflotten einiger dieser westschleswigschen Küstendörfer (Tabelle 1).

Tabelle 1: Schiffe aus den westschleswigschen Dörfern 1642-1643[85]

Ort	Fahrzeuge	Größe in Lasten
Hoyer	7	252
Ruttebüll	2	50
Mögeltondern	7	374
Sejerslev	5	137
Emmerleff	15	176
Hjerpsted	3	61
Ballum	7	155

Es sind bedeutende Zahlen und so kann es keinen Zweifel geben, dass sowohl die Dörfer als auch die ganze Region tief in Schifffahrtsaktivitäten involviert waren.

Der Handelsbauer und seine Handelsformen

Der Handelsbauer im dänischen Mittelalter und der Frühen Neuzeit hatte seinen Platz zwischen dem Nah- und dem Fernhandel. Längst nicht alle Bauern saßen zu Hause auf

---

83 StAHH Senat Cl. II Nr. 15b Vol. 10.
84 Secher, Forordninger, Bd. 2, S. 25.
85 Jacobsen, Skibsfarten, S. 22.

ihrem Hof und warteten – wie im Schauspiel „*Kort Vending*" dargestellt – auf den nach Einkaufsmöglichkeiten suchenden Kaufmann.

Der Kontakt zum städtischen Kaufmann war zweifellos wichtig. Aus den Mitgliederlisten der vornehmen Ålborger Bruderschaft des 15. Jahrhunderts „*Guds Legems Lav*" (Heiligen-Leichnams-Bruderschaft) lässt sich ermitteln, dass eine beträchtliche Zahl von Landesbewohnern um den Limfjord wie Hals, Rold, Års, Sønderholm, Nørholm und Gjøl mit den Stadtbürgern gemeinsam am Bruderschaftstisch saß.[86] Die Stiftung von Verbindungen mit den Stadtbürgern war natürlich und viele Bauern kauften Grund und Boden in der Stadt. In der jütischen Bischofsstadt Viborg gab um 1400 ein Bauer aus dem nahen Dorf Agerskov dem Franziskanerkloster einen Hof im Kirchpiel St. Magnus; ein anderer Bauer aus Astrup errichtete 1503 mehrere Buden auf einem Bauplatz in Viborg.[87] In einem königlichen Urteil von 1487 werden „zahlreiche Bauern auf dem Lande, die Höfe, Grund und Boden" in der betriebsamen Handelsstadt Ribe erworben haben, erwähnt, und erst im 16. Jahrhundert kommt die königliche Politik zum Tragen, die das Ziel hatte, die Bauern zum Verkauf ihrer städtischen Grundstücke zu bewegen.[88] Für die wohlhabenden und in die städtische Gesellschaft integrierten Bauern war ein Umzug in die Stadt naheliegend. Ein gutes Beispiel dafür ist der Vieh- und Pferdehändler Jacob Petersen Oldendorph, der um 1500 ausgehend von seinem Hof auf dem Lande in der Lage war, ein Haus in Hadersleben zu kaufen und hier schließlich Bürgermeister zu werden.[89] Er gehört in denselben Zusammenhang wie der Dienstjunge im Schauspiel „*Kort Vending*".

Aber die meisten Bauern blieben außerhalb der Städte und engagierten sich in zum Teil weitreichenden Transaktionen. Sie konnten sich wie auf Lolland 1482 mit dem lokalen königlichen Beamten arrangieren und sich dadurch Ruhe für den eigenen Handel verschaffen.[90] Oder sie konnten ihren Handel zu Lande und darüber hinaus unter dem Schutz des Adels oder städtischer Kaufleute treiben. In den seeländischen Steuerlisten ist typischerweise zu sehen, dass wohlhabende Bauern mit Ochsen und anderen Erzeugnissen der Landwirtschaft handelten, obwohl sie Pächter von Adligen waren.[91] Man kann sich darüber wundern, dass ein Bauer mit Namen Hans Holdensen, der in der Norder-Rangstrup-Harde im Amt Hadersleben lebte, gegen Ende des 15. Jahrhunderts einen Kredit über 100 Mark Lübisch von dem Hochadligen Henrik von Ahlefeldt (Sohn des Benedikt) bekommen konnte. Die Rente sollte nach dem Rentebrief im Haus des Hadersleber Bürgermeisters Jørgen Ankersen zu zahlen sein.[92] Die Sache klärt sich aber auf, wenn man die Gottorfer Zollrechnung von 1491 durchsieht und dabei einen

---

86 Gilde- og Lavsskråer, S. 613-616.
87 Poulsen, styre, S. 139.
88 Købstadslovgivning Bd. 2, S. 93; Jacobsen, Kvinder, S. 277.
89 Andersen, Johannes Oldendorphs, S. 15ff.; über die Abwanderung vom Land in die Stadt von Pferde- und Viehhändlern siehe auch Enemark, Flensborg, S. 67-98.
90 Vgl. Anm. 68.
91 Ulsig, Bonde, S. 120.
92 Repertorium diplomaticum regni Danici, 2. Reihe, Nr. 11650.

Eintrag findet, der mehrere Haderslebener Pferdehändler betrifft, darunter auch den genannten Bürgermeister Ankersen. Die Liste schließt mit: „Hans Holdensß hardesfoget in Ranckstorpph(a)rde", der Zoll für 59 Stuten und zwei Reithengste bezahlte.[93] Holdensen war also ein Pferdehändler in großem Stil, der auf dem norddeutschen Markt verkaufte, und höchstwahrscheinlich betrieb er seinen Direktverkauf in der Fremde in Form einer Handelskompanie mit den Adligen seiner Herkunftsgegend und den Großkaufleuten der naheliegenden Stadt.

Recht viele Bauern im dänischen Spätmittelalter betrieben auch einen Fernhandel unter dem Schutz königlicher Privilegien, die sie sich erhandelt hatten. Typischerweise trafen sich städtische Repräsentanten und Bauern vor dem König und legten ihre Argumente für eine Entscheidung vor. Der König stützte natürlich die Sache der Städter, war aber gegenüber dem Anliegen der Bauern nicht blind. Eine charakteristische Sache kam 1460 vor König Christian I. durch den Bürgermeister von Nakskov als Repräsentant seiner Bürger und einiger Bauern von der Insel Fünen, die die Bauern der Insel repräsentierten. Der Bürgermeister brachte einige Punkte vor – so, dass die Deutschen keinen anderen Hafen als den der Stadt anlaufen sollten; aber die Bauern bekamen auch ihren Teil. Sie erhielten die Erlaubnis, mit ihren eigenen Produkten nach Deutschland zu segeln und dort „Kupfer, Tuch und andere Waren einzukaufen, die sie brauchten".[94] Um 1500 erhielten die Bauern von Langeland ein entsprechendes Privileg vom König.[95] Dieses Privileg aus der Zeit um 1500 konnten noch 1540 zwei Bauern, die in einem Rechtsstreit mit der Stadt Rudkøbing lagen, in Anspruch nehmen. 1560 erhielten die Einwohner der kleinen Inseln Fejø, Femø und Askø die Bestätigung eines Privilegs, das König Christian II. ihnen hinsichtlich der eigenen Handelsfahrt nach Deutschland mit Vieh und Getreide sowie Hopfen, Salz, Stahl und Eisen als Rückgüter ausgestellt hatte.[96] Die Bauern bewahrten die nützlichen und wertvollen Urkunden höchst umsichtig auf und konnten sie auf Nachfrage (etwa zu Beweiszwecken) ohne Probleme vorweisen. Man segelte und handelte eben teilweise unter königlichem Schutz.

Solche relativ leichten Verhandlungen mit den Städten und um königliche Handelsprivilegien waren wohl möglich, weil der Unterschied zwischen Land und Stadt, zwischen Bauern und der übrigen Bevölkerung im 15. Jahrhundert und zu Beginn des 16. Jahrhunderts noch nicht unüberwindlich groß war. Alles deutet darauf hin, dass in Dänemark die materielle Kultur auf dem Lande und in der Stadt noch nicht völlig unterschiedlich war.[97] Doch war die rechtliche Schlechterstellung der Bauern schon abzusehen. Erst im 17. und 18. Jahrhundert sollte die rechtliche, kulturelle und wirtschaftliche Kluft zwischen der urbanen und ruralen Sphäre unüberwindlich werden.[98] Es gab

---

93   RAK, Hertug Frederiks arkiv, Gottorp toldregnskab 1491.
94   Rigslovgivning 1397-1513, S. 126-128.
95   Repertorium diplomaticum regni Danici, 2. Reihe, Nr. 12586.
96   Kancelliets brevbøger 1556-1560, S. 365.
97   Poulsen, Trade, S. 52-68; Linaa, Keramik.
98   Hanssen, Österlen; Rosén, Stadsbor; Henningsen, vold.

dann nur noch sehr geringe Möglichkeiten für Verhandlungen zwischen Bürgern und Bauern oder gleicherweise für Privilegien zum Vorteil der Bauern.

Der Bauernhandel des dänischen Spätmittelalters und der Frühen Neuzeit spielte sich in einer Gesellschaft ab, in der die Städte im Zusammenspiel mit der Königsmacht die Herrschaft über das Land durchsetzen wollten. Die Bauern widersetzten sich dieser entstehenden Herrschaft durch Allianzen, aber auch durch Verhandlungen, mit denen sie ihren eigenen Zugang zu den großen Märkten offen hielten. Diese Phase legt Zeugnis ab von der Situation, als der Handel noch nicht völlig an Bürger und Städte übergegangen war, wie es sich in den kommenden Jahrhunderten so ausgeprägt darstellen sollte.

Agrarproduktion – Gewerbe – Handel

Studien zum Sozialtypus des Bauernkaufmanns im linksrheinischen Südwesten Deutschlands (1740-1880)[1]

Frank Konersmann

Bauernkaufleute aus der mennonitischen Bauernfamilie Möllinger

Zu den ersten Bauernkaufleuten in der Pfalz, in Rheinhessen und am nördlichen Oberrhein sind Vertreter der mennonitischen Familie Möllinger zu zählen, deren Vorfahre Ulrich Möllinger um 1650 aus der Schweiz nach Rheinhessen geflüchtet war. Zwei Generationen später siedelte sich der in dem Dorf Dühren im Kraichgau 1709 geborene David Möllinger, der zuvor ein adeliges Gut in Gronau in der Vorderpfalz als Pächter bewirtschaftet hatte, in dem rheinhessischen Dorf Monsheim 1744 an.[2] Er erwarb dort ein etwa 150 Hektar großes Gut, das er sogleich um eine Brennerei erweiterte und für eine ganzjährige Stallhaltung der Rinder umbaute. Indizien für diese Betriebsinnovationen liefert von Beginn seiner Tätigkeit in Monsheim an sein Journal,[3] das auch über seinen weitläufigen Handel am gesamten Oberrhein reichhaltig Auskunft gibt. Der Betrieb war somit von vorn herein auf die Herstellung von Branntwein und Essig sowie auf die Mästung von Vieh ausgerichtet, um veredelte Agrarprodukte auf regionalen und überregionalen Märkten abzusetzen.

Zwar konnte David Möllinger senior für dieses zielstrebige Vorgehen in den 1740er Jahren nicht auf bewährte Traditionen seiner Vorfahren in der Schweizer Almwirtschaft zurückgreifen.[4] Jedoch dürfte ihn sein Vater Vincenz zu dieser Vorgehensweise ermun-

---

1 Für die kritische Lektüre des Aufsatzes danke ich meinem Kollegen Niels Grüne an der Universität Bielefeld.
2 Zur Person David Möllingers vgl. Hehr, David Möllinger, S. 73. Dieser David Möllinger wird im folgenden stets als David Möllinger senior bezeichnet, um ihn von seinem gleichnamigen Enkel zu unterscheiden, der als ältester Sohn Martin Möllingers 1771 in Monsheim geboren wurde und sich 1791 in der Amtsstadt Pfeddersheim niederließ, wo er einen eigenen Hof bewirtschaftete.
3 Das Journal (1744-1809) befindet sich im Stadtarchiv Worms (= StdA Wo) Abt. 200 Nr. 520.
4 Denn Ernst Corell stellte fest: „Die Nachrichten aus der Anfangszeit sprechen nicht von besonderen ökonomischen Talenten der Einwanderer, beleuchten aber eine andere Reihe von Zusammenhängen, die auf den Charakter ihrer Wirtschaft hinwirken mußten und ihren besonderen ‚Eigennutz' erklären." Corell, Täufermennonitentum, S. 108. Ähnlich äußerte sich später auch Jean Séguy: „On ne doit pas, en effet, supposer que les Täufer possédaient déjà, à la fin du XVIIe siècle, la technique progressiste qui deviendrait la leur par la suite." Séguy, Assemblées, S. 527.

tert haben, der nicht nur als Pächter verschiedener Einzelgehöfte seit 1710 Erfahrungen gesammelt, sondern in den späten 1720er Jahren auch schon Kontakte zu Branntweinbrennern geknüpft hatte.[5] Zu der dezidiert marktorientierten landwirtschaftlichen Betriebsführung David Möllingers senior gehörte von Anfang an die Führung mehrerer Schreibebücher, unterschieden in Haupt- und Nebenbücher, ein Vorgehen, das von seinem Vater hingegen nicht bekannt ist. Genaue Kenntnisse für die Herstellung von lukrativen Branntweinsorten, die mit Anis, Kümmel und Wacholder versetzt waren, dem sogenannten ‚Mannheimer Wasser', erhielt er von seinem Schwager, dem in Mannheim ansässigen Mennonitenprediger und Branntweinbrenner Christian Schumacher,[6] der 1736 Veronika Möllinger geheiratet hatte. Anregungen für die ganzjährige Stallhaltung dürfte Möllinger von seinen mennonitischen Glaubensbrüdern aus den Niederlanden aufgegriffen haben, zu denen die pfälzischen Mennoniten seit ihrer Flucht aus der Schweiz enge Kontakte unterhielten. Dank der Brennerei verfügte David Möllinger senior mit der Schlempe über ein exzellentes Mastfutter für seine großen Bestände an Rindvieh, die er mit Klee, Ölkuchen aus Raps, Rüben und Getreide z. T. aus eigenem Anbau fütterte. Möllinger war aber nicht nur Agrarproduzent und teilweise Selbstvermarkter, sondern trat immer wieder auch als Zwischenhändler auf, der zumeist von mennonitischen Glaubensbrüdern Getreide, Raps, Ochsen und Rinder kaufte, um sie z.T. zu veredeln und dann an Kunden in größeren, vornehmlich am Rhein, Neckar und Main gelegenen Städten zu verkaufen. Einen Teil seiner Kunden und Geschäftspartner, darunter einige italienische Großhändler aus Worms, Mannheim, Heidelberg,[7] dürfte er über seinen mennonitischen Schwager Christian Schumacher kennengelernt haben, bevor er sich selbst als Gewerbetreibender und Händler etablierte. Kleinere Mengen lieferte er offensichtlich auch verschiedenen Schlössern und herrschaftlichen Häusern seines Landesherrn, des Fürsten von Leiningen-Dachsburg-Hartenburg, dessen Besitzungen sich von Lothringen über das Elsaß, die Pfalz und Rheinhessen bis an den Mittelrhein und in den Westerwald erstreckten.[8] Mit Unterstützung seiner drei Brüder und seiner beiden Schwiegersöhne Johannes Schumacher und Johann Jakob Kägy,[9] die ebenfalls aus mennonitischen Familien stammten, vermochte er bis zu seinem Tod[10]

---

5 Vgl. Konersmann, Das Gästebuch, S. 17.
6 Vgl. Konersmann, Handelspraktiken, S. 644f.
7 Vgl. Konersmann, Entfaltung, S. 202.
8 So lieferte Möllinger gelegentlich nach St. Goar und Sinzig am Mittelrhein, nach Forbach und Eisweiler im heutigen Saarland, nach Colmar im Elsaß und nach Rielsheim in Lothringen, vgl. Möllinger, Journal, in: StdA Wo Abt. 200 Nr. 520
9 Einen der mennonitischen Bauernfamilie David Möllinger senior ähnlich verlaufenden Weg agrarischer Betriebsinnovation schlug die mennonitische Bauernfamilie von Johannes Kägy vom Weierhof ein, der bis Ende der 1740er Jahre ein Vermögen von rund 5.000 Gulden erwirtschaftet hatte. Innerhalb von drei Generationen vermochte ein Zweig dieser Familie in Offstein sein Vermögen zu vervielfachen, nämlich von 5.000 Gulden 1748 über 71.000 Gulden 1795 auf rund 124.300 Gulden 1846. Ich verweise auf das Abtheilungs Inventarium von Johannes Kägy vom 28.11.1748 in Landesarchiv Speyer (= LA SP) Best. F 22 Nr. 36 und auf Konersmann, Soziogenese, S. 230, 234.
10 In der Forschung wurde bisher angenommen, dass David Möllinger am 3.5.1786 gestorben

am 24. Mai 1787 über vierzig Jahre hinweg weit gespannte Geschäftsbeziehungen mit einem Radius von etwa 150 km aufzubauen. Bei den Fuhren über Land setzte er seine Knechte ein, die gelegentlich sogar Zahlungen der Kunden entgegennahmen, bei der Verschickung der Waren auf Flüssen nahm er die Dienste von Schiffern aus dem nahegelegenen Worms in Anspruch, die gelegentlich auch die Zahlungsmodalitäten regelten.[11] Möllinger verkaufte im ersten Jahrzehnt jährlich etwa 10.000 Liter Branntwein und mehrere hundert Liter Essig, in den folgenden Jahrzehnten erhöhten sich die abgesetzten Mengen beträchtlich.[12]

Die beiden Söhne Christian und Martin Möllinger setzten die marktorientierte landwirtschaftliche Betriebsführung ihres Vaters an der Wende zum 19. Jahrhundert im rheinhessischen Monsheim fort. Diese Strategie wurde von seinem Enkel David Möllinger junior und dessen Sohn Johannes in ihrem etwa 50 ha großen Betrieb in der nahegelegenen Kleinstadt Pfeddersheim zu Beginn des 19. Jahrhunderts nicht nur aufgegriffen, sondern nunmehr mit erstaunlicher Fachgeschultheit verfeinert und intensiviert,[13] worüber nicht nur ihre 18 erhaltenen Arbeitstagebücher beredt Zeugnis ablegen.[14] Allerdings ist bisher nicht bekannt, ob bereits David Möllinger junior oder später sein Sohn Johannes eine landwirtschaftliche Fachschule besucht hatten. Gleichwohl verwendeten beide bei diversen Berechnungen immer wieder ganz selbstverständlich Richtwerte und empirische Grundsätze der preußischen und lothringischen Agrarwissenschaftler Albrecht Daniel Thaer, Johann Heinrich von Thünen und Mathieu de Dombasle.

Die verschiedenen Bezeichnungen für die Vertreter der mennonitischen Bauernfamilie Möllinger lassen wachsende Schwierigkeiten der Zeitgenossen erkennen, sie nach Kriterien ihrer Standes-, Klassen- oder Berufszugehörigkeit näher zu bestimmen. Erstaunlich hellsichtig beurteilte bereits zu Beginn der 1770er Jahre der kurpfälzische Botaniker und Agrarreformer Friedrich Casimir Medicus diese mennonitischen Bauern und andere Großbauern als „Landwirte".[15] Es handelt sich der Wortwahl und der Sache nach – ähnlich übrigens wie bei seinem Zeitgenossen, dem Kameralisten Johann

---

sei; vgl. Hehr, David Möllinger, S. 73. Ein kürzlich entdeckter Brief seiner Söhne belegt jedoch seinen Tod erst am 24.5.1787. Der Brief befindet sich im StdA Wo Abt. 239 Nr. 296, auf den mich Walter Hahn aus Monsheim kürzlich aufmerksam gemacht hat, wofür ich ihm zu danken habe.

11 Vgl. Konersmann, Handelspraktiken, S. 646, 656.
12 Vgl. Konersmann, Branntweinbrenner, S. 174.
13 Darüber berichtete erstmals ausführlich der Agrarökonom und Agrarschriftsteller Johann Nepomuk Schwerz auf seiner Reise durch Rheinhessen und die Pfalz 1814; Schwerz, Beobachtungen, S. 114-180.
14 Diese Arbeitstagebücher sind deponiert in der Stadtbibliothek Mainz (= StBi Mz) Best. Ms Nr. 122.
15 In einem umfangreichen Traktat, dem Beobachtungen während einer sechstägigen Reise entlang des Neckars zu Beginn der 1770er Jahre zugrunde liegen, um die Landwirtschaft in verschiedenen Oberämtern der Kurpfalz näher kennen zu lernen, verwendete Medicus sowohl den Begriff ‚Landwirt' als auch den des ‚Ökonomen' und sogar einmal den des ‚Kapitalisten'. In: Medicus, Beobachtungen, S. 233, 240f., 311, 337.

Heinrich Gottlieb von Justi[16] – gewissermaßen um einen sprachlichen Vorgriff auf die von Albrecht Daniel Thaer zu Beginn des 19. Jahrhunderts in die Agrarwissenschaft eingeführte Berufsbezeichnung für systematisch vorgehende Agrarproduzenten.[17] Den Begriff ‚Landwirt' verwendete der Agrarschriftsteller Johann Nepomuk Schwerz 1814 bereits ganz selbstverständlich, als er u.a. die beiden mennonitischen Bauern David Möllinger junior in Pfeddersheim und Christian Kägy in Offstein besuchte.[18] Freilich läßt sich schon den Einträgen in dem Gerichtsbuch von Monsheim aus den 1780er und 1790er Jahren eine terminologische Differenzierung beobachten, insofern der Bürgermeister den Bauern David Möllinger senior als „Handelsmann" und seine ihm nachfolgenden beiden Söhne als „Handelsleute" bezeichnete.[19] Während der französischen Besetzung des linksrheinischen Südwestens zwischen 1793 und 1814 wurden sie von Beamten als „cultivateur", „entrepreneur", „fabricant" und „negociant" eingeschätzt.[20] In dem landwirtschaftlichem Verein des Großherzogtums Hessen-Darmstadt wurden ihre Nachfahren von den 1830er Jahren an zumeist als „Gutsbesitzer" beurteilt.[21] Diese Varianten für die Bezeichnung von Mitgliedern der mennonitischen Bauernfamilie Möllinger können als semantische Indizien für eine zunehmende Differenzierung und Spezialisierung unter bäuerlichen Agrarproduzenten zwischen 1770 und 1850 interpretiert werden. Darüber hinaus ist an diesen Varianten bemerkenswert, daß der Begriff ‚Bauer' bei der beruflichen Zuschreibung in den Hintergrund rückte, weil er offenbar für das Wirtschaftshandeln und für die Betriebsführung der Bauernkaufleute immer weniger als angemessen erachtet wurde.

---

16   In der Regel nahm Justi zwar die Worte ‚Landmann' und ‚Bauer' zur Bezeichnung von bäuerlichen Agrarproduzenten in Anspruch, zuweilen aber auch schon die Worte ‚Landwirth', ‚Wirt' oder ‚Haußwirt' für den nachdenkenden und kalkulierenden Bauern. Dementsprechend stellte er in einer Abhandlung von 1761 fest: „Ein Landwirth, wenn er baar Geld in den Haenden hat, kann solches auf keine kluegere und vortheilhaftigere Art anwenden, als wenn er es weislich gebrauchet, seine Grundstuecke recht zu cultiviren, zu verbessern, und sie in solchen Stand zu setzen, daß er den hoechsten moeglichen Nutzen daraus ziehen kann." In: Justi, Abhandlung, S. 37.
17   In Anbetracht der Defizite in den damals vorliegenden agrarwirtschaftlichen Lehrbüchern stellte Thaer in Paragraph 11 fest: „Wenigen Gebrauch kann deshalb der nicht wissenschaftlich gebildete Landwirth vom Lesen selbst der besten Bücher machen. Er weiß die neuen Ideen nicht zu ordnen und in das Ganze zu verweben. Sie richten daher nur Verwirrung in und durch ihn an. Höchstens darf er nur solche Bücher lesen, welche auf die besonderen Verhältnisse, worin er sich befindet, näheren Bezug haben." Thaer, Grundsaetze, Bd. 1, S. 5.
18   Vgl. Schwerz, Beobachtungen, S. 115, 185
19   Ich verweise auf das Gerichtsbuch des gräflich-leiningischen-hartenburgischen Schöffengerichts Monsheim, in: Staatsarchiv Darmstadt (= StA Da) Best. C 4 Nr. 173/1, fol. 261, 264f., 277 und 296.
20   Diese Bezeichnungen finden sich in verschiedenen Quellen im Bestand G 6 des LA SP, so beispielsweise in dem Faszikel Nr. 366.
21   Ich verweise auf einige Listen mit den Vereinsmitgliedern, die im Anhang der ‚Zeitschrift für die landwirthschaftlichen Vereine des Großherzogtums Hessen' veröffentlicht wurden, so etwa in den Nummern 1 (1831), 12 (1840), 25 (1855) und 28 (1858). Die Zeitschrift befindet sich im StdA Wo.

Zum näheren Verständnis der Soziogenese von Bauernkaufleuten in dieser südwestdeutschen Region sollen im folgenden die sich entfaltenden Produkt- und Faktormärkte sowie der sich belebende Agrarhandel der Region für den Zeitraum von 1740 bis 1880 schlaglichtartig beleuchtet werden. Im Anschluß werden die ausschlaggebenden Gründe für die Soziogenese der Gruppe von Bauernkaufleuten zwischen 1770 und 1820 benannt und erläutert. In einem abschließenden Abschnitt werden die wesentlichen Merkmale dieses Sozialtypus vorgestellt, die ihn – so die hier vertretende These – als ein soziales Übergangsphänomen einer im Strukturwandel befindlichen ländlichen Gesellschaft zu erkennen geben, in der die Industrialisierung und Urbanisierung erst im letzten Drittel des 19. Jahrhunderts die sozialen und wirtschaftlichen Verhältnisse nachhaltig veränderte.

Produkt- und Faktormärkte
in der südwestdeutschen Agrarregion (1740-1880)

STARKES LÄNDLICHES BEVÖLKERUNGSWACHSTUM IN EINER AGRARISCHEN EXPORTREGION

Ende der 1720er Jahre hatte sich der Bevölkerungsstand der Region wieder eingestellt, der vor dem Dreißigjährigen Krieg erreicht worden war.[22] Diese frühe Rekuperation trotz Bevölkerungsverluste bis zu 70 % war weniger eine Folge endogenen Wachstums, sondern vielmehr ein Ergebnis mehrerer Einwanderungsschübe einer Vielzahl religiöser und ethnischer Gruppen, die sich allmählich in Südwestdeutschland dauerhaft angesiedelt hatten.[23] Weiterhin ist seit den 1740er Jahren insgesamt eine positive Bevölkerungsbilanz und seit den 1770er Jahren eine jährliche Steigerungsrate von 0,9 % festzustellen. In den 1790er Jahren wurde in den Ämtern des nördlichen Oberrheins und in der Vorderpfalz bereits eine durchschnittliche Bevölkerungsdichte von 77 Einwohnern/qkm erreicht, so daß dieses Teilgebiet einen der Spitzenwerte in Europa erzielte.[24] Bis in die 1830er Jahre zogen die Teilgebiete Rheinhessens, der West- und Nordpfalz nach, so daß die Bevölkerungsdichte in der gesamten Region einen Durchschnitt von mindestens 100 Einwohnern/qkm erreichte.[25]

Für die naturräumlich unterschiedlich geprägten Teilregionen der Pfalz, Rheinhessens und des nördlichen Oberrheins ist es kennzeichnend, daß sie bis Mitte des 19. Jahrhunderts auf den Export ihrer vielfältigen Agrarprodukte angewiesen waren, infolgedessen die wachsende ländliche Bevölkerung sich vielfältige Einkommensquellen erschloß. Denn die Residenz- und Amtsstädte der Region konnten – mit vorüber-

---

22 Vgl. Konersmann, Entfaltung, S. 172, 180-190.
23 Auf diesen nicht zu überschätzenden Faktor der Bevölkerungsstruktur nach 1650 hat erstmals nachdrücklich hingewiesen Kollnig, Wandlungen, S. 18f.
24 Vgl. Traitteur, Ueber die Groeße, S. 85; Hippel, Die Kurpfalz, S. 186.
25 Vgl. Alter, Bevölkerung, S. 1477; Alter, Bevölkerungsveränderungen, S. 182f.; Mahlerwein, Die Herren, S. 71.

gehender Ausnahme Mannheims (1720-1777) – wegen ihrer vergleichsweise geringen Bevölkerung, die erst im zweiten Drittel des 19. Jahrhunderts deutlich wuchs, ebenso wenig einen nennenswerten Nachfragesog entfalten wie die wenigen gewerblichen und protoindustriellen Gebiete,[26] deren Impulse nur die lokalen Absatz- und Arbeitsmärkte erreichten. Gleichwohl war die wachsende ländliche Bevölkerung um so mehr auf die Einnahmen aus dem Export ihrer Agrarprodukte angewiesen, weil zum einen die Umsatzsteuern und Gebühren bereits im Ancien Régime, sodann in der französischen Besatzungszeit und auch unter der bayerischen Regierung unaufhörlich stiegen,[27] zum anderen die Agrarproduzenten auch Geld für Investitionen in Gebäude und Gerätschaften benötigten.

AGRARHANDEL UND PRODUKTMÄRKTE

In der zweiten Hälfte des 18. Jahrhunderts belebte sich der Agrarhandel beträchtlich und es verdichteten sich die Marktbeziehungen zwischen den Teilregionen, aber auch ins benachbarte Ausland, vor allem nach Ostfrankreich, in die Schweiz, nach Baden und Württemberg.[28] An diesem Agrarhandel waren neben französischen, italienischen und holländischen Großhändlern die gerade für Südwestdeutschland typischen jüdischen Getreide-, Tabak- und Viehhändler[29] und mennonitischen Bauernkaufleute beteiligt. Letztere waren im überregionalen Handel engagiert, wo sie Branntwein, Essig, Bier, Wein, Mast- und Zuchtvieh sowie Kleesamen absetzten, während sie im lokalen Handel vor allem kleinere Mengen Getreide, Wolle, Milch, Butter, Käse, Rapsöl, Ölkuchen und Kleinvieh verkauften, hingegen traten manche von ihnen erst Mitte des 19. Jahrhunderts als Vermarkter größerer Mengen Getreide auf.[30] Im Verlauf des 18. Jahrhunderts bildeten sich erste große Getreidemärkte in Frankenthal, Mannheim und Heidelberg in der Vorderpfalz und am nördlichen Oberrhein, zu Beginn des 19. Jahrhunderts traten dann der expandierende Getreidemarkt in dem westpfälzischen Kaiserslautern und der an überregionaler Bedeutung gewinnende Viehmarkt im nordpfälzischen Quirnbach hinzu; auf letzterem waren die Bauernkaufleute stark vertreten. Die gesamte Region entwickelte sich demnach seit dem frühen 18. Jahrhundert zu einer agrarischen Exportegion, für die eine erhöhte Marktintegration kennzeichnend wurde.[31]

---

26 Vgl. Haan, Gründungsgeschichte, S. 187; Wysocki, Pfälzische Wirtschaft, S. 228f., 239f.
27 Vgl. Springer, Die Franzosenherrschaft, S. 309-322. Diese fortwährende fiskalische Belastung bildete eine der wesentlichen Ursachen für die politischen Konflikte in der gesamten Pfalz im Vormärz, vgl. Gruber, Entwicklung, S. 25-30. Aufschlußreich hierzu ist der Traktat von 1846 aus der Feder von Georg Friedrich Kolb, Die Steuer-Ueberbürdung der Pfalz.
28 Vgl. Konersmann, Entfaltung, S. 199, 202f., 208, 211f.
29 Vgl. Richarz, Viehhandel, S. 66-88; Swiaczny, Juden, S. 122-125.
30 Vgl. Konersmann, Bauernkaufleute, S. 28-30.
31 Die Hypothese einer erhöhten Marktintegration dieser Region im 18. Jahrhundert habe ich erstmals aufgestellt und empirisch erläutert in Konersmann, Entfaltung, S. 171f., 212-216. Mit Blick auf den Tabakhandel verweise ich auf die demnächst erscheinende Dissertation von Niels Grüne, Dorfgesellschaft.

Ein Spezifikum dieses dynamischen Agrarhandels und Agrarwachstums ist in dem sich seit den späten 1750er Jahren belebenden Branntweingewerbe zu sehen,[32] das sich ausgehend vom nördlichen Oberrhein, Rheinhessen und der Vorderpfalz allmählich auf die West- und Nordpfalz ausweitete. Zwar wurde der Branntwein überwiegend im Ausland abgesetzt, gleichwohl vergrößerte sich insbesondere an der Wende zum 19. Jahrhundert die Anzahl der Wirts- und Gasthäuser auch auf dem Land, so daß ein steigender lokaler Verbrauch angenommen werden kann.[33] Für die Herstellung verschiedener Sorten Branntweins verfügte die Region über alle erforderlichen Ressourcen, nämlich Wein, Obst, Getreide und Kartoffeln, daneben über vielfältige Wasserquellen dank zahlreicher Bäche und über Holz dank reichhaltiger Waldbestände. Bereits Mitte der 1770er dürften ungefähr 1.000 Brennereien existiert haben, von denen sich die überwiegende Anzahl auf dem Land befand, die zumeist mit einem bäuerlichen Agrarbetrieb verbunden war. Bis zu Beginn der 1820er Jahre hatte sich ihre Anzahl allein im bayerischen Rheinkreis und in Rheinhessen dank der von der französischen Administration gewährten Gewerbefreiheit im Zuge des Code de Commerce 1807 mehr als verdoppelt, denn es sind rund 2.200 Brennereien bezeugt. Bemerkenswert ist in diesem Zusammenhang, daß nicht nur zahlreiche mittlere und größere Agrarbetriebe eine Brennerei unterhielten, sondern sich auch dörfliche Gemeinden häufig zu ihrer Anschaffung und gemeinsamen Unterhaltung entschlossen haben sollen.[34] Ebenso wie die Inhaber von Einzelbetrieben sahen Dorfgemeinschaften in der Veredelung von Getreide, Kartoffeln und Obst in Form diverser Branntweinsorten eine lukrative Einnahmequelle, insbesondere in solchen Jahren, in denen hohe Getreideernten erzielt wurden und daraufhin die Getreidepreise deutlich sanken. Große Mengen des Branntweins wurden beispielsweise 1829 nach Altbayern, Württemberg, Hessen und Preußen ausgeliefert. Nach der Gründung des deutschen Zollvereins erhöhten sich die Exporte nach Preußen.[35] Aus den Schreibebüchern der Bauernkaufleute, die nahezu alle eine Brennerei und Essigsiederei unterhielten, können die genauen Absatzwege erschlossen werden. Einer der ersten bäuerlichen Branntweinbrenner, der mit seinen Produkten einen lebhaften Handel trieb, war David Möllinger senior, der nachweislich seit 1744 im rheinhessischen Monsheim in großem Stil Branntwein herstellte.[36]

Noch in den frühen 1860er Jahren läßt sich eine außerordentlich hohe Anzahl Brennereien in der südwestdeutschen Region nachweisen. Sie hatte sich im Vergleich zu den

---

32 Vgl. Konersmann, Bäuerliche Branntweinbrenner, passim.
33 Ich verweise auf die wenigen Angaben bei Gruber, Entwicklung, S. 69-71. Insgesamt handelt es sich bei dieser Thematik um ein Desiderat. Am Beispiel allein des Oberamtes bzw. Landkommissariats Zweibrücken in der Westpfalz läßt sich zwischen 1742 und 1830 nahezu eine Verfünffachung der Wirtshäuser feststellen, nämlich von 45 im Jahre 1742 auf 223 im Jahre 1830.
34 Vgl. Utzschneider, Zustand der Gewerbe, S. 77.
35 Vgl. Gruber, Entwicklung, S. 73-75.
36 Möllinger scheint der erste Agrarproduzent gewesen zu sein, der bei der Herstellung von Branntwein Kartoffeln verwendete, vgl. Hein, Möllinger, 152; Drescher, Verarbeitung, S. 363.

1820er Jahren nur wenig verringert, denn sie bewegte sich nach wie vor bei einer Größenordnung von über 2.000 Betrieben. Daß die überwiegende Mehrheit dieser Brennereien im Nebengewerbe bewirtschaftet worden sein dürfte, geht aus der statistischen Übersicht des Jahres 1878 für den bayerischen Rheinkreis hervor. Demnach wurden von den in diesem Jahr erfaßten 1.180 Brennereien 353 als Haupt- und 827 als Nebenbetrieb geführt.[37] Es kann davon ausgegangen werden, daß die meisten dieser gewerblichen Nebenerwerbsbetriebe den 1882 erfaßten 1.167 landwirtschaftlichen Betrieben mit mehr als 20 Hektar angeschlossen waren; das entspricht einem Anteil von 71 % an den größeren Agrarbetrieben im bayerischen Rheinkreis.[38] In diesem Gebiet befanden sich mit Abstand die meisten Brennereien im gesamten Königreich Bayern, obwohl dieser Bezirk der kleinste der acht Regierungskreise des Königreichs war.

Die Hypothese einer erhöhten Marktintegration der südwestdeutschen Region kann sich neben dem Befund wachsender Landzolleinnahmen zwischen 1661 und 1758[39] auf die Ermittlung steigender Getreidepreise an mehreren oberrheinischen Marktorten stützen. So haben Francois-G. Dreyfus, Alfred Straub und Wolfgang Hippel von den 1730er Jahren an eine bemerkenswerte Preissteigerung in Müllheim, Speyer und Mainz festgestellt und deshalb für die zweite Hälfte dieses Jahrhunderts eine „*conjuncture rhénane*" diagnostiziert.[40] In Ergänzung zu ihren Berechnungen sind in einem Bielefelder Forschungsprojekt von weiteren Marktorten u.a. Roggen- und Weizenpreise erhoben und miteinander verglichen worden.[41] Bei den Marktorten handelt es sich um Heidelberg und Mannheim am Oberrhein, um Worms in Rheinhessen und um Zweibrücken, Kaiserslautern und Kusel in der Westpfalz. Demnach stiegen zwischen 1740 und 1770 die Preise an allen Marktorten, wenn sie auch noch stark voneinander abwichen, während sie sich im letzten Drittel des 18. Jahrhunderts allmählich annäherten. Für den Zeitraum von 1816 bis 1825 sind die Variationskoeffizienten für Roggen- und Weizenpreise der einzelnen Marktorte berechnet und miteinander verglichen worden, weil für jeden Ort jährliche Preisdaten überliefert sind. Die Berechnungen ergeben beim Roggen Koeffizienten zwischen 0,8 und 0,6 und beim Weizen zwischen 0,8 und 0,4. Demnach schwankten die Preise an den einzelnen Marktorten zwar noch mehr oder weniger stark, sie näherten sich aber weiter einander an. Für die folgenden Jahrzehnte bis 1845 ist dann eine deutliche Abschwächung der Preisschwankungen und eine starke Annäherung der Roggenpreise mit Koeffizienten zwischen 0,16 und 0,22 festzustellen. Ein ähnliches Ergebnis haben die Berechnungen der Koeffizienten für die Weizenpreise ergeben.[42]

Die Trends für den Zeitraum von 1825 bis 1845 dürften sowohl von dem Beitritt Bayerns (1834) und Badens (1835) zum Deutschen Zollverein als auch von dem Ausbau

---

37 Vgl. Statistischer Abriss, S. 172f.; Beiträge zur Statistik Bayerns, S. 24-141.
38 Vgl. Konersmann, Existenzbedingungen, S. 79.
39 Nähere Ausführungen finden sich in Konersmann, Entfaltung, S. 197f.
40 Vgl. Dreyfus, Beitrag, S. 248; Straub, Badisches Oberland, S. 43, 52; Hippel, Kurpfalz, S. 215.
41 Vgl. Konersmann, Entfaltung, S. 190-196.
42 Vgl. ebd., 195f.

der Eisenbahnlinien zwischen 1847 und 1855 befördert worden sein. Mit dem Bau der Ludwigsbahn zwischen Ludwigshafen, Neustadt, Kaiserlautern, Homburg und Forbach konnte der Transport von Gütern zwischen der Rheinebene, der Westpfalz und dem Saargebiet erheblich vereinfacht und beschleunigt werden.[43] Dieses neue Transportmittel wurde von manchen Bauernkaufleuten genutzt, um von den späten 1840er Jahren an Steinkohle aus dem Saargebiet zu beziehen. Die Steinkohle benötigten sie für die Unterhaltung der Öfen ihrer Brennerei und Ziegelei. Diese Praxis läßt sich beispielsweise den Schreibebüchern der drei mennonitischen Familien Kägy, Dettweiler und Würz entnehmen, die in den beiden rheinhessischen Dörfern Offstein (Kägy) und Wintersheim (Dettweiler) sowie in dem westpfälzischen Dorf Hochspeyer (Würz) wohnten.

FAKTORMÄRKTE

Zwar sind die regionalen Boden-, Arbeits- und Kapitalmärkte und auch die Angebote agrarischen Fachwissens, das nach Eckart Schremmer als ein weiterer Produktionsfaktor anzusehen ist,[44] bisher nur in Ansätzen und nur im lokalen Rahmen erforscht worden, gleichwohl lassen sich einige Trends hypothetisch formulieren. Die größte Kenntnislücke besteht allerdings beim Bodenmarkt,[45] so daß für ihn zum einen nur einige indirekte Indizien anhand der Bevölkerungs- und Betriebsgrößenentwicklung, zum anderen Strategien des Bodenerwerbs nur am Beispiel einiger größerer Bauern ermittelt werden können. Da in der südwestdeutschen Region Realteilung vorherrschte, hatte das mehr oder weniger starke Bevölkerungswachstum auf dem Lande eine zunehmende Bodenzersplitterung zur Folge, so daß die Gruppen der Klein- und Parzellenbauern im letzten Drittel des 18. Jahrhunderts in nahezu allen Teilgebieten die absolute Mehrheit in den Dörfern errangen, denen eine Minderheit von Mittel- und Großbauern mit 10 ha und mehr gegenüberstand. Diese mittel- und großbäuerlichen Familien mit einem dörflichen Anteil von zumeist unter 15 % vermochten ihren Besitz nicht zuletzt durch sozial endogame Heiratstrategien zu stabilisieren, wenn nicht sogar zu erweitern.[46] Zu ihnen gehörten auch die Bauernkaufleute, die zuweilen Parzellen an ihre bedürftigen Dorfbewohner verpachteten, die auf diese Weise aber in ihre Abhängigkeit geraten konnten, sobald sie sich längerfristig verschuldeten.[47] Unter diesen Schuldnern finden sich nicht selten auch einige außerfamiliäre Arbeitskräfte der Bauernkaufleute. Auf diese Weise bildeten sich dauerhafte Patron-Klient-Beziehungen zwischen Familien der Großbauern und solchen der Klein- und Parzellenbauern, die sich auf mehrere Generationen erstrecken konnten, wie das bei mehreren mennonitischen und einigen reformierten Bauernkaufleuten anhand ihrer Schreibebücher nachgewiesen werden kann.[48]

---

43 Vgl. Sturm, Pfälzische Eisenbahnen, S. 263-265; Fendler, Entwicklung, S. 1244-1249.
44 Ich verweise auf die konzeptionellen Bemerkungen zu diesem Produktionsfaktor bei Schremmer, Faktoren, S. 33-77.
45 Für Nordbaden jetzt Grüne, Dorfgesellschaft.
46 Vgl. Mahlerwein, Die Herren, S. 46-59; Konersmann, Rechtslage, S. 98-102.
47 Vgl. Konersmann, Soziogenese, S. 230, 233; Konersmann, Du *stand* paysan, S. 223f.
48 Vgl. Konersmann, Entstehung, S. 249.

Hingegen vermochten sich Parzellenbauern in manchen Gebieten ein gewerbliches Zusatzeinkommen zu verschaffen, in dem sie auf ihren Parzellen und auf solchen ihnen durch temporäre Allmendenteilung zugeteilten Flächen Hanf, Krapp und Tabak anbauten.[49] Chancen zu einer derartigen agrargewerblichen Existenz sind im Umfeld der westpfälzischen Städte Kaiserslautern und Zweibrücken, der vorderpfälzischen Städte Speyer, Frankenthal und Neustadt und zwischen den oberrheinischen Städten Mannheim und Heidelberg bezeugt. Die meisten der genannten Strategien von Klein- und Parzellenbauern, ihre drohende Subsistenzkrise zu überwinden, beruhen demnach auf ihrem Zugang zum Bodenmarkt,[50] der ihnen nicht zuletzt durch Flexibilisierung der Allmendenbewirtschaftung erleichtert worden sein dürfte. Allerdings vermochten sie wegen ihres Kapitalmangels nicht direkt von der Nationalgüterversteigerung während der französischen Besatzungszeit zu profitieren, sondern eher indirekt, indem sie von den neuen Grundeigentümern Flächen pachteten oder diese auf Kredit kauften.[51]

Von dem sich im letzten Drittel des 18. Jahrhunderts allmählich entwickelnden Arbeitsmarkt auf dem Land profitierten in erster Linie Großbauern, adlige Grundherren und Pächter der Domänen, die nunmehr mit Hilfe der nunmehr eher zur Verfügung stehenden billigen Arbeitskräfte die Intensivierung ihrer Landwirtschaft vorantreiben konnten, während die größer werdende Zahl der Tagelöhner um die vergleichsweise noch wenigen Arbeitsplätze in verschärfte Konkurrenz zueinander traten.[52] Diese Konkurrenz auf den lokalen Arbeitsmärkten bestand bis in die 1840er Jahre fort, so daß die Löhne für diese mehr oder weniger unqualifizierten Arbeitskräfte kaum stiegen. Hingegen ist beim Gesinde beispielsweise der Bauernkaufleute ein allmählicher Anstieg des Jahreslohns festzustellen, zumal es zumeist auch noch Deputate erhielt. Im Rahmen derartiger, im Grunde privilegierter Arbeitsverhältnisse läßt sich zudem eine gewisse Differenzierung und Spezialisierung im Gesindedienst beobachten. Denn es wurde nicht nur zwischen dem Gesinde für die Hauswirtschaft und dem für den landwirtschaftlichen Betrieb unterschieden. Darüber hinaus wurde im betrieblichen Zusammenhang zwischen Fuhr- und Viehknechten, Milch- und Kleinviehmägden, Rinder-, Schweine- und Schafhirten, Brennern, Zieglern etc. ein Unterschied gemacht, sei es in der Bezahlung, sei es in der Ausstattung, sei es in der Verweildauer. In den Genuß solcher längerfristigen Beschäftigungsverhältnisse auf dem Land vermochte nur eine Minderheit von immerhin 7 bis 14 % der in den Dörfern wohnenden, auf Lohneinkommen angewiesenen Parzellenbauern und Besitzlosen zu gelangen. Abgesehen davon boten sich für einige Tausend von ihnen seit dem Ende des 18. Jahrhunderts insbesondere Chancen der Beschäftigung beim Torfabbau in der Westpfalz, im benachbarten saarländischen Bergbau und seit Mitte der 1840er Jahre im Eisenbahnbau. Hingegen eröffnete sich erst

---

49 Vgl. Grüne, Innerdörflicher Sozialkonflikt, S. 341-383; Grüne, Dorfgesellschaft.
50 Vgl. Grüne, Commerce, S. 6-8; Grüne, Individualisation, passim.
51 Ich verweise auf die wenigen Passagen in der älteren Darstellung von Petersen, Bäuerliche Verhältnisse, S. 254-255, und auf die neue Regionalstudie über die lokale Situation in einigen nordbadischen Dörfern von Grüne, Dorfgesellschaft.
52 Vgl. Konersmann, Entstehung, S. 234, 245-252.

von den 1860er Jahren an ein nennenswertes Arbeitsangebot im Großgewerbe und in industriellen Fabriken der Städte Zweibrücken, Kaiserslautern, Worms, Mannheim und Ludwigshafen. Infolgedessen sahen sich Großbauern wie beispielsweise der lutherische Bauernkaufmann Adam Müller im westpfälzischen Gerhardsbrunn Mitte der 1850er Jahre gezwungen, eine Dreschmaschine anzuschaffen.[53] Daß ein zunehmender struktureller Mangel an Arbeitskräften zum erhöhten Maschineneinsatz in der Landwirtschaft führte und nicht umgekehrt, ist auch für Flandern und England bezeugt.[54]

Die Kapitalmärkte der südwestdeutschen Region waren bis Mitte des 19. Jahrhunderts weitgehend lokal organisiert und beruhten auf vielfältigen sozialen und ökonomischen Beziehungen. Der Privatkredit nahm an Bedeutung zu, als sich in der zweiten Hälfte des 18. Jahrhunderts die Chancen zur Aufnahme eines Kredits beispielsweise bei den örtlichen Kirchenkassen dramatisch verschlechterten.[55] Die Schreibebücher nahezu jeder der genauer erforschten 21 Familien der Bauernkaufleute bezeugen den wachsenden Kapitalbedarf auf dem Land. Ihre zwischen 4 und 6 % verzinsten Kredite nahmen vor allem Klein- und Parzellenbauern und örtliche Handwerker, gelegentlich kirchliche und dörfliche Amtsträger, zuweilen aber auch Adlige und selbst ganze Gemeinden in Anspruch. Die Rückzahlung der Kredite erstreckte sich manchmal auf ein bis zwei Jahrzehnte, wie das insbesondere einem Schreibebuch des mennonitischen Bauernkaufmanns David Kägy aus dem rheinhessischen Dorf Offstein für die Jahre 1789 bis 1820 zu entnehmen ist.[56]

Der bereits angedeutete Absatz von Agrarprodukten in den Amts- und Residenzstädten der Region war nicht selten begleitet von Kapitaltransfer. So bezogen in den Städten ansässige Händler und Fabrikanten von den Bauernkaufleuten Agrarprodukte, deren Geldwert ihnen gut schrieben wurde, worüber manches Inventar Auskunft gibt.[57] Zuweilen investierten Bauernkaufleute auch in städtische Unternehmen. Dies ist beispielsweise von den Tabakfabriken der Familien Karcher und Weber in Kaiserslautern bezeugt, an denen sich der reformierte Bauernkaufmann und Holzhändler Paul Kölsch aus dem westpfälzischen Dorf Frankenstein mit einigen tausend Gulden beteiligte.[58] Der hohe

---

53 Adam Müller stellte dazu fest: „Die Dreschmaschine beschlossen anzuschaffen im Herbste 1856, wo Mangel an Arbeiter war. Brügel vom Scharhof, Müller Adam von Obernheim und Schneider Adam von Oberarnbach haben sich im Frühjahr 1856 ebenfalls Dreschmaschinen bauen lassen." Adam Müller, Rechnungen, in: Nachlass Adam Müller im Theodor-Zink-Museum Kaiserslautern, Best. I Nr. 5 (unfoliiert). Generell dazu Seuffert, Rheinpfalz, S. 308, 319.
54 Vgl. Moor, The occupational, S. 299; Campbell / Overton, Productivity, S. 3f.
55 Vgl. Konersmann, Bauernkaufleute, S. 39-41.
56 Das 184 Seiten umfassende, mit einem Register ausgestattete Handbuch von David Kägy befindet sich im Archiv der Mennonitischen Forschungsstelle auf dem Weierhof bei Kirchheimbolanden.
57 Der Händler Joseph Wilhelm Brogino aus der ostpfälzischen Kleinstadt Göllheim war bei David Möllinger senior mit 200 Gulden verschuldet, vgl. Inventar Brogino vom 8.2.1786, in: LA SP Best. F 22 Nr. 82 N° 195.
58 Vgl. Walther / Michel, Vergangenheit, S. 117f. Das Hausbuch von Paul Kölsch (1824-1894) befindet sich im Privatbesitz von Willy Walter in Deidesheim.

Stellenwert privater Geldgeber auf den lokalen Kapitalmärkten bis in das zweite Drittel des 19. Jahrhunderts ergibt sich vor allem aus der Tatsache, daß die Sparkassen, die in den Amtsstädten 1829 im bayerischen Rheinkreis und 1837 in Rheinhessen eingerichtet wurden, nur über einen sehr kleinen Fond verfügten. Erst Ende der 1860er Jahre spielten Sparkassen auf den Kapitalmärkten eine größere Rolle, als sie dank eines wesentlich breiteren Kapitalsockels größere Kredite zu vergeben in der Lage waren.[59]

Der Produktionsfaktor agrarisches Fachwissen spielte bei der Entfaltung des vielfältigen agrarischen Wachstums der südwestdeutschen Region von Anfang an eine wichtige Rolle. Denn die in der zweiten Hälfte des 17. Jahrhunderts eingewanderten ethnischen und religiösen Gruppen, darunter Wallonen, Hugenotten und Schweizer Mennoniten, verfügten entweder bereits über Spezialkenntnisse zu Bodenbewirtschaftung, Pflanzenbau und Viehhaltung sowie zur gewerblichen Veredelung von Agrarprodukten oder eigneten sich solche Kenntnisse recht zügig an, um sie in ihrer neuen südwestdeutschen Heimat in Anwendung zu bringen und den lokalen Bedingungen anzupassen. Dieser Trend zur Spezialisierung und Intensivierung der Agrarproduktion setzte sich im 18. Jahrhundert fort, nicht zuletzt infolge wachsender innerregionaler Konkurrenz. In den Blick rückte nunmehr auch die Veredelung von Agrarprodukten wie beispielsweise durch die Erzeugung von verschiedenen Sorten Branntwein, von Essig, Bier, Rapsöl, Rapsölkuchen und Käse und durch die Verarbeitung von Hanf, Flachs, Krapp, Tabak und Wolle; an der Wende zum 19. Jahrhundert trat die Herstellung von Rübenzucker und die Züchtung verschiedener Rinder-, Schweine- und Pferdeschläge hinzu. Die für diese Strategien benötigten Kenntnisse dürften bis zum Ende des 18. Jahrhunderts vor allem durch die reichhaltigen Kontakte ins Ausland, über Geschäftsbeziehungen und nicht zuletzt durch autodidaktisches Lernen erworben worden sein.[60] Für alle diese Erfahrungsbereiche und Informationsquellen, insbesondere für das Lernen am Vorbild der Eltern und Verwandten, bieten die bäuerlichen Schreibebücher nähere Einblicke.[61] Weiterhin dürfte der rege Kontakt mancher Bauernkaufleute zu Agrarreformern und Agrarschriftstellern, wie das etwa für einige Mitglieder der Familie David Möllinger senior bezeugt ist,[62] zur Erweiterung und Vertiefung ihrer Kenntnisse beigetragen haben. Auch die Rezeption des seit 1766 erscheinenden, durchaus informativen pfälzischen Landkalenders unter Leitung des Botanikers und Agrarreformers Friedrich Casimir Medicus scheint eine gewisse Bedeutung bei der Verbreitung elementarer Kenntnisse über Bodenverhältnisse, Pflanzenphysiologie und Dungmethoden gespielt zu haben.[63] Für

---

59 Vgl. Konersmann, Bauernkaufleute, S. 40f. Anm. 88.
60 Vgl. Konersmann, Rechenfähigkeit, S. 165-168.
61 Konersmann, Schriftgebrauch, S. 298-301.
62 Vgl. Konersmann, Das Gästebuch, S. 22-24.
63 Über den Stellenwert des Landkalenders für die Verbreitung agrarischer Innovationen in der Pfalz und in Rheinhessen stellte Medicus 1773 fest: „Den Kalender bekommt ein jeder, und sind schon viele, die sich ueber seinen Innhalt anfaenglich aufhalten, so sind auch wieder andere, denen es einleuchtet, und zuletzt thun es die am ersten, so sich am mehrsten darueber aufgehalten. Auch viele unterdrucken einzeln bekannt gemachte Beobachtungen aus Eifersucht, sie

die hohe Wertschätzung von Kulturtechniken und Fachkenntnissen in den Sozialkreisen der Bauernkaufleute spricht ihre Verpflichtung von Privatlehrern, deren Einsatz sowohl bei reformierten als auch bei mennonitschen Bauernfamilien am Ende des 18. Jahrhunderts in ihren Schreibebüchern überliefert ist.[64]

Erhebliche Impulse zur Rezeption von Fachkenntnissen im Wein- und Rübenanbau, aber auch in der Viehhaltung gingen von der französischen Administration seit 1798 aus,[65] als der linksrheinische Teil des südwestdeutschen Gebiets dem Departement Donnersberg eingegliedert wurde und somit bis 1814 zum französischen Staatsgebiet gehörte. Hohe französische Beamte besuchten einige der Bauernkaufleute, allen voran wiederum die Familie David Möllinger senior, worüber ihr überliefertes Gästebuch (1781-1817) Zeugnis ablegt.[66] In den folgenden Jahrzehnten trugen die landwirtschaftlichen Fachschulen im bayerischen Rheinkreis (Kaiserslautern) und im Großherzogtum Hessen-Darmstadt (Darmstadt) zur systematischen Vertiefung landwirtschaftlicher Kenntnisse bei.[67] Diese Initiativen wurden flankiert von zahlreichen Bemühungen der in den 1820er und 1830er Jahren gegründeten landwirtschaftlichen Vereine, die schon bald auch auf Kantonsebene agierten und in denen von Anfang an Bauernkaufleute und andere Großbauern vertreten waren. Nicht nur mit Blick auf die soziale Zusammensetzung der Vereine in Südwestdeutschland, sondern auch hinsichtlich ihrer Aktivitäten dürften sie sich von denen in Norddeutschland in der ersten Hälfte des 19. Jahrhunderts unterschieden haben.[68]

Soziogenese der Bauernkaufleute als soziale Gruppe (1770-1820)

Auch wenn die ersten Vertreter der Bauernkaufleute wie beispielsweise David Möllinger senior bereits in den 1740er Jahren in Erscheinung traten, bedurfte es offenbar etwa einer Generation, bis sie sich zu einer eigenen Sozialformation ausprägten. Sie rekrutierten sich zumeist aus bäuerlichen Familien, wobei auffallend viele dem mennonitischem Bekenntnis angehörten. Die zunächst starke Präsenz mennonitischer

---

sagen, da es gut ist, so wollen wir es vor uns behalten: Dieß ist aber bei einem Kalender nicht moeglich, folglich ist es das beste Buch zum oeffentlichen Unterricht." Medicus, Beobachtungen, S. 293f.
64 Vgl. Konersmann, Schriftgebrauch, S. 292.
65 Vgl. Weidmann, Pfälzische Landwirtschaft, S. 262f.; Weidmann, Die Geschichte, passim; Weidmann, Landwirtschaftliche Sonderkulturen, S. 427-434, 440-446, 455-457.
66 Das Gästebuch befindet sich bei der Bauernfamilie Spindler-Möllinger im rheinhessischen Mölsheim. Eine historisch-kritische Edition des Buches liegt nun vor: Konersmann, Das Gästebuch.
67 Vgl. Geib, Zur Geschichte, S. 562-564; Müller, Landwirtschaft, S. 463; Karneth, Ein Landwirtschaftsreformer, S. 162.
68 Vgl. Grüne / Konersmann, Formación S. 47-76. Nähere Einblicke in die Aktivitäten landwirtschaftlicher Vereine in den ländlichen Gebieten um Münster und Osnabrück bieten Pelzer, Landwirtschaftliche Vereine, und Burg, Kräftiger Bauernstand.

Pächterbauern ist auf eine Reihe von Ursachen zurückzuführen. Zu ihnen ist der hohe Leistungs- und Erwartungsdruck von Seiten der sie tolerierenden Obrigkeiten zu zählen, die ihre dauerhafte Anwesenheit gegenüber den ständisch-korperativen Kräften, allen voran den Konfessionskirchen, Stadträten und Zünften, mit dem Hinweis auf ihre Zahlungsfähigkeit und ihre ökonomische Innovationsbereitschaft immer wieder legitimieren mußten.[69] Um diesem Leistungs- und Erwartungsdruck einigermaßen gerecht zu werden, beschritten einige Vertreter der Glaubensgemeinschaft neue Wege und erschlossen agrarökonomische Nischen, wie etwa die Branntweinbrennerei, die Essigsiederei, die Bierbrauerei und die Viehmast, die bisher nicht besetzt waren, so daß sie mit niemandem unmittelbar in Konkurrenz traten. Zu diesen kapitalintensiven Strategien war aber nur eine Minderheit innerhalb der mennonitischen Glaubensgemeinschaften in der Lage, die sich um 1730 auf einen Anteil von etwa 16 % unter den insgesamt 620 Familien beziffern läßt. Da nicht wenige männliche Vertreter dieser Familien auch eines der religiösen Ämter (Diakon, Ältester, Prediger, Lehrer) innehatte, spielten sie eine tragende Rolle in der Glaubensgemeinschaft, verbunden mit einer erheblichen Verantwortung, die sie nicht zuletzt dank ihrer bemerkenswerten Fähigkeiten in der Handhabung des Lesens, Schreibens und insbesondere des Rechnens zu übernehmen imstande waren. Vor allem unter den Diakonen und Ältesten rekrutierte sich ein nennenswerter Anteil der mennonitischen Bauernkaufleute, die ein außerordentliches soziales, mentales und ökonomisches Kapital auf sich zu vereinigen wußten, um mit Max Weber und Pierre Bourdieu zu sprechen.[70]

Auf diese mennonitischen Großbauern wurden an Agrarwirtschaft interessierte Reformkräfte in den Regierungen seit den 1760er Jahren aufmerksam, weil ihre Art landwirtschaftlicher Betriebsführung einen Lösungsweg für ein zunehmend drängendes agrarisches Strukturproblem eröffnete. Es bestand in dem eklatanten Dung-, Vieh- und Futtermangel, der sich zuerst in den dicht besiedelten Gebieten der Vorderpfalz und des nördlichen Oberrheins bemerkbar machte, wo Weiden und Wiesen für eine größere Viehhaltung fehlten. Die von den mennonitischen Bauern eingeführte ganzjährige Stallhaltung auf der Basis verschiedener Kleesorten, Weißrüben und Kartoffeln, verbunden mit einer Brennerei, versprach für Mittel- und Großbauern nicht nur einen Ausweg aus diesem Dilemma, sondern auch eine dauerhafte Steigerung der Boden- und Vieherträge, weil nun erheblich mehr Futter, Mastfutter (Schlempe) und Dung zur Verfügung standen. Diese für deutsche Agrargebiete bemerkenswert frühe Betriebsinnovation, über die in Preußen in den 1770er und 1780er Jahren noch kontrovers diskutiert wurde,[71] fand im letzten Drittel des 18. Jahrhunderts in dieser südwestdeutschen Region immer mehr Anhänger zunächst unter reformierten Großbauern, an der Wende zum 19. Jahrhundert traten dann auch lutherische und vereinzelt katholische Großbauern hinzu.[72] Die meisten von ihnen waren zumindest zeitweilig ebenfalls kirchliche und/

---

69   Vgl. Konersmann, Duldung, S. 339-375.
70   Vgl. Konersmann, Studien, S. 418-437; Konersmann, Handelspraktiken, S. 657-662.
71   Vgl. Müller, Akademie, S. 187-223.
72   In einem Bericht der Physikalisch-Ökonomischen Gesellschaft in Kaiserslautern heißt es am

oder dörfliche Amtsträger. Gunter Mahlerwein hat den Anteil der von ihm als „Bauernaristokratie" und der von mir als „Bauernkaufleute" bezeichneten Sozialgruppe unter allen Mittel- und Großbauern Rheinhessens um 1850 auf ein Drittel geschätzt.[73] Offenbar erhöhte sich dieser Anteil bis zu Beginn der 1880er Jahre, wenn man als Kriterium die Branntwein im Nebengewerbe herstellenden bäuerlichen Agrarproduzenten im bayerischen Rheinkreis in den Blick nimmt. Denn auf dieser Grundlage ist nach Auskunft der bayerischen Statistik – wie gesagt – von etwa 71 % unter den 20 ha und mehr bewirtschaftenden Agrarproduzenten auszugehen.

Die neue Sozialformation der Bauernkaufleute zeichnete sich aber nicht nur durch ihre ökonomisch exponierte Position in Agrarproduktion, agrarischem Nebengewerbe und Agrarhandel aus, sondern auch durch einen, herkömmliche Stände- und Korporationstraditionen überwindenden sozialen und kulturellen Habitus. Denn die Bauernkaufleute waren seit dem Ende des 18. Jahrhunderts an der Ausprägung sozial exklusiver Heiratskreise beteiligt, die den lokalen dörflichen Rahmen überschritten, um ranggleiche Partner zu finden. Das von der französischen Administration eingeführte Institut des Familienrates,[74] der sich im Fall von Eheschließungen, Erbschaften, Vormundschaften und hypothekarischen Belastungen zu bilden hatte, stärkte nolens volens diese neue Sozialformation. Überdies wurden für diese Kreise Freundschaftsbeziehungen zu bürgerlichen und adligen Familien kennzeichnend, die in ihren Briefen, Schreibebüchern und manchem Gästebuch dokumentiert sind.[75] Auch im Wohnkomfort und Lebensstil hat Gunter Mahlerwein kulturelle Ausprägungen dieser neuen sozialen Exklusivität innerhalb der ländlichen Gesellschaft festgestellt.[76] Die Familien der Bauernkaufleute kultivierten im Verlauf des 19. Jahrhunderts mithin einen gehobenen bürgerlichen Lebensstil, mit dem sie sich in den ländlichen Gesellschaften der südwestdeutschen Region deutlich von den Klein- und Parzellenbauern, aber auch von den meisten Handwerkern und selbst von den unteren Chargen des Bildungsbürgertums der Lehrer und Pfarrer unterschieden. Letztere gehörten bezeichnenderweise eher zu der Klientel von Bauernkaufleuten, deren Kredite sie häufiger in Anspruch nahmen, so daß sie namentlich unter den Aktiva in den Inventaren und Schreibebüchern der Bauernkaufleute Erwähnung finden.

---

28. Juli 1772, daß in 130 Gemeinden die ganzjährige Stallfütterung eingeführt worden sei. Der Bericht befindet sich im LA SP Best. A 2 Nr. 1241/ 11q, fol. 1-7. Als ein prominenter katholischer Vertreter der Gruppe von Bauernkaufleuten kann die Familie des Winzers Andreas Jordan in dem vorderpfälzischen Dorf Deidesheim gelten. Ihre Schreibebücher befinden sich im LA SP Best. V 153 Nr. 4.

73 Vgl. Mahlerwein, Die Herren, S. 245f.
74 Vgl. Fehrenbach, Einführung, S. 65.
75 Konersmann, Freundschaft, passim.
76 Vgl. Mahlerwein, Die Herren, S. 86-152.

Merkmale der Bauernkaufleute als Sozialtypus

Das vorherrschende Merkmal der Bauernkaufleute besteht darin, daß sie auf spezifische Weise Agrarproduktion, Gewerbe und Agrarhandel miteinander verbanden, wobei das gewerbliche Segment neben der Viehmast[77] einen der Schwerpunkte ihres Betriebes ausmachte. In der Regel war das eine Brennerei und eine Essigsiederei; gelegentlich war ihrem Agrarbetrieb auch noch eine Brauerei,[78] eine Mühle,[79] eine Gerberei,[80] eine Ziegelei[81], ein Backhaus[82] oder ein Holzhandel[83] angeschlossen, in denen z.T. die eigenen Agrarprodukte weiter verarbeitet wurden. Als der Volkskundler Wilhelm Heinrich Riehl Mitte der 1850er Jahre die Pfalz bereiste, bezeichnete er die Verbindung von Gewerbe, Agrarproduktion und Handel als typisch für eine sozial heraus gehobene Gruppe in der ländlichen Gesellschaft der Pfalz, die er als „Aristokratie in ihrer Mittelstellung zwischen Bürger und Bauer" bezeichnete.[84] Die Vertreter dieser Gruppe seien „Landwirth, Fruchthändler und Gewerbetreibender zugleich" und könnten „je nach der Gelegenheit des Marktes Kapital= und Naturalwirthschaft auf's vorteilhafteste verbinden".[85]

Während der Volkskundler Riehl in dem Sozialtypus des Bauernkaufmanns vor allem einen negativen Auswuchs der französischen Gewerbefreiheit erblickte, die zu einer Vermischung überkommener Standes- und Berufsgruppenmerkmale geführt hätte, beurteilten Agrarschriftsteller, Agrarreformer, Staatsbeamte und landwirtschaftliche Vereine seit dem letzten Drittel des 18. Jahrhunderts die personalen Träger dieser Sozialgruppe als ‚Landwirt', ‚Gutsbesitzer', ‚Unternehmer' und ‚Ökonom', je nachdem welche ihrer

---

77 In einem Bericht des Sekretärs des landwirtschaftlichen Vereins des bayerischen Rheinkreises heißt es über den Viehmarkt in der nordpfälzischen Amtsstadt Kusel 1859: „Viele in weiten Kreisen bekannte Bauern haben sich eingefunden, unter denen ich nur die Namen der Gebrüder Stalter, Theyson und Hauther, Rumpf usw. erwähne. Auch Kusel zählt manchen tüchtigen Viehzüchter ..." Zitiert nach Albert Zink, Kundfahrt zum Kuseler Preismarkt. Ein westpfälzisches Fest vor 100 Jahren, in: Pfälzer Feierowend Nr. 27 (1959), S. 6.
78 So bei den mennonitischen Familien Christian Lehmann auf dem in der Südpfalz gelegenen Caplaneihof und David Möllinger senior in dem rheinhessischen Dorf Monsheim.
79 Das Mühlengewerbe ist besonders häufig bei mennonitischen Bauern sowohl in der Pfalz als auch in Rheinhessen festzustellen. Für dieses Gewerbe benötigten sie ein fürstliches Privileg und waren insofern nicht auf die Zustimmung einer Zunft angewiesen; vgl. Drumm, Zur Geschichte, S. 65-66; Michel, Chronik, S. 124-127; Guth, Amische, S. 25, 61-62; Walther / Michel, Vergangenheit, S. 114. Beispielsweise unterhielten die mennonitischen Bauernfamilien Hauter, Stalter, Krehbiel, Kägy, Engel und Eymann je eine Mühle.
80 So bei den mennonitischen Familien Schumacher, Möllinger und Kägy, vgl. Konersmann, Soziogenese, S. 230.
81 Das gilt für die mennonitische Familie Würtz auf dem Münchhof bei Kaiserslautern, vgl. Hertzler, Familie Würtz, S. 17, 25.
82 So etwa bei der mennonitischen Familie David Kägy in dem rheinhessischen Dorf Offstein.
83 So bei den mennonitischen Familien Goebels und Eymann in dem Dorf Diemerstein, das im Pfälzer Wald liegt.
84 Riehl, Die Pfälzer, S. 335.
85 Ebd.

verschiedenen Eigenschaften sie als wichtig erachteten. Unzweifelhaft waren alle diese Bezeichnungen ökonomisch positiv besetzt und gehörten zum semantischen Feld des sich allmählich ausprägenden Begriffes ‚Landwirt', der spätestens infolge der Lehrbücher des Agrarökonomen Albrecht Daniel Thaer in der ersten Hälfte des 19. Jahrhunderts zu *der* Berufsbezeichnung für Agrarproduzenten avancierte.[86] In Anbetracht ihrer zentralen Funktionen auf den Faktormärkten der Region können die Bauernkaufleute mit Jürgen Kocka sowohl als ländliche Träger einer neuen Besitz- als auch als Vertreter einer neuen Leistungsklasse bezeichnet werden,[87] letzteres vor allem deshalb, weil sie sich sowohl durch ihre Agrarinnovationen seit den 1760er Jahren als auch durch ihre auffallend hohen Boden- und Vieherträge seit den 1780er Jahren auszeichneten.[88]

Die soziale Gruppierung der Bauerkaufleute bildete sich in einer Epoche erheblichen agrarischen Wachstums seit der Mitte des 18. Jahrhunderts, die nicht nur in der südwestdeutschen Region von einer zunehmenden agrarischen Spezialisierung und sozialen Differenzierung gekennzeichnet war. Komplementär dazu sind etwa die Handels- und Gewerbepflanzen kultivierenden Klein- und Parzellenbauern anzusehen, die auf ihre Weise zur Belebung der Agrarproduktion und des Agrarhandels beitrugen. Das gilt letztlich auch für die seit den 1770er Jahren anwachsende Zahl ländlicher Tagelöhner, die z.T. in den größeren Agrarbetrieben eine längerfristige Beschäftigung fanden, wofür die Schreibebücher der mennonitischen Bauernkaufleute David Kägy, David Möllinger senior und David Möllinger junior sowie der beiden lutherischen Bauernkaufleute Adam Müller und Michel Höh zahlreiche Belege enthalten.[89]

Insgesamt gesehen läßt sich die Sozialformation der Bauernkaufleute als Übergangsphänomen einer weitgehend agrarischen Gesellschaft im Südwesten Deutschlands bezeichnen, die erst spät von der Industrialisierung erfaßt wurde. Die Bauernkaufleute verloren ihre exponierte Stellung auf dem Land erst in den 1860er und 1870er Jahren, als nicht nur das städtische Gewerbe und industrielle Manufakturen zunehmend mehr Arbeitskräfte benötigten und höhere Löhne zahlten,[90] sondern auch die Sparkassen für Nachfrager bessere Kreditkonditionen bereitstellten. Zudem spielten Parteien, Agrarverbände und Genossenschaften eine zunehmend wichtige Rolle für die Ausprägung eines neuartigen, zunehmend ideologisierten bäuerlichen Selbstverständnisses, in dem Vorstellungen von einem besitzunspezifischen Bauerntum als Träger national-völkischer Werte vorherrschend wurden.[91] Im Zuge dieses sozialen Wandels der ländlichen Gesellschaft Südwestdeutschlands lockerten sich nolens volens – zumindest für ein bis zwei Generationen – die Bindungen an die Bauernkaufleute und die Verpflichtun-

---

86 Vgl. Muth, Bauer, S. 80-83; Wunder, Zum Stand, S. 606; Fellmeth, Erfahrung, S. 107f., 115.
87 Vgl. Kocka, Stand, S. 137-165. In Anwendung auf die Bauernkaufleute vgl. Konersmann, Du *stand* paysan, S. 224-227.
88 Vgl. Konersmann, Land and labour intensification.
89 Ebd.
90 Vgl. Konersmann, Entstehung, S. 242f., 252f.
91 Vgl. Muth, Bauern, S. 87-89; Rouette, Bauer, S. 133f.; Grüne / Konersmann, Formacion, S. 74-76.

gen ihnen gegenüber, die ein vielfältiges und enges Patron-Klient-Verhältnis aufgebaut hatten.

Die Bauernkaufleute lassen sich analytisch als Vertreter eines spezifischen Typus des agrarischen *homo oeconomicus* beschreiben,[92] der sich nicht nur in bemerkenswerter Weise den rechtlichen und wirtschaftlichen Lebensbedingungen in Südwestdeutschland anzupassen wußte, sondern auch Fähigkeiten zur effektiven Lösung eines agrarischen Strukturproblems entfaltete und in Anwendung brachte. Dieser Typus unterscheidet sich zudem von dem von Hermann Kellenbenz beschriebenen und von Reinhard Wenskus auf den Begriff gebrachten „Bauernkaufmann",[93] der erstmalig im Hochmittelalter an der Nord- und Ostsee vor allem im Fernhandel oder in der Viehmast in Erscheinung trat und in diesen Segmenten auch sein wesentliches Einkommen erwirtschaftete. Demgegenüber bildete die Agrarproduktion nach wie vor die Grundlage der Existenz der Bauernkaufleute in Südwestdeutschland, die sie freilich flexibel mit den agrargewerblichen und agrarhändlerischen Segmenten ihres Betriebes kombinierten.

---

92 Heide Wunder hat kürzlich den Bauer wegen seiner „wirtschaftlichen Flexibilität" emphatisch als „homo oeconomicus" folgendermaßen charakterisiert: Die Bauern „erwiesen sich als fähig, Risiken der verschiedensten Art zu kalkulieren und ergriffen alle Chancen, um ihre Lage zu verbessern. Sie waren flexibel in ihren Wirtschaftsweisen (z.B. bei der Nutzung der Brache), soweit dies die Grundherren zuließen." Wunder, Bauern, Sp. 1038; dazu auch Konersmann, Rechenfähigkeit, S. 161, 180-183.
93 Vgl. Kellenbenz, Bäuerliche Unternehmertätigkeit, passim; Wenskus, Bauer, S. 24f.

Hof, Hammerwerk, Handel

„Geschäftsbereiche" der ländlichen Reidemeister im märkischen Sauerland (ca. 1750-1810)

Johannes Bracht

„Handelnde Bauern"?

Reidemeister ist ein Begriff, der in der südlichen Grafschaft Mark, dem nördlichen Teil des Herzogtums Westfalen und im Herzogtum Berg, also in den Regionen des märkischen und hohen Sauerlandes sowie im Bergischen Land zwischen dem 16. und 19. Jahrhundert im Gebrauch war.[1] „Reidung treiben", bedeutete Metallwaren herzustellen oder herstellen zu lassen. Seit Beginn der Neuzeit wurden unter dieser Begrifflichkeit Gewerbe ausgeübt. Hervorzuheben sind diese Gewerberegionen nicht so sehr, weil sich in ihnen eine starke Präsenz von Metallgewerben auf dem Lande entwickelt hatte.[2] Von anderen Regionen hoben sich diese und insbesondere das Märkische ab, weil die Reidemeister als Unternehmer dieser Gewerbe zum Teil nur in den Städten, in großer Zahl aber auch auf dem Land lebten, in der ländlichen Gesellschaft verwurzelt waren und bestimmte Branchen beinahe ausschließlich vom Land aus organisierten.[3] Um die

---

[1] Dieser Beitrag basiert in Teilen auf Ergebnissen meiner Magisterarbeit Bracht, Reidung. Hier sind nur die nötigsten Verweise angeführt. Das 2008 abgeschlossene Manuskript wurde nur an wenigen Stellen um neue Literatur ergänzt, vor allem um die 2009 erschienene Publikation Scherm, Betriebe. – Hier wird vom Reidemeister nur in seiner männlichen Form gesprochen. „Reidemeisterinnen" gab es nicht, wohl aber Witwen, die das Reidungsrecht ihres Mannes weiter ausübten. Alix Johanna Cord danke ich für den Hinweis, dass es auch im Gebiet des Vogelsbergs in Hessen die Position des Reitmeisters gibt, dort allerdings in der Funktion eines Guts- und Betriebsverwalters.

[2] Kaufhold, Gewerbelandschaften; Gorißen/Wagner: Protoindustrie; Wagner-Kyora, Bauer; Reininghaus, Wirtschaft; Reininghaus, Stadt; Lange, Gewerbe.

[3] Sozialgeschichte der Unternehmer und Wirtschaftsgeschichte der Unternehmungen müssen für die frühe Neuzeit und das frühe 19. Jahrhundert im engen Verbund betrieben werden, was bereits von Kocka, Familie, hervorgehoben, aber noch von zu wenigen Forschungen auch im Ansatz verwirklicht wurde. Für städtische Kaufleute liegen mehrere Studien vor (etwa Flügel, Kaufleute; Reininghaus, Stadt; Straubel, Kaufleute), während Verleger aus Stadt und Land bisher nur selten erforscht worden sind, was ihrer historischen Bedeutung nicht gerecht wird (siehe jedoch auf einem analytischen Makrolevel Boldorf, Leinenregionen). Gorißen, Handelshaus, hat eine beispielhafte Studie über das bedeutende Handelshaus Harkort aus dem Umland Hagens vorgelegt. Scherm, Betriebe, behandelt die Firma Vollmann, ebenfalls in Südwestfalen. Die Einführungen von Berghoff, Unternehmensgeschichte, und Pierenkemper, Unternehmensgeschichte, weisen Wege zu einer Systematisierung der Disziplin, wovon auch die Untersuchung vorindustrieller Gewerbe profitieren kann.

Mitte des 18. Jahrhunderts waren dies im Kirchspiel Lüdenscheid – Verwaltungseinheit und lutherische Kirchengemeinde in einem – etwa 60 Personen bei ungefähr 2.500 Einwohnern.

Mit der begrifflichen und sozialen Einordnung dieser Gruppe hatten bereits die Zeitgenossen Schwierigkeiten. Friedrich August Alexander Eversmann, letzter preußischer Fabrikenkommissar in der Grafschaft Mark vor dem Ende des Alten Reiches, brachte dies 1804 auf die Formel, dass „alle Reidemeister Bauern wären, und dass alle handelnden Bauern den Namen Reidemeister führten"[4]. Eversmann klammerte damit implizit städtische Reidemeister aus und konzentrierte sich allein auf die Fremdwahrnehmung von ländlichen Reidemeistern. Händler und Kaufleute mögen mit Städten assoziiert worden sein, der ländliche Wohnsitz aber mit Bauern. Handlung allerdings bedeutete bereits um 1800 speziell Distribution und war nicht gleichbedeutend mit dem unternehmerischen Verlag.[5] Diese Unterscheidung berücksichtigt seine Formel präzise: „Handelnde" unter den Bauern hießen Reidemeister, weil Handel faktisch die Reidung voraussetzte; außerdem waren alle [ländlichen] Reidemeister Bauern. In der preußischen Statistik der Haushalte des „platten Landes" wurden Ende des 18. Jahrhunderts Reidemeister neben Bauern und nicht als Untergruppe geführt.[6] Festzuhalten ist allerdings, dass „Bauer" als Begriff in den zeitgenössischen Quellen der Region äußerst selten vorkommt – im Gegensatz zur zeitgenössischen Publizistik über das märkische Sauerland. In den von mir ausgewerteten Beilagen der Hypothekenbücher des 18. Jahrhunderts, die mit Schichtungs- und Übergabeverträgen, Inventaren und Obligationen eine qualitative Quelle von hohem Wert darstellt und eher die Selbstwahrnehmung und -darstellung wiedergibt, werden die Personen mit Vor- und Nachnamen und ihrem Wohnort, meist einem Einzelhof oder einer Hofgruppe, angegeben.[7] Sehr selten wird der ländliche Besitz als „Bauerngut", eher häufiger nur als „Gut" bezeichnet. Bezeichnungen der ländlichen Sozialordnung kommen nicht vor. Selbst Mägde und Knechte, bei Teilungen und Schichtungen zweifellos unter den Beteiligten, werden nicht als solche ausgewiesen. Auch eine rechtliche Differenzierung, etwa dem Besitzrecht entsprechend, fehlen. Allein „Reidemeister", „Kaufmann" und „Handelsmann" finden sich als zusätzliche Bezeichnungen regelmäßig. Diese sind als Spezifikationen, als Titel von Prestige und im Fall der Reidemeister auch als Rechtstitel in einer lokalen Gesellschaft zu verstehen, in der die Existenz auf rein agrarischer Basis nur sehr wenigen Haushalten möglich war und Mischökonomien überwogen. Reidung und Handel waren in der Grundkonstellation Mischökonomien von besonderer Professionalität und beruhten zum Teil auf nicht allgemein verfügbaren Rechten und Produktionsfaktoren. Das Handeln der Reidemeister kann also nur als Trias von Landwirtschaft, Metallwarenproduktion und -handel verstanden werden, deren Teile je eigenständig zu definieren sind.

---

4   Eversmann, Übersicht, S. 226.
5   Zedler, Universallexikon, Bd. 15, Sp. 264-266.
6   Reekers, Beiträge, S. 98-161.
7   Landesarchiv Nordrhein-Westfalen, Staatsarchiv Münster (= LA NRW STA MS), Gerichte III, 5.13.

Dies soll im Folgenden geschehen. Zunächst wird gezeigt werden, dass der Grundbesitz auf dem Land eine wesentliche Voraussetzung für die Aufnahme der Gewerbetätigkeit war, gleichzeitig aber traditionell agrarisch bewirtschaftet wurde. Danach steht das unternehmerische Engagement aller ländlichen Reidemeister in der Produktion und im Lohnverlag im Vordergrund. Der Verkauf der Halbfabrikate an weiterverarbeitende Betriebe der Region dürfte den „Normalfall" des Vertriebs dargestellt haben. Doch neben diesem primären Absatz, auf den von staatlicher und institutioneller Seite beträchtlichen Einfluss genommen wurde, stand kapitalstarken Reidemeistern auch die Möglichkeit des eigenen Handels offen. Dieser war eher fern von politischen Einflüssen, sieht man von zeitweiligen Exportbeschränkungen ab. Im Handel engagierte sich jeder Kaufmann entweder vollkommen individuell oder höchstens in Kompanien aus zwei oder maximal drei Inhabern. Entsprechende Quellen liegen vornehmlich aus privater Überlieferung vor, so dass sich die Analyse des ländlichen Handels im märkischen Sauerland stark auf Beispiele konzentrieren wird.

Grundbesitz und Landwirtschaft

Reidung selbst war ein ausgesprochener Oberschichterwerb, was sich daran ermessen lässt, dass die Reidemeister des Kirchspiels Lüdenscheid sich fast ausnahmslos im obersten Viertel der an Grundbesitz gebundenen Besteuerung befanden. Kaum ein großer Grundbesitzer, der nicht Reidung trieb; kaum ein Reidemeister, der nicht zur Oberschicht zu zählen wäre.

Ländlicher Grundbesitz dürfte im 16. und 17. Jahrhundert die Grundlage für die Herausbildung der Gewerbetätigkeit gebildet haben, denn für die Reidung war ein Standort an einem Bach erforderlich, der aufgestaut werden konnte. Derer gibt es viele in der Region, doch der eigene Besitz am Wasser scheint ein wesentlicher Impuls für die Reidung gewesen zu sein, und noch im späten 18. Jahrhundert standen die Hämmer der meisten Reidemeister auch auf eigenem Grund. Ländlicher Grundbesitz war aber auch wesentliche Grundlage für die Reidung, weil er als Sicherheit für einen Kredit zur Anlage eines Hammerwerks diente und verpfändet werden konnte. „Hammerdarlehen" ist ein typischer Ausdruck in den Hypothekenbüchern der Zeit, mit dem der enge Zusammenhang von Grundbesitz und hohem Anlagekapital dieser Gewerbe verbalisiert wird. Deren Vorraussetzungen waren breit gestreut, denn die steuerbaren Grundbesitze in der Region waren zu 46 % von einer Größe zwischen 5 und 20 ha landwirtschaftlicher Nutzfläche, und zu 2 % zwischen 20 und 75 ha. Im zentralen Kirchspiel Lüdenscheid hatten sogar zwei Drittel der Besitzungen 5-20 ha, 14 % lagen darüber. Die Besitzverteilung blieb während des 18. Jahrhunderts weitgehend stabil.[8] Das Grundmodell der

---

8 Der Gini-Koeffizient der relativen Besitzkonzentration der steuerbaren Haushalte im Kirchspiel Lüdenscheid beträgt für 1739 0,41 und für 1780 0,43, der also eine sehr langsam wachsende soziale Ungleichheit anzeigt.

Vererbung hier wie im übrigen Westfalen war die ungeteilte Vererbung, hier an den ältesten Sohn. Allerdings ergaben sich gerade unter den wohlhabenden Grundbesitzern, sprich insbesondere den Reidemeister, Abweichungen von starren Regeln. So bekamen alle Kinder Erbteile von gleichem Wert, was zur Teilung des Realienbesitzes und der Forderungen (etwa gewährte Darlehen) zwang, was aber teilweise noch nicht ausreichte. So kam es bei Höfen eben doch teilweise zu Teilung und dem Bau neuer Häuser, zumal die Güter sich meist in freiem, uneingeschränktem Eigentum befanden oder eine nur schwache grundherrschaftliche Abhängigkeit bestand. Allein Hammerwerke ließen sich schlechterdings nicht teilen, neue aufgrund der zunftartigen Beschränkungen der Gewerbe nur selten errichten, so dass hier gegen Ende des 18. Jahrhunderts Gemeinschaftsbesitz zu allerdings klar definierten Anteilen immer häufiger wurde.

Rund zwei Drittel der Fläche waren Waldungen, deren Holz verkohlt werden konnte und die damit eine zweite wichtige Ressource für die Eisenverarbeitung darstellten. Trotz dieses großen Anteils an Holz war das märkische Sauerland eine Holzimportregion, weil insgesamt zu viele Hammerwerke befeuert werden mussten.[9] Zudem bezog die Region in hohem Maße auch Getreide, insbesondere aus dem Gebiet südlich der Ruhr, schon weil die naturräumlichen Bedingungen mit mäßigen Böden, hohen Niederschlägen und niedrigen Temperaturen schlecht sind. Es wurde bis ins 19. Jahrhundert „Feldweidewirtschaft" betrieben, eine extensive Wirtschaftsweise, die geprägt war durch lange Phasen der Brache (Dreische), während derer das Vieh die Felder abgraste.[10] Haupterwerbsquellen für die ländliche Bevölkerung waren die direkte Beschäftigung in den Gewerben, die Kohlenproduktion und Speditionsdienste. Wenn mit landwirtschaftlichen Erzeugnissen überhaupt Geld zu verdienen war, dann mit der Aufzucht und dem Verkauf von Rindern. Neben dem zweifellos bedeutsamen, allerdings noch nicht erforschten Getreideimport stellt möglicher Export von Rindern einen weiteren Zweig des Agrarhandels dar.[11] Insgesamt gesehen war das märkische Sauerland schon seit längerem eine von Märkten geprägte Region.

Wie bäuerlich kann ein Betrieb sein, in einer zur Landwirtschaft eher ungeeigneten Region liegend und dabei offenkundig einen Teil der Existenz mit der gewerblichen Produktion bestreitend? Im Zusammenhang mit Überlegungen zur Agrarwirtschaft von protoindustriellen Haushalten spielen die Opportunitätskosten eine Rolle, welche die wirtschaftlichen Vorteile einer gewählten Einkommensart gegenüber einer nicht gewählten Alternative bezeichnen. Mit den Opportunitätskosten lässt sich aber vor allem dann argumentieren, wenn es den Zwang gibt, zwischen mehreren Alternativen sich für eine zu entscheiden oder sein Engagement zumindest zu konzentrieren. Die Feldweidewirtschaft hat hier einen Anreiz geboten, gewerbliche Alternativen aufzunehmen und sogar auf Kosten der Landwirtschaft zu bevorzugen.[12] Zeitgenössische Stimmen, die

---

9   Bracht, Reidung, S. 34-44.
10   Müller-Wille, Feldbau, S. 324; Kopsidis, Leistungsfähigkeit.
11   Aus politikgeschichtlicher Perspektive vgl. Lampp, Getreidehandelspolitik.
12   Pfister, Protoindustrie, S. 76-81.

auch über das märkische Sauerland berichteten, dass die Bauern ihr Land vernachlässigen und stattdessen Fuhrdienste anbieten würden, scheinen dies zu bestätigen.[13] Gerade für jene Betriebe der Reidemeister und Händler, die mit ihrem Arbeitseinsatz im Gewerbe weit höhere Gewinne erwirtschafteten als es mit der Landwirtschaft möglich war, wäre also eine „Reduktion auf das Kerngeschäft" lohnend gewesen; sie hätten den eigenen Boden überhaupt nicht mehr mit Kräften des Haushalts bearbeiteten lassen und ihn verpachten oder gar verkaufen können. Jedoch sah sich insbesondere die Reidung mit Expansionsbeschränkungen konfrontiert, denn sowohl die Naturgegebenheiten mit der notwendigen Wasserkraft als auch die institutionelle Ordnung erlaubten spätestens ab 1750 kein weiteres Wachstum. Expansion des Geschäftes war nurmehr im individuellen Handel möglich.

Informationen über real betriebene Landwirtschaft der Reidemeister-Haushalte sind aus Inventaren zu gewinnen, die meist im Rahmen von Wiederverheiratungen aufgenommen wurden. Aufgrund der kleinen Anzahl an erhaltenen Inventaren sind die daraus zu gewinnenden Daten jedoch nicht statistisch behandelbar. Die Ausstattung der Höfe enthielt durchweg landwirtschaftliche Geräte wie Pflüge, Eggen, Dreschflegel und Milchfässer. Reidemeister-Höfe verfügten über wenig Zugvieh, meist ein Zugpferd oder mehrere Zugochsen (seltener über ein Reitpferd), über 8 bis 26 Milchkühe, dazu Jungvieh und Kleinvieh. Damit liegen die inventarisierten Betriebe über den im Rahmen der Katasteraufnahmen 1831 für den Abschätzungsverband Lüdenscheid berechneten Durchschnittswerten. Zu dieser Zeit wurden für einen durchschnittlichen Hof von 12 bis 17 ha Nutzfläche acht Milchkühe, drei Stück Jungvieh, drei Schafe und Kleinvieh angegeben. Solch ein Hof ließ sich im Mittel 1831 mit einem Knecht, einer Magd und einem Jungen bewirtschaften.[14] Insbesondere die Stückzahlen beim Milchvieh lassen den Schluss zu, dass in den großen Betrieben der Reidemeister auch Überschüsse produziert wurden, die sich lokal absetzen ließen.

Meist befanden sich zum Zeitpunkt der Inventarisierung Vorräte an Getreide, Flachs und Gemüse auf dem Hof, wobei in einigen Fällen die Formulierung deutlich macht, dass diese Produkte aus dem eigenen Anbau stammten. So waren teils die „Rüben im Land",[15] das „Korn an der Erde"[16], „der Haber, so itzo noch im Stroh"[17] oder es war schlicht „eigener Roggen"[18]. Mehrfach ist eigene Saat nachzuweisen.[19] Zum Teil betrieb man den

---

13 Hobe, Anweisung, S. 157-159.
14 LA NRW STA MS, Katasterbücher Arnsberg Nr. 82.
15 LA NRW STA MS, Gerichte III, 5.8: Inventar Johann Diedrich Winkhaus zu Carthausen, 1793.
16 Inventar des Besitzes Johann Hermann Woestes zu Bollwerk, Kirchspiel Kierspe, 1802, in: Barleben, Woestes, Bd. 2, S. 89-109.
17 Inventar Johann Tigges Woestes zu Winkhausen, 1750, in: Barleben, Woestes, Bd. 2, S. 10-23.
18 Märkischer Kreis, Kreisarchiv Altena, Hofesarchiv Dösseln, Inventar des Besitzes Caspar Jacob Rentrops zu Rentrop, Kirchspiel Werdohl, 1774/83, ediert in: Dösseler, Geschichtsquellen.
19 LA NRW STA MS, Gerichte III, 5.13, Bd. 3, fol. 453: Inventar Baberg zu Baberg, 1771. Ebd., Bd. 5, fol. 127: Inventar Henrich Wilhelm Noelle zu Othlinghausen, 1776. Ebd., ebd., Bd. 8,

Landbau sehr engagiert, etwa wenn drei Mal im Jahr gekalkt wurde, wie in zwei Fällen konkret nachweisbar ist. Beide Male geschah dies jedoch in Lohnarbeit mit „Fuhr- und Werflohn".[20] Insgesamt macht der agrarwirtschaftliche Bereich der Reidemeister, soweit sich dies den Inventaren entnehmen lässt, keinen vernachlässigten Eindruck. Reidemeister produzierten Nahrungsmittel und Rohstoffe in einer selbstständigen Wirtschaftseinheit. Wahrscheinlich wurde dabei auf Tagelohn und entlohnte Fuhrdienste zurückgegriffen.

Bisweilen finden sich in den Inventaren Hinweise auf Pachtverhältnisse, wobei sich diese aber auch auf die Pacht von Hammerwerken beziehen können.[21] Ein Gut stand offenkundig nur dann zur Verpachtung, wenn der Besitzer über mehrere Güter gleichzeitig verfügte. Das Bauerngut bzw. die Bauerngüter stellten zumeist einen größeren Wert als die Hammerwerke dar, die Rendite der Landwirtschaft war aber geringer. Verkauf von Grundbesitz zwecks Konzentration auf gewerbliche Aktivitäten war jedoch aufgrund der Expansionsbeschränkungen nicht angeraten und ist vermutlich auch nicht realisiert worden, sonst hätte sich die enge Übereinstimmung von großem Grundbesitz und Gewerbetätigkeit nicht so deutlich erhalten.

Reidung und Handel

Da sich der Grundbesitz vieler Betriebe bereits über Bachläufe erstreckte, verfügten sie über den wichtigsten Standortfaktor dieser ländlichen frühen Schwerindustrie: fließendes und staubares Wasser für den Aufbau von Hammerwerken. Großer Grundbesitz und gute Besitzrechte kamen außerdem der Absicherung von Investitionskrediten entgegen. Dies waren jedoch nicht die einzigen Faktoren, welche das märkische Sauerland gegenüber anderen Regionen auszeichneten. Gerade im Vergleich mit Gebieten der protoindustriellen Textilherstellung sind folgende Charakteristika hervorzuheben: ein hohes Qualifikationsniveau der Metallarbeiter, ein teilweise (gerade im Märkischen) hoher Kapitalaufwand in der Produktion und eine starke Standortbindung an Bachläufe. Dank der langen metallgewerblichen Tradition verfügten Reidemeister sowohl über eigenes handwerkliches Know-how als auch über gut ausgebildete Beschäftigte. Auch die Begünstigung durch die Politik, ein – wie erwähnt – vorteilhaftes Steuersystem, welches gewerbliche Einkommen nicht besteuerte, die Befreiung der Belegschaften vom Militärdienst, ein dichtes Gefüge von ländlichen und städtischen zunftartigen Institutionen, positive Marktbedingungen und ein Hinterland, das in großem Umfang die transportablen Ressourcen Holzkohle und Eisen bereithielt, sind als Gründe für die Entwicklung zu einer Gewerberegion anzusehen.

---

fol. 1: Inventar Johann Peter Woestes zu Eininghausen, 1779. Inventar Rentrop (wie oben). Inventar Woeste zu Bollwerk (wie oben).
20 Inventar Baberg, Inventar Rentrop (Zitat), (beide wie oben).
21 Inventar Rentrop (wie oben); LA NRW STA MS, Gerichte III, 5.13, Bd. 3, fol. 402: Inventar Casp. Georg Brüninghaus zu Borbet, 1771.

Dabei wurde auf dem Land und in den Städten gleichermaßen produziert. Städtische und ländliche Branchen, fast ausnahmslos aber alle metallgewerblich, waren im Rahmen einer von institutionellen Regeln vorgegebenen innerregionalen Arbeitsteilung miteinander stark verwoben und aufeinander angewiesen. Reidemeister bezogen auf eigene Rechnung Eisen aus den Hochöfen des Siegerlandes und Holzkohle aus der Region, und beschäftigten auf eigenen Hammerwerken Schmiede gegen Lohn damit, aus den „Eisenluppen" Eisen- und Stahlstäbe oder -platten und -bleche zu schmieden. Ihre Halbfabrikate lieferten sie zu einem Teil an Drahtzieher in Lüdenscheid oder Altena. Am Ende der Produktionskette entstanden Fertigprodukte aller Art, von landwirtschaftlichem Gerät bis zum Luxusgegenstand, von der Sense bis zur Tabaksdose. Bisher ist dem Absatz der Halbfabrikate innerhalb der Region vielleicht etwas zu viel Bedeutung beigemessen worden,[22] wenn auch die innerregionale Arbeitsteilung ein Grund für die Existenz und die Stabilität dieser Gewerberegion war. Ein gesicherter Grundabsatz innerhalb der Region verringerte das unternehmerische Risiko und ermöglichte gleichzeitig Skalenerträge, weil insbesondere Rohstofflieferungen besser disponiert werden konnten.

Als Zugang zum Umfang von Produktion und Handel bieten sich zeitgenössische Inventare an, aus denen die Größe des umlaufenden Vermögens errechnet werden kann. Das Umlaufvermögen bildet eine wesentliche Grundlage für die Einschätzung, welchen Stellenwert ein Geschäftsbereich in einem Betrieb hat, da es aus Forderungen, Kassenbeständen und Vorräten besteht und daher qualitative Rückschlüsse auf die Einkommensgrundlage zulässt.[23] Fernhandel erforderte einen außergewöhnlich großen Puffer an Kapital, vor allem um die Zahlungsverzögerungen auffangen zu können.

Aus Inventaren ist Umlaufvermögen weitgehend unmittelbar zu entnehmen. Während das „Handelskapital" als Komplex meist mit städtischen Kaufleuten oder Verlegern in Verbindung gebracht wird,[24] kann eine Analyse der Vermögensbestandteile ländlicher Ökonomien gerade die Kenntnisse über die Arbeitsteilung zwischen Produktion und Distribution bereichern. So geht aus Inventaren von Reidemeisterhaushalten des Kirchspiels Lüdenscheid hervor, dass 10-60 % des gesamten aktiven Vermögens aus Bargeld, Vorräten und Forderungen (ausgenommen die an Dritte auf lange Frist vergebenen Kredite) bestand. Das sind im oberen Bereich dieser weiten Spanne beträchtliche Anteile, die in Relation zum Immobilienbesitz an Bauerngütern und Hammerwerken zu setzen sind. Die allermeisten der Forderungen ergaben sich aus Vorschüssen auf Ressourcen, aus Löhnen und aus noch nicht abgerechneten Warenlieferungen.

---

22 Zum Export von märkischen Halbfabrikaten an Kölner metallverarbeitende Handwerksbetriebe bereits im Spätmittelalter siehe Irsigler, Trade, S. 42-52, hier 50-52.

23 Das Umlaufvermögen besteht aus allen Gütern, die sich durch eine kurze Verweildauer im Unternehmen auszeichnen. Dies sind v.a. Vorräte, Liquiditätsreserve, Bargeld, Forderungen ohne langfristige Bindung. Damit bildet das Umlaufvermögen einen Gegensatz zum Anlagevermögen. Beide Größen sind aber unabhängig davon, ob es sich dabei um Eigenkapital oder Fremdkapital handelt. Das Umlaufvermögen kann also auch durch Kreditaufnahme bereitgestellt werden.

24 So etwa bei Kriedte, Spätfeudalismus, S. 19.

Die Anteile des Haushaltskonsums und der Landwirtschaft am Umlaufvermögen sind relativ einfach zu bestimmen, solange kein Handel mit Agrarerzeugnissen zu berücksichtigen ist, und sie stellen in den Bilanzen der Reidemeister nur unwesentliche Größen dar. Wodurch aber lässt sich unterscheiden, welche Anteile der gewerblichen Produktion und welche dem Handel zuzurechnen sind? Vorschüsse für Schmiede und Rohmaterialien sind eindeutig der Produktion zuzuordnen, während sich etwa Fuhrlöhne oder Ausgaben für gefertigte Halbzeuge meist nicht eindeutig einer regionalen Direktvermarktung, der unmittelbar notwendigen Stufe des Weiterverkaufs, und einem Fernhandel zuordnen lassen. Beim Geldverkehr sind ebenfalls Differenzierungen vorzunehmen. Aufgenommene und gewährte Kredite sind von Aktiva und Passiva des Warenverkehrs zu trennen. Bei letzteren ist wiederum entscheidend, ob es sich um eher regionale oder überregionale Beziehungen handelt.

In den anhand von Inventaren untersuchten Fällen dürfte der Fernhandel, verglichen mit der zumeist innerhalb der Region vollzogenen Produktion und unmittelbaren Distribution, einen eher nachrangigen Stellenwert gehabt haben.[25] Sehr exakt auswerten ließ sich das Inventar der Witwe Brüninghaus zu Wenninghausen, die 1791 ein Umlaufvermögen von rund 7.000 Rt hatte; dies waren knapp 60 % des gesamten Vermögens. Unbeglichen waren dabei 71 geschäftliche Forderungen, die aber alle im engeren regionalen Rahmen verblieben und wohl aus dem Reidungsgeschäft stammten.

Aus dem 1793 erstellten Inventar des Johann Dietrich Winkhaus aus Carthausen hingegen geht hervor, dass zu diesem Zeitpunkt höchstens 2.300 Rt oder 10 % des Gesamtvermögens im Umlauf waren.[26] Für eine Handelstätigkeit dürfte dies zu dem Zeitpunkt noch nicht ausgereicht haben, auch wenn dieser Reidemeister zehn Jahre später, wie zu zeigen sein wird, durchaus aktiv im Handel vertreten war.

Wir kennen als Absatzgebiete der Waren den Nord- und Ostseeraum und den Norden Deutschlands, wohin die von Reininghaus so detailliert untersuchten Iserlohner Kaufleute ihre Waren vertrieben. Zweifelsohne werden am Ende der innerregionalen Produktionskette die größten Volumina von den Iserlohnern in den Nord- und Ostseeraum bewegt worden sein.[27] Ebenfalls sehr gut erforscht ist das Handelshaus Harkort, das in der weiteren Umgebung alle anderen Unternehmungen überragt haben dürfte.[28] Dieses allerdings agierte von einem Bauerngut im Umland Hagens aus. Stefan Gorißen hat Harkort als eine Firma beschrieben, die im Verlauf des 17. und 18. Jahrhunderts

---

25 Bracht, Reidung, S. 92-104.
26 LA NRW STA MS, Gerichte III, 5.8: Inventar Johann Diedrich Winkhaus zu Carthausen, 1793. Das Aktivvermögen betrug 24.000 Rt, die Schulden (=Fremdkapital) 8.600 Rt, das Eigenkapital damit 15.400 Rt. Die in der Quelle angegebenen Beträge wurden in Berliner Courant umgerechnet.
27 Reininghaus, Stadt. Vgl. jedoch Scherm, Betriebe, mit Belegen für Süddeutschland für die erste Hälfte des 19. Jahrhunderts.
28 Dem Handelshaus Harkort entstammte auch der Industriepionier Friedrich Harkort, der sich später in Wetter niederließ und ein eigenständiges Unternehmen gründete.

sich vom reinen Handel löste, immer stärker in der Produktion engagierte und so mit eigenen Waren Handel trieb. Die Harkorts waren ländliche Unternehmer, aber wohl doch keine Bauern.[29]

Wie die Zahlen vermuten lassen, dürften ländliche Reidemeister eher selten und in kleinem Umfang in den Handel eingetreten sein. Und doch gibt es einzelne, durch günstige Quellenlage belegte Fälle, in denen der Handel eine große Rolle spielte. Dass einige Reidemeister aus der durch korporative Strukturen gefestigten Gruppe hervortraten und ihren Stahl und ihre Halbfabrikate individuell auf eigene Rechnung vermarkteten, ist bisher nicht in hinlänglichem Maß in der Literatur zu Geltung gekommen.[30] Die folgenden Beispiele der Brüninghaus zu Brüninghausen und der Brüder Winkhaus zu Carthausen stehen für diese, leider nur punktuell durch Quellen belegte Aktivität. Ihr Handel muss in Anbetracht der Tatsache, dass sich Verkäufer und Käufer wohl kannten, aber bei dem einzelnen Geschäft nicht mehr persönlich begegneten, als Fernhandel durch Selbstvermarktung begriffen werden.

Die Reidemeister Johann Caspar Brüninghaus zu Brüninghausen und Johann Dietrich Brüninghaus zu Brüninghausen, die allenfalls entfernt verwandt waren, betrieben eine gemeinsame Handelskompanie. Dass diese eine außergewöhnliche Größe erreicht hatte, lässt sich bereits daran ermessen, dass Johann Dietrich bei seiner Wiederheirat einer Inventarisierung seiner Verbindungen entging, weil er, wie er dem Gericht zu Protokoll gab, „jährlichs mit mehr als 100 Personen zu liquidieren habe" und die Abrechnung mit jedem einzelnen würde „eine große Weitläuftigkeit und extraordinaire Mühe erfordern"[31]. Dieser Akt, die Ablehnung der gesetzlich vorgeschriebenen Inventarisierungspflicht und damit auch die Geheimhaltung der betrieblichen Vermögensstruktur ist als Schritt hin zu einem Unternehmen mit klarer Trennung von Privathaushalt und Geschäft zu verstehen.[32]

Einen genauen Ausschnitt der Aktivitäten des gemeinsamen Handelsgeschäfts gibt ein Hauptbuch der Jahre 1769 bis 1775 wieder.[33] Diesem zufolge handelten die beiden Brüninghaus mit 133 Kunden des niederländischen und norddeutschen Raumes in einer Summe von 78.000 Rt, also rund 13.000 Rt jährlich. Dieses Geschäft galt also ausschließlich dem individuellen Handel, der innerregionale Absatz mag nochmals etwa 4.600 Rt jährlich betragen haben. Zu diesem Volumen werden die beiden Inhaber mit den teils eigenen und teils von ihnen bewirtschafteten Hammerwerken – 10 bis 12 an der Zahl – selbst zu dem Handelsvolumen beigetragen haben. Laut Berechnungen sind Waren im Wert von 7.250 Rt pro Jahr allein von einem Teil der eigenen Hämmer zu Halbzeugen verarbeitet worden, die nicht für die – weniger lukrative – Drahtproduktion

---

29 Gorißen, Handelshaus.
30 Der von Scherm, Betriebe, detaillierte beschriebene Handel der Firma Vollmann entfaltete sich erst im 19. Jahrhundert.
31 LA NRW STA MS, Gerichte III, 5.13, Bd. 4, fol. 315.
32 Reininghaus, Stadt, S. 113-114.
33 Familienarchiv Eberhard Brüninghaus, Neuenrade.

vorgesehen waren. Dies bedeutet im Umkehrschluss, dass die Kompanie Waren mit einem Weiterverkaufswert von über 5.000 Rt zukaufte.[34]

Brüninghaus & Brüninghaus handelten mit Eisen- und Stahlwaren, die als Stäbe in Körben oder Fässern oder als Platten spediert wurden. Teilweise waren die Metalle nicht spezifiziert, es finden sich aber auch nähere Erläuterungen wie Sägen-, Feder-, Feilenstahl etc. Etwa 20 % des gehandelten Werts entfiel auf Halbfabrikate wie Ofenpfeifen, Potdeckel, Pfannenböden und Fingerhutplatten. Schließlich aber verkaufte die Kompanie zu kleinem Teil auch Fertigwaren wie Schippen und Spaten, Draht, Ketten, Feilen, Raspeln, Messer, Tiegel und Gießlöffel. Vorrangig lassen diese Fertigwaren ebenfalls erkennen, dass die Kompanie bei anderen Reidemeistern, Drahtreidemeistern und auch Kleineisenschmieden zukaufte, um ihre Kunden zufrieden zu stellen. Diese waren für etwa 13 % des Volumens, jährlich etwa 1.700 Rt, Partner im noch relativ nahen Bergischen Land, beispielsweise in Cronenberg, Wupperfeld, Barmen, die alle zum heutigen Wuppertal zählen, außerdem in Schwelm und Remscheid. Zu einem Drittel des Wertes (etwa 4.200 Rt) gingen die Waren in die Niederlande, insbesondere nach Amsterdam und Dordrecht.[35] Einen weiteren Exportschwerpunkt (1.300 Rt = 10 %) bildete Braunschweig, das mehrere handelnde Reidemeister als Zwischenstation ihrer Waren wählten.[36] Das fernste Ziel des Brüninghausschen Handels waren mehrere kleinere Orte in der Umgebung Berlins.

Als zweites, durch außergewöhnliche Quellen belegtes Beispiel sei Johann Diedrich Winkhaus zu Carthausen angeführt, bei dem bereits für 1793 eher das Potential zu regionalem Absatz ausgesprochen worden ist. Winkhaus ist einer der wenigen Fälle eines aus der Gruppe der Reidemeister hervorgegangenen Händlers, über den noch Quellen vorliegen. Seine Eltern waren ländlicher Herkunft aus dem angrenzenden Kirchspiel Lüdenscheid, seine Schwiegereltern ebenso. Sein Großvater „Tigges" Winkhaus (1680-1750) hatte den Grundbesitz der Familie um mehrere Bauerngüter erweitert, auf zahlreichen eigenen Hammerwerken Reidung betrieben und bereits in den norddeutschen und niederländischen Raum gehandelt.[37] Sein Vater Matthias Eberhard Winkhaus produzierte schon Stahl und soll ihn nach Süddeutschland und in die Schweiz verkauft haben.[38] Die Ausgangssituation mit Grundbesitz und Reidung stellte sich nach dem Inventar 1793 folgendermaßen dar: Winkhaus besaß drei Bauerngüter, darunter das Gut Mittel-Carthausen nordwestlich von Lüdenscheid, zwei zu diesen Gütern gehörige Kleinschmiede-Kotten (Handschmiedung auf dem Amboss), einen Schleifkotten und Teile an vier

---

34   Bracht, Reidung, S. 150-151.
35   Bracht, Reidung, S. 149.
36   WWA F 28/2 Winkhaus: Joh. Died. Winkhaus empfiehlt seinem Sohn den Braunschweiger Spediteur Koch, den auch Wilhelm Woeste & Comp, Hermann Heinrich Winkhaus und Peter Caspar Woeste immer wieder in Anspruch nahmen.
37   Winkhaus, Bauern- und Schmiedegeschlecht, S. 774-790; Die Firma „Caspar Arnold Winkhaus, Carthausen", S. 89.
38   Ebd., 89.

Hammerwerken in der nahen Umgebung, sicher zum Teil auf eigenem Besitz.[39] Dieses gewerbliche Anlagekapital von zusammen rund 6.670 Rt stellte ein Drittel des Immobilienvermögens dar.

Einen besonderen Einblick in die strategischen Entscheidungen eines Handel treibenden Reidemeisters gibt Johann Dietrich Winkhaus' Briefkopierbuch der Jahre 1803 bis 1808, in dem eine Korrespondenz mit seinem ältesten Sohn, der seine Lehrjahre in Berlin begonnen hatte, enthalten ist. 1804 hatte der Sohn offenbar geschrieben – wir kennen leider nur die väterlichen Antworten – er wolle eine Geschäftsreise nach Russland unternehmen. Der Vater schrieb daraufhin sehr pragmatisch:

„Wieviel Commissionen du glaubst zu erhalten: ich habe mir sagen lassen, daß es in Russland öfters bey einem Kauffmann vor 10. bis 20.000 Rt Bestellung gäbe und wann erfolgt die Zahlung; also glaube ich nicht im stande zu sein, solche zu effectuiren. Also erwarte ich nächstens von dir zu wissen:
a. wie lange zeit zur Reise und b. wieviel reisekosten erfordert werden. c. wie groß muß das Capital sein, die ersten Commissionen zu effectuiren.
d.) wann können die Gelder vor die abgesante Waren wieder eingezogen werden und
e) wieviel wird zu der 2ten Commission die etwa durch briefe kommen, erfordert, sodann
f) wie groß muß überhaupt das Capital der ganzen Handlung sein?"[40]

Da die Briefe an den Sohn im Vergleich mit anderer geschäftlicher und behördlicher Korrespondenz einen großen Raum einnehmen, ist zu vermuten, dass Handel nach Russland für Winkhaus eine neue, aber nicht abschreckende Dimension hatte.

„Neulich war ich bei deinem Ohm in Lüdenscheid und sagte ihm, daß du mir geschrieben hättest, daß du eine Condition in Rußland oder Polen erhalten könntest und also noch 2 Jahr auf ein Comptoir wolltest: Worauf er sagte, daß wäre der erste Ort vor die Eisenhandlung und also wann du soviel verdientest, daß ich keine Kosten von dir zu erwarten hätte, sollte ich solches zulaßen".

Am 9. November 1803:
„O! möchte ich diesen Zeitpunkt mit Vergnügen erleben, wenn du auch nur vor 2.500 Rt Commissionen von solchen Handelshäussern mitbringen solltest.... Nur wird zu dieser Reise eine richtige und mit billigem Nutzen verbundene Preiscourante erfordert und wie gelangst du darzu?.... Auch mußt du dich fleißig erkundigen, was in jeder Gegend vor aus u. eingehende Rechte sind – und was vor Waaren eigentlich contrebend sind".[41]

Winkhaus war bei diesem Projekt eindeutig daran interessiert, dass sein Sohn eine große Zahl an Aufträgen von der Reise mitbringen würde, um das Verhältnis gegenüber den aus Mobilität und Logis bestehenden Transaktionskosten günstig zu halten. Auch versprach er sich eine gute Marktübersicht. Andererseits ging es darum, die Bezahlung der Ware

---

39 LA NRW STA MS, Gerichte III, 5.8: Inventar Johann Diedrich Winkhaus zu Carthausen, 1793: Hälfte des Osemundhammer Heesfeld, Viertel des Osemundhammers Halver, Hälfte des Reckhammers Halver und der Berghammer Burscheid.
40 Westfälisches Wirtschaftsarchiv (= WWA), Dortmund, F 28/2 Winkhaus, unpaginiert, hier 31. November 1803.
41 WWA, F 28/2 Winkhaus. „Contrebend" oder „contreband" kommt vom französischen „contrebande" für Schmuggel und bedeutete: nicht zur Einfuhr zugelassen.

möglichst rasch in Gang zu setzen, damit das umlaufende Vermögen, möglicherweise fremd finanziert, nicht zu großen Umfang annehme. Auch mit seinem Bruder Hermann Heinrich Winkhaus (1754-1818) unterhielt er sich seinen Briefen zufolge über Handel nach Russland, und erfuhr von diesem, „der dorthin beträchtliche Geschäfte machen wollte, müßte wenigstens 20.000 Rt Capital haben."[42] Mit Produktion und Spedition war der Kaufmann in riskante Vorlage getreten. Schließlich funktionierte der Geldverkehr im Fernhandel zum großen Teil mit Wechseln, die real von den Spediteuren überbracht wurden, also auch der Zerstörung und dem Verlust anheim fallen konnten.

Zur Praxis des Handels zählte bei Winkhaus auch ein bewusster und zielgerichteter Einsatz von Beziehungen. Dies betraf die Verwandtschaftsbeziehungen, über die er sich Informationen verschaffte und Kontakte zu Handelspartnern und Kreditgebern knüpfte.[43] So berichtete er anlässlich der Heirat seines Neffen Peter Winkhaus, „die Eisenhandlung will er von seinem Vater zu Winckhausen fortsetzen: seine Gegend zu Handeln war anfangs Braband, jetzt auch noch Frankfurth, Limburg, Worms und dasige Gegenden (...)".[44] Auch bereitete er ihn wenig später auf die Ankunft seines Onkels Peter Caspar Woeste in Berlin vor.

„Lieber Sohn (...) Den 8ten dieses [Monats] ist d[ein] H[err] Oheim P.C. Woeste von hier zu Pferde bis Braunschweig abgereiset und will seine Reise mit einem Postwagen nach Magdeburg, Potsdam, Berlin, Stettin, Dantzig, Königsberg, Colberg so an der Ostsee gegen Schweden liegt, Elbingen, Tilsit, Memel und Dorpat die erste Stadt in Russland wie auch Riga, fortsetzen (...) d. 20t. dieses [Monats] will er in Berlin seyn."

Winkhaus wusste, auf wen es sich zu berufen galt, was auch dafür spricht, dass die eigenen Kontakte weiter vermittelt wurden, also die Bedeutung des Netzwerks reflektiert wurde. So empfahl er am 28. November 1803: „Solltest du mit H[errn] Wehling zur Sprache kommen, so mußt du ihm sagen daß H[err] Woeste dein Oheim sey, damit du dadurch pro futuro bekannt wirst. Hast du sonst noch keine Secretairs zum Freunde?"[45] Dies ist ein Hinweis darauf, dass bestehende, und die lokal durchaus verstreute Gruppe der Reidemeister verbindende Verwandtschaftsbeziehungen tatsächlich für den Austausch von wirtschaftsfördernden Informationen aktiviert wurden. Zudem wurde jede Erweiterung der Kontakte genutzt. Im Märkischen profitierte das Gewerbe stark von der Befreiung der Reidemeister und Schmiede vom Militärdienst. Wenn schon der Sohn in Berlin war, warum nicht Beziehungen zur Militärverwaltung aufbauen, um Vorgänge zu beeinflussen? So schrieb der Vater seinem Sohn am 9. November des Jahres:

„Gut ist es also, daß du dir auch bekandschaft suchst, bey der Justiz, Polizey und Kriegescollegien und besonders letzteren, weil man öfters die Fabricanten vom Militair zu befreien große Last hat – Jetzt

---

42 WWA, F 28/2 Winkhaus, 26. Juli 1804.
43 Bracht, Reidung, S. 105-118. Eine gesonderte Untersuchung zur sozialen Endogamie wurde nicht durchgeführt.
44 WWA, F 28/2 Winkhaus.
45 Bezug genommen wurde auf Johann Peter Woeste (1741-1812), der ein Reidemeister aus dem Weiler Othlinghausen nahe Lüdenscheid war.

ist hier einen Pfannenschmidt Fastenrath, meines BreddeM[ei]st[e]rs sein Bruder, der gewiß 8 á 9 Jahr bey der Fabrique und schon 4 Jahr Soldat gewesen und schmiedet noch tägl. als Meister, sollte dem von dorther zu seiner Befreiung nicht zu helfen seyn - ?"[46]

Ein im Briefkopierbuch überlieferte Preistafel lässt den Schluss zu, dass Winkhaus, ähnlich wie die Kompanie Brüninghaus, nur einen Teil der Waren mit seinen Schmieden selbst herzustellen in der Lage war. Denn für die Produktion von Bohrern[47] aber, Scharnieren, Sägen[48], Beiteln[49], Pfannen, Feilen, Hobeleisen, Zangen, Feuerzangen, Fleischgabeln, Bratroste, Handgriffe und Winkeleisen reichte die Produktionstiefe der Reidung nicht aus. Mögliche Vertriebspartner können hier Kleineisenschmiede der Enneperstraße oder des Bergischen Landes gewesen sein. Doch kaufte er auch gefrischten[50] Stahl an und vertrieb ihn sehr wahrscheinlich weiter. Der Reidung treibenden Witwe Koopmann zu Sundhelle schrieb er am 19. November 1803, er habe von ihr eine Fuhre Osemundeisen bekommen, die 916 Pfund wog, „aber daß sie vor 1.000 lb 72 Rt haben wollen, dieses kann ich Ihnen vor jetzt dafür nicht versprechen: Denn ich muß mit anderen Markt halten; wollten Sies aber für den Preiß liefern, wie ichs von anderen Freunden erhalte; so können Sie mir 4 u. 5 Karren noch senden, worüber längstens in 8 Tagen Nachricht erwarte".[51]

Die genannten Produkte und noch weitaus mehr finden sich in einem für die Region einzigartigen Musterbuch, das dem Bruder Johann Dietrich Winkhaus', Hermann Heinrich Winkhaus (1754-1818), zugeschrieben wird und deshalb besondere Beachtung verdient.[52] Bei Hermann Heinrich Winkhaus schließlich wird der Handel kaum noch an der eigenen Produktion orientiert gewesen sein, wenngleich auch er über Hammerwerke verschiedener Stufen verfügte. Dennoch nimmt dieser Winkhaus in der lokalen Wirtschaftsgeschichte den Platz eines Handelspioniers ein.[53] Er lebte auf dem Nachbarhof Nieder-Carthausen, besaß ebenfalls Hammerwerke und ließ produzieren. Ob er es letztlich war, der den Kommissionshandel im märkischen Sauerland einführte, wie das in der lokalgeschichtlichen Literatur kolportiert wird, muss dahin gestellt bleiben. Jedenfalls ließ er sich bereits 1783 beim Stadt- und Landgericht Lüdenscheid unter dieser Bezeichnung eintragen. Er verkaufte also Waren im Auftrag Dritter, mit denen er in einem Kommissionsvertragsverhältnis stand. Als Hermann Heinrich Winkhaus starb, ergänzte der Pfarrer der Gemeinde Halver den Eintrag im Sterbebuch: „Er ... hat sich als der

---

46 WWA, F 28/2 Winkhaus, 9. November 1803.
47 Fratzbohrer, Windelbohrer, Rüppenbohrer, Spulenbohrer, Weinbohrer.
48 Korb-, Augen- und Drimmsägen, Berliner Mühlsägen, Danziger Baumsägen, Rücksägen, Spannsägen, Ohrsägen.
49 Stechbeitel, Brechbeitel, Lochbeitel, Russländische Drechselbeitel.
50 „Frischen" diente der Reduktion des Kohlenstoffgehalts im Eisen und der Entfernung anderer Stoffe. Im 18. Jahrhundert geschah dies durch Abbrennen im Feuer und Schmieden unter dem Hammer. Im 19. Jahrhundert trat das „Puddeln" an diese Stelle.
51 WWA F 28/2 Winkhaus, 19. November 1803.
52 Märkischer Kreis, Kreisarchiv Altena, B 1806.
53 Voye, Geschichte, S. 208. Die Firma „Caspar Arnold Winkhaus, Carthausen", S. 89.

erste Kaufmann im Kirchspiel Halver durch seine ausgebreitete Handlung, durch seine Tätigkeit und Menschenliebe große Verdienste um die Eisenfabriken in Halver, um den Gewerbefleiß der ganzen Umgegend erworben."[54] Als Kommissionshändler reiste er zu Pferd in die Absatzgebiete, und ließ parallel – wie es zunächst üblich war – Produktmuster als Fracht folgen. Im Anschluss kehrte er mit Bestellungen heim. Die eigentliche Spedition der Waren verrichteten dann, so jedenfalls bei Johann Dietrich Winkhaus, „Knechte". Bald aber müssen auch schon gezeichnete Musterkarten in Gebrauch gewesen sein, der Vorläufer heutiger Warenkataloge.[55] Der in den Ostseeraum reisende Peter Caspar Woeste führte laut Johann Dietrich Winkhaus, „so wie er mir erzehlet hat (…) herrl[iche] Musterkarten von Commode beschläge, Scheren, Federmesser p. bey sich, die besonders werth sind". „Vielleicht kannst du solche zu sehen bekommen", legte er seinem in Berlin weilenden Sohn nahe. Obendrein deutete sich in dieser ersten Dekade des 19. Jahrhunderts eine Neuerung an. In Lüdenscheid bereicherte der Fabrikant Tappe den Handel durch seine Bestrebungen, Musterkarten nicht mehr zeichnen sondern drucken zu lassen. Auch hiervon berichtet Johann Diederich Winkhaus zu Carthausen seinem Sohn nach Berlin: Tappe sei „mit einem Kupferstecher in Paris in Compagnie getretten, wollen die hiesigen Fabriq.Waaren durch gedruckte Musters auf Engl. Art liefern u. den Subscriptionsweg einschlagen".[56] Tappe richtete bald danach in Lüdenscheid eine Musterkartendruckerei auf Basis der Lithographie ein.[57] Der Druck ermöglicht nicht nur höhere Auflagen ein und desselben Motivs, er legte es sogar nahe, neue Vertriebswege zu erschließen und nicht mehr länger mit dem einen Musterbuch auf Kundenakquisition zu gehen. Nun war es möglich, auch Musterkarten zu verschikken und postalisch Bestellungen entgegenzunehmen.

Dieser Hintergrund erlaubt es, jenes kleine Musterbuch auf das erste Jahrzehnt des 19. Jahrhunderts zu datieren. Die über 200 Seiten des Buches enthalten kolorierte Zeichnungen von über 650 einzelnen Produkten, aufgrund derer sich potentielle Käufer ein Bild von der Gestaltung und Ausführung der zu bestellenden Waren machen konnten. Aufgrund seines Kommissionssystems konnte Hermann Heinrich Winkhaus nun eine Fülle von Waren anbieten, ohne direkt an deren Produktion beteiligt zu sein. Dabei handelte er nicht mehr mit Rohmetallen oder Halbfabrikaten, sondern ausschließlich mit Fertigwaren, die aber alle metallgewerblichen Ursprungs waren. Schüppen, Sensen und Pfannen waren so genannte Breitewaren, welche die größeren Reidemeister durchaus auf eigenen Werken im Kirchspiel Lüdenscheid und angrenzend produzieren ließen, so wohl auch Winkhaus. Die überwiegende Mehrheit der Waren aber entstammte so genannten Kleineisenschmieden, die Ende des 18. Jahrhunderts insbesondere im Bergischen Land und in den Bauerschaften des Hagener Raums gehäuft in Erscheinung getreten waren und sich ausdifferenziert hatten.[58] Hier wurden z.B. Schlösser, Beschläge,

---

54 Ebd., 89.
55 „Mein Feld…", Nr. 7 und 9.
56 WWA F 28/2 Winkhaus, 28. November 1803.
57 Krins, Musterkartendruckerei, S. 36-38.
58 Wagner-Kyora, Bauer.

Kaffeemühlen, Messer, Scharniere, Handwerkerzirkel, Feuerzangen, Winden mit Zahnstangen, Ketten, Bohrer und andere Werkzeuge fabriziert.[59]

Der Lebensstil der Reidemeister: Bauern oder Bürger?

Die ökonomische Grundlage der Landwirtschaft bietet einen Zugang zur Feststellung einer „Bäuerlichkeit" von Haushalten. Einen weiteren Zugang stellt eine Untersuchung des materiellen Lebensstils dar, wie er anhand von Inventaren von der volkskundlichen Diffusionsforschung erprobt wurde. Dabei wurde wiederholt ein Muster der Verbreitung materieller Sachkultur und künstlerischer Stile von der Stadt aufs Land, vom Adel ins Bürgertum weiter zu den Bauern, von höheren in niedere Schichten festgestellt.[60] Im zeitlichen Querschnitt also sollte sich grob verorten lassen, ob ein Haushalt eher einem bäuerlichen oder aber einem städtisch-bürgerlichen Muster entspricht. Insbesondere Zinn und Porzellan, Essbesteck, Bilder und Porträts an den Wänden und sicher nicht zuletzt ein Bestand an Büchern, vorzugsweise mit anderen als rein religiösen Inhalten, sind im Rahmen der Diffusionsforschung als Kennzeichen einer „Verbürgerlichung" erkannt worden, die allerdings erst im 19. Jahrhundert stattfand.[61] Die Präsenz dieser Objekte, so stellte beispielsweise Andrea Hauser für einen schwäbischen Untersuchungsort fest, fanden sich jeweils zuerst in bürgerlichen Haushalten wie dem des Pfarrers, Lehrers oder eines Kaufmanns, und erst später in agrarischen Haushalten.[62]

Ein vergleichbarer Ansatz ist aus Quellengründen für die Untersuchungsgruppe nicht anwendbar. Die überlieferten Inventare aus der zweiten Hälfte des 18. Jahrhunderts sind schon deshalb überwiegend Inventare von Reidemeistern, weil diese die Oberschicht darstellten und sich die Überlieferung von Inventaren beinahe ausschließlich auf diese konzentrierte. Vergleiche mit Daten anderer Regionen haben begrenzten Aussagewert, wenn sie nicht auf die Oberschicht konzentriert sind.[63] Die unterschiedliche

---

59   Eine nicht ganz vollständige Aufstellung aus dem Kommissionssortiment Winkhaus: Ketten, Waagbalken mit Topf und Schale, Federwaagen, Balkenwaagen, Stemm- und Stecheisen, Loch- und Hohlbeitel, Schraubstöcke, Falzhobel, Zangen, Hammer, Hammerköpfe, Putzkellen, Schrauben, Zirkel, Eiseneinsätze für Profilhobel, Sägeblätter, Äxte, Türangeln, Scharniere, Bohrer und Bohreinsätze, Scheren zur Schafschur, Nussknacker, Reibahlen, Feilen, Zuckerbrecher, Spaten, Nägel, Tellereisen bzw. -fallen, Kaffeemühlen, Töpfe u.a. mit Siebeinsatz, Bratenspieße, Kohlenzangen, Kohlenschaufeln, Schubladenbeschläge, Speisehauben, Fingerhüte, Korkenzieher, Zangen, Bügel- und Waffeleisen, Pfannen, Wiege- und Fleischer- und andere Messer, Maultrommeln, div. Beschläge, Rollen, Flaschenzugrollen, Sensen, Vorhängeschlösser, Türklinken, -knaufe und -schlösser, Schlossblenden. Siehe auch Die Firma „Caspar Arnold Winkhaus, Carthausen", S. 91.
60   Hauser, Dinge, S. 53.
61   Z.B. Klocke, Häuser; Hauser, Dinge; Wiegelmann, Novationsphasen; Mohrmann, Eingliederung; vgl. auch Ottenjann, Lebensbilder.
62   Hauser, Dinge, S. 134-180.
63   Als Referenz können zumindest einige erst im 19. Jahrhundert aufgenommenen Inventare des

Güte und Detailliertheit der Inventare bringt gleichermaßen mit sich, dass sich nur über jene Ausstattungsmerkmale gesicherte Aussagen treffen lassen, die auch tatsächlich in den Quellen Erwähnung finden. Gegenstände, die nicht auftreten, müssen nicht zwangsläufig auch absent gewesen sein.

Zinnteller sind in sieben Inventaren detailliert nachgewiesen (Stückzahlen zwischen 12 und 40), Porzellanteller in vier Fällen (6 bis 48 Teller). Tee- und Kaffeeservice waren offensichtlich in dieser Schicht verbreitet, meist aus Zinn, bisweilen aus Porzellan. Die Benutzung von Besteck im bäuerlichen Haushalt ist selbst für das 19. Jahrhundert als Besonderheit zu werten, wobei die Gabel wohl als letztes Utensil Einzug hielt.[64] In vier der 19 Inventare von Reidemeisterhaushalten finden sich Belege für Besteck, darunter in einem für Messer und Gabeln.[65] Es fanden sich jedoch keine Bilder, Porträts und Gemälde in den Haushalten.[66] Der Wohlstand ermöglichte den Reidemeistern, besonders wertvolle Gegenstände wie Schmuck (Gold- und Silberringe in drei Inventaren) und Silberlöffel zu besitzen (erwähnt in neun von 19 Inventaren in Anzahl von 2 bis 23 Stück), wobei es sich bei letzteren durchaus um die verbreiteten Taufgeschenke gehandelt haben könnte. Der Buchbesitz, wohl einer der wichtigsten Indikatoren für eine an Bildung orientierte Bürgerlichkeit,[67] nahm sich eher dürftig aus. In sechs Inventaren finden sich Bücher in jeweils geringen Stückzahlen, in nur drei Fällen auch nicht-religiöse Werke, so 1779 „Büschings Geographie" und 1791 „Hübners Staats- und Zeitungs-Lexikon".

Der Fall des mehrfach erwähnten Johann Diedrich Winkhaus aus Carthausen sticht aus den übrigen hervor und soll abermals Anlass für einen tiefer gehenden Blick sein. Er muss 1793 eine mehrsprachige Bibliothek besessen haben, die der Taxator pauschal auf 60 Rt schätzte, weil „solche aus hebräischer, griechischer, chaldaischer, syrischer, lateinischer, frantzösischer pp. und teutscher Sprache bestehet, und [ich] davon kein Kenner bin".[68] Dank seiner Briefe wissen wir von ihm auch, dass er ein Buch über Wasserwerke las, sich also technologisch fortbildete, dass er seine Söhne beständig ermahnte, die

---

Ortes Borgeln in der Soester Börde dienen (LA NRW STA MS, Grundakten Soest). Borgeln ist in diesem Zusammenhang als vorwiegend agrarisch geprägt zu bezeichnen. So werden nur in zwei von 69 Borgeler Inventaren zwischen 1788-1881, und zwar 1869 und 1881, Messer und Gabeln, erwähnt (STA MS, Grundakten Soest, Nr. 8685b, S. 158 (1881), Nr. 5696-3, S. 133 (1869). In fünf von 34 Inventaren, die bis 1830 überliefert sind, finden Zinn- oder Porzellanteller Erwähnung. In nur einem Inventar werden 4 Silberlöffel erwähnt (Nr. 1934 von 1788), Bücher in keinem.

64 Hauser, Dinge, S. 307-309.
65 Inventare Rentrop, Woeste zu Bollwerk, Winkhaus zu Carthausen und Woeste zu Eininghausen (alle wie oben).
66 Vgl. Ottenjann, Lebensbilder.
67 Vgl. aber auch den auf eine starke pietistische Religiosität zurückgehende große Buchbestand schwäbischer Weber bei Medick, Weben..
68 LA NRW STA MS, Gerichte III, 5.8: Inventar Johann Diedrich Winkhaus zu Carthausen, 1793. Zum Vergleich: Die 83 Bücher des Iserlohner Kaufmanns Christoph Winkel wurden 1779 insgesamt auf 25 Rt geschätzt. Reininghaus, Christoph Winkel.

Buchhaltung und Französisch[69] zu lernen und auch die erste Schule am Ort gründete. Seinem Sohn, der wohl aus der Ferne um sein Erbe bangte, offenbarte er 1805 ein Erziehungsprinzip, das man als bürgerlich bezeichnen kann:

„Mein Grundschatz [!] ist dieser und felsenfeste, daß ich soviel als mir nur immer möglich ist, meine Kinder ohne Ersparung der Kosten nach Vermögens alles mögliche erlernen zu lassen, und sollte ein oder der andere keine Fähigkeiten darzu haben und sein künftiger Beruf so viel an ihn zu verwenden nicht erfordern, so soll er solches pro rata in der künftigen Theilung zu geniessen haben: es sey denn, wie es sonst hier zu Lande gebräuchlich ist, durch seinen Fleiss und Thädigkeit durch die Unterstützung der Eltern der Masse wiederum einbrächte, oder verdiente".[70]

In der Art der elterlichen Kontrolle, wie er die Ausbildung seines Sohnes begleitete, und wie er beständig zu Fleiß ermahnte, zeigen sich deutliche Parallelen zu der aus der Iserlohner Kaufmannschaft bekannten Bürgerlichkeit.[71]

Die Quellen lassen eine Schicht erkennen, die sich dank ihres Wohlstandes in bestimmten Bereichen mit bürgerlicher Sachkultur ausstatten konnte. Es war eine Bürgerlichkeit auf bäuerlichem Substrat, denn die Haushalte stellten noch eigenständige Wirtschaftseinheiten dar und die Unterschiede zur bürgerlichen Sachkultur der Kaufleute von Iserlohn in Wert und Vielfalt sind unverkennbar.[72] Was das Selbstverständnis und die Wirtschaftsmentalität betrifft, mögen bei eher wenigen Vertretern „bürgerliche Ideale" wie Fleiß, Sparsamkeit und kaufmännisches Geschick so hoch bewertet und explizit ausgedrückt worden sein wie hier bei Johann Dietrich Winkhaus. Was den Wertehaushalt betrifft, wird Winkhaus vermutlich kein vollkommener Exot gewesen sein. Den Sohn in die kaufmännische Lehre zu schicken, war nicht allein Praxis im Hause Winkhaus, sondern ist auch von anderen Reidemeister belegt. Dieses Vorgehen ist als ein bedeutungsvoller Akt der Professionalisierung und auch der Unabhängigkeit gegenüber der ländlichen Lebenswelt zu werten.

Man kann die Gleichzeitigkeit beider Phänomene, der stark bäuerlichen materiellen Kultur und den bürgerlich-kaufmännischen Einstellungen, auch eine Ungleichzeitigkeit erkennen, welche weit eher bürgerliche Ideen als bürgerliche Repräsentation in den ländlichen Raum ausstrahlen ließ. In einer lokalen Gesellschaft ohne dominierendes Zentrum und ohne nennenswerte Präsenz des Adels boten sich wenige Vorbilder. In Anbetracht ihrer Möglichkeiten bot sich den Reidemeistern die Identifikation und der Vergleich mit den Kaufleuten und die Adaption ihrer Werte an, schließlich stellten diese auch die täglichen Wirtschaftskontakte dar. Beispiele wie diese sollten dazu animieren, Dichotomien wie Stadt und Land, Konzepte wie das des Bauern oder des Bürgers einer Überprüfung zu unterziehen.

---

69 WWA, F 28/2 Winkhaus, 13. Februar 1813.
70 WWA, F 28/2 Winkhaus, 15. Juni 1805, Carthausen.
71 Reininghaus, Stadt, S. 509-518.
72 Reininghaus, Christoph Winkel; Reininghaus, Stadt.

Resümee

Reidemeister unterhielten Betriebe von miteinander verzahnten Geschäftsbereichen. Im Zentrum stand die gewerbliche Produktion. Grundsätzlich ist es dienlich, „Unternehmer" von „Kaufleuten" dadurch zu unterscheiden, dass erstere mehr Kapital angelegt als im Handel umlaufen hatten.[73] Schon die Grenze zwischen diesen beiden Polen verläuft aber durch die Gruppe der Reidemeister hindurch. Unternehmer waren sie in einem von politischer Regulierung und sozialen Institutionen begrenztem Maß. Für den Handel waren sie nur mit einem begrenzten finanziellen Rückhalt ausgestattet, so dass dies Engagement eher eine kleine Gruppe innerhalb dieser Oberschicht auszeichnete und selbst für diese die Kooperation in Kompanien angeraten war. Selbstvermarktung auf fernen Märkten war nur dem möglich, der flexibel über größere Lieferungsvolumen disponieren konnte, d.h. wenn er die Möglichkeit von Zukauf in Betracht zog und so die eigenen Verhandlungsspielräume erweiterte. Mit anderen (verwandten) Reidemeistern zusammen zu arbeiten, eröffnete die Möglichkeit, dass jeweils nur einer in die Fremde fahren musste, dieser dabei aber das Kapital der Kompanie im Hintergrund hatte. Die größere Gewinnspanne durch die Selbstvermarktung wird sie bewogen haben, diese Geschäfte aufzunehmen. Mindestens genauso wichtig scheint aber gewesen zu sein, direkter die Kundenwünsche entgegennehmen zu können, selbst wenn diese nur durch Zwischenhändler vermittelt wurden.

Reidemeister hatten aber weder in der Sachkultur noch in ihrer Wirtschaft die Bäuerlichkeit hinter sich gelassen. Sie betrieben selbstständig Ackerbau und Viehwirtschaft. Herrschaftliche Funktionen übten sie nicht aus; sie sind zwar als Oberschicht und Elite, keinesfalls aber als „Herren" zu bezeichnen.[74] Die familienökonomische Organisation der Arbeit im landwirtschaftlichen Bereich mag sich, da Söhne teilweise eine kaufmännische Lehre genossen, anders als in stärker agrarischen Haushalten dargestellt haben. Vielleicht wurde insbesondere agrarische Arbeit auch eher delegiert als selbst ausgeübt, doch stellte Lohnarbeit agrarischer Betriebe in der behandelten Zeit auch in anderen Regionen keine Besonderheit mehr dar.[75] Die Marktorientierung der Agrarproduktion ist dabei eher gering einzuschätzen, was hingegen nicht übermäßig verwunderlich ist, denn gerade in Betrieben mit mehreren Standbeinen mussten vielfältige Wirtschaftsentscheidungen gefällt werden, so dass nicht in jedem Detail rein den monetären Erlös maximierende Entscheidungen getroffen wurden. Eine Produktion für den Eigenbedarf stellte auch ein risikominderndes Moment dar, während sich der Betrieb insbesondere im Handel marktorientiert und auch weitaus riskanter gestaltete.[76]

Anders als die von Frank Konersmann als Typus definierten Bauernkaufleute der Pfalz, Rheinhessens und des Oberrheins verdienten die Reidemeister ihr Geld primär

---

73 Gorißen, Handelshaus, S. 369-375.
74 Vgl. Wenskus, Bauer; Rethinking Peasants, S. 51-62.
75 Vgl. die Beiträge Konersmann und Lorenzen-Schmidt in diesem Band.
76 Ähnliche Entscheidungen schildert Boehler, Routine, S. 117.

nicht mit produzierten, veredelten und gehandelten Agrarprodukten.[77] Insofern waren auch die Geschäftsbereiche weniger stark verzahnt und wiesen weniger Synergien auf. Doch bestehen grundsätzliche Parallelen darin, dass es sich um eine gleichermaßen in Landwirtschaft, Gewerbe und Handel sowie auf dem Kapitalmarkt vertretene ländliche Oberschicht handelte, in deren Mittelpunkt das Gewerbe stand. Einen ihrer „Geschäftsbereiche" den anderen voranzustellen hieße aber, den multiplen Charakter ihres Wirtschaftens zu verkennen. Reidemeister waren Bauern und Unternehmer, teils darüber hinaus Händler und Kaufleute. Wie die Bauernkaufleute stehen sie für die Ausdifferenzierung und Expansion ländlicher Ökonomien, für vom Lande ausgehendes unternehmerisches Potential und auf dem Land entwickelte kaufmännische Talente. Hingegen stellten sie weniger ein Übergangsphänomen vor Beginn der Industrialisierung dar, wie dies bei den Bauernkaufleuten der Fall war, sondern prägten als Trägerschicht von dezentral organisierten Gewerben seit dem Beginn der Neuzeit die Region. Auch ihr Ende fiel mit dem industriellen Wandel des 19. Jahrhunderts zusammen, als die ländlichen Standorte langsam durch dem Ruhrgebiet nahe Standorte ersetzt wurden, als Holz seine Bedeutung als Ressource einbüßte und so wichtige Verknüpfungen zwischen agrarischem Besitz und unternehmerischem Handeln obsolet wurden.

---

77 Konersmann, Existenzbedingungen.

Bäuerliches Handeln

Ökonomische Praxis zwischen Subsistenzwirtschaft und Marktintegration in der alten Eidgenossenschaft

Daniel Schläppi

In Verbindung mit dem Untertitel des vorliegenden Beitrags weckt der Ausdruck „bäuerliches Handeln" semantische Assoziationen, die gedanklich direkt zu den anlässlich der im Sommer 2006 in Göttingen stattgefundenen Tagung angesprochenen Forschungsfragen führen: Darf „Handel" im engeren Sinn als wesentlicher Teil bäuerlichen Wirtschaftens bezeichnet werden? Können gegensätzliche Kategorien wie „Marktintegration" und „Subsistenzwirtschaft" im Bezug auf Agrarwirtschaft in einen einleuchtenden Sinnzusammenhang gebracht werden?

Der Tagungstitel „Bauern als Händler" integriert den frühneuzeitlichen Landwirt im Sinn einer heuristischen Voraussetzung gleich vorneweg in den Markt. Um zu zeigen, ob sich diese theoretische Grundannahme am Beispiel der Agrarwirtschaft in der alten Eidgenossenschaft für die praktische Forschung gewinnbringend anwenden lässt, werden im Folgenden zuerst begriffliche Fragen erörtert. In einem zweiten Teil folgen empirische Befunde, die vorwiegend auf Quellen aus dem Territorium des Stadtstaates Bern, der grössten unabhängigen Stadtrepublik nördlich der Alpen, beruhen.

Überlegungen zur Begrifflichkeit

In einem Aufsatz von 2002 hat Frank Konersmann die Merkmale umschrieben, welche „Bauernkaufleute" zu solchen machen. Vorausgesetzt werden Pachtverhältnisse, eine beachtliche Betriebsgrösse von mindestens 30 ha, Ausrichtung der Produktion auf marktfähige und nachgefragte Produkte, die Beschäftigung ausserfamiliärer Arbeitskräfte, ausgedehnte Kreditbeziehungen, akribische Buchführung und schliesslich die Kombination von Agrarproduktion mit gewerblichen und kaufmännischen Aktivitäten wie etwa dem Zwischenhandel im Kommissionsverhältnis.[1]

In dieser konkreten Weise charakterisiert, lässt sich der Begriff des „Bauernhändlers" auf die Eidgenossenschaft bestenfalls als Idealtypus anwenden. Erstens erreichen durchschnittliche schweizerische Landwirtschaftsbetriebe aus topographischen, politischen und wirtschaftlichen Gründen noch nicht einmal im 21. Jahrhundert die von

---

1 Konersmann, Existenzbedingungen, S. 66f.

Konersmann für die Sattelzeit geforderte Minimalgröße. Im Ancien Régime waren die Betriebsstrukturen aufgrund des Erbrechts und wegen einer vielerorts nur zögerlich erfolgenden Flurbereinigung noch kleinräumiger. Zweitens sind kaum private Rechnungsbücher überliefert, da viele Gütertransaktionen als face to face Handeln oder als Schattenwirtschaft abgewickelt wurden und sich folglich nicht in den bekannten Quellen niedergeschlagen haben. Will man jedoch für den Schweizer Raum die Marktintegration kleiner Agrarproduzenten untersuchen, müssen aber genau diese ökonomischen Aktivitäten in den Fokus genommen werden.[2]

Fehlende buchhalterische Überlieferung beeinträchtigt zwar die Tiefenschärfe des Einblicks in einzelne Betriebe, verhindert Befunde über konjunkturelle Schwankungen und lässt die Beziehungsfelder der Handeltreibenden im Dunkeln. Rechnerische Tradition kann aber dank anderen Quellengattungen – meist Überresten – substituiert werden.[3] So können Archivbestände von Handwerksmeisterschaften oder Kriminalakten Einblicke in das Treiben auf grauen Märkten vermitteln. Auch wenn die Beobachtungen manchmal im Impressionistischen verharren müssen, ist das Marktverhalten einfacher Landleute durchaus erforschbar.

Der Begriff „Marktverhalten" ist bewusst bedachtsam gewählt. Von den Schweizer Bauern im eigentlichen Wortsinn als „Händlern" zu reden, ist vor dem Hintergrund der oben diskutierten Sachverhalte wenig sinnvoll. Besser geht man von der grundlegenden Annahme aus, dass die meisten Menschen in irgendeiner Form an wirtschaftlichen Kreisläufen partizipieren. Ausser jemand lebt auf einem einsamen Eiland von unbeschränkten Ressourcen oder unerschöpflichen Reserven, kann sich niemand den bestehenden Marktzusammenhängen entziehen. Das bedeutet aber keineswegs, dass alle Menschen Handel im engeren Sinn, sprich mit dem Ziel der Gewinnoptimierung betreiben müssen. Zu unterschiedlich sind die Marktchancen angesichts der Tatsache,

---

2   Flückiger/Radeff, Ökonomie, S. 10, 13. Zur methodischen und heuristischen Bedeutung alltäglicher Mikroökonomie zuletzt Schläppi, Einzelhandel, S. 41. Zur Bedeutung der Schattenökonomie und zum Spannungsfeld zwischen „formellem" und „informellem" Wirtschaften vgl. zuletzt den Bericht von der 2006 in Salzburg veranstalteten Tagung „Shadow economies and non-regular work practices in urban Europe (16th to early 20th century)" (http://hsozkult. geschichte.hu-berlin.de/tagungsberichte/id=1127).

3   Aus der Feststellung, dass im Schweizer Raum bislang kaum private Haushaltsbücher aus bäuerlichem Milieu gefunden und wissenschaftlich bearbeitet wurden, darf nicht auf das Fehlen jeder Rechenhaftigkeit geschlossen werden. Vielmehr legen maßgebliche Indizien nahe, dass auch der einfache Bauernstand Rechnungsbücher führte. So bejahte der Pfarrer von Kloten mit Nachdruck die anlässlich einer Schulumfrage von 1771/72 gestellte Frage, ob der Unterricht in praktischen Fächern der bäuerlichen Wirtschaft einen Nutzen bringe. Seiner Aussage zufolge gab es in seiner Pfarrei keinen Bauern, „der nicht einen hausrodel oder ein rechenbüchlein führe, darinn er verzeichne, was man ihm, oder was er anderen schuldig" sei (zit. nach: Tröhler, Schwab, Volksschule, CD-Rom, Kloten, Frage C. 10, S. 13). Ich danke Andrea Schwab für den Hinweis auf die fragliche Quellenpassage. – Zum Potential von Rechnungen als historische Quellen sei wieder einmal auf den Aufsatz von Esch, Überlieferungs-Chance, S. 529-570 verwiesen.

dass in der frühen Neuzeit die für nachhaltige Erfolge am Markt erforderlichen ökonomischen Reserven der meisten Mitspieler zu knapp bemessen waren.[4]

Entscheidend ist vielmehr, dass sich potentiell sehr viele Menschen als Anbieter am Markt beteiligen können, indem sie – vielleicht nur an einem einzigen Tag im Jahr – kleine Mengen ihrer Erzeugnisse feil bieten. Es ist naheliegend: Überschüsse werden entweder verbraucht oder verkauft.[5] Aber diese situativen Praktiken können streng genommen nicht als professioneller Handel betitelt werden. Vielmehr möchte ich sie als „bäuerliche Selbstvermarktung" bezeichnen. Kleinbäuerliche Betriebe verfügten im Vergleich zu den von Konersmann beschriebenen Agrarunternehmern über bescheidene Handlungsspielräume.[6] Landwirte, die Waren aus eigener Herstellung oder die Erzeugnisse ihrer Verwanden anbieten, würde ich der Logik der vorgeschlagenen Terminologie zufolge „Marktsubjekte" nennen. Dieser Begriff impliziert einerseits, dass Eigenvermarktung einen selbstverständlichen Arbeitsbereich der Agrarproduktion darstellt. Bauern produzieren mittelbar immer für einen potentiellen Markt, auch wenn aktives Bemühen um bestmöglichen Absatz nicht zu ihren Kerntätigkeiten zu zählen braucht. Andererseits wird ausgedrückt, dass die Produzenten als ökonomische Subjekte eigenverantwortlich, also nicht vertreten durch Agenten oder Zwischenhändler, über die Modalitäten ihrer Transaktionen entscheiden.

Reichweite etablierter Theorien und Begriffe

Die oben beschriebenen Zusammenhänge werden gerade in Darstellungen, welche auf das Thema „Agrarmodernisierung" fokussieren, manchmal ausgeblendet. Vielleicht sind sie einfach zu selbstverständlich. Es könnte allerdings auch sein, dass die Suggestionskraft gewisser theoretischer Konzepte und Begrifflichkeiten die Forschung von einer pragmatischen Sichtweise auf „bäuerliches Handeln" abgehalten haben. Beispielsweise wird der „Markt" häufig mit der Idee einer nach heutigem Muster unregulierten, kapitalistischen Marktwirtschaft gleichgesetzt. Sollte diese Figuration außerhalb des derzeit gerade gängigen wirtschaftsideologischen Mainstreams tatsächlich real existieren, so wird

---

4   Eine schmale Basis an Ressourcen wirkt sich strukturprägend auf die Marktgegebenheiten aus. Zu den Möglichkeiten und Grenzen eines Strukturvergleichs frühneuzeitlicher Märkte mit den Mikroökonomien in heutigen Entwicklungsländern vgl. Schläppi, Geschäfte.
5   Diese triviale Feststellung darf aber nicht in dem Sinne interpretiert werden, dass solch elementare Verhaltensweisen zwingend auf Kapitalakkumulation hinauslaufen und Gewinnoptimierung somit anthropologisch begründet sei. Es soll einzig gesagt werden, dass sich in der Regel niemand darüber beklagt, wenn natürliches Wachstum oder die eigene Arbeit mehr als nur das Nötigste einbringen. Nach Flückiger/Radeff, Ökonomie, S. 13 traten selbst Kinder aus ärmlichen Verhältnissen am Markt auf, indem sie Schnecken zum Verkauf ins Ausland sammelten.
6   Zur Beschreibung dieses Sachverhaltes habe ich in Schläppi, Geschäfte, den Begriff „Aktionsraum" vorgeschlagen, der sowohl im Sinn von räumlicher Ausdehnung als auch in Bezug auf die gehandelten Güter sowie die Höhe des Umsatzes verstanden werden kann.

sie als Errungenschaft der Moderne betrachtet, die in fundamentalem Widerspruch zu den traditionellen Gesellschaften der Vormoderne stehe.[7] Diese Dichotomie lässt außer Acht, dass viele charakteristische Praktiken dieses sogenannten modernen Marktes schon für das Mittelalter nachgewiesen werden können.[8] In Anlehnung an Craig Muldrew haben Joseph Ehmer und Reinhold Reith unlängst eine „Kulturanthropologie der Tauschbeziehungen" postuliert, welche sich „nicht eine Transformation zu einem marktorientierten ökonomischen Verhalten" zum Leitthema nehmen solle.[9] In diesem Sinn wäre von kategorialen Zuordnungen wie vormodern/modern Abstand zu nehmen. Die Verselbständigung der Marktkräfte im liberalen Zeitalter wäre nicht mehr als Ausdruck der positiv konnotierten Fundamentalprozesse Modernisierung und Rationalisierung zu verstehen. Vielmehr müssten sie hinsichtlich sich verlagernder Regelungskompetenzen oder erhöhter Eigendynamik des Güter- und Kapitaltransfers hinterfragt werden.[10]

Aufmerksamkeit verdient in diesem Zusammenhang auch das Konzept „Subsistenzwirtschaft", das theoretische Korrelat zu der von egoistischem Gewinnstreben angetriebenen Marktwirtschaft, und mit ihm auch Begriffe wie „Auskömmlichkeit", „Nahrung" oder „Selbstversorgung", die oftmals pauschalisierend auf die alteuropäische Ökonomie angewendet wurden. „Subsistenzwirtschaft" unterstellt, die selbstgenügsame Bewirtschaftung des eigenen Bodens sei eine real anzutreffende Spielart hauswirtschaftlicher Ökonomik. Bei der Idee einer reinen Autarkie dürfte es sich jedoch um ein intellektuelles Konstrukt handeln.[11] Gerade kleinbäuerliche Betriebe waren in Anbetracht feh-

---

7 Diese immanente Logik schwingt auch im Terminus technicus „Marktintegration" mit. Weil „Integration" zwingend prozessualen Charakter hat, wird implizit suggeriert, es werde etwas in einen Markt integriert, das vorher nicht Teil dieses Marktes gewesen sei. Davon kann natürlich in komplex organisierten Gesellschaften wie den europäischen spätestens seit dem Mittelalter keine Rede sein, hat die Forschung doch nachgewiesen, dass in den vielen Lebensbereichen vielschichtige Handels- und Tauschbeziehungen auf unterschiedlichen Hierarchieebenen und über variierende räumliche Erstreckung eine Rolle spielten. Nicht der Grad der Integration änderte sich, vielmehr änderte sich der Markt selber.
8 Nach Ehmer/Reith, Märkte, S. 22 scheinen Marktmechanismen bereits „im späten Mittelalter und in der frühen Neuzeit zumindest in bestimmten europäischen Regionen hoch entwickelt gewesen zu sein". Allerdings wurden diese Märkte „von den verschiedensten Interessengruppen beeinflusst, reguliert und beschränkt" und wiesen „eine starke soziale und kulturelle Dimension" auf.
9 Ehmer/Reith, Märkte, S. 15; Muldrew, Anthropologie, S. 167-199.
10 Brandt/Buchner, Einleitung, S. 10 üben Fundamentalkritik an der den meisten Überblicksdarstellungen zu Grunde liegenden „Zweiteilung der Geschichte". Stellvertretend für die aktuelle Handwerksforschung postulieren sie den Abschied von den gängigen Gegensatzpaaren vormodern/ständisch/vorkapitalistisch› vor 1800 bzw. modern/bürgerlich/kapitalistisch nach 1800.
11 Nach Sczesny, Nahrung, S. 132 haben die Theorien der Proto-Industrialisierung Werner Sombarts Theorem, wonach die frühneuzeitlichen Handwerker nach dem Prinzip der Bedarfsdeckung arbeiteten, auf die ländlichen Unterschichten übertragen. Auch sie seien nur so oft und so lange der Arbeit nachgegangen, bis die Subsistenz gesichert gewesen sei. Sczesny äussert grundsätzliche Zweifel an dieser Anthropologisierung vorkapitalistischer Wirtschaftsgesinnung. Ihr zufolge kann „Mußepräferenz" in „Substistenzökonomien" anhand der Überlieferung nicht nachgewiesen werden.

lender sozialer Sicherungssysteme auf unterschiedliche Märkte angewiesen. Zeitweilige Krisen wurden über die Verpfändung oder Veräusserung von Kleidung, Hausrat oder Bodenparzellen überbrückt.[12] In gewissen Gebieten der Eidgenossenschaft waren aufgrund der demographischen Entwicklung und der erbrechtlichen Gegebenheiten die meisten Landwirtschaftsbetriebe verschuldet und mussten zur Begleichung ihrer Zins- und Zehntschulden Überschüsse erwirtschaften. Ausserdem war ein minimales Maß an Liquidität vonnöten, um kurzfristige Versorgungsengpässe substituieren zu können.[13] Die Folge war eine verbreitete Marktorientierung.[14]

Schließlich dürften romantische Idealisierungen, welche urbane, bürgerlich geprägte Eliten gerne auf das Landleben projizierten, dafür verantwortlich gewesen sein, dass die pekuniären Ambitionen von Bauernbetrieben und das merkantile Potential ihrer Produktion lange unterschätzt wurden.[15] Dabei hinterließ der bäuerliche Handel seine Spuren bereits im wirtschaftstheoretischen Schrifttum des 18. Jahrhunderts. So hielt Carl Günther Ludovici in seinem „Grundriss eines vollständigen Kaufmanns-Systems" von 1768 fest, auf den Wochenmärkten würden „allerley Victualien von dem Lande, das ist, von den Landleuten, zu verkaufen gebracht; daher sie auch von einigen Bauernmärkte genennet werden". Je nachdem, wie gross die Bevölkerung einer Stadt sei, gebe es wöchentlich sogar bis zu drei Markttage.[16]

Die moderne Wirtschaftslehre bezeichnet die Fabrikate des Primärsektors auch als sog. „Urproduktion". Der Begriff ist unpräzise, blendet er doch den humanen Anteil an der Wertschöpfung natürlicher Ressourcen aus. Wie in Industrieprodukten stecken auch in Agrarerzeugnissen Investitionen an technischen Geräten, Düngemitteln, Arbeitskraft und Know how.[17] Im Vergleich mit den im Anschluss an technische Erfindungen eintre-

---

12 Cerman, Bodenmärkte, S. 22f.
13 Ineichen, Bauern, S. 186f.
14 Die Obrigkeiten unterstützten diese Entwicklung mittelbar, indem sie den Agrarproduzenten gewisse Marktprivilegien zusicherten; vgl. Schläppi, Einzelhandel, S. 48-50.
15 Stellvertretend für die verklärende Sicht der Bildungseliten auf die Lebensweise von Alpenbewohnern, welche sich mit Albrecht von Hallers Gedicht „Die Alpen" (1729) zum europäischen Paradigma emporhob, steht eine kolorierte Umrissradierung von K.L. Zehender (um 1800). Das Bild „L'Intérieur d'un Châlet dans le Simmenthal" zeigt eine idealisierende Darstellung bäuerlichen Familienlebens im Innern einer Alphütte des westlichen Berner Oberlandes, vgl. Affolter, Bauernhäuser, S. 166.
16 Ludovici, Grundriss, S. 315, § 623.
17 Mengenvermehrung und Veredlung der Ausgangsstoffe, des Saatgutes, sind nicht bloß ein Geschenk von Mutter Natur. Dennoch genießen Agrarprodukte im schweizerischen Fiskalsystem eine privilegierte Sonderstellung, indem sie der Staat von der Mehrwertsteuer befreit, selbst wenn sie vor dem Verkauf auf dem Bauernhof zusätzlich verarbeitet werden. Es ist zudem unerheblich, ob die Erzeugnisse direkt an die Konsumentenschaft oder steuerpflichtige bzw. nicht steuerpflichtige Händler verkauft werden. Selbst kapitalintensive Branchen wie der Viehhandel, die Viehmast oder die Käseproduktion sind generell von der subjektiven Steuerpflicht ausgenommen. Für Milchsammelstellen und Alpwirtschaftsbetriebe gelten weitgehende Ausnahmeregelungen. Vgl. Eidgenössische Steuerverwaltung, Mehrwertsteuer, S. 12-14, Abs. 4.2.1.1, 4.2.2.

tenden Modernisierungsschüben im industriellen Sektor verliefen Modernisierungsprozesse in der Landwirtschaft schleichender und asynchron verzögert. Neue Anbaumethoden mussten sich im Feld bewähren, bevor sie flächendeckende Anwendung fanden. Die Agrarproduzenten vertrauten gerne auf praktisches Erfahrungswissen, weshalb vielerorts (zu) lange am Bewährten festgehalten wurde. Neben den angesprochenen konzeptuellen Hemmschwellen könnten also strukturelle Aspekte der Agrarmodernisierung dafür verantwortlich sein, dass die Frühneuzeitforschung der Marktorientierung bäuerlicher Produzenten wenig Gewicht beigemessen hat.[18]

Bäuerliche Strategien bezwecken geschäftlichen Erfolg – Marktorientierung von Agrarproduzenten anhand „topographischer Beschreibungen"

In der zweiten Hälfte des 18. Jahrhunderts versuchte die bernische ökonomische Gesellschaft, eine der für die Zeit typischen Aufklärungssozietäten, sich ein präzises Bild über die wirtschaftlichen und sittlichen Zustände im bernischen Territorium zu verschaffen. Zu diesem Zweck beauftragte sie ihr geistig nahe stehende Pfarrer und weitere

---

18 Eine Ausnahme stellen die Forschungen zum internationalen Ochsenhandel dar, selbst wenn sie häufig eher die kaufmännische als die bäuerliche Perspektive thematisieren. Bezüglich Anforderungen an Organisation und Logistik, den Investitionsvolumen, Komplexität des Informations- und Devisentransfers etc. brauchen diese Fernhandelsgeschäfte den Vergleich mit Transaktionen am modernen Weltmarkt nicht zu scheuen. Bibliographische Angaben zum Ochsenhandel finden sich bei Schläppi, Einzelhandel, S. 50, Anm. 2. Aus obrigkeitlicher Perspektive, im Zusammenhang mit dem Thema bäuerlicher Marktorientierung aber von Interesse: Schwab, Rinder, 1995 und jüngst Schwab, Maßnahmen. Ich danke Ingo Schwab für die Übersendung des Manuskriptes. – Faszinierende Einblicke in eine vollkommen auf bestmögliche Vermarktung ausgerichtete Agrarproduktion am Beispiel des Gemüseanbaus im Hamburger Umland bieten Pagel, Wilkens, Entwicklung. Bis zu drei Fruchtfolgen jährlich, Arbeitszeiten von drei Uhr morgens bis Mitternacht, die Nutzung jedes noch so unbedeutenden Landstücks und täglicher Absatz in einer von den Produzenten gemeinsam unterhaltenen Lager- und Verkaufsstätte in Hamburg erinnern an industrielle Produktionsformen. Diese speisten sich nicht aus theoretischem Wissen, sondern beruhten auf praktischen Erfahrungswerten über Anbau- und Vermarktung. Beispielsweise wurde die Aussaat so terminiert, dass die Ernte in saisonbedingte Hochpreisperioden fiel. Aktiv betriebene Diversifikation in anverwandte Geschäftszweige (Samen- und Düngerhandel) lassen auf strategische Planung schliessen. Intelligente und kollektiv organisierte Formen des Warentransfers und der Vermarktung brachten gute Preise. Die Eignung für das auf Absatz im nahen Hamburg ausgerichtete Gemüsegeschäft galt aus Sicht der Vormundschaftsverantwortlichen gar als Bedingung ökonomischer Selbständigkeit. Erfolgreiche Gemüseproduzenten waren zum Teil wohlhabend. Sie genossen hohes Sozialprestige bei der großstädtischen Kundschaft, was über vom städtischen Rat gewährte Handelsprivilegien wiederum positiv auf den Geschäftsgang zurückwirkte. Obwohl die Bauern ihre Güter in der Regel im Pachtverhältnis bewirtschafteten, führte die hervorragende Ertragslage dazu, dass die Bodenpreise den Pachtwert des Ackerlandes oft drei- oder vierfach überstiegen. Vgl. Pagel, Entwicklung, S. 269-274, 289, 293, 295, 298, 302, 414.

Mitglieder dörflicher Honoratiorenschaften damit, unter Berücksichtigung eines vorgegebenen Fragekatalogs die Verhältnisse in ihren Kirchgemeinden und Amtsbezirken in Form von sog. „topographischen Beschreibungen" genau zu rapportieren. Basierend auf diesem Wissen, sollten nach den Vorstellungen der Initiatoren sodann, erstens, die politischen und sozialen Verhältnisse umgestaltet und, zweitens, die Ertragslage aller Landstriche optimiert werden. Obwohl von unterschiedlicher Informationsgenauigkeit, vermitteln die von den meist ortsansässigen Korrespondenten eingereichten Berichte Einblicke in viele Lebensbereiche – und so natürlich auch in die praktizierten Formen bäuerlichen Wirtschaftens.[19]

Das bernische Staatsgebiet gliederte sich in unterschiedliche Agrarzonen. So legten die Agrarproduzenten den Schwerpunkt ihrer Tätigkeit je nach geographischer Lage und Relief auf den Getreidebau, die Viehzucht in Verbindung mit Grasland, die Forstwirtschaft oder der Weinbau. Die topographischen Beschreibungen eignen sich deshalb für einen vergleichenden Zugang, indem sie Aufschluss über die Strategien der Produzenten in unterschiedlichen Naturräumen geben.

Im Oberland und im Emmental war die Landwirtschaft einseitig auf die Viehzucht ausgerichtet, wobei dem Viehhandel und der Milchwirtschaft zentrale Bedeutung zukam.[20] Für die einträglichen Geschäfte mit tierischen Erzeugnissen nahmen die Landwirte erheblichen logistischen und organisatorischen Mehraufwand auf sich. Die Viehwirtschaft wies hohe Komplexität auf. Neben den ansässigen Bauern übernahmen vielfach professionelle Küher ohne eigene Landwirtschaftsbetriebe Herden in Pacht. Statt selber Höfe und Alpen zu unterhalten, bestießen sie gepachtete Weideflächen. Im Winter

---

19   Die „topographischen Beschreibungen" (zit.: TB Ort [Entstehungsjahr]) werden derzeit im Rahmen eines Forschungsprojektes am Historischen Institut der Universität Bern vollständig erfasst und ausgewertet. Die zuständige wissenschaftliche Mitarbeiterin, Gerrendina Gerber-Visser, hat mir freundlicherweise bereits in der Phase der Datenerhebung Zugang zum Material verschafft, wofür ich ihr herzlich danke. Nach Abschluss der Erschließung soll das umfangreiche Quellenmaterial über eine Datenbank in gescannter Form und als Volltext der Öffentlichkeit zugänglich gemacht werden. Beispielhaft für das heuristische Potential des Bestandes für die hier diskutierte Fragestellung steht eine Passage aus der topographischen Beschreibung von Pagan, Nidau, S. 852f. Der Autor, ein Herr Stadtschreiber Pagan, beklagt darin, die Bauern hätten kein Gehör für Neuerungen. Sie richteten sich lieber nach den eigenen „Grund-Regeln". So sehnten sie sich a) wie alle Menschen „nach Ruhe und Bequemlichkeit" und scheuten deswegen die mühselige Feldarbeit. Aufhorchen lässt aber die vom Verfasser unter f) rapportierte Bauernregel: „Was auf den Markt-Plätzen guten Verbrauch findet, das pflanze; das übrige lasse bleiben; wo du es nicht selbst brauchen kannst", die sich wie ein Kredo zur Marktorientierung liest. – Die erschöpfenden Erfassungsprojekte der Ökonomen des 18. Jahrhunderts dienten der möglichst lückenlosen Inventarisierung der vorhanden Natur- und Humanressourcen. Den ideologischen Hintergrund dieser praktischen Form der Wissensgenese bildeten die fiskalischen und machtpolitischen Interessen merkantilistisch denkender Obrigkeiten. Laut Holenstein, Policey, S. 101f. kann man in den protostatistischen Erhebungen eine Spielart dessen sehen, was Michel Foucault als „Bio-Macht" bezeichnet hat.
20   Hausknecht/Küpfer, Frutigen, S. 31-36; Lauterburg, Lenk, 1799, S. 23-32; Nöthiger, Unterseen, S. 6, 31; Ris, Emmental, S. 49f.; Sprünglin, Haßle-Land, S. 133f., 875.

suchten sie aufgrund der günstigen Absatzmöglichkeiten für Fleisch und Milchprodukte mit ihren Herden die Nähe der Städte.[21]

Intensivere Formen der Bewirtschaftung wie der Kleeanbau, Bewässerung von Wiesland, die Stallfütterung und das Eingrasen, die sich seit dem ausgehenden 18. Jahrhundert durchzusetzen begannen, dokumentieren die Bestrebungen zur Produktivitätssteigerung.[22] Die topographischen Beschreibungen der einschlägigen Gebiete liefern detailliertes Zahlenmaterial über umgesetzte Stückzahlen sowie Preise und bilanzieren die erzielten Gewinne. Dass sich diese Zahlen von den Autoren überhaupt im überlieferten Detaillierungsgrad erheben ließen, untermauert, welche ökonomische Bedeutung die Zeitgenossen der Tierhaltung und dem Handel der unterschiedlichen Erzeugnisse beimaßen.[23] Viehwirtschaft war ein einträglicher Wirtschaftszweig. Das merkten auch reiche Stadtbürger und wohlhabende Landgemeinden, die sich zwar nicht unbedingt selber als Landwirte betätigten. Immerhin kauften sie die einträglichsten Weideflächen im Staatsgebiet auf, und gaben das Land in Pacht weiter – offenbar eine rentable Form der Kapitalanlage.

Die Tierhaltung, deren Erzeugnisse sich offenkundig vorteilhaft vermarkten ließen, stellte auch ausserhalb der klassischen Viehzuchtgebiete einen relevanten Produktionssektor dar. Selbst ein bescheidener Tierbestand eröffnete mittleren und kleineren Betrieben die Chance, im Fall von akutem Geldbedarf Überschüsse in kleinen Mengen zu verkaufen.[24] Die Produktion wurde auf die wirtschaftlichen Möglichkeiten sowie die lokalräumlichen Gegebenheiten wie beispielsweise Bodenbeschaffenheit oder Qualität des Weidelandes ausgerichtet. So konzentrierte man sich in gewissen Gebieten auf Schafzucht, in anderen auf Ochsenmast und Viehzucht oder die Milchwirtschaft.[25]

---

21 Ramseyer-Hugi, Küherwesen.
22 Schweizer, Trub, S. 137-140.
23 Hausknecht/Küpfer, Frutigen, S. 33-36; Sprünglin, Haßle-Land, S. 874-877. – Die in den topographischen Beschreibungen des bernischen Territoriums für das 18. Jahrhundert überlieferte Intensivierung landwirtschaftlicher Produktion setzte punktuell bereits viel früher ein. So berichtet bereits Renward Cysat (1545-1614), aus der in luzernischem Gebiet gelegenen Landvogtei Willisau werde seit alters Mastvieh über den Gotthardpass nach Mailand und auf andere lombardische Märkte getrieben. Besonders erwähnt er Ochsen aus Reiden und Wikon, zwei Dörfern mit eingehegten Fluren und intensiver Bewässerung, vgl. Ineichen, Bauern, S. 138, 141, 186f. Schon in der Schweizer Chronik von Johann Stumpf aus dem Jahr 1546 sind Sennen beim Käsemachen dargestellt. Bemerkenswert an dieser – wohl ältesten überlieferten – Illustration sind namentlich die im Hintergrund bis unter die Decke gestapelten, fertigen Käselaibe, die als symbolische Chiffre für den in Form sehr hochwertiger Nahrungsmittel gespeicherten Reichtum der Agrarproduzenten gelesen werden können. Vgl. Affolter, Bauernhäuser, S. 27.
24 Masttiere konnten unabhängig von der Jahreszeit verkauft oder geschlachtet werden und verursachten im Falle direkter Vermarktung kaum Transportkosten, bewegten sie sich doch mindestens über mittlere Distanzen aus eigener Kraft in Richtung der Märkte oder Schlachtbänke. Die wertvollen Bestandteile der Milch wurden über die Verarbeitung zu Käse auf Jahre hinaus konservierbar gemacht.
25 Wildermett, Bieler-See, S. 163; Pagan, Nidau, S. 829-831, 841; Stettler, Bipp, S. 33; Tscharner, Münsterthal, S. 168.

Den unterschiedlichen Formen der Bewirtschaftung zufolge richteten viele Bauernbetriebe ihre Produktpalette auf die Absatzmärkte aus. Beispielsweise hielten im Amt Kerzers auch ärmere Leute Kühe, obwohl sie Milchprodukte selbst gar nicht mochten.[26] Zur Optimierung der Vermarktungschancen wurde mitunter ein höherer Aufwand an Arbeit und Kapitalinvestitionen in Kauf genommen. Im Münstertal wurden die Kühe von Mai bis September dreimal täglich gemolken.[27] Die Küher im Emmental bevorzugten das einheimische Futter, obwohl es teurer war als Heu von auswärts. Sie waren überzeugt, das hiesige Gras gebe die bessere Milch und sei nahrhafter.[28] In den Höhenlagen des Längenbergs wurden Grundstücke zusammengelegt und die Häuser auf die abgerundeten Besitzungen verlegt. Der Umfang des Getreideanbaus leitete sich nicht aus den Bedürfnissen der Selbstversorgung sondern aus dem Strohbedarf der Viehhaltung ab.[29] In Meiringen, dem Hauptort des Oberhasles, wurde nach genossenschaftlichem Modell ein Lagerhaus für den Käseexport unterhalten.[30] Steigende Preise für Fleisch, Milch und Milcherzeugnisse liess die Patrizierfamilie Effinger auf ihrem Gutsbetrieb im Oberaargau die Viehhaltung ausbauen und nach Marktkriterien organisieren. Kälber wurden jung verkauft und durch entwöhnte Tiere ersetzt, um die Milch für die Aufzucht zu sparen.[31]

Durch die Konzentration auf die Käseherstellung machten sich die Milchproduzenten die praktischen Vorteile zu eigen, welche der Käse gegenüber der Milch und der Butter hatte.[32] Besonders die diversen nach regional verschiedenen Rezepturen hergestellten Hartkäsesorten waren prestigeträchtige Hochpreisprodukte, die bezüglich Haltbarkeit keinerlei Probleme bereiteten.[33] Nicht ohne Grund beschäftigte die Vor-

---

26 Bolz, Kerzers, S. 77.
27 Tscharner, Münsterthal, S. 169.
28 Ris, Emmental, S. 30.
29 Gruner, Wiegewohnt, S. 9f.
30 Gruber, Oberhasle, S. 42f. Das von der Landschaft betriebene Haus diente auch zu Gerichtsverhandlungen und öffentlichen Gastmählern (S. 33f., 43). Die besagte Quelle bilanziert die Geldeinkünfte der Bevölkerung aus dem Käse- und dem Viehhandel. Die Exportgeschäfte machten sich sogar dann bezahlt, wenn zum Erhalt der Bestände junges Schmalvieh aus dem Wallis angekauft und über die Alpen getrieben werden musste (S. 36).
31 Müller, Aussterben, S. 260. – Nach Ineichen, Bauern, S. 138 war im luzernischen Mittelland die Viehwirtschaft der marktorientierte Sektor, während der Getreidebau kleinen und mittleren Betrieben bestenfalls zur Selbstversorgung diente. Den Bauern wurde vorgeworfen, sie achteten überhaupt nur noch auf die Kornpreise. Seien die Preise tief, würden sie nur gerade die besten Äcker ansäen. Dafür aber würden die schlechteren Felder für die Rindermast zweckentfremdet.
32 Gruber, Oberhasle, S. 9-11, 36f.; Lauterburg, Lenk, S. 28f.; Nöthiger, Untersen.
33 Auf hohen Symbolcharakter des Käses lässt seine Bedeutung im Menüplan von geselligen Vereinigungen in der Hauptstadt schliessen. Die angesehene Gesellschaft zu Metzgern leistete sich den Luxus, ihren Mitgliedern von Zeit zu Zeit auf Kosten der Gemeinschaftskasse hervorragenden Hartkäse aus dem Berner Oberland oder dem Emmental zu offerieren. Entsprechende Auslagen verbuchten die Hauswarte seit dem 16. Jahrhundert regelmässig. Glaubt man der Stubenmeisterrechnung von 1686, bevorzugten die Stubengesellen einen „alten feisten

denker der Ökonomischen Gesellschaft eine Zeiterscheinung, die sie mit „Butterteuerung" umschrieben. Dieser Gegenstand war ihnen 1787 sogar eine international ausgeschriebene Preisfrage wert.[34] Die Problematik liegt auf der Hand: Käse bildete ein beständiges Konzentrat der wertvollen Bestandteile von Milch und konnte problemlos ausser Landes geführt werden. Das machte ihn für kaufmännisch veranlagte Landwirte zur idealen Absatzware. Die Folge dieser bäuerlichen Marktorientierung war eine chronische Unterversorgung des Landes mit Butter, unter der primär die fetthaltige bürgerliche Küche gehobener städtischer Bevölkerungskreise litt.[35] Die Landbevölkerung und die städtischen Unterschichten buken und brieten traditionell mit Schweinefett.[36]

Emmenthaler". In der fraglichen Rechnungsperiode wurden 269 Pfund „feister Aemmenthaler [Emmentalerkäse]" und – von den besonderen Feinschmeckern – „ein Sanenkäs [Käse aus Saanen, einer für ihren hervorragenden Käse bekannten Gemeinde]" konsumiert. Über die verbuchte Menge hinaus spendete Schultheiss von Erlach nach altem Brauch nochmals einen „halben käs" auf eigene Kosten – Symbolik pur, denn der Verzehr von Käse galt in der frühen Neuzeit als Luxus der privilegierten Oberschichten. Weil sie nicht persönlich für das Verzehrte bezahlen mussten, scheinen die Zecher bei diesen Leckerbissen mit viel Appetit zugegriffen zu haben. Jedenfalls monierten die Vorgesetzten anlässlich der Präsentation der Stubenmeisterrechung von 1712 eine „exceßivische consumtion" sowohl in puncto Menge als auch hinsichtlich des Preises des Käses, welchen der Stubenwirt serviert hatte. Mäßigung wurde verordnet. Außerdem wurde dem Stubenwirt eingeschärft, niemandem ausser den eingeschriebenen Stubengenossen der Gesellschaft vom „Stubenkäs" aufzustellen. Gute Vorsätze allein brachten natürlich noch keine Resultate. Im Jahr 1718 stellte man konsterniert fest, dass immer noch „eine allzugroße quantität" und von Jahr zu Jahr mehr verbraucht werde. Das Dilemma zwischen der Lust auf Gaumenfreuden und dem Willen zu Sparsamkeit war indes kaum damit zu lösen, dass man wie beispielsweise 1774 einerseits die zu verbrauchenden Höchstmengen festlegte, den Stubenmeistern andererseits aber befahl, sie sollten „nicht schlechten, sondern vom besten Käß" kaufen (Burgerbibliothek Bern: BBB, Zunftarchiv Metzgern [unten zit.: ZAMe] Nr. 12, S. 183, 1774; Nr. 18, S. 142, 1712; Nr. 28, S. 129, 1774; Nr. 141, 1572; Nr. 18, S. 207, 1718; Nr. 1084, [14]1792; Nr. 1085, [9]1686). Laut Lauterburg, Lenk, S. 29 wurden in wohlhabenden Kreisen an der Lenk Käselaibe aus dem Geburtsjahr der eigenen Kinder datiert und an die Nachkommen vererbt, was von der grossen Symbolkraft dieses Nahrungsmittels zeugt. Die entsprechenden Stücke seien über 100 Jahre alt geworden.

34 Vgl. Preisschrift.
35 Schweizer, Trub, S. 136 fand es „schade", dass durch die Käseherstellung „die so beliebt gewesene, trubische Butter" für die „Tafel der Städter verloren" gehe. Die Auseinandersetzung zwischen der Stadt und den Viehzüchtern des Oberlandes und des Emmentales, die ihre hochstehende Käseproduktion mit Vorliebe am einträglichen Markt absetzten, statt ihre Butter den ihnen herrschaftlich übergeordneten Städtern zu verkaufen, zog sich über das gesamte Ancien Régime hin.
36 Hans Franz Veiras zeichnet in seiner 1658 erstmals gedruckten Reisebeschreibung „Heutelia" ein detailliertes Bild über die landwirtschaftliche Produktionsweise auf der Luzerner Landschaft, das sich unter dem Gesichtspunkt der Fokussierung auf marktgerechte Produkte und Ertragssteigerung mit den für das bernische Territorium im 18. Jahrhundert festgestellten Umständen vergleichen lässt. Namentlich wohlhabende Bauern wandelten im grossen Stil Ackerland zu Wiesen um, das sie mit dem Ziel einer optimalen Ausbeute zusätzlich bewässerten. Den Akzent legten sie auf die Viehzucht und die Rindermast und ließen namentlich bei schlechter

Gleichsam als Begleiterscheinung begünstigte die weitverbreitete Käseherstellung die Schweinemast, welche wesentlich auf der Verwertung der Restprodukte beruhte. Für die Mast eines Schweines brauchte es die Schotte von drei Milchkühen. Schweinehaltung war wie die Geflügelzucht weitgehend Frauensache. Die topographische Beschreibung des Amtes Laupen berichtete, manche Bäuerin verdiene mit ihren Schweinen mehr als ihr Mann mit dem Hornvieh.[37] Auch wenn Schweine und Hühner stets für den Eigenbedarf gehalten wurden, fanden Schweinefleisch und Eier guten Absatz bei den Konsumenten.

Ebenfalls für den Verkauf wurden Pferde gezüchtet, wenn auch nicht im gesamten bernischen Territorium in gleicher Intensität.[38] Namentlich in Krisenzeiten fanden Pferde Absatz auf entfernten Märkten in Frankreich, Mailand und Italien. Vorwiegend in den französischsprachigen Landesteilen wurden beträchtliche Stückzahlen an jüdische Pferdehändler aus dem Elsass verkauft. Ulrich Bräker, der wohl bekannteste Schweizer Bauer, erzählt eine Episode aus seiner Ostschweizer Heimat, der zufolge die Landwirte die Zusammenhänge von Politik, Krieg und Wirtschaft und deren Auswirkungen auf ihren eigenen Handel bestens verstanden. Sich am Wegesrand auf eine Mistgabel abstützend, fragt Bräker zufolge ein Bauer einen vorbeiziehenden Wanderer über die politischen Verhältnisse in Europa aus. Ob sich wohl der „Türk", der „Keißer" und „die Russin, die Catrin", gemeint ist die russische Zarin, auch recht prügelten, will er wissen. Und meint dann lakonisch: „Ha, wenns nur uns nichts schadt / nicht theür Brot macht / die Pferdte brav gehen [nachgefragt werden] / und das Garn werd ist [im Preis beständig bleibt]".[39]

In Gebieten, die sich für den Anbau von Erzeugnissen eigneten, die noch einträglicher waren als die Produkte aus der Tierhaltung, war die Viehhaltung nebensächlich. Im flachen Mittelland dominierte der Kornanbau. An den sonnigen Hanglagen über dem Bielersee herrschte der Weinbau vor. Die wenigen Wiesen wurden zugunsten der Rebstöcke geopfert, die in ausgedehnten Monokulturen den grössten Teil des kultivierbaren Landes einnahmen. Durch die Konzentration einer ganzen Region auf eine rentable Handelsware trat jeweils im Herbst gravierender Futtermangel ein, so dass die Weinbau-

---

Konjunktur im Kornhandel die Äcker brach liegen. Veiras beklagte, diese Anbaumethoden würden die Zehnteinkünfte der Obrigkeit schmälern, auch stiegen die Bodenpreise, wodurch viel Betriebe mittlerer Größe in eine Schuldenfalle gerieten. Vgl. Veiras, Heutelia, S. 117, 145-147, 149).

37 Holzer, Laupen, S. 105.
38 Bolz, Kerzers, S. 74f.; Hausknecht/Küpfer, Frutigen, S. 32f.; Ris, Emmental, S. 49; Tscharner, Münsterthal, S. 167f.
39 Zitiert nach Stadler/Göldi, Heriemini, S. 165. – Den angesprochenen Zusammenhang brachte Holzer, Laupen, S. 114 besonders anschaulich auf den Punkt. Ihm zufolge verfügten die Bauern über große „klugheit in der handlung um vieh und landesproducte". Die Nachbarschaft grosser Städte verschaffte ihnen „bey der herrschenden freyheit und sicherheit häufige gelegenheit" sich über das „steigen und fallen des preises" zu informieren. In diesem Klima werde der „fleiß des bauren" alles im „abtrag verdoppeln", werde er sich doch anstrengen, „in wohlfeilen zeiten vorrath zu sammeln, um auf den markt führen zu können, wenn sich der preis der waaren und lebensmittel verstärkt hat". Und wenn ihm die Zeit fehle, den Markt selber zu besuchen, so werde er seine Waren an Händler verkaufen.

ern einen Teil ihres Zugviehs verkaufen mussten. Dasselbe galt für die Tauner, die ihre Kühe aus dem gleichen Grund abstießen.[40]

Selbst die Erträge aus Nebengewerben wurden kommerzialisiert. Die Fischereirechte auf den grossen Oberländer Seen wurden verpachtet, und der Fang wurde weitgehend in den Städten Thun und Bern abgesetzt.[41] Die Bauern aus der in einem klassischen Viehzuchtgebiet gelegenen Gemeinde Sigriswil vermarkteten die kleinen Überschüsse von ihren Kartoffeläckern auf dem drei Stunden entfernten Thuner Markt.[42] Aus der Landvogtei Schenkenberg ist überliefert, dass im großen Stil Frösche gefangen wurden, um sie in den bedeutenden Landstädten Baden und Bremgarten zu verkaufen.[43] Ebenfalls ist bezeugt, wie arme Bauernkinder Schnecken sammelten, die teilweise bis nach Italien exportiert wurden. Weinstein wurde bis an die Nordseeküste geliefert.[44] Verbreitet wurden Hasen, Flusskrebse und Vögel gefangen oder auch Vogelnester ausgenommen.[45] Einen Zusatzverdienst brachte vielen Bauernbetrieben der Handel mit Wurzeln oder Gewürz- und Heilkräutern, die entweder wild wuchsen oder in den eigenen Hofgärten gezogen wurden. Im Oberland wurde zudem Enzianschnaps gebrannt.[46] Vermarktet wurden schließlich auch Rohstoffe wie Holz, Heu und Leder.[47]

Leider überliefern die Quellen nur einzelne Angaben über die bedeutenden Absatzorte. Dennoch lassen die vorhandenen Indizien gewisse Schlüsse zu. Wenn auch der regionale Handel nach Volumen und Varietät der vertriebenen Waren dominierte, so wurden gewisse Güter, deren Verkauf erhebliche Einnahmen versprachen, über sehr gro-

---

40 Tscharner, Schenkenberg, S. 185f.
41 Nöthiger, Brienz/Ringgenberg, Kap. 19.5 „Fischerei".
42 Kuhn, Sigriswyl, S. 124
43 Tscharner, Schenkenberg, S. 117.
44 Flückiger/Radeff, Globale Ökonomie, S. 13.
45 Vgl. Veiras, Heutelia, S. 117, 119, 126.
46 Gruber, Oberhasle, S. 13; Holzer, Laupen, S. 90; Pagan, Nidau, S. 853. – In ihrer quellengesättigten Darstellung beschreiben Pagel, Wilkens, Entwicklung, S. 290, 293, 295 den florierenden Gemüsehandel des Fleckens Bardowick. Demnach belieferten die Bardowicker weite Teile Norddeutschlands. Auf dem Wasserweg ging Gemüse nach Hamburg, Altona, Stade, Glückstadt, Rendsburg, Lauenburg, Ratzeburg und Lübeck. Zu Land wurden Gartenfrüchte nach Bremen, Verden und Buxtehude transportiert. Nach Lübeck wurden Kohl, Petersilienwurzeln und gelbe Rüben geliefert. Der Gemüsehandel war weitgehend in Frauenhand, wobei die Bardowickerinnen ihre Produkte auf konzessionierten Verkaufsplätzen, im Strassenhandel und mit Hausieren vertrieben. Leider fehlen für das bernische Territorium die entsprechenden Quellen über den Gemüsehandel. In privaten Rechnungsbüchern findet man höchstens Einträge zu Spargelkäufen, die lediglich aufgrund ihres hohen Preises verzeichnet wurden. Bestenfalls pauschale Bemerkungen unter der Rubrik „Gemüse" lassen leider keine näheren Rückschlüsse auf das Geschäft mit den Erzeugnissen aus den Bauerngärten zu. Es ist aber davon auszugehen, dass die Vermarktung von Gemüse für die meisten ländlichen Haushalte in der agrarisch geprägten Eidgenossenschaft von Bedeutung war.
47 Holzer, Laupen, S. 117; Nöthiger, Unterseen, S. 18; Schweizer, Trub, S. 106; Wyttenbach, Gurzelen, S. II.

ße Entfernungen gehandelt.⁴⁸ Qualitativ hervorragende Käselaibe gelangten bis nach Genf und Lyon oder gar nach St. Petersburg, und überhaupt fand „der Emmenthal Käs an äussern Orthen in Frankreich, Italien, Spannien, Teutschland und Holland starken Abgang".⁴⁹ Viel Vieh wurde ins Ausland exportiert.⁵⁰ Obrigkeitlich konzessionierte Säumer trugen Butter über Distanzen von 40 und mehr Kilometern bis in die Hauptstadt.⁵¹ Wo schiffbare Wasserwege zur Verfügung standen, wurden selbst schwer transportierbare Waren wie Bauholz auf Flößen über längere Strecken zu den einträglichsten Umschlagplätzen verfrachtet.

So gegensätzlich die Agrarbetriebe je nach Territorium strukturiert waren, fällt als verbindendes Element doch auf, dass in den meisten Regionen offenkundig Güter für den Verkauf produziert wurden. Aufgrund dieser Marktorientierung deckte die Palette der erzeugten Nahrungsmittel oft nicht einmal die regionale Nachfrage. Das Oberland war auf Getreidelieferungen aus den Korngebieten angewiesen. Die Städte im Unterland verlangten nach den Erzeugnissen der Tierhaltung und des Rebbaus. Dass die fraglichen Regionen einen Hang zu Monokulturen zwecks Herstellung handelbarer Güter entwickelten, überrascht vor diesem Hintergrund nicht. Die Verbesserung marktorientierter Anbaumethoden zur Renditesteigerung erforderte einerseits aufwändigere technische Verfahren und brachte andererseits komplexe Marktabhängigkeiten hervor. Namentlich die reinen Rebbaugebiete zeigten aufgrund ihrer Abhängigkeit vom Arbeitskräfte- und Getreidemarkt eine bedrohliche Krisenanfälligkeit.⁵² Über die einzelnen Transaktionen und die Marktstrategien bäuerlicher Selbstvermarktung berichten die topographischen Beschreibungen wenig. Anhand eines Fallbeispiels, der Fleischversorgung der Stadt Bern, lassen sich hier konkretere Einblicke gewinnen.

Bäuerliche Selbstvermarktung am Beispiel des bernischen Fleischgewerbes

Der lokale Fleischmarkt der Stadt Bern liefert spannendes Anschauungsmaterial über einen dynamischen regionalen Handel, an dem sich unterschiedliche Produzenten und Anbieter beteiligten.⁵³ Zum besseren Verständnis dürften einige grundlegende Überle-

---

48 Zum heuristischen Potential des regionalen Handels und zu den variierenden Aktionsräumen unterschiedlicher Anbieter vgl. Schläppi, Geschäfte.
49 Schweizer, Trub, S. 106; Zitat nach Ris, Emmental, S. 50.
50 Wildermett, Bieler-See, S. 163: Die „ausgemästeten grossen ochsen" des im Erguel gelegenen „St. Immerthals" (Vallon de Saint-Imier) galten „wegen ihres zarten fleisches" als eigentlicher Exportschlager.
51 Schläppi, Einzelhandel, S. 45.
52 Flückiger, Wohlfahrt, S. 137.
53 Die folgenden Abschnitte referieren zusammenfassend die wesentlichen Ergebnisse einer unlängst abgeschlossenen Untersuchung über die Gesellschaft zu Metzgern in Bern. Auf Quellenzitate und -nachweise wird weitgehend verzichtet. Entsprechende Passagen sind nachzulesen

gungen nützlich sein: Der Fleischhandel war ein schnelllebiges Geschäft, in welchem in kurzer Zeit erhebliche Barbeträge umgesetzt und entsprechende Renditen erzielt werden konnten. Wer Erfolg haben wollte, durfte im Konkurrenzkampf vor Preisdrückerei und Spekulation nicht zurückschrecken. Aufgrund ihrer umstrittenen Geschäftspraktiken eilte den wohlhabenden Metzgern bei Produzenten und Konsumenten nicht der beste Ruf voraus.

Umgekehrt brachte die Fleischverarbeitung die Bauernschaft und die Metzger in wechselseitige Abhängigkeiten. Auch Bauern schlachteten und zerlegten Tiere, verkauften (vielfach verbotenerweise) ihre Waren auf den lokalen Marktplätzen oder hüteten im Auftrag städtischer Händler deren Vieh. Gleichzeitig mussten sich die städtischen Metzger als temporäre Besitzer ganzer Herden – gewisse Quellen sprechen davon, dass jeder Metzger 100 Schafe auf der Allmend weiden durfte – auch in der Landwirtschaft betätigten, oder sie waren auf den Zukauf von Futtervorräten aus fremder Produktion angewiesen. Die Grenzen zwischen Produktion und Distribution waren in der Fleischproduktion demzufolge fließend. Die Größe und die Sozialstruktur Berns verstärkten die angesprochenen Wechselwirkungen zusätzlich, behielt der Alltag der gewöhnlichen Bürgerschaft nämlich bis weit ins 19. Jahrhundert bäuerlichen Einschlag. Schon städtische Schichten mit mittleren Einkommen konnten es sich nicht leisten, auf die häusliche Nahrungsmittelproduktion zu verzichten, wenn sie ihren Eigenbedarf an Mastschweinen, Kleintieren und Geflügel kostengünstig decken wollten.[54] Zum Schlachten wiederum waren die Privatleute auf die Dienstleistungen der städtischen Störmetzger angewiesen.

Diese vielfältigen funktionalen und personalen Verflechtungen öffneten Handlungsspielräume selbst für Kleinstproduzenten aus der Landschaft. Der Fleischhunger der Stadt war erheblich. Aufgrund fehlender Kühlmöglichkeiten konnten Fleischgeschäfte Tag für Tag neu abgewickelt werden. Und genau hier boten sich auch der einfachen Bevölkerung des Umlandes in bestimmten Marktnischen (Hühner, Ziegen etc.) Einkommenschancen.[55] Aus den Akten der Metzgermeisterschaft geht hervor, dass immer wieder Anbieter von außerhalb Fleischwaren oder Kleinvieh an die städtische Kundschaft heranführten.[56] Manch einer probierte, im Schutz nächtlicher Dunkelheit mit einem

---

bei Schläppi, Metzgern, S. 55-82, 165-175.

54 Auch die aristokratischen Oberschichten waren mindestens mittelbar in den Fleischhandel involviert. Aufgrund ausgedehnten Landbesitzes im bernischen Territorium trugen sie wesentlich zur Agrarproduktion bei. Und weil sie als Produzenten und Konsumenten ein eminentes Interesse an einer optimalen Vermarktung der Fleischerzeugnisse hatten, tauchen in den Quellen, die von einem emsigen Schlachtbetrieb in und um Bern zeugen, auch zahlreiche Angehörige des Patriziates auf.

55 Im Amt Laupen hatten selbst Tauner etwas Butter zum Verkauf übrig. Vgl. Holzer, Laupen, S. 44.

56 Burgerbibliothek Bern: BBB, ZAMe Nr. 1085, (12)1689/90, (13)1691/92, (15)1708/10, (17)1712/14, (18)1714/16, (20)1718/20, (21)1730/32, (22)1748/50, (23)1752/54, (29)1766/68, (31)1772/74, (32)1774/76.

Haupt Vieh in die Nähe der Stadt zu schleichen, wo er auf einen solventen Abnehmer seines Warenpostens zu treffen hoffte. Andere wagten es gar bei Tag und verkauften ihre Produkte auf illegalen, aber doch tolerierten Verkaufsplätzen, oder sie boten ihre Erzeugnisse sogar direkt an den Türen städtischer Bürgerhäuser an.

Derartiger Schleichhandel war natürlich verboten und wurde von den zünftisch organisierten und eifersüchtig über ihre Privilegien wachenden Metzgermeistern verfolgt und bestraft. Die meisten der dingfest gemachten Delinquenten stammten aus der näheren Umgebung der Stadt. Einige aber nahmen sogar Strecken von 40 und mehr Kilometern auf sich, um ein Zicklein oder einen Klumpen Butter in der Stadt zu einem guten Preis absetzen zu können. Ein Drittel der aufgrund der Quellen identifizierbaren Anbieter aus bäuerlichem Milieu waren Frauen, welche die Vermarktung von Erzeugnissen aus der eigenen Kleintierhaltung als ihre persönliche Domäne ansahen.

Neben den kleinen Haustieren, die gegebenenfalls im Rucksack herangetragen werden konnten, gelangte auch größeres Vieh (Rinder, Kühe) in die Stadt. Findige Viehtreiber fanden Mittel und Wege, wie sie die Tiere insgeheim schlachten, zerlegen und anschliessend das Fleisch verkaufen konnten. Es fällt auf, dass ihnen Angehörige aus obersten sozialen Schichten in Kellern und Privathäusern Unterschlupf boten.[57] Dass angesehene Personen mit klingenden Namen bereit waren, unter Umständen wegen derartiger Umtriebe vor Gericht zu kommen, ist bemerkenswert. Es müssen offenbar enge Beziehungen zu den Verkäufern bestanden haben. Möglicherweise profitierte die vielfach mit erheblichem Landbesitz ausgestattete Aristokratie mittelbar vom halblegalen Einzelhandel. Wenn nämlich ihre Pächter gute Geschäfte machten, nützte dies letztlich auch den Grundherren selbst.

Eine besondere Rolle spielten die Wirte der Stubenwirtschaft der Metzgergesellschaft. Wiederholt monierten die Vorgesetzten der zünftisch organisierten Metzger, die Wirte sollten nicht immer nur den „Bauren zu dienst" sein. Vielmehr sollten sie die Besucher vom Land und andere „unsaubere Leüth" nicht „allezeit zu vorderst sein laßen", wenn die Meister einen Umtrunk halten wollten.[58] Dass die Metzgerstube ein Treffpunkt der Bauern war, erstaunt eigentlich nicht. Wer einen Handel mit Tieren abwickeln wollte, würde sich zuerst dort umsehen, wo die meisten potentiellen Abnehmer, die Metzger nämlich, verkehrten. Die Gaststube wurde so zur Drehscheibe im Fleischgeschäft. Die Wirte selber hatten eine Brokerstellung inne und handelten auch in eigener Kompetenz, obwohl ihnen dies eigentlich nicht gestattet war und sie wegen verbotener Privatgeschäfte von der Meisterschaft chronisch ermahnt wurden.[59]

Aufgrund der lückenhaften Überlieferungslage und des informellen Charakters dieser Handelsaktivitäten lässt sich der Anteil des Schwarzmarktes an der gesamten Fleisch-

---

57 Ausführlich und unter Nennung von Namen und Herkunftsorten der Beteiligten festgehalten bei Schläppi, Metzgern, S. 176f.
58 Zitate: Burgerbibliothek Bern (BBB), ZAMe Nr. 17, S. 52, 57, 88, 1668 / 1669 / 1671.
59 Schläppi, Metzgern, S. 73, 171f.

versorgung nicht berechnen. Aus obrigkeitlichen Mandaten kann immerhin geschlossen werden, dass dieser beträchtlich gewesen sein muss. Ebenso fehlen die Grundlagen für eine solide Periodisierung der Konjunkturen von Angebot und Nachfrage. Um die Bedeutung des bäuerlichen Handels für das volkswirtschaftliche Ganze sowie für die Lebensmittelversorgung der städtischen Bevölkerung mindestens qualitativ bewerten zu können, lohnt sich ein Blick auf die Haltung der Obrigkeit hinsichtlich der Schattenwirtschaft.

Nach landläufiger Auffassung von frühneuzeitlichen Machtverhältnissen und Interessenlagen hätte sich das Regiment eigentlich vorbehaltlos auf die Seite des zünftischen Handwerks stellen müssen. Die Obrigkeit tat indes das Gegenteil und gewährte den Lieferanten aus der Peripherie besondere Marktprivilegien.[60] So durften die „Säumer von Aeschi, auß dem Siebenthaler und Frutiger Land" am Montag Abend und an Dienstagen ihre „Lämmer und Gytzi [Ziegen]" an der Butterwaage verkaufen. In einem späteren Erlass erweiterte die Regierung die Sonderbefugnis auf alle „anderen von Ihr Gnd: bestelten Säumer" sowie auf „die Ordinari auß dem Oberland und Emmenthal".[61] Diese rechtliche Begünstigung der bäuerlichen Produzenten durch die Sanktionierung ihrer Vertriebskanäle ist Ausdruck des obrigkeitlichen Bestrebens, den regionalen Handel vermittels günstiger Rahmenbedingungen zu beleben. Die „pauren und landtleüth", welche „die köstlichen tavernen mechtig scheüchend und mydendt", mussten laut obrigkeitlichem Geheiss von 1641 über Nacht im Gesellschaftshaus der Metzger günstig beherbergt werden, wenn sie aus geschäftlichen Gründen in der Stadt weilten.[62]

In dieser Weise schuf die Regierung Anreize zu einer verstärkten Marktorientierung kleiner Anbieter aus peripheren Wirtschaftsräumen.[63] Ein dynamischer Binnenhandel, an dem sich möglichst viele Produzenten und Selbstvermarkter beteiligen konnten, war ein probates Mittel zur Verbesserung der städtischen Versorgungslage. Wenn es auch ir-

---

60 Der berühmte Niklaus Emanuel Tscharner (1727-1794) formulierte es in seiner topographischen Beschreibung von Schenkenberg aus dem Jahr 1771, S. 211 ganz konkret: Die „policey einer freyen und grossmüthigen regierung" habe mehr „für die sicherheit und freyheit der handlung als für die einrichtung und einschränkung derselben zu sorgen". Denn wo „freyheit" herrsche, bräuchten „die künste keine fernere aufmunterung". Die Handelschaft werde „sich gefallen und blühen".

61 Zitate: Burgerbibliothek Bern: BBB, ZAMe Nr. 1, S. 52, 1693/94; Nr. 4, Punkt 16, nach 1674.

62 Zitate: Rechtsquellen, Stadtrechte, 1966, Nr. 114a), S. 216, 1641. Vgl. Kümin/Radeff, Markt-Wirtschaft, S. 1-19.

63 Mit den genannten Strategien stand die bernische Regierung nicht allein. Ähnliche Beispiele sind aus anderen deutschen Städten überliefert. Bemerkenswert scheint mir eine Beobachtung, von der Pagel/Wilkens, Entwicklung, S. 354 berichten. Den von ihnen bearbeiteten Quellen zufolge mussten die Bardowicker Bauern für Esel und Hunde keine Abgaben entrichten. Auf diese vergleichsweise wenig leistungsfähigen Last- und Arbeitstiere war angewiesen, wer sich weder Pferd noch Kuh leisten konnte. Hunde zogen kleine Wagen auf die Felder oder brachten Gemüse zu den bedeutenderen Warenumschlagplätzen. Die Chancen zur Selbstvermarktung gerade der minderbemittelten Agrarproduzenten sollten also nicht noch durch fiskalische Massnahmen geschmälert werden. Vielmehr wurden die Kleinbauern steuerlich begünstigt.

reführend wäre, von einem „freien Markt" im heutigen Verständnis zu reden, so stellten die Zeitgenossen ein geregeltes Spiel der Marktkräfte über den bedingungslosen Schutz traditioneller Privilegien. Ein florierender Einzelhandel von sich selbst vermarktenden Agrarproduzenten lag im Interesse des gesamten Staatswesens.[64]

Bäuerliches Handeln in zeitgenössischer Einschätzung

Kehren wir zum Schluss zu den topographischen Beschreibungen, der grundlegenden Quelle dieser Untersuchung, zurück. Besonders spannend an diesen Dokumenten ist eine inhaltliche Ambivalenz, welche den meisten Texten innewohnt. Da ist einerseits der optimistische Fortschrittsglaube des 18. Jahrhunderts, wonach eine Obrigkeit die Verhältnisse in ihrem Land verbessern kann, vorausgesetzt sie besitzt ein umfassendes Wissen über ihr Territorium. Beseelt von diesem Gedanken, machten sich viele Autoren an ihre Erhebungen, wobei sie nach einem Fragekatalog vorgingen, den die Zentrale der Ökonomischen Gesellschaft vorgab. Die Schriften muten aufgrund ihres systematisierten Aufbaus und ihres formellen Charakters über weite Strecken nüchtern und objektiv an. Andererseits bringen viele Textpassagen subjektive Wertungen der Verfasser zum Ausdruck. Die meisten Autoren waren Pfarrer. Entsprechend hoch waren die moralischen Ansprüche, an denen die Lebensformen und Handlungsweisen des „Landvolks", so der zeitgenössische Jargon, in den topographischen Beschreibungen gemessen wurden. Ein vielfach pessimistisches Menschenbild und ein moralisch geeichter Blick machte die bäuerliche Bevölkerung zur Projektionsfläche elitärer Gesellschaftskonzepte und zum Gegenstand „volksaufklärerischer" Bemühungen.

Vor diesem Hintergrund erstaunt es nicht, dass gewinnorientiertes Gebaren der Bauernwirtschaft nicht auf uneingeschränkte Unterstützung stiess. Teilweise wurde explizite Kritik am Handel geübt. Das Geld aus der Exportwirtschaft verderbe die Leute, würde der Verdienst doch gleich wieder für Alkohol und Schuldzinse ausgegeben. An der Lenk beispielsweise herrschte selbst bei hohen Viehpreisen Geldmangel. Glaubt man den Ausführungen der Dorfgeistlichen, waren die Landleute auch städtischen Konsumgewohnheiten gegenüber nicht abgeneigt. Tabak, Spezereien, Kaffee, Tee, Zucker, Guttuch und Indienne fänden in den Tälern des Oberlandes und im Mittelland guten Absatz. Insgesamt seien die Krämerläden und reisenden Krämer in den Städten viel-

---

64 Diese Feststellung steht quer zu der verbreiteten Auffassung, die bernische Obrigkeit habe dem Handel im 17. und 18. Jahrhundert grundsätzlich kritisch gegenüber gestanden und habe mit ihrer Getreidepolitik den Marktkräften systematisch entgegenwirken wollen. Aus dieser auf makroökonomischen Modellen beruhenden These wurde gerne abgeleitet, die Agrarproduktion des Bernbiets sei kaum auf den Markt ausgerichtet gewesen, worin auch die Hauptursache für ein schwaches Innovations- und Modernisierungspotential gelegen habe. Methodische Fragen hinsichtlich unterschiedlicher Zugänge und Erklärungspotentiale der Mikro- und Makrohistorie sowie des obrigkeitlichen Umgangs mit dem Grauhandel diskutiert Schläppi, Einzelhandel, S. 41-43, 48-50.

leicht unentbehrlich, auf dem Land aber nachteilig, werde doch der Vertrieb ausländischer Waren zu stark gefördert. Durch die „überhandnehmende krämersucht" fliesse das Geld ins Ausland und die Bauern würden von der Landarbeit abgelenkt.[65] Die Beschreibung des Amtes Burgistein monierte den luxuriöser werdenden Kleidungsstil der Frauen. Seide und Samt am Kopfschmuck, Samtbändel, Baumwollschürzen – manchmal sogar seidene – kämen zunehmend in Mode.[66]

Derartige Luxuskritik war für die in der Eidgenossenschaft verbreitete republikanische Denkweise typisch. Die Verfeinerung von Sitte und Geschmack nach urbanem oder gar höfischem Vorbild lief den über Jahrhunderte gewachsenen Auffassungen von einem aufrechten Schweizertum zuwider. Der Konsum von Luxusgütern und die Verweichlichung der Sitten waren bei gestrengen Aufklärern schlecht angesehen. Das Wissen um die ökonomischen Vorteile einer durch Konsum angekurbelten Binnenwirtschaft hatte sich im Bewusstsein der geistigen Eliten erst in Ansätzen verankert. Hingegen wurden die Grundsätze der merkantilistischen Doktrin hochgehalten, deren wichtigstem Grundsatz zufolge das Geld im Land bleiben sollte.

Vor diesem Hintergrund ist verständlich, dass die topographischen Schriften dem einheimischen Konsum und dem Krämertum zwar skeptisch gegenüber standen, gleichzeitig aber mit zahlreichen Ratschlägen zur Hand waren, wie die marktorientierte Exportwirtschaft zusätzlich angekurbelt werden könnte. Es wurde beispielsweise moniert, der Zwischenhandel sei der Vermarktung des Käses abträglich. Zur Optimierung der Schafzucht sollten geeignete Weideflächen geschaffen werden, die nicht zugleich mit Pferden zu bestossen wären. Gleichzeitig könnten Pferde besser gehandelt werden, wenn sie sorgfältiger gepflegt würden. Mit stärkeren Zugtieren könnten die Felder intensiver bebaut werden. Verkaufsverbote für Heu- und Grünfutter würden eine Ausweitung der Viehzucht erlauben. In Anbetracht der Nachfrage in Städten und Heilbädern nach Küchen- und Heilkräutern sollten die Kräutergärten ausgebaut werden. Für die höher gelegenen, aber von sehr gedeihlichen Sommern begünstigten Sonnenhalden in der Gegend von Leysin wurde geraten, die dortigen Gemüsebauern sollten gewissermassen die Not zur Tugend machen. So kämen ihre Spargel und Artischocken (!) viel später zur Reife als jene aus den milden Tiefenlagen am Lac Léman. Allerdings könnten sie im Herbst auf dem rentablen Genfer Markt deshalb viel besser verkauft werden als im Frühjahr, wenn erfahrungsgemäss ein Überangebot bestehe.[67]

---

[65] Gruber, Oberhasle, S. 37; Holzer, Laupen, S. 114f.; Kuhn, Grindelwald, S. 8; Lauterburg, Lenk, S. 20; Wydler, Unteraargau, S. 62f. Zitat: Wydler, Unteraargau, S. 62. – Nach Holzer, Laupen, S. 114 war ihre „handlung" den Bauern „so einträglich", dass sie „die einkünfte davon ohne kösten" genossen.

[66] Graffenried, Burgistein, S. 394f. Schuld am besagten Sittenwandel seien die Krämer und die vielen Mägde, die sich im Dienst bei wohlhabenden Bürgerfamilien an einen aufwändigen, städtischen Lebensstil gewöhnt hätten. Vgl. Sprünglin, Haßle-Land, S. 134.

[67] Muret, Leysin/Ormont, S. 7; Sprünglin, Haßle-Land, S. 140f.; Stamm, Baden, S. 7, 11f., 14, 23. – Die physisch-ökonomische Beschreibung von Tscharner, Schenkenberg, S. 170f. empfahl armen Frauen und denen, die zur Besorgung ihrer Wirtschaft zu Hause blieben, ausdrücklich

Die Meinungen über den Handel im Allgemeinen und die bäuerliche Selbstvermarktung im Besonderen waren also gespalten. Insgesamt begrüßten die modernisierungseifrigen Aufklärer eine Ökonomisierung der Landwirtschaft im Sinn einer effizienteren Bewirtschaftung des vorhandenen Potentials an natürlichen Ressourcen. Umgekehrt wurde die größere Verfügbarkeit von flüssigem Geld als Quelle vieler gesellschaftlicher Übel beklagt.

Marktorientierung und Selbstvermarktung als grundlegende Strategien bäuerlichen Handelns

Die geschilderten Sachverhalte decken sich teilweise mit den Phänomenen, welche Rudolf Braun 1984 mit dem sperrigen Begriff „Protoagrarkapitalismus" bezeichnet hat. Dem Begriff wohnt implizit jene Dichotomie inne, welche oben unter dem Titel „Reichweite etablierter Theorien und Begriffe" diskutiert wurde.[68] Vor dem Hintergrund der präsentierten Zusammenhänge scheint mir die Unterteilung der Agrargeschichte in eine „protokapitalistische" und eine „kapitalistische" Periode hinfällig, denn sie verkennt, dass Eigenvermarktung in arbeitsteiligen Gesellschaften eine unumgängliche Bedingung des wirtschaftlichen Überlebens ist.[69] Ich würde vielmehr Anke Sczesny beipflichten, die „‹vorkapitalistische Wirtschaftssubjekte› als rational Handelnde, denen Marktorientiertheit und Rentabilitätsdenken keineswegs fremd waren", ansieht.[70]

Im beschriebenen Raum waren die Rahmenbedingungen zur Entfaltung wirtschaftlicher Eigeninitiative im Sinne der hier thematisierten Selbstvermarktung günstig. Die Mischung von flachem Ackerland in tiefen Lagen, hügeligem Grasland im Voralpengebiet sowie ausgedehnten Sommerweiden im Berggebiet bot den Bauernbetrieben einen natürlichen Anreiz zur Spezialisierung und zur Ausbildung arbeitsteiliger Produktionsmodelle, die nur dank vielfältiger Transaktionsbeziehungen funktionieren konnten. Die Monetarisierung der Grundlasten, die Attraktivität des Bodens als Kapitalanlage für

---

      den Kräuteranbau. Dies namentlich, weil die „Nachbarschaft verschiedener städte", und von zwei „berühmten gesundheitsbädern" einen „sicheren vertrieb" bieten und die Zucht „der gewächse noch nützlicher" machen würde. – Eine andere praktische Anregung richtete sich an die Obrigkeit: Nach Holzer, Laupen, S. 117-120 behinderten uneinheitliche Maße und Gewichte den Handel, weshalb sie abgeschafft gehörten.

68 Jahn, Bedingungen, hat für den untersuchten Rahm zuletzt im Sinn eines dichotomischen und teleologischen Konzeptes argumentiert. Ihm zufolge war das Bernbiet noch Mitte des 18. Jahrhunderts „zu einem grossen Teil auf Selbstversorgung ausgerichtet". Die „wirtschaftliche Integration der ökonomischen Schlüsselbranche, der Landwirtschaft, in einen überregionalen Markt" sei indes erst im 19. Jahrhundert erfolgt. Ebd., S. 134f.

69 Selbst das professionelle Bettlertum orientierte sich als Objekt religiös motivierter Caritas an einer Nachfrage. Armut allein garantierte die nötigen Einnahmen nicht. Bekanntermaßen hatten Menschen mit Verstümmelungen oder mit ostentativ präsentierbaren Krankheitssymptomen die besseren Chancen.

70 Sczesny, Nahrung, S. 147.

reiche Oberschichten und die damit einher gehende bäuerliche Verschuldung trieben die Marktorientierung der Landwirtschaft voran. Kommunale Autonomie erlaubte der Bevölkerung vor Ort zudem, ihre Belange eigenverantwortlich zu regeln.

Der Regulierungsanspruch der Obrigkeit war beschränkt. Meist konzentrierte sie sich darauf, zwischen den konkurrierenden Interessen unterschiedlicher Anbieter zu vermitteln und günstige Rahmenbedingungen für einen dynamischen Warentransfer zu schaffen. An diesem Punkt kamen die Interessen der Produzenten- und der Konsumentenschaft zur Deckung. Die Nachfrage zahlreicher, gewerblich geprägter Regionalzentren sowie einiger kleinerer Städte ließ ein feinmaschiges Netz von Transferbeziehungen entstehen, das auch kleinen Produzenten mit engen Aktionsradien die Partizipation am Marktgeschehen ermöglichte.

„Wir bedürfen weder überseeischen Taback noch indischen Zucker ..."

Vertriebsaktivitäten und handelspolitisches Engagement badisch-pfälzischer Gewerbepflanzenbauern in der ersten Hälfte des 19. Jahrhunderts

NIELS GRÜNE

Zur Absatzorganisation in der kommerzialisierten Kleinlandwirtschaft

Die nördliche Oberrheinebene zählt zu jenen deutschen Agrarlandschaften, in denen der tiefgreifende Wandel der Anbau- und Betriebsverhältnisse seit der zweiten Hälfte des 18. Jahrhunderts ganz wesentlich von der expandierenden Produktion von Handelsgewächsen begleitet und vorangetrieben wurde.[1] In der badischen Rheinpfalz, das heißt in jenem Teil der Kurpfalz, der 1802/03 an das nachmalige Großherzogtum Baden fiel, spielte hierbei die Ausdehnung des Hopfen- und insbesondere Tabakbaus bis ins späte 19. Jahrhundert eine herausragende Rolle. Die nach dem Dreißigjährigen Krieg beginnende und seit etwa 1770 beschleunigte Integration der Tabakerzeugung in das herkömmliche Nutzungssystem lockerte den Flurzwang und verstärkte den Arbeits- und Düngereinsatz. Dadurch leistete sie einen entscheidenden Beitrag zur Herausbildung einer flexibleren und nachhaltig intensivierten Agrarökonomie.[2] Jüngere Studien veranschaulichen, dass sich in diesem Kontext die Einkommenschancen landarmer Bevölkerungsgruppen bis hinab zu bloßen Parzellenbesitzern maßgeblich verbesserten. Nachdem die gemeindebürgerlichen Unterschichten zwischen 1770 und 1810 vielerorts gegen vollbäuerlichen Widerstand die egalitäre Aufteilung der Weideallmenden und damit einen erweiterten Ressourcenzugang erstritten hatten,[3] traten sie namentlich seit dem frühen 19. Jahrhundert vermehrt als Tabakanbieter auf dem Markt in Erscheinung und erzielten erhebliche Verkaufserlöse im Rahmen einer kommerzialisierten Subsistenzökonomie.[4] Der Aufschwung der Gewerbepflanzenproduktion wurde somit zu einem Kernelement in

---

1   Vgl. Glaser, Sonderkulturanbau. Parallel vollzog sich eine Reihe verbreiteter Umstellungsprozesse: vor allem Allmendeteilungen und der Übergang zur verbesserten Dreifelder- und Fruchtwechselwirtschaft sowie zur ganzjährigen Stallfütterung des Viehs.
2   Vgl. Monheim, Agrargeographie.
3   Zur Konfliktgeschichte der Allmendeteilungen in der badischen Rheinpfalz vgl. Grüne, Demand for order. Zu den individualisierten Acker- und Wieseallmenden im 19. Jahrhundert vgl. ders., Individualisation.
4   Vgl. dazu im interregionalen Vergleich ders., Commerce; generell ferner ders./Konersmann, Gruppenbildung, S. 569-570.

der Konsolidierung klein- und zwergbetrieblicher Strukturen und beförderte eine auch mentale Verbäuerlichung oder Reagrarisierung der betroffenen Dorfgesellschaften.[5]

Unklar ist bisher allerdings, ob und in welchem Maße sich Bauern auch in den Handel mit Gewerbepflanzen einschalteten, die damit verbundenen wirtschafts-, vor allem zollpolitischen Interessen aktiv vertraten und wie dieses Engagement auf die lokalgesellschaftliche Situation zurückgewirkt haben könnte. Grundsätzlich besaßen Landbewohner erst von den ausgehenden 1770er Jahren an die Möglichkeit, sich in größerem Stil auf diesem Feld zu betätigen. Denn in der Kurpfalz schritt man seit 1747 mit dem Scheitern des letzten Versuchs, die Tabakfabrikation monopolistisch zu organisieren, zu einer sukzessiven Liberalisierung des Marktes und genehmigte 1778 schließlich, nach einzelnen Vorläufern, die vielfache Einrichtung gemeindlicher Tabakwaagen – örtlicher Schauanstalten und Gebührenstätten, auf denen die Ernte in den Verkauf gelangte.[6] Der Dezentralisierung des Vertriebs korrespondierte einstweilen indes noch keine Territorialisierung der Weiterverarbeitung. Dörfliche Tabakmanufakturen entstanden bis etwa 1850 nur sporadisch und der Typus des in der ländlichen Tabakindustrie beschäftigten Arbeiter-Bauern gehörte vor allem dem späteren 19. und frühen 20. Jahrhundert an.[7] Parallel dazu etablierten sich auf der Erzeugerseite zunehmend genossenschaftliche Organisationsformen. Für die Übergangszeit – das heißt circa 1780-1850 – stellt sich somit vorrangig die Frage, welche Personengruppen und Institutionen die Kontrolle über den Zwischenhandel des Rohtabaks von den verstreuten Anbaugebieten in die urbanen Hochburgen der Veredelung und des Fernabsatzes ausübten.

Folgt man einer neueren Darstellung von Frank Swiaczny zur Entwicklung des Tabakgewerbes in der Pfalz und in Nordbaden, befand sich auch dieser Zweig fest im monopolistischen Griff der großen städtischen Handelshäuser und Fabrikanten, die im Spätherbst und Winter ihre Agenten zur Akquisition über die Dörfer schickten oder sich reisender Makler bedienten.[8] Dabei dominierten in der Rheinpfalz Unternehmen aus Mannheim, der unangefochtenen südwestdeutschen Tabakmetropole, wo in den 1830/40er Jahren ein Viertel bis die Hälfte der einschlägigen Geschäfte von Juden geführt wurde. Letztere konnten sich in manchen Gemeinden zudem auf ortsansässige jüdische Kaufleute stützen, die neben dem sonstigen Landwarenhandel das lokale Tabakangebot bündelten und weiterleiteten. In jedem Fall ist in Swiacznys Schilderung wenig Platz für handeltreibende Bauern, so dass in dieser Sparte eine personelle Trennung der Produktions- und Distributionsfunktion vorgeherrscht zu haben scheint, die auch die Viehwirtschaft der Region bestimmte.[9]

---

5   Dieser Konsolidierungsprozess gehört zu den zentralen Ergebnissen meiner Forschungen zum Wandel der nordbadischen ländlichen Gesellschaft zwischen 1750 und 1850; vgl. Grüne, Dorfgesellschaft; als Pilotstudie ders., Sozialkonflikt.
6   Vgl. Schröder, Tabakwesen, S. 40-56, 83-89.
7   Vgl. Zimmermann, Tabakarbeiter.
8   Vgl. Swiaczny, Tabakbranche, S. 110-127, 149-156.
9   Für die acht Landgemeinden des Bezirksamts Ladenburg berichten die Statistischen Notizen in den Ortsbereisungsprotokollen von 1853 einhellig, dass das überschüssige Vieh von Metz-

Swiacznys Urteil fußt jedoch überwiegend auf Beobachtungen des ausgehenden 19. Jahrhunderts, die er ohne genauere Prüfung auf frühere Phasen projiziert. Dagegen soll in dieser Untersuchung gezeigt werden, dass sich bäuerliche Agrarproduzenten zumindest während des Vormärz durchaus mit Erfolg bemühten, einige Bereiche des Zwischenhandels an sich zu ziehen. Nach einer Skizze der demographischen und sozioökonomischen Rahmenbedingungen wird zum einen auf der Basis von Waagjournalen und Steuerkatastern analysiert, in welchem Umfang verschiedene Käuferkreise auf den lokalen Tabakmärkten von sieben Dörfern der badischen Rheinpfalz tätig wurden und wie die exponierte Rolle einzelner bäuerlicher Akteure in diesem Zusammenhang zu charakterisieren ist. Zum anderen gilt das Augenmerk handels-, vor allem zollpolitischen Initiativen der 1830/40er Jahre, in denen sich das breite Mobilisierungspotential der Absatzproblematik ebenso wie die Lenkkraft profilierter Bauernhändler manifestierten. Im Fluchtpunkt der Argumentation liegt die im Resümee noch einmal aufzugreifende These, dass die partielle Konvergenz von Erzeugung und Vertrieb auf bäuerlicher Seite sich flankierend jenem Prozess der gesellschaftlichen Stabilisierung und vertikalen Integration einfügte, der die dörfliche Entwicklung der badischen Rheinpfalz in der ersten Hälfte des 19. Jahrhunderts prägte.

Demographische und sozioökonomische Rahmenbedingungen

Das Bevölkerungsgeschehen in sieben repräsentativen Gemeinden der Rheinpfalz zwischen 1727 und 1871 zeichnete sich zunächst dadurch aus, dass bereits im 18. Jahrhundert eine demographische Ausdehnung einsetzte, wie sie viele Regionen erst im zweiten Viertel des 19. Jahrhunderts erlebten (vgl. Tabelle 1). Die meisten Dörfer hatten um 1730 den bisherigen Höchststand vom Beginn des Dreißigjährigen Kriegs wiedererlangt, so dass die folgenden enormen Zuwächse auf Dauer die soziale Tragfähigkeit der lokalen Landwirtschaft zu überfordern drohten. Wenn auch in der zweiten Betrachtungsphase von 1791 bis 1845 keine Abschwächung, sondern eher eine leichte Beschleunigung eintrat, indiziert dies angesichts eines recht unelastischen außeragrarischen Erwerbssektors, dass sich parallel eine beachtliche ackerbauliche Intensivierung vollzog.[10] Heddesheim

---

gern und jüdischen Händlern am Ort oder aus der näheren Umgebung aufgekauft wurde. Eine nennenswerte kommerzielle Zucht und Mästung fand allerdings auch nirgends statt; vgl. Generallandesarchiv Karlsruhe (= GLA) Best. 362 Nr. 567, 29-30 (Feudenheim); 849, 28-29 (Ilvesheim); 1637, 29-30 (Käfertal); 1888, 28-29 (Neckarhausen); 1750, 28-29 (Sandhofen); 2307, 21-22 (Schriesheim); 1857, 28-29 (Wallstadt); 386/128, 36-37 (Heddesheim). Die Belieferung der städtischen Getreidemärkte erfolgte hingegen noch länger meist in bäuerlicher Eigenregie; vgl. Konersmann, Entfaltung, S. 199-203, 210-212.

10 Der Heidelberger Nationalökonom Karl Heinrich Rau unterstrich 1830 mit Blick auf die hohe Bevölkerungsdichte der Region, dass vornehmlich „bloß Landleute sammt den nöthigsten Handwerkern, Krämern, Ärzten, Lehrern, Geistlichen und Beamten in dieser großen Einwohnerzahl begriffen" seien; Rau, Rheinpfalz, S. 3; vgl. ders., Heidelberger Gegend, S. 284. Für die Tagelöhner einiger Dörfer nahe Mannheims – zum Beispiel Feudenheims und Wallstadts

wich hier mit einem Anstieg der jährlichen Wachstumsrate um 0,64 Prozentpunkte, der sich aus dem niedrigen Sockel in der Vorperiode erklärt, am deutlichsten nach oben ab; Seckenheim zollte mit einer Verringerung um 0,68 Prozentpunkte umgekehrt der zuvor um so rasanteren Dynamik Tribut. Die übrigen vier Gemeinden (ohne Ketsch) wuchsen im Durchschnitt um 0,19 Prozentpunkte schneller, wozu vor allem Plankstadt und Reilingen beitrugen, während Hockenheim und Oftersheim ihr Expansionstempo verstetigten. Nach 1845 trat eine generelle Verlangsamung ein und mit Ausnahme Plankstadts und Ketschs verharrte die Jahresrate unter 1 %. Im Vergleich mit anderen Agrarregionen ist allerdings hervorzuheben, dass es in diesen Jahren überhaupt noch zu signifikanten Zugewinnen kam, die gegen Ende der Untersuchungszeit freilich gebietsweise schon auf der Industrialisierung des Mannheimer Raumes beruhten.

Tabelle 1: Einwohnerzahlen und durchschnittliches jährliches Bevölkerungswachstum in sieben Dörfern der badischen Rheinpfalz 1727-1871

Gemeinde	1727	1727-1891 (%)	1791	1791-1845 (%)	1845	1845-1871 (%)	1871
Heddesheim	343	1,06	674	1,70	1675	0,54	1927
Hockenheim	354	1,81	1114	1,86	3013	0,84	3746
Ketsch	---	---	ᵃ382	2,20	972	1,44	1408
Oftersheim	203	1,56	546	1,56	1259	0,92	1599
Plankstadt	214	1,47	544	1,97	1558	1,13	2084
Reilingen	268	1,40	652	1,63	1558	0,99	2018
Seckenheim	380	1,83	1213	1,15	2245	0,92	2851
Summe	ᵇ1762	ᵇ1,56	ᵇ4743	ᵇ1,62	ᶜ12280	ᶜ0,93	ᶜ15633

ᵃ Bevölkerungsangabe für 1802   ᵇ ohne Ketsch   ᶜ mit Ketsch
Quellen: Generaltabelle des kurpfälzischen Oberamts Heidelberg, in: GLA 145/364 (1727); Erste Generaltabelle des Oberamts Heidelberg, in: Landesarchiv Speyer (LA SP) Best. A 2 Nr. 114/2 (1791); Hoffmeyer, Gemeinden 1847 (1845); Beiträge zur Statistik 35/1, 1874 (1871).

Die Schlüsselrolle, die dem Tabakanbau für die materielle Abfederung der demographischen Expansion zufiel, lässt sich an den rohen Produktionsmengen ablesen (vgl. Diagramm 1). Nachdem in den sieben genannten Dörfern bereits 1811 über 20.000 Zentner Tabak erzeugt worden waren, stieg das Volumen bis in die 1840er Jahre noch einmal um etwa 20 % auf rund 25.000 Zentner. Von 1852 an ergab sich eine weitere Ausdehnung, die um 1866, als die nordamerikanische Konkurrenz aufgrund des dortigen Bürgerkrieges zeitweilig erlahmte, in einem Zuwachs von 43 % gegenüber dem Maximum des Vormärz gipfelte. An Verkaufseinnahmen wurden auf diese Weise 1841

– wurde jedoch während der 1830/40er Jahre die städtische Fabrikarbeit zu einem zweiten Standbein; vgl. Ortsbereisungsprotokolle von 1853, in: GLA 362/567, 32 (Feudenheim); 1857, 31 (Wallstadt).

zum Beispiel aus 24.350 Zentnern bei einem Durchschnittspreis von 13 Gulden mehr als 310.000 Gulden erlöst.

Zur Gewichtung dieser Daten sei angeführt, dass die sieben Orte 1845 fast ein Viertel und 1866 noch ein knappes Siebtel der Tabakernte aller rund 1.500 Gemeinden des Großherzogtums Baden auf sich vereinigten. Rein rechnerisch produzierte zu Beginn der 1840er Jahre jeder Haushalt neun Zentner Tabak, was einer Anbaufläche von ein bis anderthalb Morgen entsprach, und erzielte einen Verkaufserlös von circa 120 Gulden, die nach zeitgenössischen Angaben nahezu die Hälfte der Unterhaltskosten einer Tagelöhnerfamilie deckten.[11]

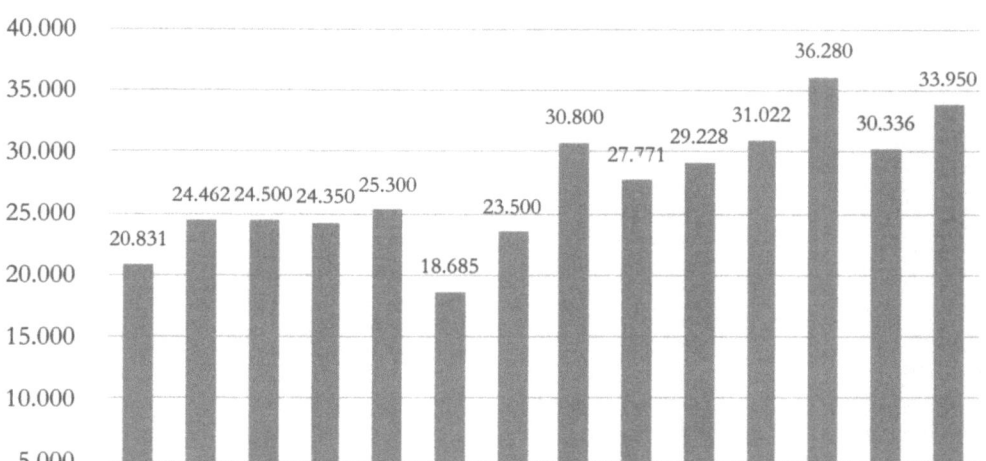

Diagramm: Gesamter Tabakertrag (in Zentnern) in sieben Dörfern der badischen Rheinpfalz 1811-1868

Quellen: Tabelle über Tabakerträge, Verkauf und Preise in den Bezirksämtern des Neckarkreises, in: GLA 313/2160 (1811); Anbau und Ertrag der Handelsgewächse in den Bezirksämtern des Unterrheinkreises, in: GLA 313/2192 (1839-1842, 1845); Nachweisung des Erwachses an Wein, Hanf, Hopfen, Tabak und Ölsaamen, so wie der Preise, in: GLA 237/12667 (1851-1854); Ernteberichte der Bezirksämter Mannheim, Schwetzingen und Weinheim, in: GLA Ka Best. 434/Zug. 1974/39 Nr. 124, 190, 249.

---

11 Karl Heinrich Rau veranschlagte 1860 das Existenzminimum eines Unterschichtenhaushalts auf etwa 300 Gulden; vgl. Rau, Heidelberger Gegend, S. 326-327. In den 1840er Jahren dürfte der Wert etwas niedriger gelegen haben.

In Wahrheit verteilten sich die Produktionsmengen und Einkünfte zwar keineswegs gleichmäßig auf die Bevölkerung. Aber eine Gegenüberstellung der Zahl der Tabakpflanzer 1869 und der landwirtschaftlichen Betriebsstrukturen 1873 enthüllt, dass im Mittel fast vier Fünftel der Bürger über Ackerbesitz im Umfang von mindestens einem Morgen verfügten (vgl. Tabelle 2). Die große Mehrheit der sogenannten Kuhwirte mit bis zu fünf Morgen, die circa 42 % der Familien ausmachten, muss sich dabei dem Tabakanbau gewidmet haben, da die durchschnittliche Haushaltsquote der Tabakproduzenten von zwei Dritteln anders keine Erklärung findet. Ein systematischer Zusammenhang zwischen dem Größenverhältnis der einzelnen Besitzgruppen und der Proportion der Tabakpflanzer schält sich dabei nicht heraus.[12] Allein für Hockenheim darf man eventuell vermuten, dass der außergewöhnlich niedrige Wert von 50 % den hohen Anteil landloser und -armer Haushalte (knapp 25 %) zur Ursache hatte.

Tabelle 2: Tabakbauende Haushalte und landwirtschaftliche Betriebsgrößenverhältnisse in sieben Dörfern der badischen Rheinpfalz 1869/73

Gemeinde	Haushalte	Tabak-pflanzer		Landlose		Landarme (bis 1 Mo)		Kuhwirte (1-5 Mo)		Kl. Bauern (5-10 Mo)		Gr. Bauern (ab 10 Mo)	
		N	%	N	%	N	%	N	%	N	%	N	%
Heddesheim	417	297	71,22	23	5,52	40	9,59	130	31,18	102	24,46	122	29,26
Hockenheim	769	386	50,20	106	13,78	82	10,66	298	38,75	176	22,89	107	13,91
Ketsch	280	154	55,00	43	15,36	7	2,50	111	39,64	64	22,86	55	19,64
Oftersheim	320	203	63,44	33	10,31	25	7,81	144	45,00	63	19,69	55	17,19
Plankstadt	473	308	65,12	42	8,88	36	7,61	250	52,85	86	18,18	59	12,47
Reilingen	399	306	76,69	30	7,52	53	13,28	182	45,61	77	19,30	57	14,29
Seckenheim	587	456	77,68	66	11,24	74	12,61	233	39,69	91	15,50	123	20,95
Summe/ Durchschnitt	3245	2110	65,02	343	10,57	317	9,77	1348	41,54	659	20,31	578	17,81

Quellen: Übersicht der constatierten Tabaksteuerbeträge und der gewährten Tabaksteuererlasse 1869, in: GLA 236/16733 (Tabakbauern 1869); Beiträge zur Statistik 35/1, 1874 (Haushalte 1871); Beiträge zur Statistik 37, 1878 (Besitz 1873).

Dieses tief gestaffelte Sozialprofil des Tabakanbaus hatte sich im Grundriss bereits um 1800 ausgeprägt und konnte trotz des kontinuierlichen Bevölkerungswachstums bewahrt oder gar akzentuiert werden. Von Beginn an waren Kleinbesitzer zahlreich vertreten und in der Folge erhöhte sich nicht nur ihr relatives Gewicht,[13] sondern im selben Zuge auch

---

12 Dies gilt ebenso für die Tabakanbaufläche in Relation zum gesamten Ackerland. Die Durchschnittsquote von 13,83 % basiert auf folgenden Einzelwerten: Heddesheim 13,22 %; Hokkenheim 8,17 %; Ketsch 9,09 %; Oftersheim 11,52 %; Plankstadt 16,04 %; Reilingen 16,25 %; Seckenheim 21,81 %. Vgl. Grüne, Commerce, Table 4.
13 Vgl. ebd., Table 5. In Reilingen stieg die Quote der Kuhwirte unter den Tabakpflanzern zwischen 1770 und 1839/40 von 58 auf 69 % und ihr Anteil an der Produktionsfläche bzw. -menge schwankte um 40 %. In Seckenheim wuchs ihre Proportion zwischen 1799 und 1841/42 bezogen auf die

die Quote der Tabakerzeuger an der Gesamtheit der Haushalte: In Reilingen zum Beispiel von 43 % (1770) auf 67 bzw. 66 % (1811, 1839/40); in Seckenheim von 73 % (1799) auf 80 % (1841/42). Reflektiert die exakter dokumentierte Situation um 1870 daher cum grano salis die Zustände des Vormärz, mit denen sich die weitere Untersuchung beschäftigt, kam demnach die überwältigende Mehrzahl der dörflichen Ortsbürger (und Witwen) mindestens einmal pro Jahr als Anbieter in direkten Kontakt mit dem lokalen Tabakmarkt und hing in variierendem, häufig existentiellem Maße von dessen Modalitäten ab.

Marktakteure: Grade der Segmentierung von Produktion und Vertrieb

Welche institutionelle und personelle Ausdifferenzierung die agrarische Produktion und der Zwischenvertrieb in der Tabakbranche aufwiesen, kann zunächst anhand der räumlichen Herkunft der Erstabnehmer ausgelotet werden. Die Wohnorte der Kunden lassen sich mithilfe der vereinzelt überlieferten Register der gemeindlichen Tabakwaagen (Tabakwaagjournale) ermitteln und sind in Tabelle 3 für jedes Dorf und Rechnungsjahr aggregiert dargestellt.

Tabelle 3: Tabakabsatz in sieben Dörfern der badischen Rheinpfalz 1830-1847
– Räumliche Herkunft der Ankäufer –

Gemeinde	Jahre	Menge Zentner	Städtische Abnehmer[a] %					Dörfliche Abnehmer		
			Hd	La	Ma	Sch	Summe[b]	Lokal[c]	Regional[c]	Summe[b]
Heddesheim	1835/36	4301,82	10,95	27,34	37,99	0,00	82,59	15,29	0,20	17,44
Hockenheim	*1834/35	970,07	0,00	0,00	5,06	0,00	5,06	94,94	0,00	94,94
	1847	4003,48	2,32	0,48	54,22	0,00	64,45	35,22	0,00	35,56
Ketsch	1830/31	526,16	0,0	0,00	30,03	0,00	[d]94,65	4,02	1,33	5,35
	1836/37	1056,18	0,00	0,00	77,93	16,39	94,32	2,36	3,31	5,67
	1845	1014,58	52,82	0,00	19,39	0,00	88,71	1,05	10,24	11,29
Oftersheim	1830/31	1613,44	13,80	0,00	53,47	2,95	95,89	0,73	1,50	4,12
	1840/41	2228,70	30,57	15,15	43,23	0,00	91,96	2,19	5,85	8,04
Plankstadt	1830/31	2833,31	10,15	13,77	42,40	0,25	80,06	2,74	17,21	19,95
	1840/41	5139,43	27,25	4,68	36,41	0,75	72,73	18,66	7,10	27,30
Reilingen	1839/40	2038,14	7,56	4,29	27,45	0,00	[e]71,63	24,72	3,66	28,38
Seckenheim	1835/36	6108,67	6,32	10,65	41,44	0,00	84,29	1,61	14,10	15,71
	1841/42	11520,26	6,83	5,49	70,76	0,00	98,76	1,08	0,17	1,25

* Der geringe Umsatz und das krasse Übergewicht dörflicher Kunden lassen Registrierungslücken vermuten.
[a] Hd = Heidelberg; La = Ladenburg; Ma = Mannheim; Sch = Schwetzingen   [b] Inklusive Sonstige
[c] Lokal = in derselben Gemeinde; Regional = in den Bezirksämtern Ladenburg und Schwetzingen
[d] Darunter 319,88 Zentner (60,80 %) an Hofapotheker Campe in Rheinhausen
[e] Darunter 322,56 Zentner (15,83 %) nach Speyer

Zahl der Anbauer von 42 auf 50 % und gemessen am Erzeugungsvolumen von 20 auf 22 %.

Quellen: Tabakwaagjournale Heddesheim, in: Gemeindearchiv (GA) Heddesheim Rechnungen (R) 155; Hockenheim, in: Stadtarchiv (StA) Hockenheim R 178, 188; Ketsch, in: GA Ketsch R 115, 123, 141; Oftersheim, in: GA Oftersheim R 212, 228; Plankstadt in: GA Plankstadt R 232, 252; Reilingen, in: GA Reilingen R 236; Seckenheim, in: StA Mannheim Amtsbücher Seckenheim 226, 227.

Danach war der lokale Tabakmarkt zwar durchweg städtisch dominiert, gleichwohl eröffneten sich ländlichen Akteuren zuweilen aber beträchtliche Nischen. In einem Extremfall wie Seckenheim 1841/42 konnte davon gewiss nicht die Rede sein, da fast 99 % des Handels unmittelbar von den Ankäufern der großen Firmen abgewickelt wurden – namentlich aus Mannheim, welches allein mehr als 70 % des Angebots absorbierte. Schon ein paar Jahre zuvor (1835/36) hatten die Seckenheimer selbst sich in diesem Bereich kaum entfalten können, denn die nahezu 16 % des an Dorfbewohner veräußerten Volumens waren ganz überwiegend auf das Konto jüdischer Kaufleute im benachbarten Ilvesheim gegangen. Am entgegengesetzten Ende des Spektrums stand eine Gemeinde wie Hockenheim, wo 1847 über ein Drittel der Ware von Ortsansässigen erworben wurde. Geringer, jedoch immer noch bemerkenswert war die Quote mit einem Viertel 1839/40 in Reilingen und mit einem knappen Fünftel 1840/41 in Plankstadt. Beide Male wurde der Anteil ländlicher Kunden durch Personen aus anderen Kommunen auf ca. 28 % gesteigert. Heddesheim nahm mit 15 bzw. – Ortsfremde eingerechnet – 17,5 % eine Position im Mittelfeld ein. Eine starke Ähnlichkeit mit der Seckenheimer Konstellation schließlich zeigten zumindest anfangs Ketsch und Oftersheim. Derweil deutete sich hier – wiewohl auf niedrigem Niveau – in einer Verdoppelung der entsprechenden Ziffern eine gewisse Tendenz zur Verländlichung an, die etwa auch in Plankstadt zutage trat.

Tabelle 4: Tabakabsatz in sieben Landgemeinden der badischen Rheinpfalz 1830-1847
- Anteil jüdischer Dorfkaufleute am lokalen und regionalen Zwischenvertrieb -

Gemeinde	Jahre	Anzahl jüd. Händler			Umsatzquote jüd. Händler			Restvolumen	
		Lokal	Regional	Summe[a]	Lokal	Regional	Summe[a]	Zentner	%
Heddesheim	1835/36	0	1	3	0,00	1,15	12,32	657,80	87,68
Hockenheim	*1834/35	0	1	1	0,00	5,01	5,01	874,85	94,99
	1847	3	0	4	17,27	0,00	17,52	1174,25	82,48
Ketsch	1830/31	0	1	1	0,00	24,87	24,87	21,15	75,13
	1836/37	1	2	3	41,67	58,33	100,00	0,00	0,00
	1845	1	1	2	9,21	7,30	16,51	95,64	83,49
Oftersheim	1830/31	0	3	4	0,00	19,68	28,28	43,29	65,13
	1840/41	0	0	0	0,00	0,00	0,00	179,19	100,00
Plankstadt	1830/31	0	2	2	0,00	2,19	2,19	552,86	97,81
	1840/41	0	1	2	0,00	1,02	6,65	1309,75	93,35
Reilingen	1839/40	3	1	4	36,49	4,20	40,69	343,03	59,31
Seckenheim	1835/36	0	6	6	0,00	89,74	89,74	98,44	10,26
	1841/42	0	1	1	0,00	13,46	13,46	124,62	86,54

* Der geringe Umsatz und das krasse Übergewicht dörflicher Kunden lassen Registrierungslücken vermuten.
ª Inklusive jüdischer Händler aus Dörfern außerhalb der Bezirksämter Ladenburg und Schwetzingen
Quellen: Vgl. Tabelle 3

Dörfliche Abnehmer sind allerdings nicht unbesehen mit bäuerlichen Händlern zu identifizieren. Um deren Zahl und Aktionsradius abzustecken, gilt es zunächst, jene lokalen jüdischen Kaufleute zu ermitteln, die keinen eigenen Ackerbau betrieben und laut Frank Swiaczny mehr oder weniger als verlängerter Arm der städtischen Unternehmen fungierten (vgl. Tabelle 4). Dies betrifft insbesondere die Gemeinden Hockenheim, Ketsch und Reilingen, in denen größere jüdische Minderheiten lebten, mitunter aber auch die übrigen Orte, wo externe Makler aus dieser Gruppe auftreten konnten.[14] Punktuell beherrschen jüdische Zwischenhändler wie 1836/37 in Ketsch oder 1835/36 in Seckenheim ohne Zweifel das nichtstädtische Marktsegment, eine solche Monopolstellung war aber keineswegs die Regel. Selbst in Reilingen, das die relativ umfänglichste jüdische Teilbevölkerung (8,75 %) aufwies, wurde mit knapp 60 % das Gros der Geschäfte von anderen Einwohnern getätigt und in den restlichen Dörfern überstieg deren Anteil meist zwei Drittel. In Heddesheim, Hockenheim und Plankstadt etwa verblieben nach dieser residualen Kalkulationsmethode gewichtige jährliche Umsatzvolumina von 660, 1.200 bzw. 1.300 Zentnern, welche die theoretische Obergrenze eines genuin bäuerlichen Engagements im Handel markierten.

In welchem Grad die involvierten Personen indes landwirtschaftliche Erzeugung sowie den Vertrieb eigener und fremder Agrarprodukte auf eine Weise koppelten, die das Etikett Bauernhändler oder ähnliche Kategorisierungen rechtfertigt, vermag nur eine Betrachtung auf individueller Ebene zu erweisen. Tabelle 5 listet zu diesem Zweck alle in den Waagjournalen registrierten nichtjüdischen Tabakkäufer aus Dörfern der Bezirksämter Ladenburg und Schwetzingen mit den in der Heimatgemeinde und auswärts erworbenen Quantitäten namentlich auf und stellt diesen Angaben – soweit verfügbar – sozialprosopographische Informationen zu Konfession, Beruf und Bodenbesitz (Steuerkapital) aus zeitnahen Fiskalkatastern und aus Ortssippenbüchern zur Seite.

Offenkundig erfolgte nirgends eine Spezialisierung auf den Handel, die eine Abkehr vom Ackerbau impliziert hätte. Eine Ausnahme könnte lediglich Heddesheim bilden, dessen Fall wegen der mangelnden Parallelüberlieferung von Steuerkatastern jedoch nicht ohne weiteres einzuschätzen ist. So muss offen bleiben, vor welchem sozialen Hintergrund die hier mehrfach genannten Fuhrleute agierten, und ebensowenig kann man mit hinreichender Sicherheit eruieren, welche Ressourcenausstattung sich mit der Klassifizierung Friedrich

---

14 1839 gab es in Heddesheim, Oftersheim und Plankstadt keine jüdischen Dorfbewohner. In den anderen Orten betrugen deren Zahl und Bevölkerungsanteil: Hockenheim 68/2,66 %, Ketsch 27/3,15 %, Reilingen 120/8,75 % und Seckenheim 2/0,10 %; vgl. Staatshandbuch Baden, S. 268, 277-278.

Tabelle 5: Tabakabsatz in sieben Landgemeinden der badischen Rheinpfalz 1830-1847
- Geschäftsvolumen und Sozialprofil nichtjüdischer Tabakhändler -

Gemeinde	Name	Geschäftsvolumen (Zentner)		
		Heim	Auswärts	Summe
Heddesheim	Heide	41,07	0,00	41,07
	Hüttmann	72,83	0,00	72,83
	Jakob Kirchner	38,67	0,00	38,67
	Müller	23,00	0,00	23,00
	Friedrich Neßmann	344,42	0,00	344,42
	Heinrich Schäfer	71,12	0,00	71,12
	Schrottmann	66,37	0,00	66,37
Hockenheim	Johann Georg Fuchs	21,64	0,00	21,64
	Jakob Fuchs	106,06	17,32	123,38
	Daniel Krämer	202,01	119,43	321,44
	Peter Piazolo	755,55	182,11	937,66
	Philipp Schwab	c978,51	18,75	997,26
	Stöpplin	21,25	0,00	21,25
Ketsch	Konrad Schwab	21,14	0,00	21,14
Neckarau*	Helmling	0,00	407,59	407,59
Oftersheim	Adam Butz	48,87	0,00	48,87
	Johann Philipp Gieser	3,00	0,00	3,00
Plankstadt	Fuchs	30,60	0,00	30,60
	Adam Gaa	236,92	5,19	242,11
	Anton Gaa	181,37	0,00	181,37
	Friedrich Gaa	48,13	0,00	48,13
	Johann Helmling	5,45	0,00	5,45
	Christian Mitsch	50,85	0,00	50,85
	Georg Adam Seßler	482,48	0,00	482,48
Reilingen	Peter Wächter	292,66	0,00	292,66
Seckenheim	Matthias Eder	123,79	7,48	131,27
	Franz Josef Gropp	0,00	134,87	134,87
	Ignaz Transier	98,61	231,82	330,43

* Helmling aus Neckarau tritt als Ankäufer in den Waagjournalen von Plankstadt auf, wo er 1830/31 340,25 Zentner und 1840/41 67,34 Zentner Tabak erwarb.
a Kath. = katholisch; luth. = lutherisch; ref. = reformiert
b Nach Berufsgruppe im Ortssteuerkataster. Heddesheim: Angaben im Tabakwaagjournal und Ortssippenbuch
c Davon 742,74 Zentner gemeinsam mit Fuchs

Quellen: Vgl. Tabelle 3. Zusätzlich Heddesheim: Kreutzer, Familien; Hockenheim: Umlageregister 1834, Steuerregister 1847, in: StA Hockenheim R 178, 188; Brauch, Hockenheim; Ketsch: Steuerregister 1830, General- und Gewerbesteuerkataster 1836, Umlageregister 1845, in: GA Ketsch R 115, 123, 141; Neckarau: Verzeichnis der Güterbesitzer aus dem Steuerregister pro 1847, in: GLA 362/1691; Probst, Neckarau; Oftersheim: Frei, Familien; Steuerregister 1830, General- und Gewerbesteuerkataster 1840, in: GA Oftersheim R 212, 228; Plankstadt: Steuerregister 1830, General- und Gewerbesteuerkataster 1840, Steuerregister 1849, in: GA Plankstadt R 232, 252, 271; Reilingen: Steuerregister 1839,

Tabelle 5 (Forts.)

Konfession[a]	Beruf[b]	Steuerkapital (Gulden)		Besitzgruppe
		Boden	Gesamt	
kath.	Fuhrmann			
	Fuhrmann			
luth.	Fuhrmann			
	Tagelöhner		(2.070) [1848]	(Kuhwirt)
	Fuhrmann			
luth.	Gastwirt	39.270	54.170	Großer Bauer
luth.	Landwirt	13.569	20.170	Großer Bauer
	Handelsmann	903	4.230	Kuhwirt
kath.	Handelsmann		14.815	Bauer
luth.	Gastwirt		20.290	Bauer
	Landwirt		890	Tagelöhner
kath.	Landwirt		21.530	Bauer
kath.	Landwirt		1.330	Tagelöhner
ref.	Landwirt		7.190	Bauer
	Landwirt		2.240	Kuhwirt
	Landwirt		1.450	Kuhwirt
	Landwirt		870	Tagelöhner
	Landwirt		8.350	Großer Bauer
	Tagelöhner		1.250	Tagelöhner
	Landwirt		2.320	Kuhwirt
	Gastwirt	10.720	16.720	Großer Bauer
kath.	Gastwirt/Bierbrauer	1.889	10.264	Kleiner Bauer
kath.	Landwirt/Gastwirt	2.243	4.143	Kleiner Bauer
kath.	Landwirt	2.779	4.654	Kleiner Bauer

in: GA Reilingen R 236; Seckenheim: Kreutzer, Familien; General- und Gewerbesteuerkataster 1835, General- und Gewerbesteuerkataster 1841, in: StA Mannheim Amtsbücher Seckenheim 226, 227.

Neßmanns als Tagelöhner in den Kirchenbüchern verknüpfte.[15] Für alle übrigen Orte hingegen deuten die Berufsbezeichnungen in den fiskalischen Quellen – 63 % Landwirte – in Verbindung mit den durch Rückschlüsse aus den Steuerkapitalien gewonnenen Erkenntnissen über das Bodeneigentum – 79 % (halb-)bäuerliche Besitzun-

---

15 Am 14.6.1847 wurde der inzwischen rund 67jährige Friedrich Neßmann ohne berufliche Spezifizierung mit 2.070 Gulden Totalsteuerkapital veranlagt, womit er in die Gruppe der Kuhwirte, das heißt der semi-bäuerlichen Schicht mit bis zu fünf Morgen Ackerbesitz, einzuordnen wäre; vgl. Steuerregister Heddesheim für 1848, in: GA Heddesheim R 181. Die Einträge im Tabakwaagjournal lagen zu diesem Zeitpunkt allerdings schon rund elf Jahre zurück, so dass dieser Befund nur mit Vorbehalt herangezogen werden kann.

gen – auf eine übliche Kombination des Tabakvertriebs mit agrarischer Produktion hin. Solche Händler arbeiteten demnach als Makler für andere Pflanzer und zugleich als Selbstvermarkter der eigenen Erzeugnisse.

Jenseits dieser allgemeinen Beobachtung kristallisieren sich gewisse lokale Charakteristika heraus. Während sich etwa in Heddesheim und Plankstadt überwiegend Kleinbesitzer dem Tabakhandel zuwandten und darin womöglich eine subsistenznotwendige Aufstockung ihrer Ackernahrung fanden, traten in Hockenheim, Reilingen und Seckenheim eher wohlhabende Gemeindemitglieder hervor, die häufiger zugleich dem vollbäuerlichen Ergänzungsgewerbe eines Gastwirts nachgingen.[16] In Hockenheim begegnen mit Daniel Krämer und Peter Piazolo auch die beiden einzigen Personen, die das Steuerregister als Handelsleute ausweist. Unbeschadet der klassifikatorischen Unschärfen solcher Berufsangaben[17] mag darin zum Ausdruck kommen, dass hier der kaufmännische Zweig klarer in den Mittelpunkt rückte: Für Krämer wird das aus der Beschränktheit des Grundeigentums, für Piazolo aus dem Umsatzvolumen plausibel; ein endgültiges Urteil in dieser Hinsicht erlauben die Daten freilich nicht. Schließlich fällt im Ganzen auf, dass sich jeweils nur eine geringe Zahl von Dorfbewohnern in diesem Geschäftsfeld betätigte. Selbst in Heddesheim und Plankstadt, die relativ die meisten Tabakhändler beherbergten, machten sie nur 1,88 bzw. 2,02 % der Haushalte aus. Der weitläufigen Streuung der Produktion stand somit eine starke Konzentration des Vertriebs gegenüber.

Versucht man zuletzt, exemplarisch den sozialen Hintergrund einiger Repräsentanten dieser Gruppe genauer auszuleuchten, stellt sich unter anderem die Frage nach familiären Mobilitäts- und Erwerbsmustern. Die männlichen Vorfahren des Neckarauers Helmling (oder er selbst) etwa können nicht vor 1755 nach Neckarau zugewandert sein bzw. eingeheiratet haben, da die Schatzungslisten von 1721 und 1754 keinen Bürger oder Beisassen dieses Namens verzeichnen.[18] Ein solcher ist am frühesten 1805 mit dem Gerichtsschöffen und – seit 1832 – Gemeinderat Valentin Helmling und dann wieder 1847 mit dem Landwirt Adam Helmling dokumentiert.[19] Ähnliches gilt für Peter

---

16   Johann Georg Fuchs und Philipp Schwab in Hockenheim; Peter Wächter in Reilingen.
17   Dies betrifft nicht nur die bekannte Tatsache, dass die Mehrzahl der nominellen Handwerker im Neben- oder gar Hauptberuf Landwirtschaft betrieben. Laut dem Hockenheimer Steuerregister von 1847 beispielsweise gab es dort in jenem Jahr nicht einen einzigen Tagelöhner, nachdem es 1834 noch 129 gewesen waren; vgl. Quellen zu Tabelle 5. Augenscheinlich hatte man 1847 einfach darauf verzichtet, die Rubriken Landwirte (nun plötzlich vervielfacht) und Tagelöhner zu scheiden, was auf die breite Grauzone zwischen diesen beiden Kategorien verweist.
18   Schatzungsrenovationsprotokoll Neckarau vom 18.3.1721, in: GLA 66/4377; dass. vom 6.11.1754, in: StA Mannheim Amtsbücher Neckarau 20. Bis 1847 (vgl. Tabelle 5) existiert kein weiteres Steuerregister. Auch in den Huldigungslisten von 1685 und 1750 fahndet man vergebens nach einem Vertreter; vgl. die Transkriptionen bei Probst, Neckarau, S. 19-22.
19   Valentin Helmling saß von 1805 bis 1842 im Ortsgericht bzw. Gemeinderat; vgl. Probst, Neckarau, S. 153. Adam Helmling erscheint 1847 in einem Extrakt aus dem Steuerregister; vgl. Quellen zu Tabelle 5, die sich hier auf diese Angabe stützt. Die Verwandtschaftslinien sind ungewiss und es ist auch nicht zu entscheiden, ob sich hinter dem im Plankstadter Waagjournal ohne Vorname registrierten Helmling Valentin oder Adam verbirgt.

Wächter in Reilingen, der zwischen 1784 und 1811 zugezogen sein muss.[20] Laut einem Generalkataster versteuerte er 1815 Grundeigentum mit einem Kapitalwert von 10.988 Gulden und übte den Beruf des Müllers aus.[21] Vier Jahre zuvor baute er nach Auskunft eines Zehntregisters vier Morgen Roggen, je zwei Morgen Gerste, Spelz und Kartoffeln sowie sechs Morgen Tabak auf zusammen 16 Morgen Acker – der Nutzfläche eines größeren Bauernguts – an.[22] Genauer datiert werden kann die Niederlassung für den Heddesheimer Friedrich Neßmann. Er gelangte wahrscheinlich kurz nach der Geburt um 1780 mit seinen aus Sachsen stammenden Eltern an den unteren Neckar.[23] In Hokkenheim lebten 1722 noch keine Träger der Namen der in den 1830/40er Jahren aktenkundigen Geschäftsleute.[24] Für 1742 sind erstmals Fuchs und Piazolo als Tabakpflanzer bezeugt.[25] Letzterer sowie dessen Sohn[26] bekleideten zwischen 1741 und 1819 neben dem Ackerbau[27] ununterbrochen das Amt des Gerichtsschreibers; der Enkel Johann Sigismund Piazolo jun. – Vater des Handelsmanns Peter – stand von 1815 bis 1832 als Vogt der Gemeinde vor.[28] Ein Conrad Fuchs ist 1784 als bäuerlicher Bodeneigner und Inhaber einer Schildwirtschaft im Schatzungsregister ausgewiesen.[29] 1805 und 1811 findet man drei Fuchsens wiederum in der Tabakerzeugung beschäftigt – darunter mit

---

20 Weder das Schatzungsrenovationsprotokoll vom 18.11.1722 (GLA 66/4377) noch das Schatzungsheberegister vom 1.5.1784 (GA Reilingen R 120) kennen ein Steuersubjekt dieses Namens. Peter Wächter selbst taucht erstmals in einem Zehntregister von 1811 auf (vgl. Anm. 22).

21 Generalkataster der Reilinger Steuerpflichtigen 1815, in: GA Reilingen Akten (A) 1712.

22 Große Fruchtzehnt- und Kleinzehnt-Spezifikation vom 25.6.1811, in: GLA 391/31843. Die vergleichbare ‚Specificatio des Reylinger kleinen Zehenden pro 1770 wie viel ein jeder Inwohner daselbst angebaut' (GLA 229/85534) führte den Namen Wächter erwartungsgemäß noch nicht.

23 Kreutzer, Familien, Nr. 2386, 2387. Da den Kirchenbüchern weder für Neßmanns Taufe noch für die Trauung der Eltern („vor 1779") präzise Angaben zu entnehmen sind, dürften beide Akte außerhalb Heddesheims stattgefunden haben.

24 Schatzungsrenovationsprotokoll Hockenheim vom 8.8.1722, in: GLA 66/4377.

25 ‚Designation was jeder Einwohner ahn Taback der Morgen Zahl nach im Chur Pfälzischen Zehend District angebauet hat' von 1742, in: StA Hockenheim A 2415. Johann Fuchs pflanzte 2,75 Morgen und der Gerichtsschreiber Johann Sigismund Piazolo sen. 0,375 Morgen.

26 Ludwig Josef Piazolo, der 1784 mit einem Bodenschatzungskapital von 40 Gulden (zwischen kleinem Bauerngut und Kuhwirtschaft) veranlagt wurde; vgl. ‚Hockenheimer Schatzungs Hebregister vor die Monathen Februar, Marty und April 1784' vom 26.2.1784, in: StA Hockenheim R 107.

27 1805 und 1811 erscheint Ludwig Josef Piazolo als Tabakpflanzer mit einer Anbaufläche von 2 bzw. 3,25 Morgen; vgl. ‚Hockenheimer Kleine Zehend Aufnahme vom ehemaligen Pfälzischen District' vom 5.8.1805 & ‚Hockenheimer Kleine Zehend Specification pro 1811', in: GLA 391/16451.

28 Zur Genealogie und Amtstätigkeit der Piazolo vgl. Brauch, Hockenheim, S. 143-145. Auf die Krönung einer kommunalpolitischen Laufbahn durch den Ortsvorsitz durften die katholischen Piazolo nach Einführung der demokratischen badischen Gemeindeordnung von 1831 im mehrheitlich protestantischen Hockenheim kaum noch hoffen. Johann Sigismund Piazolo jun. wurde 1832 denn auch abgewählt.

29 Mit einem Güter- und Nahrungsschatzungskapital von 185 (großes Bauerngut) bzw. 120 (Schildwirtschaft) Gulden; vgl. Anm. 26.

stattlichen 6 bzw. 8 Morgen[30] den anscheinend als Gelegenheitsmakler auftretenden Johann Georg Fuchs, der 1834/35 lediglich zwei protokollierte Transaktionen tätigte, nicht nur wegen seiner drei Gasthäuser indes der reichste Einwohner war.[31] Die Heirat mit dessen Tochter Susanna Elisabeth führte schließlich Philipp Schwab – den Sohn eines Gastwirts und Gerichtsverwandten in Steinsfurt a. d. Elsenz – 1835 nach Hokkenheim, wo er den schwiegerväterlichen Kannenhof inklusive circa 100 Morgen Land übernahm.[32] Der nicht näher benannte Fuchs, mit dem als Kompagnon Schwab 1847 rund 740 Zentner Tabak erstand, dürfte daher ein enger Verwandter, möglicherweise ein Schwager gewesen sein.[33] Von Vertretern der Familie Krämer hingegen fehlt vor 1834 jede Spur in den herangezogenen Quellen und der Sekundärliteratur.

Mit den bisherigen Beispielen, die gerade angesichts der seit der zweiten Hälfte des 18. Jahrhunderts gegenüber Fremden oft restriktiven Bürgerrechtspraxis[34] für einen erhöhten Anteil von hominibus novis unter den kaufmännisch aktiven Bauern sprechen, kontrastieren die Eindrücke aus drei anderen Gemeinden. Die lokale Ahnenreihe Johann Philipp Giesers in Oftersheim reichte mindestens bis in die zweite Hälfte des 17. Jahrhunderts zurück[35] und der bayerische Urgroßvater seines Dorfgenossen Adam Butz hatte sich 1710 im Ort ansässig gemacht.[36] Der Seckenheimer Ignaz Transier besaß wallonische Voreltern, die nach dem Dreißigjährigen Krieg immigriert waren,[37] und die Familie von Matthias Eder lebte dort immerhin seit etwa 1740.[38] Nur Franz Josef Gropp hatte einen nicht Eingesessenen zum Vater, der aber im benachbarten Feu-

---

30 Vgl. Anm. 27. Die beiden anderen Namensträger waren Ludwig Fuchs mit je 1,25 Morgen und Stefan Fuchs mit je 1 Morgen. Die verwandtschaftlichen Zusammenhänge sind unbekannt. Aufgrund des Besitzumfangs und Gaststättenbetriebs kommt aber am ehesten Johann Georg als Sohn des Conrad Fuchs (vgl. Anm. 29) in Betracht.
31 Zu Johann Georg Fuchs (1769-1844) vgl. Brauch, Hockenheim, S. 9, 254-257, und die Angaben zu seiner politischen Tätigkeit in Abschnitt 4. 1834 übertraf allein Fuchs' Grundsteuerkapital von 39.270 Gulden den nächst niedrigeren Katasterwert um das Zweieinhalbfache.
32 Zu Philipp David Schwab (1806-1864) vgl. Brauch, Hockenheim, S. 9, 335-343, und einige Darlegungen in Abschnitt 4. Die Trauung erfolgte 1831; die ersten vier Ehejahre verbrachte das Paar in Steinsfurt.
33 Vgl. Tabelle 5 Anm. c. Am ehesten ist hier an Sigmund Fuchs zu denken, der 1847 ähnlich wie Schwab eine Gastwirtschaft besaß und ein Gesamtvermögen im Kapitalwert von gut 20.000 Gulden versteuerte.
34 In Seckenheim etwa befanden sich von 1766 bis 1803 unter 123 Neubürgern nur sechs Auswärtige. In Neckarau betrug die Quote zwischen 1741 und 1802 zwar rund 30 %, vorwiegend aber wurden unbemittelte Personen aufgenommen, die es kaum in den Handel zog; vgl. Probst, Bevölkerungsstatistik, S. 415.
35 Frei, Familien, S. 95-102. Johann Philipps Urgroßvater Philipp ist 1680 durch die Taufe seiner Tochter als in Oftersheim wohnhaft belegt.
36 Ebd., S. 59-60. Der von Wintheim in Bayern kommende Franz Butz heiratete 1710 in Oftersheim seine Verlobte aus dem schwäbischen Steinheim.
37 Kreutzer, Familien, S. 716-719. Es handelt sich um seinen Ururgroßvater Heinrich Transier, der 1670 in Seckenheim einer Frau aus Maastricht das Jawort gab.
38 Ebd., 135-137. Es ist nicht völlig sicher, wann Matthias' Großvater Johann Georg Eder sich in Seckenheim ansiedelte. Jedenfalls wurde er dort 1746 beerdigt.

denheim aufgewachsen war und 1796 eine Bürgerstochter aus Seckenheim geehelicht hatte.[39] In Plankstadt schließlich sind zwei Haushaltsvorstände Gaa schon für 1722[40] überliefert und in Schatzungsregistern der Jahre 1770, 1790 und 1810 gehörten die Gaas mit vier, fünf bzw. sieben Gemeindemitgliedern zu den am weitesten verzweigten Familienverbänden.[41] Mitsch und Seßler sind zunächst 1770 als Einzelvertreter greifbar und lassen sich dann 1790 mit einem bzw. zwei und 1810 mit jeweils drei Fällen belegen.[42] Die Mehrzahl dieser in der Summe 29 Ortsbürger kann aufgrund ihres Gütersteuerkapitals der halbbäuerlichen Schicht zugeordnet werden, ohne dass Indizien für geregelte zusätzliche Einkünfte aus Handwerk oder Gastgewerbe existieren.[43] Allein Johann Helmling scheint erst kurz zuvor eingebürgert worden zu sein, da es bis 1830 keinen Anhaltspunkt für einen Träger dieses Namens gibt. Zugleich zählte er in Plankstadt als einziger zum wohlhabenderen Bauerntum. Insgesamt erwuchs hier der Anstoß zur Vertriebstätigkeit demnach aus der Mitte des lokaltypischen kleinagrarischen Milieus.

Bilanzierend zeichnet sich ab, dass vor allem vermögende Neubürger des späten 18. und 19. Jahrhunderts und ihre direkten Nachkommen mit einer gewissen Vorliebe in stärkerem Umfang[44] den Handel mit einem kommerziellen Spitzenprodukt der regionalen Landwirtschaft aufnahmen – freilich ohne länger einheimischen Bietern erkennbar das Wasser abzugraben. Darin dürfte ein Katalysator wie auch ein Spiegel ihres rasch erlangten dörflichen Renommees zu sehen sein, denn es setzte ein gerüttelt Maß an Prestige und Vertrauen voraus, in Anbetracht mächtiger Absatzalternativen dauerhafte Geschäftsverbindungen mit einer Vielzahl örtlicher Erzeuger zu knüpfen. Auffallend ist zudem der erstaunlich hohe Anteil von Katholiken und Lutheranern unter den konfessionell identifizierbaren Tabakmaklern in einer Region, in der ansonsten die reformierte Bevölkerungsmajorität sozioökonomisch den Ton angab.[45] Trotz der lückenhaften Da-

---

39 Ebd., 220-221. Nach Johann Gropps Hochzeit mit Maria Antonia Bucher kam 1798 Franz Josef als zweites Kind zur Welt.
40 Schatzungsrenovationsprotokoll vom 21.1.1722, in: GLA 66/4377. Es erscheinen Lorenz Gaa und Valentin Gaa. Daneben findet sich auch ein Jacob Fuchs. Da Vertreter dieses Namens in den späteren Schatzungsregistern nicht mehr auftauchen, dürfte er jedoch kein Vorfahr des Tabakhändlers Fuchs (vgl. Tabelle 5) sein, der sich ebensowenig in den Ortssteuerkatastern von 1830 und 1840 nachweisen lässt.
41 Schatzungsheberegister Februar - April 1770, in: GA Plankstadt R 79; dass. November 1790 - Januar 1791 vom 1.12.1790; in: ebd. R 153; dass. August 1810 - Januar 1811 vom 6.8.1810. in: ebd. R 192. Genannt werden: Friedrich, Adam, Philipp, Anton Gaa (1770); Philipp, Anton sen., Anton jun., Adam, Friedrich Gaa (1790); Johann Georg, Joseph, Georg Adam sen., Georg Adam jun., Jakob, Philipp, Anton Gaa (1810).
42 Mitsch: Adam (1770); Michel (1790); Adam, Michael, Christian (1810). Seßler: Christoph (1770); Adolph, Franz (1790); Georg Adam, Wilhelm, Johann Michael (1810).
43 Ausnahmen bilden lediglich Valentin Gaa (1722), der als Maurer und Gastwirt firmierte, und Adam Gaa (1790), der seiner hohen Nahrungsschatzung von 85 Gulden zufolge ein handwerkliches oder sonstiges außeragrarisches Gewerbe ausgeübt haben dürfte.
44 Hier ist auch zu berücksichtigen, dass Spätansiedler wie Friedrich Neßmann, Philipp Schwab, Helmling (Neckarau) und Peter Wächter tendenziell größere Umsätze realisierten.
45 Allerdings waren Reformierte und Lutheraner seit 1821 in der evangelisch-protestantischen

tenbasis nährt auch dieser Befund die Vermutung, dass das Vordringen in die Distributionssphäre manchem Bauern als ein Vehikel dienen mochte, um konfessionelle oder herkunftsbedingte Statusdefizite zu kompensieren. Ungelöst bleibt damit gleichwohl die Frage, weshalb die größeren reformierten Bauern global augenscheinlich eine eher schwache Neigung zum Beackern eben jenes Feldes verspürten. Kapazitätsmängel oder Kastendünkel können dafür kaum in Anschlag gebracht werden, bedenkt man, dass ihre geräumigen Anwesen keine Lagerschwierigkeiten machten und wiederkehrende Lohnfuhren nicht selten sowieso zu ihrem Metier gehörten.[46]

Honoratiorenrolle, Standortförderung und zollpolitischer Lobbyismus

Wie die bisherigen Resultate demonstrieren, rechneten viele nichtjüdische Tabakmakler aufgrund ihrer substantiellen Agrarproduktion zur gehobenen Mittel- und Oberschicht und sind damit im Wortsinn als Bauernhändler einzustufen. Diese ohnehin schmale Sondergruppe genoss sicherlich keinen privilegierten Zugang zu politischen Führungspositionen. Oft aber garantierte ihnen schon ihre gediegene lokalgesellschaftliche Verankerung – bisweilen untermauert durch den vernetzungsgünstigen Beruf des Gastwirts – einen Platz in der dörflichen Besitz- und Machtelite, aus der sich die leitenden kommunalen Funktionsträger rekrutierten. Ein solches Honoratiorenmodell trifft etwa auf den Hockenheimer Johann Georg Fuchs zu, der lange Jahre dem Ortsgericht angehörte und auf dem badischen Landtag von 1825 den Wahlkreis Philippsburg-Schwetzingen in der zweiten Kammer in Karlsruhe repräsentierte.[47] Sein Schwiegersohn Philipp Schwab setzte die Tradition fort, indem er Anfang der 1840er Jahre in den Gemeinderat einzog und – noch einen Karriereschritt weiter – von 1854 bis 1857 das Amt des Bürgermeisters ausübte.[48] Als Gemeinderäte wirkten ferner nachweislich

---

     Landeskirche von Baden vereint, so dass die unterschiedliche Taufreligion der älteren Erwachsenen beider Gruppen im Vormärz kaum noch trennend wirkte. Nach dem letzten badischen Zensus vor der Union verteilte sich die Einwohnerschaft der 20 Landgemeinden in den Bezirksämtern Ladenburg und Schwetzingen 1818 auf 42,7 % Reformierte, 16,0 % Lutheraner, 39,3 % Katholiken, 0,8 % Mennoniten und 1,2 % Juden; vgl. Bevölkerungstabellen des Großherzogtums Baden für das Jahr 1818, in: GLA 236/2538, fol. 90, 92. Die agrarwirtschaftliche Superiorität der Reformierten entsprang primär ihrer siedlungsgeschichtlich begründeten Kontrolle über die Masse der Bodenressourcen; vgl. Schaab, Katholizismus, S. 164-169.

46 Vgl. Rau, Rheinpfalz, S. 26.

47 Vgl. Brauch, Hockenheim, S. 254, 256. Brauch äußert sich nicht zur Dauer von Fuchs' Parlamentsmandat. Die Landtagsprotokolle nennen ihn nur 1825 als Abgeordneten, wonach es bei einer Sitzungsperiode blieb; vgl. Ständeversammlung, 3. Landtag 1825, Heft 1, 7. Immerhin war er damit aber neben dem Seckenheimer Vogt Körner (1819-1823, 1831-1835) und dem Stabhalter Maas vom Straßenheimer Hof (1819-1823) einer von nur drei bäuerlichen Vertretern aus den Bezirksämtern Ladenburg und Schwetzingen, die bis 1850 überhaupt in die zweite Kammer entsandt wurden.

48 Zu Schwabs Bürgermeistertätigkeit vgl. Brauch, Hockenheim, S. 341. Dieses Amt legte Schwab 1857 offenbar freiwillig nieder, um sich wieder verstärkt seinen agrarschriftstellerischen und

Johann Helmling in Plankstadt[49] und Matthias Eder in Seckenheim[50] sowie eventuell der Neckarauer Helmling.[51] Von Peter Wächter aus Reilingen ist überliefert, dass ihn 1819 bei den ersten Urwahlen zu den Landständen seine Mitbürger zum Wahlmann kürten und ihm solchermaßen ihren Respekt bezeugten[52] – eine Ehre, die beispielsweise 1843 auch Peter Piazolo in Hockenheim zuteil wurde.[53]

Wenngleich zwei dieser sieben Personen – Johann Helmling und Matthias Eder – 1849 so vehement für den republikanischen Umsturz Partei ergriffen, dass sie zu Beginn der Restauration ein Ämterverbot ereilte,[54] verkörperte sich in ihnen keine vorherrschende radikale Ausrichtung unter den Bauernhändlern. Eine verbindende Eigenschaft lag eher in einer avancierten wohlfahrtspolitischen Orientierung, die zuvorderst auf dem Gebiet der Wirtschaftsförderung konkrete Züge annahm und die Einbettung gemeindezentrierter Zukunftsentwürfe in regionale, territorialstaatliche und nationale Kommunikationshorizonte stimulierte. Zu einiger Prominenz gelangten hierbei wiederum die Hockenheimer Johann Georg Fuchs und Philipp Schwab, die sich in ihren verschiedenen Funktionen energisch für den Fortgang der Tullaschen Rheinkorrektion sowie für darauf fußende Projekte zur künstlichen Be- und Entwässerung von Wiesen einsetzten.[55] Schwab trat mit einem Buch über den pfälzischen und holländischen Tabakanbau später zudem publizistisch als Agrarexperte hervor.[56]

    Reiseinteressen widmen zu können. Als Gemeinderat wurde Schwab 1842 und 1845 in Artikeln der Landwirtschaftlichen Berichte sowie 1848 in einer Petition an die Frankfurter Nationalversammlung apostrophiert; vgl. Anm. 60 und Tabelle 6.

49 Die genaue Amtszeit ließ sich nicht ermitteln. Fest steht, dass Johann Helmling 1849 wegen revolutionärer Bestrebungen seines Plankstädter Ratssitzes enthoben wurde; vgl. Von den Kreisregierungen aufgestellte Übersichten der nach Wiederherstellung der gesetzlichen Gewalt suspendierten oder entfernten Gemeindebeamten 1849/50, in: GLA 236/3108, fol. 112ᵛ.

50 Matthias Eder war von 1836 bis 1842 und erneut 1848/49 Gemeinderat; vgl. Probst, Seckenheim, S. 625.

51 Vgl. die Erläuterungen zur uneindeutigen Identifikation Helmlings in Anm. 19.

52 Vgl. Verfassungs-Urkunde, 169. Nach dem indirekten badischen Wahlsystem bestimmten die Ortsbürger je nach Größe der Gemeinde eine gewisse Anzahl von Wahlmännern (maximal sechs in der Untersuchungsregion), die ihrerseits auf Bezirksebene einen Kammerabgeordneten kürten.

53 Vgl. Beilage zur Karlsruher Zeitung Nr. 279, 13.10.1843, 1468. Daneben wurde unter anderen Philipp Schwab mit dieser überlokalen politischen Aufgabe betraut. Im selben Jahr wird zudem Adam Helmling, die alternative Auflösung für den Neckarauer Tabakhändler Helmling, als ein Wahlmann seines Heimatdorfes genannt.

54 Eder hatte sich als Schriftführer des Seckenheimer Volksvereins und demokratischer Kundgebungsredner kompromittiert; vgl. Probst, Seckenheim, S. 642, 671; Bericht des Bezirksamts Schwetzingen an das badische Ministerium des Inneren vom 29.7.1849, in: GLA 236/8208, fol. 21ᵛ. Von Helmling ist nur die Amtsenthebung bekannt; vgl. Anm. 49.

55 Vgl. Brauch, Hockenheim, S. 256-257, 337-338.

56 Schwab, Tabakanbau. Daneben veröffentlichte er des Öfteren Miszellen in den landwirtschaftlichen Fachblättern Nordbadens, aber auch des bayerischen Rheinkreises; vgl. nur ders., Tabakspflanzer.

Auf Dauer bedeutsamer, weil institutionell zusehends verstetigt waren jedoch die Vernetzungsbemühungen des badischen landwirtschaftlichen Vereins. Als Dachorganisation seit 1819 bestehend misslang es ihm trotz der Bildung von Kreisabteilungen 1825/26 zunächst zwar weithin, die bäuerliche Bevölkerung zur Mitarbeit zu ermuntern.[57] Zum Durchbruch verhalf dann jedoch 1835 die Gründung basisnaher Bezirksvereine in Kombination mit der regelmäßigen Veranstaltung lokaler Diskussionstreffen zu agrarpraktischen Themen. Dieser „Decentralisation" schrieb der zeitgenössische Beobachter Rüdt von Collenberg denn auch den Sprung der Mitgliederzahl auf über das Vierfache innerhalb der folgenden sechs Jahre zu.[58] Mit der Intention, „den kleinen Landwirth mehr in den Wirkungskreis des Vereins hereinzuziehen", hatte man laut seiner Schilderung „insbesondere in der Abtheilung des Neckarkreises (...) Ortsversammlungen und Besprechungen als ein geeignetes Mittel anerkannt und zur Ausführung gebracht."[59] Für die 1830er und frühen 1840er Jahre kann diese Notiz aus Quellenmangel nicht verifiziert werden. Danach aber lassen sich im Untersuchungsraum tatsächlich vom Herbst 1842 bis zum Winter 1848 neun derartige Zusammenkünfte in den Städten Heidelberg, Ladenburg und Mannheim sowie in den größeren Dörfern Hockenheim und Seckenheim feststellen.[60]

Unter den bäuerlichen Teilnehmern dieser Fachdebatten finden sich erneut einige vertraute Tabakhändler, die wie alle übrigen dörflichen Besucher als Multiplikatoren[61] in ihre Gemeinden ausstrahlen sollten: Je zweimal Philipp Schwab und Peter Piazolo aus

---

57 Vgl. insgesamt von Collenberg, Verhältnisse, S. 91-120, nach dessen Einschätzung sich in den ersten knapp 20 Jahren des Vereins „der Bauernstand (...) noch wenig [beteiligte]." (101) Zur Konstituierung der rheinpfälzischen Sektion vgl. Bericht des landesherrlichen Commissarius Dahm für die Neckarkreisabteilung des landwirtschaftlichen Vereins an das Präsidium des Vereins vom 25.9.1825, in: GLA 236/6330. Zu den 78 Gründungsmitgliedern gehörte auch Johann Georg Fuchs aus Hockenheim als einer von lediglich neun dörflich-bäuerlichen Vertretern. Darunter waren allein fünf Ortsvorgesetzte, von denen nur einer – der Seckenheimer Vogt Körner – aus den Untersuchungsgemeinden stammte.
58 Von Collenberg, Verhältnisse, S. 119-120. In absoluten Zahlen wuchs der Mitgliederbestand von 1.443 (1835) auf 6.304 (1841) Personen.
59 Ebd., S. 103.
60 Schauplätze und Daten: Seckenheim, 2.9.1842; Ladenburg, 30.12.1844; Hockenheim, 20.7.1845; Mannheim, 17.2.1846; Heidelberg, 1.3.1846; Ladenburg, 21.2.1847; Heidelberg, 22.8.1847; Seckenheim, 28.5.1848; Ladenburg, Dezember 1848. Quellen: Landwirtschaftliche Berichte Nr. 16, 1.9.1842, S. 61-64; Nr. 1/2, 31.1.1845, S. 1-8; Nr. 3/4, 28.2.1845, S. 9-14; Nr. 16, 31.8.1845, S. 61-64; Nr. 17, 15.9.1845, S. 65-67; Nr. 6/7, 31.3.1846, S. 21-28; Nr. 8/9, 30.4.1846, S. 29-31; Nr. 3/4, 15.2./1.3.1847, S. 11-16; Nr. 17/18, 15./30.9.1847, S. 65-71; Nr. 11, 15.6.1848, S. 41-43 (Fragment); Mannheimer Journal (MJ) Nr. 337, 29.12.1848, S. 1614.
61 So rief Lambert von Babo, der Vorsitzende der Kreisstelle Weinheim-Ladenburg des landwirtschaftlichen Vereins, anlässlich der Versammlung in Seckenheim im September 1842 die Anwesenden – namentlich die Ortsvorstände – dazu auf, die „nöthigen Belehrungen (...) an die ärmeren Ortsbürger" mündlich weiterzugeben, da diese nicht an den Besprechungen teilnähmen und auch kaum „durch die öffentlichen Blätter hievon etwas erfahren"; Landwirthchaftliche Berichte Nr. 16, 1.9.1842, S. 64.

Hockenheim,[62] je einmal Johann Philipp Gieser von Oftersheim und der Heddesheimer Heinrich Schäfer; am 1. März 1846 in Heidelberg auch Christian Mitsch, der sich durch die Propagierung des wachstumsteigernden Tabakpfuhlens um die Plankstädter Gewerbepflanzensparte verdient gemacht hatte.[63] Ebenso bemerkenswert ist, dass neben den vorrangigen anbautechnischen Materien immer wieder auch Aspekte des Vertriebs auf die Tagesordnung rückten. Nicht nur kreuzten auf den Seiten der regionalen Landwirtschaftlichen Berichte im April und Mai 1847 zwei anonyme Autoren die Klingen über der Frage, ob die Usance der Handelshäuser, einen pauschalen maximalen Abnahmepreis für jeden Ort zu fixieren, falsche Anreize zur Massenerzeugung setze und damit die erwünschte Ausdehnung des Qualitätsbaus (Deckblatt für Zigarren) bremse.[64] Schon im März des Vorjahres hatte man in Reaktion auf die Expansion des „pfälzische[n] Tabakshandel[s]" ein Treffen in Heidelberg eigens der Marktanalyse gewidmet, um zu sondieren, welche Sorten „vom Ausland am meisten begehrt würde[n]", und zu diesem Zweck „einerseits die Tabakshandelsleute, andererseits die Tabaksproduzenten des Bezirks zu einer gegenseitigen Besprechung eingeladen."[65] So fand sich neben 34 namentlich erwähnten Bewohnern ländlicher Gemeinden[66] auch eine Reihe städtischer Grossisten ein: speziell Anderst aus Heidelberg sowie Bassermann, Hirschhorn, Löwenthal, Mayer und Traumann aus Mannheim, die ausweislich der Waagjournale eine führende Rolle im lokalen Tabakumschlag spielten.

So sehr ein derartiger Meinungsaustausch zwischen Kaufleuten, Bauernhändlern und Tabakpflanzern in den 1840er Jahren die Nachfrage konforme Lenkung der Agrarproduktion erleichtern mochte: Für die vitale Abhängigkeit von den internationalen Terms of Trade und für das politische Gebot, an deren Ausgestaltung auf staatlichem Wege mitzuwirken, mussten wesentliche Teile der ländlichen Bevölkerung zu diesem Zeitpunkt kaum mehr sensibilisiert werden. Spätestens seit der Auseinandersetzung um das Verhältnis Badens zum deutschen Zollverein stand dieses Problem klar vor Augen. 1834, kurz bevor sich das Parlament abschließend mit der Sache befasste, umriss ein Landwirt vom unteren Neckar in einem Memorandum prägnant die Interessenlage. Unter der Umzingelung durch „Grenzsperren und Mauthsysteme" leide der agrarische Export, die „Quelle des Reichthums dieser Gegend", so hart, dass sich krisenhafte Ex-

---

62 Schwab und Piazolo wohnten nach Auskunft von Karl Heinrich Rau am 27.4.1847 auch einem solchen Treffen im weiter entfernten Wiesloch bei; vgl. Lokalnotizen aus verschiedenen Gegenden (1818-1847) – Landwirtschaftliche Besprechungen, in: Universitätsarchiv Heidelberg Rep. 43 (Nachlass K. H. Rau) Nr. 50.
63 Vgl. Pfaff, Tabakbauverein, S. 125.
64 Die Tabaks-Cultur im Großherzogthum Baden, in: Landwirthschaftliche Berichte Nr. 7, 15.4.1847, S. 25-28, wo die „monopolistische Preisbestimmung nach Ortschaften" (25) angeprangert wurde; Bemerkungen zu der in Nr. 7 der landw. Berichte veröffentlichten Abhandlung: Die Tabaks-Cultur im Großherzogthum Baden, in: ebd., Nr. 10, 31.5.1847, S. 37-38.
65 Vgl. Anm. 60.
66 Das Protokoll hielt fest, dass „[d]ie Namen mehrerer Nachgekommenen (...) nicht mehr notirt werden" konnten, so dass die realen Teilnehmerzahlen wohl etwas höher lagen.

tensivierungs- und Pauperisierungsprozesse anbahnten.[67] Wie er konstatierte, sei besonders „der Großhandel [mit Tabak] (...) größtentheils über die Grenze" gewandert. Der Autor folgerte daher: „Diesem, jedem Landbauer der Ebene äußerst wichtigen Culturzweig, ist allein in dem Beitritt zum Handelsverein wieder aufzuhelfen."[68]

Gegen diese Isolierung hatten sich sechs Jahre zuvor bereits etliche Tabakgemeinden der Pfalz in einer Petition an den Großherzog gestemmt.[69] Die „Vorstände von 29 Ortschaften der Ämter Ladenburg, Heidelberg und Schwetzingen, theils in eigenem, theils im Namen ihrer sie kommitirenden Ortsbürger" monierten im März 1828, dass die Einfuhrtarife in Preußen, Württemberg und Bayern die „Preise sehr herabgedrückt" hätten. Jetzt aber braue sich noch schlimmeres Unheil zusammen, da – wie aus „öffentlichen Blättern" hervorgehe – Hessen-Darmstadt in den preußischen Zollverband aufgenommen werden solle, was dem direkten Rivalen einen eminenten Wettbewerbsvorteil bescheren würde.[70] Die Außenhandelsrisiken einer marktorientierten Agrarökonomie, deren „ganze landwirthschaftliche Einrichtung (...) auf der Kultur des Tabaks [beruht]", waren den Absendern dabei nur zu bewusst. Es lauere eine kumulative Depression, weil „der durch Zölle aller Art gehinderte Verkehr, erschwerte Absatz der Produkte, hohe Steuern und der gänzliche Unwerth der Güter den Wohlstand des Bauern [zu] untergraben" drohten.[71] Zudem zogen die Bittsteller die unter kommerziellen Vorzeichen unweigerlich verdichtete Monetarisierung sowie die obrigkeitlichen Finanzempfindlichkeiten ins Kalkül, wenn sie die Gefährdung „jene[s] rasche[n] Umtausch[s] der Natur- und Kunst-Produkte" an die Wand malten, „welche[r] die baaren Geldmittel dem Bürger, und durch diesen dem Staat auf eine dauerhafte Weise zuführt." Ergo mündeten auch ihr Klagen in ein Plädoyer für „Freiheit des Handels, Entfeßlung des gehemmten Verkehrs [und] größere[n] Markt zum Absatz unserer Produkte in das innere Deutschland."

Bis auf weiteres mussten die Tabakbauern und -händler allerdings damit leben, dass ein Vereinszolltarif von 9 Gulden 37 Kreuzer pro Zentner ihre Ware im Konkurrenzkampf

---

67 Anonymus, Bemerkungen, S. 3.
68 Ebd., S. 11.
69 Vgl. Petition der Tabak bauenden Gemeinden in den Ämtern Ladenburg, Heidelberg, Schwetzingen: Die neuesten Zollverhältnisse, in: Ständeversammlung, 4. Landtag 1827/28, Heft 3, S. 2. Die Eingabe wurde zusammen mit ähnlichen Supliken an die Zollkommission verwiesen; ebd., S. 365-366. Die Text ist nur in Abschrift ohne Unterzeichner erhalten: Vorstellung der tabacksbauenden Gemeinden in den Ämtern Ladenburg, Heidelberg und Schwetzingen, deren durch die Zollvereinigung zwischen Preußen und Darmstadt, Bayern und Württemberg herbeigeführte traurige Lage, Mannheim 27.3.1828, in: GLA 231/1783 (hiernach die folgenden Zitate).
70 Besonders in der benachbarten hessen-darmstädtischen Provinz Starkenburg stand der Tabakbau in vergleichbarer Blüte. Angeblich hatten allein aufgrund der Ankündigung des hessischen Beitritts auch schon einige „Tabakskäufer (...) aus Koblenz [und] Kölln" ihre Orders in der Pfalz storniert.
71 In den grellsten Farben lautete die Prophezeiung, dass auf diese Weise „[e]ine der gesegnetsten Provinzen Deutschlands (...) zur gänzlichen Verarmung herab" sinke.

fühlbar belastete. Als die badische Beitrittsfrage dann im Sommer 1835 endlich zur Entscheidungsreife gelangte, meldeten sich deshalb erneut etliche Dörfer am unteren Neckar zu Wort. Im Juni warnten „mehrere Bürgermeister des Amtsbezirks Schwetzingen" die Parlamentsabgeordneten in Karlsruhe vor den „zu befürchtenden nachtheiligen Folgen beim Nichtanschluß."[72] Ähnlich äußerten sich die Gemeinderäte und Bürgerausschüsse von Käfertal und Sandhofen sowie kurz darauf „[m]ehrere Bürger der Gemeinde Feudenheim" im Amt Ladenburg.[73] Insgesamt empfing die zweite Kammer der Landstände in dieser Angelegenheit nach dem Bericht der Petitionskommission 147 Eingaben, von denen 96 (aus 179 Kommunen) für und 51 (aus 104 Orten) gegen eine Angliederung optierten.[74] Deutlich schälte sich ein räumliches Muster heraus, denn „[d]ie Petitionen, welche den Wunsch des Anschlusses zum Zollverein enthalten, sind größtentheils aus der Unterrheinkreisprovinz und insbesondere aus der ehemaligen Pfalz; die dortigen Bewohner wünschen hauptsächlich den bessern Absatz ihres Tabaks, den sie in großer Menge pflanzen, in die Vereinsstaaten."[75] Entsprechend waren es in der Plenumsdebatte Anfang Juli gerade parteilich eher ungebundene Regionalvertreter wie der Seckenheimer Altvogt Körner, der Bürgermeister von Weinheim Grimm und der Ladenburger Amtmann Leiblein, die für Anschluss warben.[76] Auf Ablehnung stieß die Idee der Handelsliberalisierung hingegen ausgerechnet bei den Speerspitzen des Kammerliberalismus – von Itzstein, von Rotteck und Welcker –, deren unter anderem antiborussisch motiviertes Nein allerdings nicht verhindern konnte, dass der Beitritt mit 40 zu 22 Stimmen gebilligt wurde.[77]

In den kommenden Jahren besaß die florierende nordbadische Tabakproduktion folglich einen tariflich nahezu ungeschmälerten Zugang zum wachsenden deutschen Binnenmarkt. Ein Wermutstropfen blieb nur die sogenannte Ausgleichungssteuer, die verschiedene Mitglieder des Zollvereins – beispielsweise Preußen in Höhe von 1 Gulden 10 Kreuzer je Zentner – weiterhin auf badische Tabake erhoben. Zur selben Zeit existierte mit einem Zoll auf überseeische Importe von zuletzt 10 Gulden 30 Kreuzer pro Zentner ein recht robuster Schutz vor ausländischen Lieferanten. Die komfortable Position geriet jedoch ins Wanken, seitdem im Sommer 1848 der Volkswirtschaftliche

---

72 Vgl. Ständeversammlung, 7. Landtag 1835, Heft 2, 207; Zitat aus dem Bericht der Petitionskommission ebd., Heft 3, S. 163. Der Eingang der Petition wurde der Kammer am 10.6.1835 angezeigt. Das Original konnte ebenso wie im Falle der drei nächstgenannten Eingaben im Bestand des Landtags nicht aufgefunden werden.
73 Vgl. ebd., Heft 2, S. 208, 255; Anzeige an die Kammer am 10. bzw. 15.6.1835.
74 Vgl. ebd., Heft 3, S. 160-170. Die Petitionskommission erstattete ihren Bericht am 24.6.1835.
75 Ebd., S. 160.
76 Diskussion und Abstimmung vom 1./2.7.1835 sind ebd., Heft 4, 103-107, 154-158, protokolliert. Körner war Abgeordneter im Ämterwahlkreis Heidelberg, Grimm in Weinheim-Ladenburg und Leiblein in Boxberg.
77 Zumindest von Itzstein stellte in diesem Punkt allgemeinpolitische Erwägungen über regionale Wirtschaftsbelange, auf die er sich als Abgeordneter von Philippsburg-Schwetzingen hätte berufen können. Zum Front- und Argumentationsverlauf in der parlamentarischen Kontroverse um den Beitritt Badens zum Zollverein 1835 vgl. speziell Becht, Repräsentation, S. 267-272.

Ausschuss der Frankfurter Nationalversammlung mit den Vorbereitungen für ein gesamtdeutsches Zollgesetz begann und sich auch im Hinblick auf die Außenschranken einem freihändlerischen Kurs annäherte. Zum Auftakt der Beratungen holte das Gremium in einer Enquête Gutachten von ökonomischen Interessenorganisationen aus allen Bundesstaaten ein. So begründeten im August etwa die Handelskammer und der Gewerbeverein Mannheim die Unverzichtbarkeit eines „Schutzzoll[s]" für Tabak mit dem natürlichen Produktivitätsvorsprung der amerikanischen Anbieter[78] und kritisierten ferner die Dämpfwirkung der innerdeutschen Ausgleichungssteuer.[79] Über solche „Lebensfrage[n] für den Bauernstand" vermöchte indes „der landwirthschaftliche Verein am besten ein unpartheiisches Urtheil abzugeben."

Dazu erhielt dieser auch Gelegenheit, da seine Zentrale ohnehin beauftragt war, Expertisen der Filialen und einzelner Fachleute zu sammeln, um sie nach Frankfurt zu senden.[80] Aus der badischen Pfalz antwortete zum einen der Vorsitzende der Kreissektion Lambert von Babo, dem – ein wenig diffus – „[f]ür hiesige Gegend (...) der freie Verkehr für Wein und Tabak" als „besonders wünschenswerth" vorschwebte.[81] Dezidierter, streckenweise martialisch las sich zum anderen die Stellungnahme des Bauernhändlers und Gemeinderats Philipp Schwab von Hockenheim.[82] Seine doppelte Forderung nach „Fortbestand des Eingangszolles auf (...) Taback" und Abschaffung der „mit der gesunden Vernunft unvereinbare[n] Ausgleichungssteuer" visierte anfangs nüchtern das Modell einer abgeschotteten deutschen Entwicklungsökonomie an, in der die Maxime des Freihandels lediglich für den Binnenraum gelten sollte.[83] Im nächsten Atemzug wob Schwab dieses wirtschafts- und sozialpolitische Postulat jedoch in ein nationalistisches Legitimationskonzept ein, das emphatisch Autarkie, Expansionismus und revolutionären Kairos verkettete. So proklamierte er: „Soll Deutschland die jenige Stelle in der Welt einnehmen, die ihm (...) von Gott und Rechts wegen gebührt, so muß es sich vor allen Dingen vom Auslande unabhängig machen (...). [E]s muß nicht mehr wie von jeher nur dazu bestimmt sein, fremde Länder zu bereichern und nur die melkende Kuh für Eng-

---

78 Vgl. Fragen des volkswirthschaftlichen Ausschusses der verfassunggebenden Nationalversammlung über Zweige des Handels und der Industrie zum Behufe des Entwurfs eines allgemeinen Zolltarifs/Antwort der Handelskammer und des Gewerbevereins Mannheim o. D. [August 1848], in: Bundesarchiv Koblenz (= BA Ko) Deutsches Bundesarchiv (DB) Bestand 51 Nr. 104. Dort hieß es mit Blick auf Nordamerika: „Bei gleicher Productivität des Bodens bedürften wir keines Zollschutzes."

79 „Hemmend für die weitere Ausdehnung des Baues in Baden, der Rheinpfalz und Hessen-Darmstadt ist besonders die Ausgleichungssteuer bei der Ausfuhr nach Preußen, Churhessen & Sachsen."

80 Vgl. die Akte Antwort auf Fragen über Agrarerzeugnisse auf Erlass vom 8.8.1848, in: BA Ko DB 51/106.

81 Antwort Lambert von Babos o. D. [August 1848], in: ebd., fol. 9, 12ʳ. Ähnlich vage blieb diesbezüglich der Heidelberger Volkswirt Karl Heinrich Rau in seinem Begleitschreiben vom 31.8.1848, in: ebd., fol. 10ʳ-11ʳ.

82 Vgl. Schreiben Philipp Schwabs vom 2.9.1848, in: ebd., fol. 27ʳ-29ʳ.

83 Ebd., fol. 28ʳ.

land, Holland und Amerika abgeben. Wir bedürfen weder überseeischen Taback noch indischen Zucker, weder französische Frackröcke noch englische Brookings."⁸⁴ Daraus resultiere für den neuen Einheitsstaat auch zwangsläufig das Streben nach „eine[r] Flotte und Kolonien (...), um seine überflüssige Kräften einzusetzen", als „Ausweg (...) für seine fleißige Bewohner, die Deutschland nicht im Stande ist zu beschäftigen und die ihm, wenn mit Gewalt zum Prolitariat (!) hin gedrängt (...), sogar zum eignen Verderben werden müßten."⁸⁵ Er endete mit dem mahnenden Appell an die Adresse der Frankfurter Parlamentarier: „Das Volk beobachtet mit offenen Augen! Wehe den Männern, welche an der Stelle sind, die Wohlfahrt Deutschlands zu lenken, die jetzige Zeit nicht nützen."⁸⁶

Schwabs chauvinistisches Pathos mochte nicht jedermanns Geschmack sein. Es illustriert allerdings, welches Mobilisierungspotential die Zollfrage barg. Eingaben handelspolitischer Art machten nach den Forschungen von Heinrich Best insgesamt rund ein Siebtel der Petitionsflut aus, die sich 1848/49 über die Paulskirche ergoss, und bildeten damit einen Eckpfeiler dieser partizipatorischen „Form kollektiven politischen Handelns mit einem niedrigen Schwellenwert."⁸⁷ Am unteren Neckar zielten die Bemühungen dabei als erstes auf die ungeliebte Ausgleichungssteuer. Deren Aufhebung wurde in einer Zirkularpetition verlangt, die auf Anregung der Handelskammer Mannheim im November/Dezember 1848 in der Rheinpfalz, aber auch in anderen Gebieten Badens kursierte und neben diversen Städten und Wirtschaftsorganisationen schließlich die Unterschriften der Bürgermeister sowie vielfach die Siegel von 53 Landgemeinden trug.⁸⁸ Von den 20 Dörfern der Ämter Ladenburg und Schwetzingen waren allein 16

---

84 Ebd., fol. 28.
85 Ebd., fol. 28ᵛ.
86 Ebd.
87 Best, Struktur, S. 172. Demnach befanden sich unter den insgesamt 25 - 30.000 Petitionen an die Nationalversammlung 3.775 Eingaben zu handelspolitischen Themen, von denen wiederum mehr als zwei Drittel (2.674) ohne formale Trägerorganisationen (zum Beispiel Wirtschaftsverbände) zustande gekommen waren; vgl. ebd., S. 170, 177. Best sieht in dieser Relevanz „informeller Verkehrskreise" einen Beleg dafür, dass „Petitionen in einer Situation, in der eine hohe Partizipationsbereitschaft auf ein noch unzureichend entwickeltes Geflecht intermediärer Organisationen traf, eine besonders attraktive Form kollektiven politischen Handelns" war; ebd., S. 183-184; vgl. ferner ders., Organisationsbedingungen. Diesem kommunikationsgeschichtlichen Aspekt kann hier nicht näher nachgegangen werden; die folgenden Beobachtungen zu Petitionen aus der badischen Pfalz bestätigen Bests Auffassung aber im Grundsatz.
88 Vgl. Kollektiv-Eingabe wegen Aufhebung der Ausgleichungssteuer auf Wein und Tabak in den nördlichen Vereinsstaaten, Mannheim 6.11.1848, in: BA Ko DB 51/117, Registernummer 4976. Wigard, Stenographischer Bericht, Bd. 6, S. 4225, verzeichnet den Eingang am 16.12.1848 unter dem Titel Petition der Handelskammer zu Mannheim, des Vorstands der Unterrheinkreisstelle des großherzoglich badischen landwirtschaftlichen Vereins, vieler Ortsvorstände von Gemeinden des Unter-, Mittel- und Oberrheinkreises, der Centralstelle des landwirtschaftlichen Vereins und der Handelskammern zu Karlsruhe, Heidelberg, Offenburg, Freiburg und Lahr, die Aufhebung der Ausgleichungssteuer auf Wein und Tabak in den nördlichen Vereinsstaaten betreffend.

repräsentiert.[89] Wiederum diente die nationalstaatliche Vision als elementare Argumentationsfolie; hier indes mit latenter Skepsis geäußert, denn „[d]er süddeutsche Producent kann sich des unangenehmen Gefühls der Übervortheilung nicht erwehren und dieses tritt der Annäherung, die zwischen Nord- und Süddeutschland stattfinden muß, – soll unser Vaterland groß, einig und stark werden – störend in den Weg."

Doch diese stellvertretend von den Ortsvorgesetzten unterstützte Initiative sollte sich als ein laues Lüftchen entpuppen in Relation zu dem Proteststurm, der wenig später gegen die drohende Senkung der Importbarrieren ausbrach. Ende November 1848 wurde im Volkswirtschaftlichen Ausschuss ein maßgeblich von nord- und ostdeutschen Freihändlern inspirierter Zolltarifentwurf lanciert, bei dessen Implementierung „insbesondere die landwirtschaftlichen Sonderkulturen Wein- und Tabakanbau den Druck ausländischer Konkurrenz zu fürchten hatten."[90] Laut einem empörten Bericht des ‚Mannheimer Journals' beabsichtigte die Vorlage, den Einfuhrsatz für Tabak um mehr als die Hälfte auf 4 Gulden zu reduzieren.[91] Überhaupt dürfte die auch in den Dörfern gelesene Tagespresse nicht unwesentlich dazu beigetragen haben, Informationen von den Frankfurter Vorgängen zu verbreiten und die Opposition anzufachen. Gleich viermal widmete sich zwischen dem 17. Dezember und 3. Januar das ‚Mannheimer Journal' dem Thema. Polemisch heißt es etwa, „daß die Wein- und Tabak-Production des Zollvereinsgebiets geopfert werden soll, damit man in Schleswig-Holstein, Mecklenburg etc. wohlfeilen französischen Wein trinke und billigen (...) Tabak rauche."[92] In der übernächsten Ausgabe wurde eine Beschwerde des Vaterländischen Vereins in Mannheim abgedruckt, die der Verwahrung der dortigen Handelskammer beipflichtete und an die sich manche dörfliche Petition anlehnte.[93] Kurz vor dem Jahreswechsel beschwor man den überparteilichen Charakter der Kampagne: „[V]ereinige sich die Presse aller Farben gegen einen Zolltarif (...), der den Ruin eines großen Theils unseres geliebten Vaterlandes aufs Bestimmteste nach sich ziehen müßte."[94] Und zuletzt kam mit dem Hinweis, „daß die Industrie und der Handel ihre Vertreter schon gefunden haben werden", die spezifische interessenpolitische Verantwortung „sämmtliche[r] Tabaks- und Weinproducen-

---

89 Es fehlten Altlußheim, Brühl, Ketsch und Neulußheim im südwestlichen Teil des Untersuchungsraums. Ob sie auf dem Zirkularweg einfach übergangen wurden oder ihre Bürgermeister die Unterschrift verweigerten, ist nicht zu klären. Außer in Ketsch fiel in den Gemeinden aber auch die Mobilisierung gegen Zollsenkungen Ende Dezember relativ schwach aus; vgl. Tabelle 6. Der tiefere Grund mag gewesen sein, dass zumindest in Altlußheim, Brühl und Neulußheim der Tabakbau nach regionalem Maßstab eine eher geringe Rolle spielte.
90 Best, Struktur, S. 189-190. Insgesamt gingen hiernach im Dezember/Januar 1848/49 1.435 bzw. 1.140 Schutzzollpetitionen in Frankfurt ein, nachdem es von Mai bis November 1848 im monatlichen Durchschnitt gerade einmal 112 gewesen waren.
91 Vgl. Die Gefahren für den deutschen Tabak- und Weinau, in: MJ Nr. 327, 17.12.1848, S. 1575.
92 Ebd.
93 Vgl. Zollfrage, in: MJ Nr. 329, 20.12.1848, S. 1583. Die Petition der Handelskammer datierte vom 14.12.1848, diejenige des Vaterländischen Vereins vom 18.12.1848; vgl. BA Ko DB 58/83, Registernummern 5052, 5144.
94 Aus der badischen Pfalz, in: MJ Nr. 337, 29.12.1848, 1614-1615.

ten" zur Sprache, „durch Proteste (...) in Masse bei der deutschen Reichsversammlung ihren Gesammtwillen kund zu geben."⁹⁵ Reservierter verhielt sich die radikalliberale ‚Mannheimer Abendzeitung', vermutlich weil sie im Kampf gegen das geplante Zollgesetz auf dem Lande eine Diskreditierung des Verfassungswerks in toto witterte.⁹⁶ Auch sie rang sich jedoch zu der Aussage durch, dass „der Landwirth (...) nicht ohne Schutz Tabak bauen kann."⁹⁷

Wie immer die Dorfbewohner von den Zumutungen der großen Politik erfuhren, sei es aus der Presse, worauf die gerade in ihrer Häufigkeit freilich etwas topische Wendung, man sei „durch öffentliche Blätter zur Kenntnis gelanget",⁹⁸ hindeutet; sei es auf einem einschlägigen Treffen in Ladenburg um Weihnachten 1848, das von „eine[r] große[n] Anzahl Landwirthe und ausgezeichneter Tabakshändler dieser Gegend" besucht worden sein soll:⁹⁹ In den Ortschaften der Ämter Ladenburg und Schwetzingen stieß der Appell überall auf fruchtbaren Boden (vgl. Tabelle 6).¹⁰⁰ Jetzt beschränkte sich der Teilnehmerkreis außer in Altlußheim auch nicht auf die Bürgermeister oder andere kommunale Funktionäre, sondern es fanden sich im Durchschnitt mehr als die Hälfte, in vier Fällen gar über zwei Drittel der Gemeindeglieder zur Unterschrift bereit, um die für Petitionen jener Zeit typische „plebiszitäre Legitimation interessenpolitischer Forderungen"¹⁰¹ zu entfalten. Dies ebenso wie die Tatsache, dass die Unterzeichner bisweilen explizit als „Tabaksproducenten" oder „Landwirthe" firmierten,¹⁰² zeugt damit erneut von den in Abschnitt 2 skizzierten sozialen Inklusionseffekten agrarischer Intensivierung, die hier eine politische Dimension gewannen.

---

95 Aufruf an sämmtliche süddeutsche Tabaks- und Weinproducenten, in: MJ Nr. 2, 3.1.1849, S. 7. Einen solchen Appell enthielt auch schon der erste der vier Artikel vom 17.12.1848: „Unsere Wein- und Tabak-Prodcenten aber insbesondere mögen dafür sorgen, dass Gemeinde für Gemeinde bei der Nationalversammlung unverweilt Protest einlege gegen ein Zollsystem, welches sie direct zu Grunde richten würde."
96 Die Sorge war nicht völlig unbegründet, da die vaterländischen Vereine in Baden ein Gegengewicht zu den demokratischen Volksvereinen verkörperten. Erstere fassten im dörflichen Bereich indes kaum Fuß.
97 Mannheimer Abendzeitung Nr. 310, 28.12.1848.
98 Beispielsweise in der Petition Edingens vom 27.12.1848, in: BA Ko DB 58/69, Registernummer 5174.
99 Aus der badischen Pfalz, in: MJ Nr. 337, 29.12.1848, S. 1614. Der Artikel datiert vom 26.12.1848 und spricht davon, dass die Versammlung „dieser Tage" stattfand. Zumindest die Petitionen aus Heddesheim, Schriesheim, Ilvesheim und Neckarhausen wurden damit wohl zu früh verfasst, um von dieser Versammlung noch ausgelöst worden sein zu können; vgl. Tabelle 6.
100 In Heddesheim unterzeichneten darüber hinaus am 26.12.1848 noch 98 Bürger eine gedruckte Petition gegen die Herabsetzung des Einfuhrzolles auf Wein, die mit Bitte um Unterstützung von der landwirtschaftlichen Lokalabteilung Kreuznach im Nahetal versandt worden war; vgl. BA Ko DB 58/83, Registernummer 5161.
101 Best, Struktur, S. 177.
102 Ersteres etwa in Friedrichsfeld, letzteres beispielsweise in Neckarhausen.

Tabelle 6: Schutzzollpetitionen an die Nationalversammlung aus den 20 Landgemeinden der badischen Bezirksämter Ladenburg und Schwetzingen Ende Dezember 1848

Landgemeinde	Datum	Unterschriften	ªBürger 1845/52	Mobilisierungsgrad %
Altlußheim	28.12.1848	ᵇ8	203,5	ᵇ3,93
Brühl	26.12.1848	40	138,0	28,99
Edingen	27.12.1848	99	168,5	58,75
Feudenheim	29.12.1848	246	469,5	52,40
Friedrichsfeld	29.12.1848	53	90,5	58,56
Heddesheim	19.12.1848	238	355,0	67,04
Hockenheim	25.12.1848	330	540,5	61,06
Ilvesheim	24.12.1848	208	243,0	85,60
Käfertal	29.12.1848	170	355,5	47,82
Ketsch	28.12.1848	112	173,5	64,55
Neckarau	26.12.1848	202	407,5	49,57
Neckarshausen	24.12.1848	127	189,5	67,02
Neulußheim	29.12.1848	59	166,0	35,54
Oftersheim	27.12.1848	109	264,0	41,29
Plankstadt	28.12.1848	178	296,5	60,03
Reilingen	27.12.1848	205	284,0	72,18
Sandhofen	30.12.1848	140	301,5	46,51
Schriesheim	23.12.1848	192	610,0	31,48
Seckenheim	29.12.1848	195	443,0	44,02
Wallstadt	30.12.1848	78	134,0	58,21
Summe		ᶜ2.981	ᶜ5.630,0	ᶜ52,95

ª Wegen fehlender Angaben für 1848 wurde der Durchschnitt der Bürgerzahlen von 1845 und 1852 verwendet
ᵇ Hier unterschrieben Gemeinderat und Bürgerausschuß (8) im Namen der Gemeinde
ᶜ Ohne Altlußheim
Quellen: BA Ko DB 58/69, Registernummern 5113, 5155, 5165, 5167, 5168, 5174, 5175, 5184, 5185, 5188, 5232, 5234, 5235, 5260, 5267, 5564; ebd. 58/83, Registernummern 5156, 5285, 5372, 5567; Hoffmeyer, Gemeinden, 1847; Beiträge zur Statistik 1, 1855, 185, 194.

Die partiell gleichlautenden Texte griffen sichtbar auf gemeinsame Vorlagen in der Presse und in den Petitionen der Handelskammer bzw. des Vaterländischen Vereins in Mannheim zurück, jonglierten mit diesen Bausteinen aber zum Teil sehr frei. Zudem wurden immer wieder eigene Akzente gesetzt, etwa wenn die Neckarauer ihre nationale Loyalität beteuerten[103] oder die Friedrichsfelder lokale Proletarisierungsängste offenbarten.[104] Seltene xenophobe Töne schlug die Eingabe aus Hockenheim an mit dem sarkastischen Ausspruch: „Wären die Namen der Übergeber [des Zolltarifentwurfs] nicht

---

103 So titulierten sich die Neckarauer als „der hohen deutschen constituirenden Reichs-Versammlung treu ergebenste Bürger" und beklagten den „für die Vereinigung Deutschlands leider gegenwärtigen critischen Zeitpunkt."
104 Die Friedrichsfelder sagten als einzige die „Zunahme des ohnehin schon reichlich sich hier befindlichen Proletariats" voraus, von dem sich die Signatare damit zugleich positiv abgrenzten.

deutsch, so müßten wir annehmen, dieselbe käme von Ausländern, von Predigern des Freihandels." Das lässt an Einflüsse des dortigen Gemeinderats Philipp Schwab denken und wirft zum Schluss generell die Frage auf, welche Figur Bauernhändler in dieser Beziehung machten. Schwab selbst wirkte gewiss als eine treibende Kraft, da er es auch war, der in Hockenheim die Unterschriften sammelte und deren Authentizität beurkundete. Die anderen acht identifizierbaren Vertreter der Gruppe reihten sich dagegen in das Heer der Petenten ein.[105] Wo der gemeine Nutzen so evident auf dem Spiel stand, bedurfte es einer Sonderrolle ihrerseits augenscheinlich nicht.

Ausblick: Bäuerliches Handelsengagement als gemeindlicher Integrationsfaktor?

Die bäuerlichen Tabakhändler der badischen Rheinpfalz bewegten sich in einem Vertriebsumfeld, das von der Vormachtstellung städtischer Kaufleute und Fabrikanten gekennzeichnet war. Gerade vor diesem Hintergrund verdient es Beachtung, wenn vielfach dennoch eine erhebliche Umsatzquote von Landwirten der jeweiligen Gemeinde und der näheren Region abgewickelt wurde. Die weitreichende Marktkonzentration liefert zugleich eine Teilerklärung, warum in jedem Dorf immer nur ein eng begrenzter Personenkreis auf diesem Gebiet reüssierte, zumal mancherorts noch die Nachfragekonkurrenz jüdischer Makler hinzutrat. Für die meisten Angehörigen jener kleinen Gruppe bildete das Handelsengagement keine subsistenznotwendige Ergänzung einer ungenügenden Ackernahrung, sondern gliederte sich einem vollbäuerlichen Betrieb an, der häufig durch lukrative gewerbliche und breiter gefächerte kommerzielle Aktivitäten ohnehin schon außeragrarisch diversifiziert war. Zudem scheint ein solches ökonomisches Tätigkeitsprofil in den ersten Dekaden des 19. Jahrhunderts mit Vorzug von begüterten Zuwanderern ausgeprägt worden zu sein, die sich unter anderem dank dieser Schaltpositionen schnell dorfgesellschaftlich zu etablieren vermochten. Ihre rasche lokale Akzeptanz wie überhaupt die hohe Reputation auch ihrer bereits seit längerem ansässigen Berufskollegen erweist sich nicht zuletzt daran, dass sie häufiger in führende kommunale Funktionen gewählt wurden. Ansehen und Amtskompetenz dürften sie dazu prädestiniert haben, als Anwälte der Gemeinden gegenüber Staat und Bürokratie aufzutreten.

Im Kontext handelspolitischer Kampagnen zeigt sich freilich auch, dass ihr Votum zwar eine wichtige, jedoch keineswegs die einzige Stimme im Chor der Tabaklobbyisten war. Als Agrarproduzenten, Kaufleute und gelegentlich Amtsträger kombinierten sie zwei-

---

105 Das gilt für Friedrich Neßmann (Heddesheim), Peter Piazolo (Hockenheim), Adam Helmling (Neckarau), Philipp Gieser (Oftersheim), Johann Helmling und Christian Mitsch (Plankstadt) sowie Matthias Eder, als Gemeinderat, und Joseph Gropp (Seckenheim). Bemerkenswert ist, dass im Rahmen der „Gemeinde Reilingen" rund ein Dutzend jüdischer Haushaltsvorstände des Ortes mit unterschrieb, von denen einige namhaft am lokalen Tabakhandel teilhatten.

fellos die erforderliche Geschäftserfahrung, kulturtechnische Routine und soziale Autorität, um auf effektive Weise die eigenen wie die Belange der Masse ihrer Mitbürger zu artikulieren. Diesen exponierten Status teilten sie allerdings mit einer Reihe anderer größerer Bauern, die sich nicht unmittelbar im Vertrieb betätigten, indes durchaus den Bedürfnissen einer exportorientierten Agrarwirtschaft – etwa mithilfe von Petitionen – staatlichen Instanzen und parlamentarischen Körperschaften gegenüber Gehör zu verschaffen trachteten. Die gleichen lokalen Eliten standen hinter den zunehmend im landwirtschaftlichen Kreis- und Bezirksverein koordinierten Bestrebungen zur Qualitätsförderung des Tabakbaus, um zollbedingte Absatzstockungen zu überwinden und Konsum induzierte neue Marktchancen auszuschöpfen.

Als entscheidend für die starke interessenpolitische Mobilisierbarkeit der dörflichen Bevölkerung in der badischen Pfalz sind daher in erster Linie allgemein der Kommerzialisierungsgrad und die Ausfuhrabhängigkeit ihrer Agrarökonomie anzusehen. In diesem Kontext lässt sich eine von den sonstigen Angehörigen ihrer Besitzgruppe abgehobene Sonderstellung der Händler vorläufig nicht klar erkennen. Jedoch könnten detailliertere Studien das Bild korrigieren, wie überhaupt Forschungen auf breiterer Quellenbasis – beispielsweise serielle Analysen der Waagjournale für einzelne Orte – genauere Aufschlüsse zur zeitlichen Dynamik und damit zur längerfristigen Kontinuität und eventuellen Professionalisierung des bäuerlichen Vertriebsengagements versprächen. Das betrifft auch die Geschäftskontakte der Makler zu den urbanen Fabrikanten und Handelshäusern, die nur auf der Grundlage bäuerlicher Anschreibebücher oder städtischer Firmenarchive näher zu untersuchen wären und hier weitgehend ausgeklammert wurden. In jedem Fall aber verweist der Befund, dass agrarische Erzeugung und Zwischenvertrieb in der nordbadischen Tabakbranche während des Vormärz noch unvollkommen spezialisiert waren, auf die Brücken- und Integrationsrolle südwestdeutscher Bauernkaufleute, die Frank Konersmann für die Transformation der pfälzischen und rheinhessischen ländlichen Gesellschaft seit der Mitte des 18. Jahrhunderts exemplarisch herausgearbeitet hat.[106] Diese Funktionsüberlappung mochte es zumindest den dörflichen Führungsschichten erleichtern, sich das symbiotische Verhältnis von Urproduktion und Handel zu vergegenwärtigen und öffentlich-politisch zur Geltung zu bringen.

---

106 Vgl. Konersmann, Existenzbedingungen; ders., Bauernkaufleute.

Rahmen des bäuerlichen Handels im Wieselburger Komitat (Ungarn) in der ersten Hälfte des 19. Jahrhunderts

Modell der Kommerzialisierung einer west-ungarischen Region

GERGELY KRISZTIÁN HORVÁTH

> „Die Handelslage des Comitates ist trefflich. Die Nähe der Hauptstadt des ganzen Kaiserstaats biethet den Bewohnern die erwünschteste Gelegenheit zum Absatz ihrer Produkte dar."[1]

Merkmale der Untersuchungsregion

Das Dreieck des Wieselburger Komitats (ung. *Moson vármegye*) war in Ungarn eines der kleinsten, aber reichsten Komitate. Das in der nordwestlichen Ecke des Landes befindliche Komitat hatte zahlreiche, von den spätständischen ungarischen Verhältnissen abstechende Merkmale. Es erstreckte sich unmittelbar an der österreichisch-ungarischen Zollgrenze. Es war das einzige ungarische Komitat mit einer deutschen Mehrheit (ca. 70 %). Außer den Deutschen lebten hier auch noch Kroaten (ca. 20 %) und Ungarn/Magyaren (ca. 10 %). Die Bevölkerung war überwiegend katholisch, ein kleinerer Teil evangelisch. Juden wohnten in dieser Zeit nur in einigen herrschaftlichen Marktflecken. Dem unter den Deutschen gewöhnlichen Anerbrecht war es zu verdanken, dass Wieselburg in Ungarn das einzige Komitat war, wo die Durchschnittgröße eines Bauerngutes die Größe einer ganzen Hörigenhufe überstieg.[2]

Eine weitere Besonderheit bestand darin, dass die kleinadeligen Grundbesitzer (Kompossesoren) fast völlig fehlten, im Komitat herrschten zwei große – ein Esterházysches und ein Habsburgisches – Fideikommiße. Beide haben das Komitat nicht nur territorial, sondern auch politisch, wirtschaftlich und kulturell geprägt. Unter der Jurisdiktion der Altenburger Herrschaft Habsburgs lebten um 1820 in 24 Ortschaften ca. 28.000 Seelen, unter derjenigen Esterházys ca. 15.000.[3]

---

1 Grailich, Wieselburger Gespanschaft. S. 206.
2 Zur Besitzstruktur im Wieselburger Komitat vgl. Sándor, A parasztbirtok; Felhö: Az úrbéres; im heutigen Burgenland und Niederösterreich Brusatti, Herrenland; Feigl, Die niederösterreichische Grundherrschaft; Kropf, Agrargeschichte. Zu Entwicklungstendenzen der Grundherrschaft in Niederösterreich vgl. Knittler, Zwischen Ost und West.
3 Von der Wirtschaftsführung der Altenburger Erzherzoglichen (Habsburg) Herrschaft vgl. Die

Aus den Quellen über wirtschaftliche Aktivitäten geht hervor, dass die Bauern des Komitates in einer engen Handlungsbeziehung mit Niederösterreich, vor allem mit Wien standen.[4] Die Bauern handelten fast ausschließlich mit landwirtschaftlichen Erzeugnissen und Naturprodukten, unter den Produkten hatte das Heu eine besondere Bedeutung.[5] An der südlichen Grenze des Komitates zog sich das Moor Waasen (ung. *Hanság*) entlang, das in den 1820er und 1830er Jahren durch die Habsburg Herrschaft teilwiese entwässert wurde. Eine wichtige Folge der Entwässerung war, dass die umliegenden Dörfer die bisherige Heuproduktion auf den neu entstandenen, von der Herrschaft gepachteten Wiesen ausdehnen konnten. Danach haben sie eine noch bedeutendere Rolle auf dem Wiener Markt als Händler und Unternehmer gespielt.

Rahmenbedingungen des bäuerlichen Handels

Aus der in unserem Motto zitierten Quelle und aus der zeitgenössischen Literatur ist bekannt, dass es hier einen bäuerlichen Handel gab. Es ist aber bisher ungeklärt, wie er im Alltag funktionierte. Es wird zuerst untersucht, unter welchen Rahmenbedingungen der Handel stattfand. Alle erkennbaren Faktoren wurden berücksichtigt. Folgende Fragen sollen beantwortet werden:

Wie und unter welchen Bedingungen konnten die ungarischen Hörigen über die Staatsgrenze fahren? Wer erhielt einen Pass, und welche Regel betrafen den Grenzübergang? Wurden die formalen Vorschreibungen eingehalten, oder waren die informellen Praktiken stärker? Weil es in den Quellen um riesige Warenmengen geht, war es wichtig zu wissen, auf welche Art und Weise so viele Waren auf den damaligen Straßen bewegt werden konnten. Wie kann man die Produkte der Wieselburger Region von den Produkten des ungarischen Gesamtexports abgrenzen? Sind der Gegenstand und die Menge des bäuerlichen Handels überhaupt festzustellen? Wurden durch die Hörigenpolitik der Herrschaften und des Komitates die ‚Marktambitionen' der Bauern befördert oder aber erschwert?

Herrschaft Ungarisch-Altenburg; E.W., Schafzucht; Y., Utazásbéli jegyzetek; Burger, Reise; Seidl, Bericht; Csanády, Töredék; Galgóczy, Utazási közlések; Ungarn; Hecke, Vázlatok und Hecke, Die Landwirtschaft; Roditczky, Adatok. Von der Altenburger Landwirtschaftlichen Bildungsanstalt vgl. Kölcsey, A magyaróvári; Hitschmann, Verzeichniss; Balás, Magyar-óvári.

4   Vö. Bél, Az újabbkori; Korabinsky, Historisches.; Demian, Darstellung; Kis, A' Fertö; Magda, Magyar országnak; Grailich, Versuch; Ders., Wieselburger Gespanschaft; Stocz, Das Königreich; Thiele, Das Königreich; Fényes, Magyarország; Galgóczy, Magyarország; Ditz, A magyar. Auch die Wieselburger Getreideausfuhr wird bei Belitzky, A magyar und Dányi, Gabonaárak betrachtet. Zum Weinexport dieser Region im 16.-17. Jahrhundert vgl. Prickler, Zur Geschichte. Die Wiener und österreichischen bäuerlichen Handelsbeziehungen sind durch das Beispiel einer Sankt-Johanner Familie (Kögl) vorgestellt, vgl. Horváth, A parasztpolgárosodás.

5   „Mit der Feldwirthschaft beschäftigen sich auch hier die meisten Menschen, und zwar mit einer grossen Industrie". Magda, Neueste, S. 313

Den Hintergrund des Heuhandels bildete das – physiokratisch motivierte – Entwässerungsunternehmen der zwei großen Herrschaften, dessen Nutzen von den Bauern sofort erkannt wurde. In diesem Fall wird zu untersuchen sein, inwiefern in dem durch den Staat, das Komitat und die Herrschaften gebildeten Herrschaftsfeld Vereinbarungen für die Entwässerung des Moores getroffen wurden.

Die Eigenarten des Wieselburger Urbarialsystems im Vergleich mit den landesweiten Tendenzen sind die Folgenden: Sowohl die materielle als auch die rechtliche Lage der Bauern war besser als im Landesdurchschnitt. Vor der Urbarregulierung von Maria Theresia (1767–1773) überstieg die Hufe einer ganzen Bauernstelle in diesem Gebiet 100 Joche (circa 57 ha),[6] welches der Landesnorm widersprach. Nach der offiziellen Urbarklassifikation machten hier 20-22-24-26 Joch (9,36-11,96 ha) 1.-4. klassiges Ackerland und 6-8-10 Tagwerk (2,59-4,32 ha) 1.-3. klassige Wiese eine ganze Hufe aus.[7] Die Wieselburger Hörigen besaßen also nach der neuen Regulierung sogar vier oder noch mehr ideale Hufen. In dieser Zeit hatten die Bauern in Transdanubien (West-Ungarn) durchschnittlich eine Hörigenstelle mit 0,43-0,7 Maß. Der Durchschnitt lag in dem Wieselburger Komitat bei 0,95 Maß. Von den 49 Ortschaften blieb die Durchschnittgröße der Hörigenstellen nur in 12 Fällen unter einer halben Hufe.[8] In den Ortschaften mit großen Gemarkungen, d.h. in 17 Ortschaften, überstieg die Durchschnittsgröße der Bauerstellen das Idealmaß der Hörigenhufe.[9] 38 % der Hörigen verfügte über mehr als eine Hufe, so dass fast 60 % der Gesamtfläche von ihnen bewirtschaftet wurden.[10]

Ein anderer Aspekt der urbarialen Bestimmungen betraf die Rechtslage der Hörigen, die im Wieselburger Komitat im Landesvergleich auch sehr günstig war. Im Jahre 1767 lebten bloß in einem Dorf schollengebundene Erbuntertanen (Kroatisch Jahrndorf). Die Bewohner von 31 Ortschaften waren freizügig. Aus unbekanntem Rechtsgrund waren faktisch weitere 17 Ortschaften freizügig.[11] Um 1770 verfügten die zwei großen

---

6   Sándor, A parasztbirtok, S. 535.
7   In diesem Komitat 1 Joch = 1.300 Quadratklaster (1. qkl = 3,6 m²), 1 Tagwerk = 1.200 Quadratklaster. Vgl. dazu Felhö, Az úrbéres, S. 15; Grailich, Versuch.
8   Felhö, Az úrbéres, S. 160.
9   Zum Vergleich die durschnittliche Größe in Maß in Wieselburg: 1,63; Zanegg: 1,8; Straß-Sommerein: 1,87; Nikelsdorf: 2,14; Zurndorf 1,45; Leiden 1,55; Sankt Johann 1,14.
10   Felhö, Az úrbéres, S. 160. Demgegenüber erreichten die Hörigen mit weniger als einen halben Grund (einschließlich der Unbekannten) nur ungefähr zwei Fünftel. Diese günstige Lage der Bauern bestand bis zur Mitte des neuzehnten Jahrhunderts fort: „Aber sehr häufig sind zwei, nicht selten auch drei oder noch mehr solcher Sessionen in den Besitze eines einzigen Bauern, und jenes ideelle Ausmaß wird in der Wirklichkeit meist bedeutend überschritten, so daß es in dieser Gegend eine Menge wirklicher Bauerngüter von 80 bis 150, ja bis 250 Joch gibt – man nennt sogar nur den Besitzer von vier Sessionen einen ganzen Bauern, den Besitzer zweier einen halben, den Besitzer von nur einer Session einen Viertelbauern; am häufigsten sind wohl die sogenannten Halbbauern mit etwa 80 bis 100 Joch." Hecke, Die Landwirtschaft, S. 29-30. Vgl. noch Fényes, Magyarország, II/12.
11   Felhö, Az úrbéres, S. 158.

Herrschaften des Komitates über etwa 80 % der Bauerngüter und Untertanen, der Rest war unter den geistlichen und kleineren weltlichen Grundherren aufgeteilt.

Die Lasten der Hörigen waren sehr unterschiedlich, es gab keine einheitliche Regelung der Fronarbeit, die etwa das Neuntel (für den Grundherrn) und das Zehntel (für die Kirche) betraf. Die Art und das Maß der Abgaben war sogar innerhalb der einzelnen Herrschaften unterschiedlich (Naturalien o. Geldrente; auferlegt und eingesammelt vom Grundherr selbst oder in Pacht gegeben). Im letzten Drittel des 18. Jahrhunderts wurde das Neuntel „von 11 Ortschaften in Naturalien, von 13 Ortschaften in Bargeld bezahlt, von den übrigen Orten wurde aber kein Neuntel gegeben."[12] Es gab 8 Ortschaften, wo die Hörigen keine Frondienste leisten mussten, weil diese durch Geldabgabe abgelöst worden waren.[13] Das zeigt, dass bereits in der Mitte des 18. Jahrhunderts die Praxis verbreitet war, Geldeinkommen zu haben, ansonsten hätte dieses System nicht funktionieren können.

Die Großzügigkeit der immer mehr kapitalistisch produzierenden Habsburgischen Herrschaft zeigt, daß den Hörigen im Vormärz 50 % Fronermäßigung gewährt wurden.[14] Bis 1848 bestand die gesetzmäßige Fronnorm einer ganzen Hufe in 104 Tagen „Fußdienst" und 52 Tagen „Zugdienst".[15] Den Zugdienst konnte man für 10 Silberkreuzer/Tag ablösen. Die Esterházysche Herrschaft und die andere kleinere Grundherren legten die gesetzlich vorgeschriebenen Lasten ihren Hörigen auf. Die eigenen Forschungen stimmen mit der Konklusion von Kropf überein: „Wenn wir abschließend nochmals die Agrargeschichte des Burgenlandes in der Neuzeit betrachten, so können wir feststellen, daß sie irgendwo zwischen Grundherrschaft und Gutsherrschaft steckengeblieben ist, wobei der Idealtyp der Gutsherrschaft nirgends zur Ausbildung kam."[16]

Ein weiteres, in Ungarn einzigartiges Merkmal der Wieselburger Sozialstruktur besteht darin, dass man in den Dörfern der reichen – deutschen – Bauern wegen der Ausdehnung der Fluren viel fremde Arbeitskraft benötigte: zwei Drittel der Hörigen beschäftigten Knechte und Mägde in ihrer Wirtschaft.[17]

Zudem war es für den bäuerlichen Handel vorteilhaft, daß sich zwei der größten Getreidemärkte Ungarns in diesem Komitat befanden. Das Getreide aus Ost- und Süd-Ungarn wurde auf der Donau bis zur Wieselburg hinaufgeschleppt, hier umgeladen, dann mit Fuhrwerk nach Niederösterreich, vor allem nach Wien weitergeliefert. „Im Durchschnitt sollen auf dem Wieselburger Donau-Arme jährlich gegen 300 Schiffe, jedes mit 5.000 Metzen Weitzen, Roggen, Gerste und Haber beladen, daselbst ankommen, mithin

---

12   Felhö, Az úrbéres, S. 158.
13   Diese waren die folgenden: Neusiedl am See, Jois, Karlburg, Sarndorf, Potzneusiedl, Weiden, Aracken, Kroatisch Kimling. Vgl. Felhö, Az úrbéres, S. 157.
14   Wittmann, Landwirtschaftliche Hefte VI, S. 85.
15   MmL IVA 510/17 E 483/1847.
16   Kropf, Agrargeschichte, S. 22.
17   Nach Angaben der Conscription im Jahre 1828. Győr-Moson-Sopron Megyei Levéltár Mosonmagyaróvári Részlege (Wieselburger Komitatsarchiv = MmL) MmL IVA 505a/11–63.

bei anderthalb Millionen Metzen abgesetzt werden, abgesehen von dem, was auf der Achse herbeigeführt wird."[18] Diese Frachten im Rahmen des Getreidefernhandels führten die hiesigen Bauern und ihre Knechte auf der Grundlage von Lohnarbeit durch.[19]

Die Konskriptionen und Steuerlisten sind in Bezug auf den bäuerlichen Handel und die Fracht ungenau. Bei Landeskonskriptionen waren sowohl die Bauern als auch die Grundherren – die eine Steuererhöhung befürchteten – daran interessiert, die wirkliche wirtschaftliche Kraft der Steuerzahler zu verschleiern, so dass man die Angaben in den Quellen nur als Minimum bewerten sollte. In der genauesten Steuerkonskription aus dem Jahre 1828 wird lediglich angenommen, dass 14 Ortschaften mit Österreich Handel trieben. Nach anderen Quellen ist aber zu vermuten, dass fast jede Ortschaft in irgendeiner Handelsbeziehung mit Östereich stand. Während dieser Fahrten konnten sie sich viele Kenntnisse und Bekanntschaften verschaffen, die ihnen auch in ihren eigenen Handelsunternehmen halfen. Die Warenfracht warf bis zum Ausbau des Eisenbahnnetzes einen schönen Ertrag ab.[20] Besonders die ärmeren Kroaten profitierten davon, die meistens in diejenigen Dörfen lebten, die über eine kleinere Gemarkung verfügten. Grailich, ein evangelischer Prediger, schrieb, dass sie die Hauptfuhrleute des Komitates waren, „daher die Wieselburger Bauern, die Früchte, Heu u. nach Wien bringen, *communi nomine Croaten* genannt werden, wenn sie auch kein Wort auf croatisch verstehen. Außer dem Ackerbau ist das Fuhrwerk ihr Lieblingsgeschäft, dem sie Tag und Nacht obliegen (…). Ihre Weiber sind emsige Victualienhändlerinnen."[21] Die „Tag und Nacht" treibende Fracht ist eine wahrheitsgetreue Schilderung, weil die Waren gern zur Nachtzeit befördert wurden, um die Pferde zu schonen. Der Warentransport gefährdete auch die Ordnung der kirchlichen Feiertage; die Fuhrleute vernachlässigten die Gottesdienste am Sonntag zum Ärger beider Kirchen regelmäßig. „Die Sonntage und Feiertage werden von den Fuhrleuten trotz den Königlichen Verordnungen fast überall unzählige Male entehrt" – ärgerte sich ein Kollege von Grailich.[22]

Vor der Darstellung der bäuerlichen Warenstruktur ist kurz auf die potenzielle Konkurrenz einzugehen. Es stellt sich die Frage, ob die Bauern ihre Agrarerzeugnisse und Agrarprodukte selbst auf den Markt brachten, oder ob es eher die örtlichen Vermittler waren, die alles aufkauften und weitergaben. Nach der Konskription von 1828 lassen sich 27 von 50 Siedlungen identifizieren, wo es keinen Händler gab. Die Tätigkeit der

---

18 Grailich, Wieselburger Gespanschaft, S. 206. (1 Pressburger Metze = 62,5 Liter; 5000 Metzen = 3125 hl)
19 Dabei sind die eigene Waren transportierenden Bauernhändler und die Lohnfracht zu unterscheiden.
20 Hecke, Die Landwirtschaft, S. 33.
21 Grailich, Wieselburger Gespanschaft, S. 201. Vgl. Csaplovics, Gemälde, II/113. Natürlich haben die Kroaten in beiden Komitaten alle auch Deutsch gesprochen. Vgl. „Da diese Croaten in der Nähe der Deutschen und Ungarn wohnen so sprechen sie alle auch deutsch, oder ungarisch." Fényes, Statistik, I/80.
22 Schriften der adeligen Komitatsversammlung des Wieselburger Komitates. MmL, IVA 502b 1618/1839. (24.08.1839.)

Händler korreliert sonst mit der Anwesenheit der Juden, hier lebten sie aber lediglich in den größeren Herrschaftszentren. In weiteren 16 Orten findet man nur einen oder zwei Händler (Kaufleute und Händler zusammen).

Die Siedlungen, welche wegen des Heuverkaufes auf dem Wiener Markt ständig anwesend waren, und deren Bevölkerung – mit Ausnahme von Wüstensommerein, wo vor allem Ungarn lebten – deutschsprachig war, wurden besonders untersucht; folgende Ergebnisse lassen sich resümieren.

Tabelle 1: Zahl der Steuerpflichtigen und Kaufleute der „Wiener Heudörfer" im Jahre 1828[23]

Ort	Zahl der steuerpflichtigen Haushaltsoberhaupte	Kaufleute (mercatores)	Händler (quaestor)
Pamhagen	618	2	1
Wüsten-Sommerein	317	-	-
Sankt Andrä	369	-	-
Sankt Johann	880	3	-
Sankt Peter	601	-	-
Andau	451	-	-
Tadten	316	-	-
Wallern	352	-	-
Zusammen	3.904	5	1

Die Angaben der ersten Spalte bedürfen keines Kommentars. Auf die Gruppe der fast 4.000 Steuerpflichtigen entfallen nur sechs Kaufmänner bzw. Händler. Das macht es also wahrscheinlich, dass nicht bloß der Heuhandel, sondern auch der Export und Handel mit selbst angebauten Agrarprodukten und sonstigen Produkten nach Österreich von der bäuerlichen Bevölkerung selbst abgewickelt wurden, ohne äußere Vermittler in Anspruch zu nehmen. Nach Auskunft der Quellen lässt sich feststellen, dass jede Ortschaft mittelbar oder unmittelbar eine Handelsbeziehung mit Österreich unterhielt.

Die Fuhrdörfer lieferten aber nicht allein Waren, sondern bezogen auch Produkte wie Gewerbeerzeugnisse und Bauholz aus Österreich.[24] Über die Handelsbeziehungen mit Österreich berichtete Paul Hasslinger, ein Bauer aus Sankt Johann, in seinem Brief an einen Benediktiner aus den 1840er Jahren:

„Ich grüsse Sie höflich und mache ihnen zu wissen, wie viel for früheren Jahren nach Steiermark gefahren sind. Ein gewisser Kögl Matthias, auch Kögl Georg, Wolf Joseph, Ponenstingl Math, und noch mehrere, auch Ihre Vtter sind schon vor Sie diese Strassen gefahren, mit Früchten Waitz Korn Kukurutz, mit Brein und Knobern, mit Wein auch mit Rohrdecken auch mit Kaufmannsgüter, von

---

23 MmL IVA 505a/11–63.
24 „Oesterreich liefert uns Wieselburgern, mithin auch Zorndorfern [Zurndorf] Manufaktur- und Colonial-, Galanteriewaaren, Möbeln, Eisen, Breter, Latten, Bauholz, Kalk, Porzelan, Steingutgeschirr u." Grailich, Versuch, S. 214.

Wien bis Triest, mit die Früchten durch Steiermark, wo sie verkaufen nur konten, in Kühnberg Bruck an der Mur, in Leoben, Judenburg, Morau, Glagenfurt, auch auf der Salzstrass Rothenmau, Linzen, Rastand, Ausse waren Ihre verkauf Pltze. Rohrdecken, Wein bis Salzburg geführt, auch noch weider, bis Heilah wo der Wunderberg liegt."²⁵

Im Verlauf einer solchen Reise zogen die Bauerhändler durch den größten Teil Österreichs und verkauften ihre Waren. Die Endstationen der Fahrt bildeten nach Süden Triest und nach Westen Salzburg. Unter den damaligen Verhältnissen sind riesige Entfernungen zurückgelegt worden.

Makroökonomischer Rahmen

Im Grenzbereich von Ungarn und Österreich bestand im Zeitraum von 1754 bis 1850 eine innere Zollgrenze. Die merkantile österreichische Wirtschaftspolitik verfolgte drei Hauptziele:

- Steigerung der staatlichen Einkommen,
- Lebensmittel- und Rohstoffversorgung der Erbländer, sowie
- Förderung der Gewerbe, Sicherung des Monopols der Industrie in den Erbländern.

Um diese Zwecke zu erreichen, war die Zollpolitik das wichtigste Mittel.²⁶ Die Monarchie wurde in Kommerzialsektoren unterteilt, um den Handelsverkehr zwischen den Ländern zu unterstützen. Während die Einfuhr österreichischer Produkte auf den ungarischen Markt erleichtert wurde, wurde die Ausfuhr ungarischer Produkte – auch landwirtschaftlicher Erzeugnisse – erschwert. Obwohl das Wieselburger Komitat, welches eine intensive Handelsbeziehung mit Österreich hatte, durch die österreichischen Zollregeln besonders benachteiligt war, konnte es durch das Ausnutzen von Marktlücken einen gewinnträchtigen Handel treiben. Ungarn nahm an der gesamtmonarchischen Arbeitsteilung vor allem durch seine Naturprodukte und Rohstoffe teil. Die Wieselburger Region hatte Wien mit Nahrungsmitteln zu versorgen.²⁷ In dieser Zeit hatte Niederösterreich im Bereich der Landwirtschaft keine Autarkie, seine Bevölkerungsdichte war aber höher als die der angrenzenden ungarischen Gebiete und die Konzentration der Bevölkerung wuchs wegen der Industrialisierung rasch weiter.²⁸

---

25 Der Brief wird zitiert in Kögl, Mosonmegyei, S. 24.
26 Fónagy, A bomló, S. 25; zusammenfassend vgl. Bruckmüller, Sozialgeschichte, S. 161-164.
27 Trotz der Mißernte im Jahre 1787 wurde der Raaber Bezirks-Obergespan vom kaiserlichen Hof aufmerksam gemacht, dass er sich nächsten Frühling „neben der Obligation von Militärverpflegung vor allem auch um die Verpflegung der Stadt Wien kümmern soll". Eckhart, A bécsi udvar, S. 85.
28 Der Absatz auf dem Markt in Wien verhalf den Händlern zu einem sicheren Einkommen auch während der Rezession der 1810er Jahre: „Der Lebensmittelverbrauch innerhalb Wien ging trotz der enormen Teuerung nur mäßig zurück". Sandgruber, Die Anfänge, S. 97. In damaliger

Die österreichischen Länder produzierten wegen der natürlichen Gegebenheiten ziemlich wenig Getreide, deshalb unterstützte der Wiener Hof – besonders bei Mißernten – die ungarische Ausfuhr durch reduzierte Zölle.[29] Ein Hauptmotiv des auf merkantilistischen Grundlagen 1754 ins Leben gerufenen Zollsystems war, den Import nur solcher Produkte zu gestatten, deren Anbau im Reich schwer oder unmöglich war. So wurden die Produkte vor 1850 nach Warengruppen gruppiert und ihre Zölle mit 1 bis 60 % belegt.[30] „Ungarn wird aber außerdem noch durch eine besondere Zolllinie von dem übrigen Österreich getrennt, wo allerdings bei der gegenseitigen Ein- und Ausfuhr der Zoll geringer, aber doch in vieler Beziehung für Ungarn ungünstig ist."[31]

Im Vormärz wurde der Kreis der mit quasi „Strafzoll" belegten Güter radikal verengt, in zeitgenössischen Analysen war bereits nachgewiesen worden, dass der Unterschied zwischen den Aus- und Einfuhrzöllen der 36 wichtigsten landwirtschaftlichen Produkte und Rohrstoffe nur in zwei Fällen für die ungarische Wirtschaft günstig war.[32] Das ungleiche Handelsverhältnis zwischen Ungarn und Österreich auf der Makroebene ist aber völlig unabhängig von der Tatsache, dass die ungarischen Produkte in Österreich dank des höheren Preisniveaus – trotz der relativ ungünstigen Zollsätze – einen sicheren Aufnahmemarkt fanden.[33]

Sprache ausgedrückt: „Seinen sichersten Absatz hat das ungrische Getreide in dei deutschen Erbländer, wohin die Ausfuhr von Jahr zu Jahr größer wird, besonders aber nach Wien und die Umgegend, wo die Zahl der kunstfleißigen, und nichts producierenden Consumenten immer mehr anwächst." Demian, Darstellung, I/274. Im Jahre 1783 hatte Wien 207.979, im Jahre 1848 356.869 Bewohner. Mérei, A magyar, S. 473-474. Demian setzt seinen Gedankengang mit dem folgenden Satz fort: „Das Centralpunkt dieses Kornhandels ist Wieselburg, wohin das Getreide auf der Donau besonders aus den untern Gegenden gebracht wird, und von da entweder nach Wienerisch-Neustadt oder nach Wien geht." Demian, Darstellung I, S. 275.

29 Eckhart, A bécsi udvar, S. 207. Vgl. noch ebd., S. 146-162. Die Zusammenhänge zwischen Erträgen, Zöllen und Exportmöglichkeiten werden detailliert analysiert in: Belitzky, A magyar.
30 Fónagy, A bomló, S. 27.
31 Fényes, Ungarn, S. 141.
32 Diese beiden Produkte waren Butter und bearbeitetes Schaffell; vgl. Kautz, Nemzetgazdaságunk, S. 120-121. „Der ungarische Handel ist aber auch aus dem Grunde passiv, weil wir großentheils rohe, erst zu verarbeitende Naturprodukte ausführen und für sie fast nur fertige Industrieprodukte einhandeln, wodurch wir den bedeutenden Arbeitslohn an das Ausland verlieren." Fényes, Ungarn, S. 145.
33 „Die Güte seines Bodens, die gewisse Aussicht, daß ihm 4/5 der Früchte seines Fleißes zu eigenem Gebrauch und Verwendung verbleiben, der hohe Preis der, der Erde abgenötigten Erzeugnisse, die schöne Gelegenheit, die ihm Wien und Oesterreich zum leichten und gewissen Absatz darbietet, die frühe Gewöhnung von Jugend auf, und ein sichtbares Ehrgefühl, welches der Anblick eines wohlbestellten und gesegneten Fruchtfeldes ihm einflößt, diese und andere günstige Verhältnisse, sind eben so viele unwiderstehliche Triebe und Wecker zur rastlosesten Thätigkeit." Grailich, Versuch, S. 213.

Bäuerliche Produkte aus den Komitaten Wieselburg und Ödenburg auf dem Wiener Markt

> „Die Haupt-Producte und größten Schätze dieser Gespanschaft sind: Getreide, und vorzüglich Weitzen, Wein, Heu, Schafe, Rindvieh, Pferde, Bienen u. dgl. Die Fruchtbarkeit an allen gewöhnlichen Arten von Getreide, und Gras war von je her so groß, daß sie als eine Vorrathskammer von Wien und Oesterreich, wohin sie ihren Ueberfluß verführt, angesehen werden kann."[34]

Eine der Ausgangsfragen war, welche Auswirkungen die regionalen Handelsbeziehungen auf die bäuerliche Warenproduktion hatten. Jede Quelle betont die Aktivität der Wieselburger (auch die Ödenburger) Bevölkerung auf dem Wiener Markt, es fehlen jedoch die numerischen Angaben bezüglich der Größe. Daher muß man sich zunächst mit solchen Adjektiven, wie „tüchtig", „nicht verachtungswürdig", „enorm", „beträchtlich", „erheblich", „ansehnlich", „günstig", „unermeßlich", „trefflich", „bedeutend", „lebhaft", „ungeheuer", „bemerkenswert" usw. begnügen. Trotz des Mangels an Quellen über den Grenzverkehr kann die Größe und Struktur der bäuerlichen Exportartikel anhand der damaligen Export- und Zollstatistiken festgestellt werden.[35] Es fragt sich, ob mit Hilfe der Warenverkehr- und Zollstatistik, welche man nur auf der Makroebene interpretieren kann, auch die wirtschaftliche Bedeutung des Wieselburger Komitates zu erschließen ist. Es lassen sich die Waren und Güter mindestens in zwei größere Gruppen teilen. Einmal in Produkte „von nationaler Bedeutung" (z.B. Weizen, Wolle) und dann in Produkte aus dem Kreis der örtlichen und regionalen Spezialitäten (z.B. Heu, frisches Fleisch). Natürlich gibt es auch eine erhebliche Schnittmenge unter den Produkten: so ist etwa der ‚Privatexport' von Wein und Getreide durch die Hörigen untrennbar vom Export der Herrschaften, von der regionalen Herkunft ganz zu schweigen. Das Pro-

---

34 Grailich, Wieselburger Gespanschaft, S. 193. Vgl. „Vorrathskammer der Stadt Wien" Windisch, Geographie, S. 284-285; „Das Wieselburger Comitat wird mit Recht das Magazin von Wien genannt, denn es wächst hier Weizen, Korn und Heu in grosser Menge." Magda, Neueste, S. 312; „Kornkammer Niederösterreichs" Thiele, Das Königreich, S. 1; „das Komitat wird als Vorratskammer Österreichs genannt" Fényes, Magyarország, S. 9.

35 Das Problem wurde mit der folgenden Methode bearbeitet: Nach 1840 erschien eine statistische Reihe mit dem Titel ‚Ausweise über den Handel...' im Verlag des Rechnungsdepartement der Hofkammer, wo in einem Kapitel detailliert betrachtet wird, wieviel Exportgüter aus Ungarn in die einzelnen österreichischen Erbländer geliefert wurden. Da hier nur die Struktur des Exports interessiert, stehen nicht die langfristigen Trends des Exports im Vordergrund, sondern es wird ein einziges Jahr, nämlich 1842 ausgewählt. Vgl. Menge der gesamten Waaren-Einfuhr aus Ungarn und Siebenbürgen in die anderen im Zollverbande befindlichen österreichischen Provinzen im Jahre 1842, nach den einzelnen Provinzen, in welchen die Verzollung Statt fand, nebst dem summarischen Werthe und Zollertrage derselben. In: Ausweise über den Handel, S. 401-433. Bevor die konkreten Angaben analysiert werden, bleibt daran zu erinnern, dass es in den Jahren 1841/42 auch im Wieselburger Komitat eine große Dürre gab, weshalb der potentielle Warenüberschuss ziemlich mäßig war. Vgl. MmL IVA 502b 2134/1841; ferner ebd. 1893/1842.

blem tritt auch beim Schlachtvieh und bei den Schafen auf.[36] Es ist aber erkennbar, dass eine große Gruppe der Waren solche Produkte bildeten, die vermutlich auf den Wochenmärkten oder im Kleinwarenverkehr verkauft wurden. Mit diesen Warengruppen konnten sich wegen ihrer Verderblichkeit, ihrer verwickelten und komplizierten Erzeugung, Herstellung, Einsammlung und ihres Verkaufs nur solche Gruppen beschäftigten, die unmittelbar an der inneren Seiten der Zollgrenze produzierende Personen lebten.

Der Charakter der exportierten Waren und die Art ihrer Erzeugung weist in vielen Fällen darauf hin, dass die sie erzeugenden, einsammelnden und verkaufenden Personen Bauern waren, die Herrschaften sind ausgeschlossen. Im Falle Niederösterreichs (Wien bildet leider keine selbständige Kategorie in den Quellen) bedeutet dies, dass ein sehr großer Teil des ungarischen Gesamtexports von den Wiesel- und Ödenburger Bauern nicht nur erzeugt, sondern von ihnen auch auf den Markt gebracht wurde.

Aus der Warenverkehrstatistik des Jahres 1842 wurden von den darin erfassten 333 Produkten diejenigen ausgewählt, deren größter Aufnahmemarkt Niederösterreich war,[37] und die man hypothetisch mit dem Wieselburger Komitat in Verbindung bringen kann (das Eisenerz z.B. nicht). Die so erhaltenen 76 Posten sind in Tabelle 2 in drei Reihen aufgeführt. I) Zuerst wird die Reihenfolge der Produkte nach ihrem Wert erläutert, II) dann ist zu klären, welche Produkte an der Ausfuhr nach Niederösterreich den größten Anteil hatten. III) Zum Schluß wird geprüft, welche Produkte in dieser Reihenfolge die größten Mengen aufweisen. Um die Produkte leicht gegenüberstellen zu können, sind sie nach ihrer Stückzahl und ihrem Gewicht gruppiert.

Tabelle 2: Wichtige Importgüter aus Westungarn und Niederösterreich (1842)

Nr.	I) Reihenfolge der nach Niederösterreich exportierten Produkte nach ihrem Wert (die ersten 30 Plätze) Gulden CM = Conventionsmünze	II) Anteil der Ausfuhr nach Niederösterreich an dem ungarischen Gesammtexport (%) (die ersten 30 Plätze)	IIIa) Reihenfolge der nach Niederösterreich exportierten Waren nach ihrem Gewicht (in Wiener Zentner: 1 q = 56 kg) (erste 30 Plätze)	IIIb) Reihenfolge der nach Niederösterreich exportierten Waren nach ihrer Stückzahl (erste 10 Plätze)
1.	Wolle (10.110.240 Gulden CM)	Schachtelhalm (100%)	Weizen u. Spelzkörner (1.164.845 q)	Hühner (1.677.426 Stücke)
2.	Weizen u. Spelzkörner	Torf	Hafer	Truthühner, Gänse, Perlhühner
3.	Schweine, (un)gemästet	Moos-, Wiesen- u. Heideschnepfen, Kibitze, Rohrhühner, Waldtauben	Stroh, Heu, Gras, Moos, Futterkräuter	Schweine, (un)gemästet

---

36 Neben den Herrschaften hatten auch die Bauern Schafe: „auch (...) Bauern halten viele Schafe". Magda, Neueste, S. 312.
37 Die aus Ungarn zollfrei gelieferten Produkte der österreichischen Untertanen sind nicht eingerechnet.

4.	Ochsen u. Stiere	Haare von Rindern und Rehen ungefilzt	Wolle	Besen von Birken und Weiden
5.	Tabakblätter aller Art	Klauen	Tabakblätter aller Art	Matten o. Decken von Rohr, Schilf, Stroh dgl.
6.	Hafer	Steinmetzarbeiten	Galläpfel	Schafe, Widder, Ziegen, Böcke, Hammel
7.	Bettfeder	Hühner	Rübsamen	Enten/Kapaune dgl.
8.	Galläpfel	Gries	Gerste u. Spelz in Hülsen	Krammetvögel, Drosseln, Zaretzer, Lerchen, Wachteln dgl.
9.	Öle, z.B. Hanf, Lein, Rübsamen	Salpeter	Bruch- o. Bausteine	Hasen u. Kaninchen in Bälgen
10.	Pottasche	Eier	Wein	Lämmer u. Kitze (10.636 Stück)
11.	Schafe, Widder, Ziegen, Böcke, Hammel	Soda	Hadern	
12.	Rübsamen	Malz	Pottasche	
13.	Wein	Bettfedern	Mais	
14.	Hadern	Enten/Kapaune dlg.	Malz	
15.	Hühner	Truthühner, Gänse, Perlhühner	Torf	
16.	Hanf, (un)gehechelt	Hafer	Gemüse wie Kraut, Kohlrüben, Erdäpfel, Gurken, Spargel usw.	
17.	Gerste u. Spelz in Hülsen	Wildenten, -gänse, Repp-, Schneehühner, Waldschnepfen dlg.	Öle, z.B. Hanf, Lein, Rübsamen	
18.	Stroh, Heu, Gras, Moos, Futterkräuter	Krammetvögel, Drosseln, Zaretzer, Lerchen, Wachteln dlg.	frisches Obst	
19.	Unschlitt	Schaffüße zum Leimsieden	Roggen, Halb- u. Schwarzgetreide	
20.	Füllen	Auerhühner, Fasanen, Birk-, Haselhühner dlg.	Mehl (aus Getreide, Hülsenfrüchten, Kartoffeln)	
21.	Horn u. Spitzen, Hornscheiben	Haare von Pferden	Hanf, (un)gehechelt	
22.	Kräuter für Arznei u. Färberei	Ochsen u. Stiere	Soda	
23.	Mais	Hasen u. Kaninchen in Bälgen	Bettfedern	
24.	Honig (un)geläuter	Hadern	Honig (un)geläutert	
25.	Käse (Kuh- u. Schaf-)	Blüten wie Eibisch, Kamillen dgl.	Käse (Kuh- u. Schaf-)	

26.	Salpeter	Matten o. Decken, von Rohr, Schilf, Stroh dgl.	Unschlitt, roh u. geschmolzen	
27.	Eier	Besen von Birken und Weiden	Salpeter	
28.	Soda	Stroh, Heu, Gras, Moos, Futterkreuter	Kleien, ohne Unterschied	
29.	Mehl (aus Getreide, Hülsenfrüchten, Kartoffeln)	Schweine, (un)gemästet	Brot, gemeines	
30.	Fische, Frösche, Biber, Otter dgl. (52.420 Gulden CM)	Gemüse wie Kraut, Kohlrüben, Erdäpfel, Gurken, Spargel usw. (86,9 %)	Kräuter für Arznei u. Färberei (3.583 q)	

I. Kolumne: Diese Reihenfolge ist aus den wirtschaftsgeschichtlichen Publikationen bekannt.[38] Der Geldwert der Waren spiegelt deren Bedeutung eindeutig wider und ermöglicht den Vergleich von miteinander ansonsten nicht kompatiblen Qualitäten/Maßen. Diese Aufstellung ist vorteilhaft für die Makroperspektive. In der Gesamtausfuhr des Landes finden sich viele Produkte – hauptsächlich in der ersten Hälfte der Reihenfolge –, die in der Wieselburger Region häufig vorhanden waren; ein Herausfiltern allein aufgrund der Wertangaben ist schwer möglich. Neben der so dokumentierten bäuerlichen Ausfuhr[39] lassen sich die ersten 14 Posten der Ausfuhr auch dem Produktenprofil der jüdischen Händler und der großen Handelsfirmen zuordnen. Der Export von Hühnern, die in der Produktenstruktur der Herrschaft nicht vorkommen, steht auf dem 15. Platz und deutet an, dass ausschließlich in den bäuerlichen Kleinbetrieben produziertes Geflügel eine herausragende Position in der Ausfuhr hatte, unabhängig davon, ob es einen Vermittler gab oder die Bauern selbst verkauften.[40] Der Heuexport steht trotz der riesigen Mengen wegen des ziemlich geringen Preises nur auf dem 18. Platz, aber die darauf folgenden Posten wie Kräuter für Arznei und Färberei (22), Salpeter (26),

---

38 Vgl. Mérei, A magyar királyság, S. 503-509.
39 Nach Grailichs Schätzung wurde 40 % des im Wieselburger Komitat erzeugten Getreide (im Jahre 1818: 550.000 hl) in Österreich verkauft; vgl. Grailich, Wieselburger Gespanschaft, S. 206. In den 1840er Jahren wurde circa 10-16 % des österreichischen Getreideverbrauchs aus Ungarn bezogen. Vgl. Fónagy, A bomló, S. 26. Die bäuerliche Getreideausfuhr machte bereits in der Mitte des 18. Jahrhunderts eine erhebliche Menge aus: Nach Belitzkys Rechnung wurden allein durch den Prellenkirchner Zoll 1.800-2.400 hl Getreide pro Jahr ausgeführt. Belitzky, A magyar, S. 79. Im Dorf Leiden „giebt es Landbauer, welche jährlich 240-250 Pressburger Metzen [150–156 hl] Weizen, nebstdem von Kukurutz [Mais] so viel erzeugen, dass sie 60-70 Pressburger Metzen [37–44 hl] verkaufen können. So gross ist der Segen im Wieselburger Comitat!" Magda, Neueste, S. 312.
40 Vö. „Mit zahmen Geflügel, Gänsen, Enten, Hühnern, Tauben u. dgl. sind die Haushaltungen reichlich versehen. Die Menge der Wildgänse, Wildenten, Rebhühner, Schnepfen, Trappen, Raubvögel ist nicht gering." Grailich, Wieselburger Gespanschaft, S. 196; „Vieles, und allerley Hausgeflügel." Stocz, Das Königreich, S. 152.

Eier (27), Soda (28), Fische, Frösche, Biber, Otter (30) kommen unzweideutig aus der Wiesel- und Ödenburger Region.

II. Kolumne: Durch diese Aufstellung der nach Niederösterreich ausgeführten Produkte, aufgelistet nach ihrem prozentualen Anteil an dem Gesamtexport, ist es möglich, die Bedeutung der Lokalerzeugnisse zu gewichten. Die ersten zwei Plätze mit einem Anteil von 100 % nehmen der Schachtelhalm und der Torf ein.[41] Das Gemüse steht auf dem dreißigsten Platz mit einem Anteil von 86,9 %, hat aber auch eine große Bedeutung. Daraus ist es ersichtlich, dass diese Produkte an dem niederösterreichischen Export einen ausgeglichenen Anteil hatten. Obwohl ihre Menge im Vergleich mit den anderen großen Warengruppen meistens kleiner ausfiel, ist ihre Herkunft wegen ihrer Eigenschaften (geographisches Vorkommen, Transportfähigkeit, Verderblichkeit) in der Wiesel-/Ödenburger Region zu vermuten.

Der Schachtelhalm (1) gegen Gichtschmerzen, der Torf[42] (2) für Dampfmaschinen und Brennereien, das Wassergeflügel (3, 17) aus der Gegend des Wasens (ung. *Hanság*) und des Neusiedler Sees, die Singvögel und die anderen schmackhaften Geflügelarten (18, 20) kamen aus grasigen Ebenen des Heidebodens.[43] „Wenig Hochwildbret, aber desto mehr Hasen, viele Rebhühner, Trappen u. dgl. (...) Um den See, und den Hanság halten sich Wildgänse, Wildenten, Rohrhühner, Wasserhühner, Taucher, Nimmersätte, Rohrdrommeln, Kropfgänse, Ströche, Moosschnepfen u. a. m. in ungeheuerer Menge auf."[44] Die sog. „Steinmetzarbeiten" (6) fuhren aus den Steinbrüchen von Kaisersteinbruch (Wieselburger Kom.), Sankt Margarethen und Kroisbach (Ödenburger Kom.) nach Wien ab.[45] Die Hühner (7) sind oben bereits angesprochen worden, das gilt auch für die Warengruppe von Enten, Kapaunen (14), Truthühnern, Gänsen und Perlhühnern (15). Aus Soda (11), welches am häufigsten im Seewinkel vorkam, wurde Salpeter (9) gesot-

---

41 Der Torf wurde durch die Zichy und Altenburger Herrschaften angebaut; vgl. Fényes, Magyarország, S. 261, 264.

42 Von dem Torfexport haben wir keine direkte Quelle aus diesem Gebiet. Über die Steinkohle aus dem Ödenburger Dorf Brennberg wird aber festgesellt, dass „das Uebriege aber nach Oesterreich, besonders nach Wien verführt wird". Magda, Neueste, S. 304.

43 Die Ressourcen des Moores werden von Grailich wohl zusammengefasst: „In dem ungeheueren Rohrgebüsche, das sich an die südliche Spitze des Sees anschließt, wächst so viel langes schönes Rohr, daß damit alle Bauernhäuser dieses Comitates gedeckt werden, und auch an die Auswärtigen eine bedeutende Menge dieses brauchbaren Materials abgegeben werden kann, und außer dem noch ein großer Theil zur Feuerung übrig bleibt. Millionen wilder Gänse, Enten, Rohrhühner hausen in diesen schwer zugänglichen Morästen und Gebüschen, und gewähren der Jagdlust die angenehmste und unterhaltichste Befriedigung. Der schwimmende Rasen ist mit hohem Grase bedeckt. Viele tausend Zenter Heu werden von hier jährlich nach Wien, und anderwärts verführt." Grailich, Wieselburger Gespanschaft, S. 192.

44 Stocz, Das Königreich, S. 152.

45 Siehe auch: „Die Steinbrüche bei Neusiedl am See, und der Kaiser-Steinbruch werfen diesen Ortschaften vielen Nutzen ab, und versehen die untere Gegend mit Mauer- und Denksteinen." Grailich, Wieselburger Gespanschaft, S. 197. Vgl. Kalksteine aus dem „Margarether Steinbruch, woraus sie sogar nach Wien, Pressburg und anderwärts verführt werden." Magda, Neueste, S. 305.

ten.⁴⁶ Als Grundstoff nahm Soda auch einen bedeutenden Platz ein. Das Ei mit dem zehnten Platz war eines von den typischen Produkten der Bauernhöfe, das wegen seiner Zerbrechlichkeit aus fernen Gegenden nicht nach Österreich geliefert wurde, ähnlich wie im Fall der Hasen und Kaninchen in Bälgen (23).⁴⁷ Das Sammeln von Kamille (25) auf den Ebenen mit Soda, auch die Hausgewerbe mit Decken/Matten- und Besenflechten (26-27) boten eine bescheidene, aber zusätzliche Einkommensmöglichkeit für die ärmeren Bewohner.⁴⁸ In der Reihenfolge der Ausfuhr hat der Heuexport nach seinem Prozentsatz den 28. Platz, nach seiner Menge war es vielleicht die bedeutendste unter den von Bauern erzeugten Waren. Die Gartengemüse (30) beweisen wieder, dass die bäuerlichen Haushalte eine unentbehrliche Rolle für die Versorgung der Bevölkerung in Wien spielten.

Nach ihrer Wichtigkeit sind auch andere Produkte zu erwähnen, die über 80 % an der Ausführung nach Niederösterreich einnahmen, aber unter den ersten 30 fehlen. Das wichtigste war die Kategorie der Wassertiere wie Fische, Biber, Otter, Frösche mit 85,3 % (33.). Hierzu gehören auch Schildkröten. Auf die heute unglaubliche Größe des Schildkrötenhandels weist darauf hin, dass es für die mit Schildkröten beladenen Pferdewagen damals eine selbständige Mautgebühr gab. Von den Fischen wird hier die Schmerle hervorgehoben, die in den Sümpfen lebte (jetzt ausgestorben). Als Moorfisch ertrug die Schmerle den Sauerstoffmangel gut, so dass man sie auch nach langem Transport als frischen, lebendigen Fisch verkaufen konnte.⁴⁹ „Es gibt ihrer jedoch noch viele, als: Karpfen, Karauschen, Schaiden, und Hechte, wovon wöchentlich beträchtliche Partien nach Wien, Preßburg u. wandern, die aber bei weitem nicht so schmackhaft sind, als die Laitha-Fische." – so Grailich.⁵⁰

Mehrere dieser Produkte verweisen auf die hervorragende Bedeutung der Tätigkeiten, welche über die alltägliche bäuerliche Warenproduktion (Getreide, Vieh) hinausgingen, und welche sich auf Sammeln, Jagd und Fischfang gründeten. Wo es eine ungünstige Flurstruktur mit zu viel Wasser, Sumpf oder Sodaboden gab, waren diese Produkte für die Bauern ihre einzigen Geldquellen. Die Platzierung solcher Posten wie frisches Obst (84,5%, 38. Platz), verschiedene Würste, zubereitete Speisen wie Pasteten, Sülzen,

---

46 „An bemerkenswerthen Produkten des Mineralreiches fehlt es durchaus, den Salpeter und die Soda ausgenommen. (…) In den meisten Ortschaften finden sich Salpetersiedereien, in denen guter Salpeter gewonnen wird. Soda wird in Illmitz, nahe am See, wie auch bei Téttény [Tadten] aus dem Seesalz, Zick genannt, woraus auch Wundersalz und Seife verfertiget werden, erzeugt." Grailich, Wieselburger Gespanschaft, S. 197. „das Zicksalz in Menge erhoben wird". Stocz, Das Königreich, S. 152. Vgl. Prickler, Zur Geschichte.
47 Vgl. bei Stocz, „Starker Wildbrethandel." Stocz, Das Königreich, S. 153.
48 Vgl. „Eine der Hauptbeschäftigungen der Anwohner des Hansag und seiner Hirten in ihren Muße-Stunden ist das Trocknen des Schilf und das Flechten der groben Matten, die man in Wien ‚Daken' nennt und zum Verpacken der Waren und bei anderen Gelegenheiten braucht." Kohl, Hundert Tage, S. 52. Das Flechten von Matten war am bedeutendsten in Wüstensommerein. Zum Besenflechten vgl. Kis, A' Fertö, S. 346.
49 Lukács, Adatok, S. 289.
50 Grailich, Wieselburger Gespanschaft, S. 192.

Kuchen (83,4 %, 41. Platz), Teigwerk (83,3 %, 42. Platz) zeigt, dass jenseits der rohen Erzeugnisse und lebendigen Waren auch veredelte Produkte in der Verpflegung der städtischen Bevölkerung Wiens eine Rolle spielten.

III. Kolumne (a, b): Es lohnt sich, die Reihe der nach Gewicht und Stückzahl zusammengefassten Produkte anzuschauen. Durch sie wird die vorgenommenee Charakterisierung des regionalen Wirtschaftsprofils zum Teil bestätigt, zum Teil differenziert. Hier konnten auch solche Waren eine ausgezeichnete Position einnehmen, die wegen ihres minderen Wertes oder ihres geringen Anteils an der Ausfuhr nach Niederösterreich nicht vorkamen oder einen niedrigen Platz einnahmen. Es fällt am meisten ins Auge, dass die Produktgruppe Stroh, Heu, Gras, Moos, Futterkräuter auf den dritten Platz kam und auch andere, vorher unbedeutende Waren hier an der Spitze der Liste stehen wie z.B. Gemüse und frisches Obst[51]. Es ist auch beachtlich, daß Wein und Brot erstmals hier auf der Exportliste auftauchen. Der zehnte Platz des Weines bedeutet aber eine erhebliche Geldsumme (319.782 Gulden in Conventionsmünzen), und am Profit der Weinausfuhr hatte das Neusiedler Weingebiet (zum Teil im Wieselburger, zum Teil in Ödenburger Komitat befindlich) einen großen Anteil. Beim Ödenburger Komitat erwähnt der zeitgenössische Statistiker, Paul Magda: „Wein wird in Ueberfluss erzeugt, so dass die Ausfuhr sehr stark ist".[52] Die Wieselburger Weine aus den Gemeinden Jois-Neusiedl am See-Gols-Mönchhof wurden unter dem Namen „Seewein" umgesetzt, wie das auch heute noch der Fall ist.[53]

Das Ergebnis der Aufschlüsselung nach der Stückzahl spricht für sich selbst. Wenn man von den Posten ‚Schafe und Lämmer' absieht, verbleiben nur solche Waren in dieser Gruppe, die als die typischen Produkte dieser Region zu bezeichnen sind, besser gesagt: welche aus den oben genannten Gründen ausschließlich aus der Öden- und Wieselburger Grenzregion transportiert werden konnten. Produktion und Export des Heus sind eingehender vorzustellen.

---

51 So etwa „Das Oedenburger gezierte Obst ist auch im Auslande, wohin es verführt wird, bekannt." Magda, Neueste, S. 304.
52 Magda, Neueste, S. 303.
53 Zur Beschreibung des Ruster (Ödenburger) Weinbaus vgl. von Conrad, Beschreibung. Galgóczy, ein ungarischer Statistiker, schreibt: „die Reben tragen weiße Tafelweine mit guter Qualität hervor, auch an der Wieselburger Seite, um Gols und Neusiedel am See, welche in dem niederösterreichischen Weinhandel unter dem Name ‚See Wein' bekannt sind." Galgóczy, Magyarország, S. 292.

Unternehmende Hörige? Das Moorheu auf dem Wiener Markt

> „Vorzüglich aber wird Heu in solchem Ueberfluss gewonnen,
> dass davon vieles nach Wien ausgeführt werden kann."[54]

Die Bewohner der Dörfer am Rande des Sumpfes „Wasen" (ung. *Hanság*) zogen erheblichen Nutzen aus dem Sumpf.[55] Wien als Zentum der Monarchie bot einen einzigartigen Aufnahmemarkt – auch für das Heu. Die 5.-6.000 Pferde der städtischen Händler, Kutscher, Fuhrleute und Militär, ferner der hiesige Viehbestand (ca. 1.500 St.)[56] brauchten eine ständige und zuverlässige Fütterung. Die Wichtigkeit des Heuexports zeigt der ehemalige Heumarkt in der Stadt.[57]

In den zeitgenössischen Quellen wird die Heuproduktion auf vergleichbare Weise beurteilt. Auf den Wiesen, die entweder zu den Fluren der Dörfer gehörten, oder von den Herrschaften gepachtet wurden, entwickelte sich eine riesige Graswirtschaft. Die Wiesen wurden zweimal pro Jahr gemäht, dann das Heu im Schober gediemt. Wenn die Wetterverhältnisse günstig waren, trugen die Bauer das Heu nach Hause und verkauften den größten Teil in Wien. Wenn das Wetter schlecht, d.h. zu nass war, mussten sie auf den Frost warten, um das Heu mit Schlitten aus dem Sumpf herauszuholen. Häufig kam es aber vor, dass sie weder mähen noch liefern konnten. Bei solcher Gelegenheit trieben sie das Vieh auf diese Flächen, wenn aber die Wiesen ständig unter Wasser standen, verfaulte alles, auch das gemähte Heu.[58]

---

54 Magda, Neueste, S. 312.
55 „(…) auf welchem jährlich viele Hundert Fuhren Heu gemähet werden". Szepesházy-Thiele, Merkwürdigkeiten, S. 188.
56 Vgl. die Bände der Tafeln.
57 Der Heumarkt befindet sich im Wiener Bezirk „Landstraße", jenseits des Flusses Wien. Zur Etymologie des Ortes vgl. „Die großen Mengen Heu, die allwöchentlich aus Ungarn zugeführt und hier verkauft wurden, geben der Örtlichkeit dann den Namen." Czeike, Historisches Lexikon, S. 177. Einmal pro Monat wurde hier auch Pferdemarkt gehalten. Vgl. Jäck-Heller, Reise nach Wien, S. 302. Das Andenken des Heuhandels von Wieselburger sog. Heubauern spiegelt sich auch in einem Lied zurück: „Liebi Teitschi Pajtásch! gehnmer / In die Birtshaus, trinks ein Emmer / Zahli alli allein aus; / Habi meini Heu verkaufen, / Willi alli glei versaufen / Und geh ohni Kraitzar z'Haus." Lid was hot, 3. S., 1. V
58 Dazu einige deutschsprachige Stellungnahmen: „Die südliche Spitze dieses Sees [Neusiedler See] endiget sich in einem Rohrwerk, und endlich in einem schwimmenden Rasen, auf welchem viele hundert Fuhren Heu gemacht werden. Ist der Winter scharf u. streng, so pflegen die Besitzer dieser Wiesen ihr Rohrwerk und Heu der frostigen Witterung nach Hause zu führen. Ist der Winter aber gelinde, so werden nur Schafe und Hornvieh hingetrieben, welche hier überwintern und den Vorrath des Heues verzehren, weil man keinem Lastwagen im Stande ist diesen Rasen zu befahren." Korabinsky, Historisches, S. 446. Vgl. Csaplovics: „Ein bedeutender Theil des schwimmenden Rasens ist zwar auch Wiesengrund und wird in trockenen Jahren gemäht; allein das gewordene Heu ist sauer und will den Pferden nicht besonders schmecken. In trockenen Jahren, wo auch schlechtes Heu einen Werth findet und gekauft wird, ziehen die Bewohner des Hanság's viel Gewinn. Viele Tausend Fuhren Heu werden hier gemacht; es kann

Die Quellenlage für die Heuproduktion ist fragmentarisch, doch ist es möglich, sie ungefähr zu rekonstruieren.[59] Weil die ungarische Heuausfuhr zum größten Teil nach Niederösterreich und vor allem nach Wien verkauft wurde, wird das Heu aus Ungarn mit dem Heu gleichgesetzt, das von Wieselburger Hörigen geliefert und verkauft wurde.[60]

Es scheint ziemlich sicher zu sein, dass in den Heudörfern nicht nur einzelne Bauern zum Markt fuhren, sondern auch die bäuerlichen Gemeinden förmliche Lieferungsverträge mit den Militärverpflegungsbehörden schloßen. Auf dieser Ebene waren sie nicht mehr Bauern, die auch Handel trieben, sondern sie agierten zugleich als Mitglieder der Bauergemeinden im Sinne rationell kalkulierender Wirtschaftsakteure. Anhand der wenigen archivalischen Quellen zu Kriegslieferungen kann man behaupten, dass die Heudörfer, d.h. die Gemeinden der Altenburger Herrschaft, eine ziemlich große wirtschaftliche und rechtliche Autonomie hatten. Sie traten auf dem Markt als vertragsfähige Partei auf. Sie produzierten vor allem für den Markt, schlossen Pacht- und Transportverträge, dazu mußten sie kalkulieren, die Fristen einhalten. Auch die Herrschaft und das Komitat waren interessiert daran, weil sie dadurch zu höheren Mehreinnahmen kamen.[61] Die Funktionen und Aufgaben eines Komitates können hier nicht vorgestellt werden. Es ist aber darauf hinzuweisen, dass die Komitate nicht bloß eine administrative Einheit waren. Sie übten auch die Gerichtsbarkeit aus und waren Appellationsinstanz

---

indeß nur bei großer Dürre weggebracht werden; außer dem muß man bis in den Winter hinein warten, um es auf dem Eise herauszubringen. In nassen Jahren ist eben darum die Heuernte sehr beschwerlich und von wenigem Belange, da der größte Theil verdirbt. Man begnügt sich dann, es durch's Vieh abweiden zu lassen, welches oft bis an den Bauch in Schlamm versinkt." Csaplovics, Gemälde, S. 71-72.

59 Aus den zeitgenössischen statistischen Quellen (Tafeln; Ausweise) wurde jede Angabe im Bezug auf den Heuhandel gesammelt, um die Bedeutung und Verhältnis der ungarischen und Wieselburger Ausfuhr zu beurteilen. Die komplizierten Rechnungen werden hier nicht vorgestellt, die folgenden Quellen wurden hierbei verwendet: Tafeln 1835: 35, 41, 48, 64. Tafeln 1836: 35, 41, 48, 64. Tafeln 1837: 37, 41, 50, 66. Tafeln 1842: 66. Tafeln 1845-46/II: 15, 31. Ausweise 1845: B 26-27. Ausweise 1846: B 26-27. Ausweise 1842: 401-433. Eine Besonderheit der amtlichen Statistik ist es, dass Heu und Stroh bei der ungarischen Ausfuhr, in Österreich aber Heu, Klee und Luzerne zusammenrechnet waren. Insgesamt bleibt festzustellen, dass weder die ungarische Strohausfuhr, noch die österreichische Futterproduktion so wichtig waren, dass sie die Genauigkeit der Berechnungen bedeutend schmälern könnten.

60 Zum Heuverkauf aus dem Ödenburger Komitat gibt es keine Quelle. Kiss József, der in seiner Komitatsbeschreibung in jedem Fall angibt, wenn ein Produkt auch in Österreich einen Markt hatte, äußert sich nicht über das Heu. Er behauptete, dass das hiesige Heu in Formen von Mastochsen nach Niederösterreich und Wien wanderte. Vgl. Kiss, Sopron, S. 15-23.

61 Das Magazin von Bruck an der Leitha in seinem Brief vom 26. Januar 1810 bat das Komitat, sich für die weitere Lieferung einzusetzen: „die Gemeinden St. Peter, St. Johann, Wüstensommerein, Andau, Tadten, Wallern mit dem Auftragen des Heus, zu dem sie sich vertragsmäßig verpflichteten, sehr weggeblieben sind." Protokolle der adeligen Komitatsversammlung des Wieselburger Komitates: MmL IVA 502a/56 262/1810 (1.2.1810). Zwei Monate danach informierte das Wiener Magazin das Komitat darüber, dass es mit den Gemeinden Sankt Johann, Sankt Peter, Wüstensommerein und Wallern einen Vertrag über 1.120 Tonnen (20.000 Wiener Zentner) Heu geschlossen hatte. MmL IVA 502a/56 512/1810 (26.3.1810.)

für die Hörigengemeinden. Der Obergespan, der formelle Vorsitzende des Komitates, war durch den König ernannt, in der Praxis wurde das Amt aber durch den Vice-Gespan geleitet, der von der adeligen Versammlung des Komitates gewählt wurde. Dadurch war das Komitat ein Terrain der adeligen Selbstverwaltung. Als eine ziemlich autonome Organisation konnte sie die Zentralisationsbestrebungen der königlichen Macht in dieser Epoche mit Erfolg abwehren.

In der dritten Tabelle sind die Angaben über die ungarischen/siebenbürgische Heuausfuhren in den 1840er Jahren zusammengefasst. In diesen zehn Jahren wurde 99 % des exportierten Heus in drei Erbländer transportiert, das wichtigste war Niederösterreich mit 83,2 % (93.361 Tonnen).[62]

Tabelle 3: Menge des Heuexports aus Ungarn und Siebenbürgen in die österreichischen Kronländer zwischen 1841-1850

Jahr	Menge (umgerechnet in Tonnen)	Wagen/Stück (1 St. = 18 Wiener Zentner = 1008 kg)	Wert (Gulden in Conventionsmünzen)	Zollbetrag (Gulden in Conventionsmünzen)
1841	15.242	15.121	218.468	1.361
1842	14.611	14.495	228.873	1.305
1843	10.233	10.152	160.500	914
1844	8.998	8.927	139.046	803
1845	9.564	9.488	139.772	854
1846	10.900	10.814	183.701	973
1847	12.028	11.932	176.634	1.074
1848	11.381	11.291	163.711	1.016
1849	9.943	9.864	142.046	888
1850	9.312	9.238	133.034	831
1841–1850	112.215	111.322 Wagen (St.)	1.685.785	10.019

Quelle: Menge der Waaren-Einfuhr aus Ungern, Siebenbürgen u. in die anderen österr. Kronländer in den J. 1841-1850, nebst dem summarischen Werthe und Zollertrage derselben, dann der Vergleichung mit den Ergebnissen der vorausgegangenen 10 Jahre; Werth der Waaren-Einfuhr; ferner Zollertrag der Waaren-Einfuhr; in: Ausweise 1853, S. 442-443, 456-457, 486-487.

Aus der Zeit der Napoleonischen Kriege sind einige Angaben überliefert, nach denen das Quantum des bäuerlichen Handels geschätzt werden kann. Es gab mehrere Konflikte zwischen Bauern und Militärbehörden, denn die Lieferungen litten beim Unwetter viel Verzögerung. Berechnet man die Angaben in Tonnen um, erhält man ungeheuer große Summen: die Dorfgemeinden Sankt Peter, Sankt Johann und Wüstensommerein

---

62   Es folgten die Steiermark mit 10,1 % (11.334 Tonnen) und dann Galizien mit 5,7 % (6.410 Tonnen). Der bedeutendste Aufnahmemarkt des ungarischen Heus war also Niederösterreich. Ausweise 1853, S. 442-443.

schlossen einen Vertrag über 1.232 Tonnen Heu (22.000 Wiener Zentner = q) ab,[63] Andau und Wallern schuldeten 336 Tonnen (6.000 q).[64] Im Jahre 1807 vereinbarte Andau einen Vertrag über 448 Tonnen (8.000 q = 3 Gulden/q),[65] im folgenden Jahr schlossen Sankt Peter und Wüstensommerein einen Vertrag über 504 Tonnen (9.000 q),[66] im Jahre 1810 Sankt Johann, Sankt Peter, Wüstensommerein und Wallern über 1.120 Tonnen (20.000 q) ab.[67] Unter den damaligen Verkehrsverhältnissen war der Transport dieser Mengen selbst eine außerordentliche Leistung. Ein Wagen konnte ca. 18 Wiener Zentner, d.h. ungefähr eine Tonne Heu liefern, die vereinbarten Lieferungen machten also mehrere Tausende Fuhren nötig.

Das Quantum der „zivilen" Heuausfuhren konnte anhand der 14 überlieferten Wiener Marktprotokolle präzisiert werden.[68] Zuerst ist zu untersuchen, inwieweit das Wieselburger Heu am Wiener Markt wettbewerbsfähig war. Der Preis des österreichischen Heus war immer höher, ausgenommen im Juni-Juli 1835. Der Unterschied betrug durchschnittlich 13,12 Kreuzer, was auf die niedrigere Qualität des ungarischen Heus verweist („Moorheu").[69]

Zweitens ist das Quantum der Heuausfuhr zu untersuchen.[70] Um den Anteil des Wieselburger Heus auf dem Wiener Markt einzuschätzen, sind komplexe Rechnungen notwendig, die aber hier nicht vorgeführt werden sollen. Nach Angaben der *Tafeln* machte der Heuverbrauch von Wien 2-3 % der Heuproduktion Niederösterreichs aus, und die Lieferungen aus Ungarn erreichten nur 0,8-1,4 % der niederösterreichischen Produk-

---

63   MmL IVA 502a/53 1135/1807 (12.11.1807.)
64   MmL IVA 502a/53 973/1807 (26.09.1807.)
65   MmL IVA 502a/54 1021/, 1409/, 1411/1808 (17.08.1808., 30.11.1808.)
66   MmL IVA 502a/54 1081/1808 (05.09.1808.)
67   MmL IVA 502a/56 512/1810 (26.03.1810.)
68   Für die Rekonstruktion wurden 6 Jahre (1825, 1835–36–37, 1845–46) ausgewählt und insgesamt von 416 Markttagen Angaben gesammelt. (In den Musterjahren war der Wieselburger Heuertrag mittelmäßig oder schlecht.) Von diesen Tagen wurden mit Hilfe des PC-Programs SPSS 385 Tage untersucht: bei dieser Gelegenheit verkauften an dem Markt auch die Wieselburger Ortschaften. Die Protokolle teilen die Verkäufer in zwei Gruppen, es gibt Österreicher und Ungarn. Erstere kamen aus zwei niederösterreichischen Dörfern, Moosbrunn und Achau, die ungarischen waren alle – zu acht – aus dem Wieselburger Komitat. Es gibt noch zwei schwer zu bestimmende Bezeichnungen, das sog. „Waldheu" und die Gruppe von „Slowaken". Letztere wrden anfänglich als selbständig bezeichnet, später, in der 1840er Jahren bei den Ungarn aufgeführt. (Wiener Stadt- und Landesarchiv, Marktamt, B15 1 Heu & Strohpreise /1825–1837/; B15 2 Heu & Strohpreise /1840-1849/ = Verzeichniß der Heu- und Stroh Marktpreise.
69   Deszö Dányi, der die Eigenartigkeiten der Getreideausfuhr untersuchte, fand auch ähnliche Zusammenhänge. Nach Dányi war das verschiedene Preisniveau ein Hauptmotiv im Export. Zwischen 1831 und 1854 war der Preis des Getreides im Niederösterreich immer höher als in Ungarn, der Unterschied erreichte 50 % in Jahren 1836, 1838, 1845. Vgl. Dányi, Gabonaárak, S. 94.
70   Die Werte des Marktverkehrs sind meistens Durchschnittwerte. Die Protokollschreiber setzten 100–150–200–300–400–500–600 Wagen mit 1.800–2.700–3.600–5.400–7.200–9.000–10.800 Zentner Heu äquivalent (1 Wagen = 18 Zentner = 1.008 kg).

tion. Das zeigt, dass es in Niederösterreich in der Nähe von Wien keinen ständigen Überfluß gab, sonst wären die Wieselburger Ausfuhren nicht so unentbehrlich gewesen. Nach eigenen Schätzungen machten diese Transporte mindestens 40, aber eher 50-60 % des Wiener Marktverkehrs aus.

Der Gewinn der Bauern ergibt sich nach Abzug der Kosten (Wiesenpacht, Taglohn, Futter, Ausfuhrdreißigst, Einfuhrzoll, Wegmaut, Verzehrungssteuer, Zoll beim Linienwall in Wien, Platzgeld). Die Höhe der Kosten – abgesehen von den Grenzzöllen – ist bisher unbekannt, doch wird geschätzt, dass die Wieselburger Bauernhändler in den Jahren der Dürre der 1840er 70.000-200.000 Gulden Einnahme pro Jahr hatten. Wenn diese Summen sich nur unter den oben genannten acht Ortschaften verteilten, bezeugt das enorme Einnahmen. Dessen ungeachtet findet man keine hervorstechende bäuerliche Wohlfahrt in diesen Ortschaften. Es gab sehr reiche Bauern, aber von der Gesamtbevölkerung kann man das nicht behaupten. Anton von Wittmann, der strenge Oberregent der Habsburgischen Herrschaft bietet dafür eine eigenartige Erklärung aus der Perspektive des rationellen Landwirtes:

„Viele tausend Fuhren werden zwar nach der Kaiserstadt geführt, allein die Wohlfeilheit dieses schlechten Futters ist so groß, daß sie kaum dafür die Zehrungs- und Mauthkosten nach Hause bringen, und Fuhrlohn und alle Erzeugungskosten verloren wird. Das übelste ist aber, daß sie sich in den Wirthshäusern herumzutreiben gewöhnen, und sich so manche Untugend aneignen. Dieß sind gewiß die Hauptursachen, warum die an dem Hanság [Moor] wohnenden Unterthanen die ärmsten und am meisten heruntergebracht sind, obwohl jeder 2 bis 3 Sessionen beläufig 60 bis 70 Joch der besten Gründe hat, und von einer Session nur mit halber Roboth belastet ist."[71]

In seinem Kommentar spiegelt sich das strenge Urteil eines Agrarfachmannes aus Österreich. Um den Profit zu ermitteln, müsste die Forschung auf der Mikroebene fortgeführt werden. Nur durch die Untersuchung der Einzelhaushalte dürfte es möglich sein zu entscheiden, ob die Heuhändlerbauern wirklich kaum Chancen hatten, Gewinn zu erzielen, oder ob sie ihr Kapital doch in bisher nicht beachteten Bereichen (Grund-, Maschinen- und Viehkauf, Bildung) reinvestierten.

Modell des bäuerlichen Handels

Man kann versuchen, ein Modell des bäuerlichen Handels zu konstruieren. Im Hintergrund des ausgedehnten bäuerlichen Handels in der Wieselburger Region standen mehrere günstige Faktoren.

Einer der wichtigsten Faktoren war die geringe Entfernung von Wien. Auch die entlegensten Wieselburger Ortschaften befanden sich nicht weiter als 80 bis 100 km von Wien entfernt, mit dem Pferdewagen konnte man die Residenzstadt innerhalb von zwei Tagen erreichen. Ein weiterer günstiger Faktor war, dass dieses Gebiet fast ganz flach

---

71 Wittmann, Landwirtschaftliche Hefte VI, S. 85.

ist, und damals von vielen Feldwegen durchquert wurde. Auf diesen Feldwegen war es möglich, die Mautstellen zu meiden und den kürzesten Weg zu wählen. Die großzügige Hörigenpolitik der Altenburger Herrschaft gewährte den Bauern eine große wirtschaftliche Freiheit. Geldabgaben und Freizügigkeit der Hörigen waren hier allgemein. Auch das Komitat setzte sich für die kommerzielle Tätigkeit seiner Untertanen gegenüber den kleineren Grundherren und Bürgern ein. Die physiokratischen Entwässerungsunternehmen der zwei großen Herrschaften ermöglichten eine extensive Ausdehnung der Wiesenwirtschaft und dadurch einen wachsenden Heuhandel und eine Steigerung der Einnahmen für die Hörigen.

Die Zollgrenze war im Alltag eher eine flexibel genutzte Einschränkung, indem informelle Praktiken gewählt wurden. Gegenüber den formellen, gesetzlichen Regelungen waren auch lokale, halblegale Lösungen möglich. Die Behörden – beiderseitig – waren nicht zu streng, wenn es um Ausstellung eines Reisepasses und/oder Grenzübertritt ging, dadurch wurde die Mobilität der Hörigen sehr erleichtert. Die Gefälldelikte wurden streng bestraft, aber die administrativen Regeln für die Fracht wurden weniger eingehalten.

Insgesamt lässt sich feststellen, dass die regionalen Kultur- und Wirtschaftsbeziehungen gar nicht so sehr der politischen Willkür ausgeliefert waren (Grenze wird hier sowohl geographisch als auch sozial verstanden). Die die Grenze überschreitende interregionale Kooperation gehörte in der ständischen Gesellschaft zur selbstverständlichen Praxis des Alltagslebens und jede Schicht war daran beteiligt. Die Hörigen als selbständige Marktteilnehmer passten sich der Nachfrageseite des Wiener Marktes maximal an. Sie nutzten wirksam die Möglichkeiten der rechtlichen, wirtschaftlichen, kulturellen und natürlichen Umwelt: als Untertanen benutzten sie die ihnen gewährte Handels- und Bewegungsfreiheit, erkannten die Nachfrage in Niederösterreich, wo sie wegen ihrer Deutschsprachigkeit kein Kommunikationsproblem hatten. Produktion und Handel des Heus beweisen, dass gewisse Merkmale des Unternehmerhabitus' in der ständischen Gesellschaft auch in den Unterschichten entstehen konnten.

Damit soll auch eine Alternative zur kolonialen Abhängigkeitsthese der Wirtschaftsbeziehungen zwischen Ungarn und Österreich aufgezeigt. Eine Alternativbetrachtung auf der Makroebene ist bereits entstanden,[72] Regionalstudien und Mikroanalysen stehen noch aus. Statt der allbekannten These von der „Verdrängung" und des „ausgelieferten, kolonialen Daseins" sind in der Wieselburger Region die gegenseitige Angewiesenheit, die Füllung der Marktlücken, der von Staat und Herrschaft gestattete Vermögenszuwachs der Untertanen als Schlüsselbegriffe zu bevorzugen.

Entwicklung und Wandlung der bäuerlichen Gesellschaft im Wieselburger Komitat im Vormärz können nicht als typischer Weg betrachtet werden. Infolge der Kommerziali-

---

72 Vgl. eine der Schlußfolgerungen von John Komlos: „For Hungary, therefore, the importance of the mid-century reforms wanes in comparison with the stimulus provided by the demands of having been Austria's breadbasket and source of raw materials, a stimulus that first began to be strongly felt in the 1820s." Komlos, The Habsburg Monarchy, S. 217.

sation verstärkte sich die Marktorientierung der bäuerlichen Warenproduktion und es nahm die räumliche und soziale Mobilität im Handel, auf dem Arbeitsmarkt und in der Bildung zu, die insgesamt die Mentalität und Wirtschaftslage der Hörigen ihre Wirkung verändert haben dürften.

Quellen- und Literaturverzeichnis

Ungedruckte Quellen

Archiv der Hansestadt Lübeck, Altes Senatsarchiv, Certificationes, 1579-81.

GRUBER, Physisch topographische Beschreibung der Landschaft Oberhasle (1783), von Pfarrer Gruber, Burgerbibliothek Bern, BBB, GA Oek.Ges. 123 (9).

HAUSKNECHT (HAUSWIRTH?); J.R. KÜPFER (?), Beschreibung der Landschaft Frutigen, von Hausknecht (Hauswirth?), Johann Rudolf Küpfer (?) (1790), Burgerbibliothek Bern, BBB, Mss. Oek.Ges. Fol 122 (8).

M. MURET, Description de Leysin et d'Ormont (1764), von M. Muret, Burgerbibliothek Bern, BBB, GA Oek.Ges. 123 (4).

G. GRUNER, Versuch einer physisch-statistisch-ökonomischen beschreibung der gemeind Wiegewohnt (gemeint Englisberg) (1823), Burgerbibliothek Bern, BBB, GA Oek.Ges. 123 (13).

Landesarchiv Schleswig-Holstein. Abt. 162. Schwabstedter Amtsrechnung 1504.

J.R. NÖTHIGER, Physisch-topographische Beschreibung der kirchgemeinden Unterseen, Habkern und Beatenberg (1785), von Pfarrer J. R. Nöthiger, Burgerbibliothek Bern, BBB, GA Oek.Ges. 123 (11).

Rigsarkivet, Kopenhagen, Reg.108 A, gl. pk. 24, nr. 1.

Rigsarkivet, Kopenhagen, Reg. 108 A, gl. pk. 6, læg 5 (Lensregnskab for Nykøbing len).

Rigsarkivet, Kopenhagen, Slesvig og holstenske regnskaber før 1580. Reviderede regnskaber. Haderslev toldregnskab 1539.

D. RIS, Topographische Beschreibung des Emmentals, von Pfarrer David Ris (konzeptuelle Mitarbeit von Schweizer), 1. Theil (1764), Burgerbibliothek Bern, BBB, GA Oek.Ges. 123 (2).

Stadtarchiv Flensburg, Altes Archiv. B. Königliches Gymnasium, Nr. 565.

Stadtarchiv St. Gallen, Spitalarchiv.

STAMM, Auszug aus des herrn pfarrer Stamm von Birmistorf Beantwortung der ihm von der physikalischen gesellschaft von Zürich vorgelegten fragen über den landwirtschaftlichen zustand der grafschaft Baden (1781), Burgerbibliothek Bern, BBB, Mss. Oek.Ges. Quarto 10 (15).

K.L. STETTLER, Beschreibung des Amtes Bipp, von K. L. Stettler (Landvogt) (1788), Burgerbibliothek Bern, BBB, Mss. Hist. Helv. XVI 45.

J.S. WYTTENBACH, Beschreibung der Pfarrgemeinde Gurzelen (1776), von Pfarrer J. S. Wyttenbach, Mss. Hist. Helv. XX 9 C 20, Zunftarchiv Metzgern, Burgerbibliothek Bern, BBB, ZAMe (Bandnummer).

Gedruckte bzw. publizierte Quellen

S. AAKJÆR (Hrsg.), Kong Valdemars Jordebog, Bde. 1-3, København 1926-45, (ND) København 1980.

Statistischer Abriss für das Königreich Bayern, 1. Lieferung, München 1876.

A. ANDERSEN (Hrsg.), Johannes Oldendorphs selvbiografi. En præsteskæbne fra Haderslev i hertug Hans den Ældres tid, Tønder 1966.

A. ANDERSEN (Hrsg.), Den danske Rigslovgivning 1397-1513, København 1989.

A. ANDERSEN (Hrsg.), Den danske Rigslovgivning 1513-1523, København 1991.

Aarsberetninger fra Det kongelige Geheimearchiv, Bd. 5, København 1871.

ANONYMUS, Bemerkungen über die Nützlichkeit des Beitritts zum dem allgemeinen Zollverein in Hinsicht auf den Distrikt des ehemaligen Badischen Neckarkreises von einem dortigen Produzenten, Heidelberg 1834.

Ausweise 1842 = Ausweise über den Handel von Oesterreich im Verkehr mit dem Auslande und über den Zwischenverkehr von Ungarn und Siebenbürgen mit den anderen österreichischen Provinzen, im Jahre 1842. Vom Rechnungs-Departement der k. k. allgemeinen Hofkammer. 1844. Dritter Jahrgang, XVII, S. 401-433.

Ausweise 1853 = Ausweise über den Handel von Oesterreich im Verkehr mit dem Auslande und über den Zwischenverkehr von Ungern, der Woiwodschaft Serbien sammt dem Temeser Banate, dann von Kroatien, Slavonien, Siebenbürgen und der Militärgrenze mit den anderen österreichischen Kronländern in den Jahren 1841 bis 1850. Zusammengestellt von der Direction der administrativen Statistik im k. k. Ministerium für Handel, Gewerbe und öffentliche Bauten. Eilfter Jahrgang (Zweiter Theil.) Aus der kaiserlich-königlichen Hof- und Staats-Druckerei, Wien.

L. VON BABO (Hrsg.), Landwirthschaftliche Berichte, hrsg. für den Großherzoglich badischen Kreisverein Weinheim-Heidelberg, Heidelberg 1840-1859, Bensheim 1860-1862.

Beiträge zur Statistik Bayerns, Heft 81, Landwirtschaft in Bayern. Betriebszählung, München 1907.

Beiträge zur Statistik der inneren Verwaltung des Großherzogthums Baden, Bd. 1: Die Gemeinden des Großherzogthums Baden, deren Bestandtheile und Bevölkerung, Karlsruhe 1855.

Beiträge zur Statistik der inneren Verwaltung des Großherzogthums Baden, Bd. 35: Die Volkszählung vom 1. Dezember 1871, I. Theil, Karlsruhe 1874.

Beiträge zur Statistik der inneren Verwaltung des Großherzogthums Baden, Bd. 37: Die landwirthschaftlichen Haushaltungen nach der Aufnahme vom 10. Januar 1873, Karlsruhe 1878.

M. BÉL, Az újabbkori Magyarország földrajzi-történelmi ismertetése. Moson vármegye. /Moson-Magyaróvári Helytörténeti Füzetek IV., Mosonmagyaróvár 1749 [ND 1985] (*Eine geographische-historische Darstellung des gegenwärtigen Ungarn. Das Wieselburger Komitat*).

C. BJØRN (Hrsg.), Reise Bemerkungen Sr. Excellenz des Herrn Geheime Staats Ministers und Kammerpräsidenten Grafen v. Reventlow auf einer Reise durch Die Herzogthümer im Jahre 1796, Odense 1994.

A. BOLZ, Oekonomische Beschreibung des Kirchspieles Kerzers. Von Hr. Albrecht Bolz, WohlEhrw. Pfarrherrn des ortes, in: Abhandlungen und Beobachtungen durch die ökonomische Gesellschaft zu Bern gesammelt, 4. Jg. 1. Stück, 1763, S. 69-89.

J. BURGER, Reise nach Ungarisch-Altenburg, in: Verhandlungen der k.k. Landwirthschafts-Gesellschaft in Wien und Aufsätze vermischten ökonomischen Inhaltes, Neue Folge, 2. Bd. 1. Heft, Wien 1833, S. 90–128.

Cartularium Sangallense, Bde. 3-10, bearb. v. O.P. Clavadetscher (Bde. 3-7) u. S. Sonderegger (Bde. 8-10), St. Gallen und Ostfildern 1983-2007 .

C. A. CHRISTENSEN (Hrsg.), Roskildebispens Jordebøger og Regnskaber, København 1956.

Freiherr Rüdt VON COLLENBERG, Die landwirtschaftlichen Verhältnisse des Großherzogthums Baden, in: Festschrift für die Mitglieder der 21. Versammlung deutscher Land- und Forstwirthe. Beiträge zur Kenntnis der Land- und Forstwirtschaft im Großherzogthum Baden, Heidelberg 1860, S. 1-251.

P.L. VON CONRAD, Beschreibung des Ruster Weinbaues, Wien 1819.

I. Csanády, Töredék, utazási naplómból, in: Magyar Gazda 1841, 15 S. 227–236; 16, S. 247–252; 17, S. 259–267 (Móvár); 18, S. 282–285 (*Bruchstück aus meinem Reisetagebuch*).

J. von Csaplovics, Gemälde von Ungern, I–II, Pesth 1829.

D. Dányi, Gabonaárak Magyarországon 1750–1850. Adalékok. (Kézirat – a T13662 sorszámú OTKA kutatás beszámolója) - Handschrift (*Getreidepreise in Ungarn 1750–1850*).

J. H. C. Dau, Sitten und Ackerbau in der Kremper Marsch um 1820, in: Archiv für Agrargeschichte der holsteinischen Elbmarschen 3 (1981), S. 143-146

I.A. Demian, Darstellung der Oesterreichischen Monarchie nach den neuesten statistischen Beziehungen, 3. kötet, Wien 1805.

I.A. Demian, Darstellung der Königreichs Ungern und der dazu gehörigen Länder, 1. kötet, Wien 1805.

Diplomatarium Danicum, R. 1-4, København 1938 ff.

W. Ebel (Hrsg.), Lübecker Ratsurteile, Bde. 1-4, Göttingen 1955-67.

Eidgenössische Steuerverwaltung ESTV, Hauptabteilung Mehrwertsteuer, Branchenbroschüre Nr. 01, Urproduktion und nahestehende Bereiche. Gültig mit Einführung des Mehrwertsteuergesetzes (MWSTG) per 1.1.2001.

K. Erslev und W. Mollerup (Hrsg.), Danske Kancelliregistranter 1535-1550, København 1881-82.

K. Erslev, W. Christensen u. A. Hude (Hrsg.), Repertorium diplomaticum regni Danici mediævalis. Fortegnelse over Danmarks Breve fra Middelalderen med Udtog af de hidtil utrykte, 1. R., Bd. 1-4, København 1894-1912; 2. R., Bd. 1-9, København 1928-39.

A. von Fényes, Statistik des Königreichs Ungarn, I–II, Pesth 1843.

A. Fényes, Ungarn im Vormärz. Nach Grundkräften, Verfassung, Verwaltung und Kultur, Leipzig 1851.

E. Fényes, Magyarország leírása, I–II, Pest 1847 (*Beschreibung Ungarns*).

E. Fényes, Magyarország ismertetése statistikai, földtani s történelmi szempontból. 1. kötet Dunántúli Kerület, Pest 1865 (*Vorstellung Ungarns in statistischer, geographischer und historischer Hinsicht*).

K. Galgóczy, Utazási közlések. Magyaróvár. Magyar Gazda 1843/83, S. 1318–1326 (*Reiseberichte. Magyaróvár (Ungarisch-Altenburg)*).

K. Galgóczy, Magyarország-, a Szerbvajdaság s Temesi Bánság mezőgazdasági statisticaja, Pest 1855 (*Landwirtschaftliche Statistik Ungarns, der serbischen Woiwodschaft und des Temescher Banats*).

E. Geib, Zur Geschichte der Volksbildung und des Unterrichts, in: Bavaria. Landes- und Volkskunde des Königreichs Bayern, 4. Bd., 2. Abt., Bayerische Rheinpfalz, München 1867, S. 495-572

M. Gmür (Bearb.), Die Rechtsquellen des Kantons St.Gallen, 1. Teil, 2. Bd., Aarau 1906.

J. Göldi, Der Hof Bernang (Urkundensammlung), St. Gallen 1897.

E. v. Graffenried, Oeconomische Beschreibung der Herrschaft Burgistein, von Emanuel v. Graffenried, in: Der Schweizerischen Gesellschaft in Bern Sammlungen von Landwirthschaftlichen Dingen, 2. Jg. 2. Stück, Zürich, bei Heidegger und Compagnie, 1761, S. 382-397.

A. Grailich, Versuch einer Beschreibung des Marktfleckens Zorndorf, in: Hesperus. Encyclopädische Zeitschrift für gebildete Leser 26, (1820), S. 201–204 und 27 (1820), S. 213–216.

A. Grailich, Wieselburger Gespanschaft, in: Topographisch-Statistisches Archiv des Königreichs Ungern I–II, hrsg. v. J. Csaplovics, Wien 1821, Bd. 2, S. 187–236.

W. Hecke, Vázlatok Mosonmegye gazdasági állapotairól, in: Gazdasági Lapok 1861, S. 663–665, S. 678–681, S. 692–696 und S. 774–776 (*Skizzen über die Wirtschaftslage des Wieselburger Komitats*).

Die Herrschaft Ungarisch-Altenburg. Aus der Schreibtafel eines Reisenden. Oekonomische Neuigkeiten und Verhandlungen. 1818/40, S. 313–317.

H.H. HITSCHMANN, Verzeichniss der Lehrer und Studierenden der erzherzoglichen landwirthschaftlichen Bildungsanstalt und der k. k. höheren landwirthschaftlichen Lehranstalt zu Ungarisch-Altenburg 1818–1848 und 1850–1864, Ung. Altenburg 1865.

J.W. Frhr. VON HOBE, Anweisung zu einer bessern Holzkultur besonders in der Grafschaft Mark und ähnlichen Ländern, Münster 1791.

C. VON HOFFMEYER, Die politischen, Kirchen- und Schulgemeinden des Großherzogthums Baden mit der Seelen- und Bürgerzahl vom Jahr 1845, Karlsruhe 1847.

Hof- und Staatshandbuch des Großherzogthums Baden 1841, Karlsruhe 1841

N.A.R. HOLZER, Beschreibung des Amtes Laupen (1779), hrsg. und kommentiert von Hans A. Michel, Bern 1984, S. 11-200.

JÄCK–HELLER, Reise nach Wien, Triest, Venedig, Verona und Innsbruck, unternommen im Sommer und Herbste 1821. I–IV. vom Jäck: Wien und dessen Umgebungen (1. Bd.), Weimar 1822.

J.H.G. VON JUSTI, Abhandlung von denen Hindernissen eines bluehenden Nahrungs Standes, in: Ders. (Hrsg.), Abhandlungen von der Vollkommenheit der Landwirthschaft und der hoechsten Cultur der Laender, Ulm/ Leipzig 1761, S. 1-38.

J. KIS, A' Fertő tavának geographiai, historiai, és természeti leírása 1797-ben, in: Rumy Károly György (Hrsg.): Monumenta Hungarica az-az magyar emlékezetes írások I., hrsg. v. K.G. Rumy, Pest 1817, S. 337–423 (*Eine geographische, historische und Naturbeschreibung des Neusiedler Sees im Jahre 1797*).

J. KISS, Sopron Vármegye Esmértetése. Tudományos Gyüjtemény 1833/1, S. 5–41 (*Eine Bekanntmachung des Ödenburger Komitats*).

J.G. KOHL, Hundert Tage auf Reisen in den österreichischen Staaten /II.: Reise von Linz nach Wien, /III.: Reise in Ungarn, /IV.: Das Banat, die Pusten und der Plattensee, Dresden und Leipzig 1842.

G.F. KOLB, Die Steuer-Ueberbürdung der Pfalz gegenüber der Besteuerung der übrigen baierischen Kreise, Mannheim 1846.

J. M. KORABINSKY, Historisches und Produkten Lexikon von Ungarn in welchen die vorzüglichsten Oerter des Landes in alphabetischer Ordnung angegeben, ihre Lage bestimmt und mit kurzen Nachrichten, die im gesellschaftlichen Umgange angenehm und nützlich sind, vorgestellt werden, Pressburg 1786.

E. KROMAN (Hrsg.), Danmarks gamle Købstadslovgivning, Bde. 1-5, København 1951-61.

F. KUHN, Versuch einer Beschreibung des Grindelwaldthales, Teil von Friedrich Kuhn, posthum veröffentlicht durch seinen Sohn Bernhard Friedrich (?), in: Höpfners Magazin I, Zürich 1787, S. 1-28.

G.J. KUHN, Versuch einer öconomisch-topographischen Beschreibung der Gemeinde Sigriswyl, im Berner Oberlande, von G.J. Kuhn, in: Alpina, Winterthur, 3 (1808), S. 116-169.

L. LAURSEN (Hrsg.), Kancelliets Brevbøger 1556-60, København 1887-88.

L. LAURSEN (Hrsg.), Kancelliets Brevbøger 1561-65, København 1893-95.

L. LAURSEN (Hrsg.), Kancelliets Brevbøger 1566-70, København 1896.

L. LAURSEN (Hrsg.), Kancelliets Brevbøger 1571-75, København 1898.

L. LAURSEN (Hrsg.), Kancelliets Brevbøger 1580-83, København 1903.

L. LAURSEN (Hrsg.), Kancelliets Brevbøger 1588-92, København 1908.

L. LAURSEN (Hrsg.), Kancelliets Brevbøger 1616-1620, København 1919.

G.S. LAUTERBURG, Beschreibung der Kirchgemeinde Lenk 1799, in: Die Lenk im Jahre 1799. Historische Texte von Pfarrer Gottlieb Samuel Lauterburg, ergänzt durch ältere Quellenstücke und zeitgenössische Abbildungen. Zum hundertsten Jahrestag des Lenker Dorfbrandes hrsg. und erläutert von H.A. MICHEL, in: Berner Zeitschrift für Geschichte und Heimatkunde 40 (1978), S. 7-40.

Lid was hot auf di Karoli-Tag ein ungarischi Heubauer zu Wien sungen. o.O. 1796, 3 S., 1. Strophe.

C.G. LUDOVICI, Grundriss eines vollständigen Kaufmanns-Systems, Omnitypiedruck der 2. Auflage von 1768, Stuttgart 1932.

Danske Magazin, 1 R., Bd. 1ff., København, 1745ff.

P. MAGDA, Magyar országnak és a' határ örzö katonaság vidékinek leg újabb statistikai és geográphiai leírása. Trattner János betüivel 's költségével, Pesten (*Die neueste statistische und geographische Beschreibung Ungarns und der Grenzgebiete*).

(P. MAGDA), Neueste statistisch-geographische Beschreibung des Königreichs Ungarn, Croatien, Slavonien und der ungarischen Militär-Grenze, Leipzig 1832.

M. MAYER, Spitalarchiv (Bücher), St. Gallen 1984.

F.C. MEDICUS, Stadt= und Landwirthschaftliche Beobachtungen, bey einer kleinen Reise gesammelt, in: Bemerkungen der kuhrpfaelzischen physikalisch=oekonomischen Gesellschaft, Mannheim 1773, S. 174-337.

A. MÜLLER, Landwirtschaft, in: Bavaria. Landes- und Volkskunde des Königreichs Bayern, 4. Bd., 2. Abt., Bayerische Rheinpfalz, München 1867, S. 449-463.

J.R. NÖTHIGER, Phisisch-topographische Beschreibung dess Brienzer-Sees in sich haltend die zwey Kirchgemeinden Brienz und Ringgenberg (1779). Bericht von Joh. Rud. Nöthiger, Pfarrer in Ringgenberg, Transkription Peter Wälti, in: www.digibern.ch/ogg/brienz_ringgenberg.html, Zugriff 10.11.06.

C. NYROP (Hrsg.), Danmarks Gilde- og Lavsskråer fra middelalderen, Bd. 1, København 1899-1900.

A. PAGAN, Versuch einer Oekonomischen Beschreibung der Graffschaft oder Landvogtey Nidau im Canton Bern. Von Herrn Stadtschreiber Pagan von Nidau verfertigt und eingesandt, in: Der Schweizerischen Gesellschaft in Bern Sammlungen von Landwirthschaftlichen Dingen, 2. Jg. 4. Stück, Zürich, bei Heidegger und Compagnie, 1761, S. 785-859.

PETERSEN, Die bäuerlichen Verhältnisse in der bayerischen Rheinpfalz, in: VEREIN FÜR SOCIALPOLITIK (Hrsg.), Bäuerliche Zustände in Deutschland. Berichte, Leipzig 1883, S. 241-271.

Preisschrift über die im Berner-Wochenblatte den 17. März 1787 ausgeschriebene Frage: Welches sind die Ursachen des Mangels und immer steigenden Preises der Butter in hiesigem Canton? und durch welche Verfügungen und Veranstaltungen könnte, ohne Nachtheil des Käsehandels, dieses unentbehrliche Lebensmittel in größerem Maße und billigerem Preise erhalten werden?, in: Neueste Sammlung von Abhandlungen und Beobachtungen. Hrsg. von der ökonomischen Gesellschaft in Bern. Bd. 1, Bern, bey Emanuel Haller, 1796, S. 147-296.

Quintus Aemilius PUBLICOLA, Eindrücke aus den Elbmarschen vom Ende des 18. Jahrhunderts, in: Archiv für Agrargeschichte der holsteinischen Elbmarschen 10 (1988), S. 29-31.

K.H. RAU, Über die Landwirtschaft der Rheinpfalz und insbesondere in der Heidelberger Gegend, Heidelberg 1830.

K.H. RAU, Die Landwirtschaft der Heidelberger Gegend, in: Festschrift für die Mitglieder der 21. Versammlung deutscher Land- und Forstwirthe. Beiträge zur Kenntnis der Land- und Forstwirthschaft im Großherzogthum Baden, Heidelberg 1860, S. 253-419.

Rechnungs-Instruction für die Bezirks-Kassiere der erzherzoglichen Herrschaft Ungarisch-Altenburg [+ Centralisierung der Arbeitsrechnung], Ungarisch-Altenburg 1844.

Rechtsquellen des Kantons Bern. Erster Teil, Stadtrechte. Das Stadtrecht von Bern VIII/1, Wirtschaftsrecht, in: Sammlung Schweizerischer Rechtsquellen, II. Abteilung. Die Rechtsquellen des Kantons Bern, bearbeitet von H. RENNEFAHRT, Aarau 1966.

W.H. Riehl, Die Pfälzer. Ein rheinisches Volksbild, Stuttgart/Augsburg 1857.

W.H. Riehl, Die bürgerliche Gesellschaft, Stuttgart, dritte Auflage 1861.

P. Schwab, Für die Tabakspflanzer der Pfalz, in: Blätter für Landwirtschaft und Gewerbewesen, hrsg. v. landwirtschaftlichen Kreis-Comité und dem Verein zur Beförderung der Gewerbe in der Pfalz Nr. 17/18, 15.10.1855, S. 198-199.

J.J. Schweizer, Topographie der emmenthalischen Alpgemeinde Trub, Oberamt Signau, Cantons Bern, von J. J. Schweizer, Pfarrer (MS 1829), Bern 1830.

J.N. Schwerz, Beobachtungen ueber den Ackerbau der Pfalzer, Berlin 1816.

V.A. Secher (Hrsg.), Forordninger, Recesser og andre kongelige Breve 1558-1660, Bd. 2: 1576-95. København 1889-90.

V.A. Secher (Hrsg.), Forordninger, Recesser og andre kongelige Breve 1558-1660, Bd. 6: 1651-60, København 1918.

M. Seidl, Bericht an die kais. königl. patriotisch-ökonomische Gesellschaft im Königreiche Böhmen über die Herrschaft Altenburg in Ungarn und die Herrschaft Seelowitz in Mähren, Prag 1834.

Sprünglin, Beschreibung des Haßle-Landes im Canton Bern, in: Der Schweizerischen Gesellschaft in Bern Sammlungen von Landwirthschaftlichen Dingen, 1. Jg. 4. Stück, Zürich, bei Heidegger und Compagnie, 1760, S. 859-885 und: Topographische und ökonomische Beschreibungen. Von dem Haßlethal; Fortsezung von Hr. Sprünglin, Pfarrherrn zu Meiringen, in: Abhandlungen und Beobachtungen durch die ökonomische Gesellschaft zu Bern gesammelt, 3. Jg. 4. Stück, 1762, S. 129-143.

A. Stadler und W. Göldi, Heriemini – welch eine Freyheit! Ulrich Bräker über «Himmel, Erde und Höll», illustriert mit Bildern aus seiner Zeit, Zürich 1998.

H.C. Sthen, Kort Vending. Udgivet med kommentarer og efterskrift af Jens Aage Doctor, København 1972.

J.L. Stocz, Das Königreich Ungarn, nach dessen Größe, Bevölkerung, Landesbestande, physischer Beschaffenheit, Cultur- und Handelsverhältnissen. Wigand, Pressburg – Oedenburg 1824.

J.C. v. Szepesházy-v. Thiele, Merkwürdigkeiten des Königreichs Ungern, oder: historisch – statistisch – topographische Beschreibung aller in diesem Reiche befindlichen zwei und vierzig königlichen Freistädte, sechzehn Zipser Kronstädte, Jazygiens, Gross- und Klein- Kumaniens, der privilegierten Hayducken-Städte, der Berge, Höhlen, Seen, Flüsse, vorzüglichen Gesundbrunnen und des ungarischen Bergbaues; nebst einer Übersicht des ganzen Königreiches, I–II, Kaschau 1825.

Tafeln 1835 = Tafeln zur Statistik der oesterreichischen Monarchie (8. Jg.)

Tafeln 1836 = Tafeln zur Statistik der oesterreichischen Monarchie (9. Jg.)

Tafeln 1837 = Tafeln zur Statistik der oesterreichischen Monarchie (10. Jg.)

Tafeln 1842 = Tafeln zur Statistik der österreichischen Monarchie (15. Jg.) Zusammengestellt von der kaiserl. königl. Direction der administrativen Statistik, Wien 1846.

Tafeln 1843 = Tafeln zur Statistik der österreichischen Monarchie für das Jahr 1843. Zusammengestellt von der kaiserl. königl. Direction der administrativen Statistik, Wien 1847.

Tafeln 1845–46 = Tafeln zur Statistik der österreichischen Monarchie für die Jahre 1845 und 1846. I–II. (18–19. Jg.) Zusammengestellt von der kaiserl. königl. Direction der administrativen Statistik im k. k. Ministerium für Handel, Gewerbe und öffentliche Bauten, Wien 1850–1851.

A.D. Thaer, Grundsaetze der rationellen Landwirthschaft, Bd. 1, Berlin 1809.

J.C. v. Thiele, Das Königreich Ungarn. Ein topographisch – historisch – statistisches Rundgemälde, das Ganze dieses Landes in mehr denn 12.400 Artikeln umfassend, Kaschau 1833, II. Band.

J.H. von Thünen, Der isolirte Staat in Beziehung auf Landwirtschaft und Nationalökonomie, Berlin 3. Aufl. 1875.

Th. Traitteur, Ueber die Größe und Bevoelkerung der rheinischen Pfalz, Mannheim 1789.

D. Tröhler und A. Schwab (Hrsg.), Volksschule im 18. Jahrhundert. Die Schulumfrage auf der Zürcher Landschaft 1771/72, Bad Heilbrunn 2006.

B. Tscharner, Anmerkungen über die lage des sogenannten Münsterthales im Bistum Basel, über den zustand des Landbaues in demselben, von Hr. B. Tscharner, der ökon. Gesells. zu Bern mitglied, in: Abhandlungen und Beobachtungen durch die ökonomische Gesellschaft zu Bern gesammelt, 3. Jg. 4. Stück, 1762, S. 129, 144-182.

N.E. Tscharner, Physisch-ökonomische Beschreibung des Amts Schenkenberg. Von Hrn. N. E. Tscharner, des grossen Raths der Republik Bern, und Obervogt zu Schenkenberg, in: Abhandlungen und Beobachtungen durch die ökonomische Gesellschaft zu Bern gesammelt, 12. Jg. 1. Stück, 1771, S. 99-220.

Ungarn und seine Zoll-Zwischenlinie, Prag 1844

Urkundenbuch der Abtei Sanct Gallen, bearb. v. Hermann Wartmann u.a.

J. v. Utzschneider, Zustand der Gewerbe und der vorzueglicheren Industriezwige im baierischen Rheinkreise, in: G. Gerstner (Hrsg.), Der Rheinkreis des Königreichs Baiern, Augsburg 1821, S. 70-96.

Die landständische Verfassungs-Urkunde für das Großherzogthum Baden. Nebst den dazu gehörigen Actenstücken und anderen Zugaben welche hierauf Bezug haben, Zweyte Abtheilung, Karlsruhe 1819.

Verhandlungen der Ständeversammlung des Großherzogtums Baden, Protokolle der Zweiten Kammer, Karlsruhe 1819ff.

H.F. Veiras, Heutelia. Hrsg. von W. Weigum, München 1969.

E. W., Schafzucht. Ihr Zustand auf der Herrschaft Ungarisch-Altenburg, in: Oekonomische Neuigkeiten und Verhandlungen, 1819/57, S. 449–451.

L. Weibull (Hrsg.), Necrologium Lundense. Lunds domkirkes nekrologium, Lund 1923.

F. Wigard (Hrsg.), Stenographischer Bericht über die Verhandlungen der deutschen constituierenden Nationalversammlung zu Frankfurt am Main, 10 Bde., Leipzig/Frankfurt am Main 1848-1850.

A. Wildermett, Topographische Beschreibung des Bieler-Sees und der umliegenden Landschaft, insbesondere der Herrschaft Erguel, in: Abhandlungen und Beobachtungen durch die ökonomische Gesellschaft zu Bern gesammelt, 9. Jg. 2. Stück, 1768, S. 143-179.

K.G. v. Windisch, Geographie des Königreichs Ungarn, Preßburg I. 1780.

A. Ritter von Wittmann-Dengláz, Landwirthschaftliche Hefte VI. (Sorge für hinlängliches Futter…; Ueber die Ursachen schädlicher Wässer…; Ueber Dämme…; Ueber Neusiedler-See und Hanság…) Wien 2. Auflage 1833.

J.R. Wydler, Nachricht von dem zustande der Handlung und Künste im untern Aargäu. Von Hr. Hauptmann Joh. Rud. Wydler der ökon. Gesell. in Aarau vorgelegt, in: Abhandlungen und Beobachtungen durch die ökonomische Gesellschaft zu Bern gesammelt, 5. Jg. 1. Stück, 1764, S. 31-67.

Y (G. Fejér), Utazásbéli jegyzetek Óvárról, Kismartonról, Fraknóról, 's Eszterházáról. Tudományos Gyüjtemény 1824/3. S. 40–56. (*Fahrnotizen über Ungarisch Altenburg, Eisenstadt und Eszterháza*).

[Zedler] Großes vollständiges Universallexikon aller Wissenschaften und Künste, Bd. 15, Halle/Leipzig 1737, Sp. 264-266.

Literatur

W. ABEL, Agrarkrisen und Agrarkonjunktur. Eine Geschichte der Land- und Ernährungswirtschaft Mitteleuropas seit dem frühen Mittelalter, Hamburg u.a. 3. Aufl. 1978.

W. ABEL, Geschichte der deutschen Landwirtschaft vom frühen Mittelalter bis zum 19. Jahrhundert, Stuttgart 2. Aufl. 1967.

W. ABEL, Landwirtschaft 1350-1500, in: H. AUBIN/W. ZORN (Hrsg.), Handbuch der deutschen Wirtschafts- und Sozialgeschichte, I: Von der Frühzeit bis zum Ende des 18. Jahrhunderts, Stuttgart 1971, S. 300-334.

W. ACHILLES, Bemerkungen zum sozialen Ansehen des Bauernstandes in vorindustrieller Zeit, in: Zeitschrift für Agrargeschichte und Agrarsoziologie 34 (1986), S. 1-30.

W. ACHILLES, Agrarkapitalismus und Agrarindividualismus – Leerformeln oder Abbild der Wirklichkeit?, in: Vierteljahrschrift für Sozial- und Wirtschaftsgeschichte 81 (1994), S. 494-544.

W. ACHILLES, Grundsatzfragen zur Darstellung von Agrarkonjunkturen und Agrarkrisen nach der Methode Wilhelm Abels, in: Vierteljahrschrift für Sozial- und Wirtschaftsgeschichte 85 (1998), S. 307-351.

H.C. AFFOLTER, Die Bauernhäuser des Kantons Bern, Bd. 1: Das Berner Oberland (Die Bauernhäuser der Schweiz 27), Basel 1990.

W. ALTER, Bevölkerungsveränderungen 1825 bis 1961, in: ders. (Hrsg.), Pfalzatlas, Textbd. 1, Speyer 1964, S. 165-192.

W. ALTER, Die Bevölkerung im Jahre 1798, in: ders. (Hrsg.), Pfalzatlas, Textbd. 3, Speyer 1981, S. 1476-1480.

H. AMMANN, Vom Lebensraum der mittelalterlichen Stadt, in: Berichte zur deutschen Landeskunde 31 (1963), S. 284-316.

Å. ANDERSEN, Middelalderbyen Næstved, Viby 1983.

E. ANDERSEN, Malmøkøbmanden Ditlev Enbeck og hans regnskabsbog. Et bidrag til Danmarks handelshistorie i det 16. århundrede, København 1954.

A. ANDRÉN, Den urbana scenen. Städer och samhälle i det medeltida Danmark, Malmö 1985.

A. ANTOINE, Les paysans en France de la fin du Moyen Âge à la Révolution: propriétaires? tenanciers? locataires?, in: N. VIVIER (Ed.), Ruralité francaise et britannique XIIIe-XXe siècles. Approches comparées, Rennes 2005, S. 153-166.

B. ASMUSS, Das Einkommen der Bauern in der Herrschaft Kronburg im frühen 16. Jahrhundert. Probleme bei der Berechnung landwirtschaftlicher Erträge, in: Zeitschrift für bayerische Landesgeschichte 43 (1980), S. 45-91.

Á. BALÁS, Magyar-óvári m. kir. gazdasági akadémia, in: A. BALÁS, Árpád (Hrsg.), Magyarország mezögazdasági szakoktatási intézményei 1896. Kiadja a földmívelésügyi m. kir. Minister, Czéh Sándor-féle Könyvnyomda, Magyaróvár. S. 1-40. (*Die k.u.k. Landwirtschaftsakademie in Magyaróvár*).

I. BALLWANZ, Bauernschaft und soziale Schichten des Dorfes im Kapitalismus, in: Jahrbuch für Wirtschaftsgeschichte, Heft 3 (1980), S. 9-24.

I. BALLWANZ, Der Bauer als historische Kategorie, in: Jahrbuch für Wirtschaftsgeschichte, Heft 4 (1980), S. 215-226.

I. BARLEBEN, Die Woestes vom Woestenhof im Kirchspiel Lüdenscheid, 2 Bde., Altena 1971.

H. BAUSINGER, Volkskundliche Anmerkungen zum Thema „Bildungsbürger", in: J. KOCKA (Hrsg.), Bildungsbürgertum im 19. Jahrhundert, Bd. IV, Politischer Einfluß und gesellschaftliche Formation, Stuttgart 1989, S. 206-214.

G. BÉAUR/J. SCHLUMBOHM, Einleitung: Probleme einer deutsch-französischen Geschichte ländlicher Gesellschaften, in: R. PRASS/J. SCHLUMBOHM/G. BÉAUR/C. DUHAMELLE (Hrsg.), Ländliche Gesellschaften in Deutschland und Frankreich, 18.-19. Jahrhundert, Göttingen 2003, S. 11-29.

H.-P. BECHT, Die Repräsentation von Handel, Gewerbe und Industrie in der badischen zweiten Kammer, 1819-1848, in: INSTITUT FÜR LANDESKUNDE UND REGIONALFORSCHUNG DER UNIVERSITÄT MANNHEIM (Hrsg.), Rhein-Neckar-Raum an der Schwelle des Industrie-Zeitalters, Mannheim 1984, S. 255-277.

W. BEHEIM, Der Merchant-Banker als Banktyp in Deutschland (Hamburg). Aufstieg, Glanz und Niedergang, Frankfurt 1971 (masch.schr.).

J. BELITZKY, A magyar gabonakivitel története 1860-ig, Budapest 1932 (*Geschichte der ungarischen Getreideausfuhr bis 1860*).

H. BERGHOFF, Moderne Unternehmensgeschichte. Eine themen- und theorieorientierte Einführung, Paderborn/München/Wien/Zürich 2004.

T. BERGMANN, Der bäuerliche Familienbetrieb – Problematik und Entwicklungstendenzen, in: Zeitschrift für Agrargeschichte und Agrarsoziologie 17 (1969), S. 215-230.

J. BILL/B. POULSEN/F. RIECK/O. VENTEGODT, Fra stammebåd til skib, København 1997.

P. BLICKLE, Landschaften im Alten Reich. Die Funktion des gemeinen Mannes in Oberdeutschland, München 1973.

P. BLICKLE, Die Revolution von 1525, München/Wien 1975.

P. BLICKLE, Deutsche Untertanen. Ein Widerspruch, München 1980.

P. BLICKLE, Studien zur geschichtlichen Bedeutung des deutschen Bauernstandes, Stuttgart/New York 1989.

H. BEST, Organisationsbedingungen und Kommunikationsstrukturen politischer Partizipation im frühindustriellen Deutschland, in: P. STEINBACH (Hrsg.), Probleme politischer Partizipation im Modernisierungsprozeß, Stuttgart 1982, S. 114-134.

H. BEST, Struktur und Wandel kollektiven politischen Handelns. Die handelspolitische Petitionsbewegung 1848/49, in: J. BERGMANN/H. VOLKMANN (Hrsg.), Sozialer Protest. Studien zu traditioneller Resistenz und kollektiver Gewalt in Deutschland vom Vormärz bis zur Reichsgründung, Opladen 1984, S. 169-197.

H.E. BÖDECKER/E. HINRICHS (Hrsg.), Alphabetisierung und Literarisierung in Deutschland in der frühen Neuzeit, Tübingen 1999.

J.-M. BOEHLER, Routine oder Innovation in der Landwirtschaft: ‚Kleinbäuerlich' geprägte Regionen westlich des Rheins im 18. Jahrhundert, in: R. PRASS/J. SCHLUMBOHM/G. BÉAUR/C. DUHAMELLE (Hrsg.), Ländliche Gesellschaften in Deutschland und Frankreich, 18. und 19. Jahrhundert, Göttingen 2003, S. 101-123.

M. BOLDORF, Europäische Leinenregionen im Wandel. Institutionelle Weichenstellungen in Schlesien und Irland (1750-1850), Köln/Weimar/Wien 2006.

J. BRACHT, „Reidung treiben". Wirtschaftliches Handeln und sozialer Ort der märkischen Metallverleger im 18. Jahrhundert, Münster 2006.

S. BRAKENSIEK, Das Feld der Agrarreformen um 1800, in: E.J. ENGSTROM/V. HESS/U. THOMS (Hrsg.), Figurationen des Experten. Ambivalenzen der wissenschaftlichen Expertise im ausgehenden 18. und frühen 19. Jahrhundert, Frankfurt am Main/New York 2005, S. 101-122.

S. BRAKENSIEK/W. RÖSENER/C. ZIMMERMANN, Editorial, in: Zeitschrift für Agrargeschichte und Agrarsoziologie 51 (2003), S. 7-10.

R. Brandt/T. Buchner, Einleitung, in: R. Brandt/T. Buchner (Hrsg.), Nahrung, Markt oder Gemeinnutz. Werner Sombart und das vorindustrielle Handwerk, Bielefeld 2004, S. 9-35.

E. Brauch, Hockenheim. Stadt im Auf- und Umbruch, Hockenheim 1965.

E. Bruckmüller, Sozialgeschichte Österreichs, Wien/München 2001.

A. Brusatti, Herrenland und Bauernland im Viertel unter dem Wiener Wald (Eine Untersuchung über das Verhältnis zwischen dem Dominikal- und Rustikalbesitz zu Zeit Josefs II.), in: Unsere Heimat 28 (1957) Heft 7-9, S. 127–137.

K. Bücher, Die Entstehung der Volkswirtschaft. Vorträge und Aufsätze, Tübingen (17. Ausgabe) 1926.

P. Burg, „... zu einem kräftigen Bauernstande vereinigen". Landwirtschaftliche Interessenverbände im östlichen Münsterland vom Vormärz bis zum Ersten Weltkrieg, in: Westfälische Zeitschrift 151/152 (2002), S. 179-221.

B.M.S. Campbell, English Seignorial Agriculture 1250-1450, Cambridge 2000.

B.M.S. Campbell/J.A. Galloway/D. Keene/M. Murphy (1993), A Medieval Capital and its Grain Supply: Agrarian Production and Distribution in the London Region c. 1300, London 1993.

B.M.S. Campbell/M. Overton, Productivity change in European agricultural development, in: B. Campbell/M. Overton (Ed.), Land, labour and livestock: historical studies in European agricultural productivity, Manchester/New York 1991, S. 1-50.

P. Carelli, En kapitalistisk anda. Kulturella förändringar i 1100-talets Danmark, Stockholm 2001.

P. Carelli, Varubytet i medeltidens Lund. Uttryck för handel eller konsumtion?, in: Meta. Medeltidsarkeologisk tidskrift 3 (1998), S. 3-27.

M. Cerman, Bodenmärkte und ländliche Wirtschaft in vergleichender Sicht. England und das östliche Mitteleuropa im Spätmittelalter, in: J. Ehmer/R. Reith (Hrsg.), Märkte im vorindustriellen Europa (Jahrbuch für Wirtschaftsgeschichte 2004/2), Berlin 2004, S. 125-148.

W. Christaller, Die zentralen Orte in Süddeutschland. Eine ökonomisch-geographische Untersuchung über die Gesetzmäßigkeit der Verbreitung und Entwicklung der Siedlungen mit städtischen Funktionen, Darmstadt 1980.

B. Christensen, Borger, subst., in: I. Ejskjær (Hrsg.), 80 ord til Christian Lisse 12. januar 1992, København 1992, S. 17-19.

O.P. Clavadetscher, Die „Gründungsurkunden" des Heiliggeist-Spitals, in: Ad Infirmorum Custodiam. Zur Einweihung der Geriatrischen Klinik. 750 Jahre Heiliggeist- und Bürgerspital in St. Gallen, St. Gallen 1980, S. 16-18.

W. Conze, Artikel: Bauernstand, Bauerntum, in: O. Brunner/W. Conze/R. Koselleck (Hrsg.), Geschichtliche Grundbegriffe, Bd. 1, Stuttgart 1972, S. 407-439.

E.H. Corell, Das schweizerische Täufermennonitentum. Ein soziologischer Bericht, Tübingen 1925.

F. Czeike, Historisches Lexikon Wien, Bde. 2-3, Wien 1994.

J. Demade, The Medieval Countryside in German-Language Historiography since the 1030's, in: I. Alfonso (Ed.), The Rural History of Medieval European Societies, Turnhout 2007, S. 173-252.

J. Demade, Grundrente, Jahreszyklus und monetarisierte Zirkulation. Zur Funktionsweise des spätmittelalterlichen Feudalismus, in: Historische Anthropologie 17 (2009), S. 222-244.

D. Detlefsen, Geschichte der holsteinischen Elbmarschen, 2 Bde., Glückstadt 1891/92, (ND) Kiel 1976.

C. DIPPER, Bauern als Gegenstand der Sozialgeschichte, in: W. SCHIEDER/V. SELLIN (Hrsg.), Sozialgeschichte in Deutschland, Bd. 4, Soziale Gruppen in der Geschichte, Göttingen 1987, S. 9-33.

C. DIPPER, Übergangsgesellschaft. Die ländliche Sozialordnung in Mitteleuropa um 1800, in: Zeitschrift für historische Forschung 23 (1996), S. 57-87.

H. DITZ, A magyar mezögazdaság, Pest 1869 (*Die ungarische Landwirtschaft*).

E. DÖSSELER, Süderländische Geschichtsquellen und Forschungen, Bd. 3: Beiträge zur Wirtschaftsgeschichte der südlichen Mark vor 1806, hrsg. v. E. DÖSSELER, Altena 1958.

F. DRESCHER, Verarbeitung der Kartoffeln zu Alkohol, in: H. OTTENJANN/K.-H. ZIESSOW (Hrsg.), Arbeit und Leben auf dem Lande, Cloppenburg 1992, S. 363-367.

F.-G. DREYFUS, Beitrag zu den Preisbewegungen im Oberrheingebiet im 18. Jahrhundert, in: Vierteljahrschrift für Sozial- und Wirtschaftsgeschichte 47 (1960), S. 244-255.

E. DRUMM, Zur Geschichte der Mennoniten im Herzogtum Pfalz-Zweibrücken, Zweibrücken 1962.

G. DUBY, Die Landwirtschaft des Mittelalters 900-1500, in: C.M. CIPOLLA/K. BORCHARDT (Hrsg.), Europäische Wirtschaftsgeschichte, Bd. 1, Mittelalter, Stuttgart/New York 1983, S. 111-139.

F. ECKHART, A bécsi udvar gazdaságpolitikája Magyarországon 1780–1815, Budapest 1958 (*Wirtschaftspolitik des Wiener Hofes in Ungarn 1780–1815*).

W. EHLERS, Herzhorn. Die Geschichte des Kirchspiels und der Herrschaft Herzhorn, Glückstadt/Itzehoe 1964.

W. EHLERS (Hrsg.), Geschichte und Volkskunde des Kreises Pinneberg, Elmshorn 1922.

J. EHMER/R. REITH, Märkte im vorindustriellen Europa, in: Jahrbuch für Wirtschaftsgeschichte, Heft 2 (2004), S. 9-24.

P. ENEMARK, Flensborg og oksehandelen i årtierne op til 1500, in: Sønderjyske Årbøger 1989, S. 67-98.

P. ENEMARK, Artikel: Skudehandel, in: Kulturhistorisk Leksikon for Nordisk Middelalder, Bd. 16, København 2. Auflage 1982, S. 1-3.

A. ESCH, Überlieferungs-Chance und Überlieferungs-Zufall als methodisches Problem des Historikers, in: Historische Zeitschrift 240 (1985), S. 529-570.

P. ETHELBERG/N. HARDT/B. POULSEN/A. Birgitte SØRENSEN, Det sønderjyske landbrugs historie. Jernalder, vikingetid og middelalder, Haderslev 2003.

F.A.A. EVERSMANN, Übersicht der Eisen- und Stahlerzeugung auf Wasserwerken in den Ländern zwischen Lahn und Lippe, Bd. 1, Dortmund 1804, (ND) Kreuztal 1983.

P. EXNER, Ländliche Gesellschaft und Landwirtschaft in Westfalen, 1919-1969, Paderborn 1997.

I. FARR, ‚Tradition' and the Peasantry. On the Modern Historiography of Rural Germany, in: R.J. EVANS/W.R. LEE (Ed.), The German Peasantry. Conflict and Community in Rural Society from the Eighteenth to the Twentieth Centuries, London/Sydney 1986, S. 1-36.

K. FEHN, Das saarländische Arbeiterbauerntum im 19. und 20. Jahrhundert, in: H. KELLENBENZ (Hrsg.), Formen der Reagrarisierung im Spätmittelalter und 19./20. Jahrhundert, Stuttgart 1975, S. 195-217.

H. FEIGL, Die niederösterreichische Grundherrschaft vom ausgehenden Mittelalter bis zu den theresianisch-josephinischen Reformen, Wien 1964

E. FEHRENBACH, Die Einführung des französischen Rechts in der Pfalz und in Baden. Ein Vergleich unterschiedlicher Rechtsrezeptionen im napoleonischen Herrschaftsbereich, in: F.L. WAGNER (Hrsg.), Strukturwandel im pfälzischen Raum vom Ancien Régime bis zum Vormärz, Speyer 1982, S. 61-71.

I. Felhö (Hrsg.), Az úrbéres birtokviszonyok Magyarországon Mária Terézia korában. I. kötet, Dunántúl, Budapest 1970 (*Die Urbarialverhältnisse in Ungarn im Zeitalter von Maria Theresia. – Transdanubien*).

U. Fellmeth, ‚Erfahrung' contra ‚Exakte Naturwissenschaft'. Die Entstehung der ‚Rationellen Landwirtschaftswissenschaft' und ihre Überwindung durch die Naturwissenschaften im 19. Jahrhundert, in: Zeitschrift für Württembergische Landesgeschichte 56 (1997), S. 105-126.

R. Fendler, Die Entwicklung des pfälzischen Eisenbahnnetzes von den Anfängen bis zur Gegenwart, in: W. Alter (Hrsg.), Pfalzatlas, Textbd. 3, Speyer 1981, S. 1244-1249.

Die Firma „Caspar Arnold Winkhaus, Carthausen", in: Süderland 10 (1932), S. 87-93, 98-103.

J. Fischer, Hartwig Philip Rée og hans slægt, København 1912.

O. Fischer, Elbmarschen, Berlin 1957 (Das Wasserwesen an der schleswig-holsteinischen Nordseeküste, hrsg. v. F. Müller/O. Fischer, Dritter Teil: Das Festland, Bd. 6).

E. Flückiger, Zwischen Wohlfahrt und Staatsökonomie. Armenfürsorge auf der bernischen Landschaft im 18. Jahrhundert, Zürich 2002.

E. Flückiger/A. Radeff, Globale Ökonomie im alten Staat Bern am Ende des Ancien Régime – Eine außergewöhnliche Quelle, in: Berner Zeitschrift für Geschichte und Heimatkunde 62 (2000), S. 5-50.

Z. Fónagy, A bomló feudalizmus válsága, in: G. András (Hrsg.), 19. századi magyar történelem 1790–1918, Budapest o.J., S. 25–56 (*Krise des sich auflösenden Feudalismus*).

K.-E. Frandsen, 1536-ca. 1720, in: C. Bjørn (Hrsg.), Det danske landbrugs historie, Bd. 2 (1536-1810), Odense 1988, S. 5-209.

G. Franz, Artikel: Bauerntum, in: H. Rössler/G. Franz (Hrsg.) Sachwörterbuch zur deutschen Geschichte, Bd. 1, München 1958, S. 72-77.

G. Franz (Hrsg.), Bauernschaft und Bauernstand, 1500-1970, Limburg/Lahn 1975.

G. Franz, Geschichte des deutschen Bauernstandes vom frühen Mittelalter bis zum 19. Jahrhundert, zweite erg. u. erw. Aufl., Stuttgart 1976.

K. Frei, Familien in Oftersheim 1694-1900, Oftersheim 1992.

R. von Friedeburg, Die ländliche Gesellschaft um 1500. Forschungsstand und Forschungsperspektiven, in: Zeitschrift für Agrargeschichte und Agrarsoziologie 51 (2003), S. 30-42.

W. Frijhoff, Autodidaxies, XVIe-XIXe siècles. Jalons pour la construction d'un objet historique, in: Histoire de l'Éducation 70 (1996), S. 5-27.

H. Gilomen, Das Motiv der bäuerlichen Verschuldung in den Bauernunruhen an der Wende zur Neuzeit, in: S. Burghartz u.a. (Hrsg.), Spannungen und Widersprüche (Gedenkschrift für Frantisek Graus), Sigmaringen 1992, S. 173-189.

H. Gilomen, L'endettement paysan et la question du crédit dans les pays d'Empire au moyen âge, in: M. Berthe (Ed.), Endettement paysan et crédit rural dans l'Europe médiévale et moderne (Actes des XVIIes journées internationales d'Histoire de l'Abbaye de Flaran, Septembre 1995), Toulouse 1998, S. 99-137.

H. Gilomen, Stadt-Land-Beziehungen in der Schweiz des Spätmittelalters, in: Stadt und Land in der Schweizer Geschichte: Abhängigkeiten – Spannungen – Komplementaritäten, in: Itinera 19 (1998), S. 10-48.

H. Gilomen, Wirtschaftliche Eliten im spätmittelalterlichen Reich, in: R.C. Schwinges/C. Hesse/ P. Moraw (Hrsg.), Europa im späten Mittelalter. Politik – Gesellschaft – Kultur, München 2006, S. 357-384.

G. GLASER, Der Sonderkulturanbau zu beiden Seiten des nördlichen Oberrheins zwischen Karlsruhe und Worms. Eine agrargeographische Untersuchung unter besonderer Berücksichtigung des Standortproblems, Heidelberg 1967.

S. GORISSEN/G. WAGNER, Protoindustrie in Berg und Mark? Ein interregionaler Vergleich am Beispiel des neuzeitlichen Eisengewerbes, in: Zeitschrift des Bergischen Geschichtsvereins 92 (1986), S. 163-171.

S. GORISSEN, Vom Handelshaus zum Unternehmen. Sozialgeschichte der Firma Johan Caspar Harkort im Zeitalter der Protoindustrie (1720-1820), Göttingen 2002.

J. GRAVERT, Die Bauernhöfe zwischen Elbe, Stör und Krückau mit den Familien ihrer Besitzer in den letzten 3 Jahrhunderten, Glückstadt 1929, (ND) Krempe 1977.

H. Grees, Ländliche Unterschichten und ländliche Siedlung in Ostschwaben, Tübingen 1975.

K.GRINDER-HANSEN, Kongemagtens krise - det danske møntvæsen 1241- ca. 1340. Den pengebaserede økonomi og møntcirkulation i Danmark i perioden 1241- ca. 1340, København 2000.

N. GRÜNE, Vom innerdörflichen Sozialkonflikt zum ‚modernen' antiobrigkeitlichen Gemeindeprotest. Ergebnisse und Perspektiven einer Mikrostudie zum Wandel der lokalgesellschaftlichen Grundlagen kommunalpolitischen Handelns am unteren Neckar (ca. 1770-1830), in: Zeitschrift für die Geschichte des Oberrheins 151 (2003), S. 341-383.

N. GRÜNE, Artikel: Einlieger, in: Enzyklopädie der Neuzeit, Bd. 3, Stuttgart/Weimar 2006, Sp. 127-129.

N. GRÜNE/F. KONERSMANN, Gruppenbildung – Konfliktlagen – Interessenformierung: Marktdynamik und Vergesellschaftungsprozesse im ländlichen Strukturwandel deutscher Regionen (1730-1914), in: Archiv für Sozialgeschichte 46 (2006), S. 565-591.

N. GRÜNE/F. KONERSMANN, Formación de grupos sociales, situaciones de conflicto, gestión de intereses: Sociedades rurales en medio del cambio estructural (1730-1914), in: J.M.G. VARELA/G. SANZ LAFUENTE (Hrsg.), Sociedades agrarias y formas de vida. La historia agraria en la historiografía alemana, siglos XVIII-XX, Zaragoza 2006, S. 47-76.

N. GRÜNE, Commerce and Community in the Countryside: The Social Ambiguity of Market-Oriented Farming in Pre-Industrial Northern South-West Germany (c. 1770-1860), in: Rural History 18 (2007), S. 1-23.

N. GRÜNE, Artikel: Häusler, in: Enzyklopädie der Neuzeit, Bd. 5, Stuttgart/Weimar 2007, Sp. 243-245.

N. GRÜNE, Local demand for Order and Government Intervention: Social Group Conflicts as Statebuilding Factors in Villages of the Rhine Palatinate, c.1760-1810, in: W. BLOCKMANS/A. HOLENSTEIN/ J. MATHIEU (Ed.), Empowering Interactions: Political Cultures and the Emergence of the State in Europe, 1300-1900, Aldershot 2009, S. 173-186.

N. GRÜNE, Dorfgesellschaft – Konflikterfahrung – Partizipationskultur. Sozialer Wandel und politische Kommunikation in Landgemeinden der badischen Rheinpfalz (1720-1850), Stuttgart 2011 [im Druck].

N. GRÜNE, Individualisation – Privatisation – Mobilisation: The Impact of Common Property Reforms on Local Land Markets in Germany – a Comparative View of Westphalia and Baden (1750-1900), in: B. van BAVEL/G. BÉAUR/P. SCHOFIELD (Ed.), Property rights, the market in land and economic growth in Europe (13th-19th centuries), Turnhout 2011 [im Druck].

N. GRÜNE, Vom „Tagelöhner" zum „Landwirt". Semantische Karrieren im sozialen Wandel südwestdeutscher Dorfgesellschaften des 18. und 19. Jahrhunderts, in: Daniela MÜNKEL/Frank UEKÖTTER (Hrsg.), Das Bild des Bauern vom Mittelalter bis ins 21. Jahrhundert. Selbst- und Fremdzuschreibungen. Deutschland, Europa, USA, München 2011 [in Vorbereitung].

H. Guth, Amische Mennoniten in Deutschland. Ihre Gemeinden, ihre Höfe, ihre Familien, Saarbrükken 1994.

H. Haan, Gründungsgeschichte der Industrie- und Handelskammer für die Pfalz im Spiegel der pfälzischen Wirtschaftsentwicklung (1800-1850), in: Industrie- und Handelskammer für die Pfalz (Hrsg.), Beiträge zur pfälzischen Wirtschaftsgeschichte, Speyer 1968, S. 177-207.

G.B. Hagelberg/H.-H. Müller, Kapitalgesellschaften für Anbau und Verarbeitung von Zuckerrüben in Deutschland im 19. Jahrhundert, in: Jahrbuch für Wirtschaftsgeschichte, Heft 4 (1974), S. 113-147.

W.W. Hagen, Ordinary Prussians. Brandenburg Junkers and Villagers, 1500-1840, Cambridge 2004.

H. Hagenah, Wilhelm Ahlmann. Das Lebensbild eines Schleswig-Holsteiners, Kiel 1930.

J. Hansen, Beiträge zur Geschichte des Getreidehandels und der Getreidepolitik Lübecks, Lübeck 1912.

B. Hanssen, Österlen. Allmoge, köstafok och kultursammanhang vid sluten av 1700-talet i sydöstra Skåne, Ystad 1952.

H. Harnisch, Kapitalistische Agrarreform und industrielle Revolution. Agrarhistorische Untersuchungen über das ostelbische Preußen zwischen Spätfeudalismus und bürgerlich-demokratischer Revolution 1848/49 unter besonderer Berücksichtigung der Provinz Brandenburg, Weimar 1984.

H.-G. Haupt/J.-L. Mayaud, Der Bauer, in: U. Frevert/H.-G. Haupt (Hrsg.), Der Mensch des 19. Jahrhunderts, Frankfurt/New York 1999, S. 342-358.

A. Hauser, Dinge des Alltags. Studien zur historischen Sachkultur eines schwäbischen Dorfes, Tübingen 1994.

W. Hecke, Die Landwirtschaft der Umgebung von Ungarisch-Altenburg und die landwirtschaftliche Lehranstalt daselbst, Wien 1861.

E. Hehr, David Möllinger (1709-1786), in: K. Baumann (Hrsg.), Pfälzer Lebensbilder, Bd. 1, Speyer 1964, S. 67-88.

Heimatbuch des Kreises Steinburg, hrsg. im Auftrage der Kreisheimatbuchkommission, Bde. 1-3, Glückstadt 1924-1926.

C. Heimpel, Die Entwicklung der Einnahmen und Ausgaben des Heiliggeistspitals zu Biberach an der Riß von 1500-1630, Stuttgart 1966

G. Hein, Artikel: Möllinger, in: Mennonitisches Lexikon, Bd. 3, Karlsruhe 1958, S. 152.

F.-W. Henning, Der Beginn der modernen Welt im agrarischen Bereich, in: R. Koselleck (Hrsg.), Studien zum Beginn der modernen Welt, Stuttgart 1977, S. 97-114.

P. Henningsen, I sansernes vold. Bondekultur og kultursammenstød i enevældens Danmark, Band 1-2, København 2006.

G. Hertzler, Familie Wirz – Würtz, Menziken – Münchhof, Weierhof (Beiträge zur Geschichte der Mennoniten, Heft 1) Weierhof 2000.

W. von Hippel, Die Kurpfalz zur Zeit Carl Theodors (1742-1799) – wirtschaftliche Lage und wirtschaftspolitische Bemühungen, in: Zeitschrift für die Geschichte des Oberrheins 148 (2000), S. 177-243.

A.E. Hofmeister, Besiedlung und Verfassung der Stader Elbmarschen im Mittelalter, 2 Teile, Hildesheim 1979, 1981.

A. Holenstein, «Gute Policey» und lokale Gesellschaft im Staat des Ancien Régime. Das Fallbeispiel der Markgrafschaft Baden(-Durlach), 2 Bde., Epfendorf 2003.

P. HOLM, Kystfolk. Kontakter og sammenhænge over Kattegat og Skagerak ca. 1550-1914, Esbjerg 1991.

P. HOLM, Havskab og kystkulturer, in: Den jyske historiker 68 (1994), S. 37-50.

G.K. HORVÁTH, A parasztpolgárosodás két lehetséges útja. (18–20. század) II, in: Szociológiai Figyelö 2000/1–2, S. 188–203 (*Zwei mögliche Wege der Verbürgerlichung der Bauern*).

J. HVIDTFELDT, Skudehandelen i det 17. Aarhundrede, in: Jyske Samlinger, 5. R, Bd. 2 (1935-36), S. 29-79.

A. INEICHEN, Innovative Bauern. Einhegungen, Bewässerung und Waldteilungen im Kanton Luzern im 16. und 17. Jahrhundert, Luzern und Stuttgart 1996.

F. IRSIGLER, Stadt und Umland in der historischen Forschung. Theorien und Konzepte, in: N. BULST/ J. HOOCK/F. IRSIGLER (Hrsg.), Bevölkerung, Wirtschaft und Gesellschaft. Stadt-Land-Beziehungen in Deutschland und Frankreich. 14. bis 19. Jahrhundert, Trier 1983, S. 13-38.

F. IRSIGLER, From captive manorial trade to free urban trade. On the development of the division of labour in the Rhine-Westphalia region (9th-15th centuries), in: B. BLONDE/E. VANHAUTE/M. GALAND N. BULST/J. HOOCK/F. IRSIGLER (Ed.), Labour and labour markets between towns and countryside (Middle Ages - 19th century), Turnhout 2001, S. 42-52.

W. JACOBEIT, Dorf und dörfliche Bevölkerung Deutschlands im bürgerlichen 19. Jahrhundert, in: J. KOCKA (Hrsg.), Bürgertum im 19. Jahrhundert. Deutschland im europäischen Vergleich, Bd. 2, München 1988, 315-339.

G. JACOBSEN, Kvinder, køn og købstadslovgivning 1400-1600. Lovfaste mænd og ærlige kvinder, København 1995.

N.H. JACOBSEN, Skibsfarten i det danske Vadehav: En Erhvervsgeografisk Studie, København 1937.

T. JAHN, Die unterschiedlichen Bedingungen für die Integration in den Markt. Der Modernisierungsprozess im höheren Mittelland des Kantons Bern zwischen 1760 und 1900 am Beispiel der Kirchgemeinde Lützelflüh, Eggiwil, Buchholterberg, Thierachern, Münsingen und Guggisberg, Lizentiatsarbeit Bern 1998.

C. JAHNKE, Das Silber des Meeres. Fang und Vertrieb von Ostseehering zwischen Norwegen und Italien (12.-16. Jahrhundert), Weimar/Wien 2000.

M. JATZLAUK, Artikel: Kleinbauer, in: Enzyklopädie der Neuzeit, Bd. 6, Stuttgart/Weimar 2007, Sp. 758-762.

B. JENSEN, Den jydske hest, in: Jydsk Maanedsskrift (1911), S. 23-38.

J.-P. JESSENNE, Le pouvoir des fermiers dans les villages d'Artois (1770-1848), in: Annales ESC 3 (1983), S. 702-734.

R. KARNETH, Ein Landwirtschaftsreformer des 19. Jahrhunderts auf Wanderschaft durch Rheinhessen, in: Alzeyer Geschichtsblätter 34 (2003), S. 156-167.

K.H. KAUFHOLD, Gewerbelandschaften in der frühen Neuzeit (1650-1800), in: H. POHL (Hrsg.), Gewerbe- und Industrielandschaften vom Spätmittelalter bis ins 20. Jahrhundert, Stuttgart 1986, S. 112-202.

G. KAUTZ, Nemzetgazdaságunk és a vámpolitika, Pest 1866 (*Unsere Nationalökonomie und die Zollpolitik*).

H. KELLENBENZ, Die unternehmerische Betätigung der verschiedenen Stände während des Übergangs zur Neuzeit, in: Vierteljahrschrift für Sozial- und Wirtschaftsgeschichte 44 (1957), S. 1-25.

H. KELLENBENZ, Bäuerliche Unternehmertätigkeit im Bereich der Nord- und Ostsee vom Hochmittelalter bis zum Ausgang der neueren Zeit, in: Vierteljahrschrift für Sozial- und Wirtschaftsgeschichte 49 (1962), S. 1-40.

W.C. KERSTING, Das Hollische Recht im Nordseeraum, aufgewiesen besonders an Quellen des Landes Hadeln, in: Jahrbuch der Männer vom Morgenstern 34 (1953), S. 18-86; 35 (1954), S. 28-102.

R. KIESSLING, Bürgerliche Gesellschaft und Kirche in Augsburg im Spätmittelalter. Ein Beitrag zur Strukturanalyse der oberdeutschen Reichsstadt, Augsburg 1971.

R. KIESSLING, Die Stadt und ihr Land: Umlandpolitik, Bürgerbesitz und Wirtschaftsgefüge in Ostschwaben vom 14. bis 16. Jahrhundert, Köln/Wien 1989.

R. KIESSLING, Markets and Marketing, Town and Country, in: B. SCRIBNER (Ed.), Germany. A New Social and Economic History, Vol. 1, 1450-1630, London/New York/Sydney/Auckland 1996, S. 145-179

R. KIESSLING, Artikel: Ländliches Gewerbe, in: Enzyklopädie der Neuzeit, Bd. 7, Stuttgart/Weimar 2008, Sp. 531-537.

C. KLITGAARD, Den jyske Skudehandel, in: Jyske Samlinger, 5. R., Bd. 1 (1932-43), S. 383-92.

B. KLOCKE, Häuser und Mobiliar in einem westfälischen Dorf, Münster 1980.

H. KNITTLER, Zwischen Ost und West. Niederösterreichs adelige Grundherrschaft 1550–1750, in: Österreichische Zeitschrift für Geschichtswissenschaften 4 (1993), S. 191–217.

J. KOCKA, Stand – Klasse – Organisation. Strukturen sozialer Ungleichheit in Deutschland vom späten 18. bis zum frühen 20. Jahrhundert im Aufriß, in: H.-U. WEHLER (Hrsg.), Klassen in der europäischen Sozialgeschichte, Göttingen 1979, S. 137-165.

J. KOCKA, Familie, Unternehmer und Kapitalismus. An Beispielen aus der frühen deutschen Industrialisierung, in: Zeitschrift für Unternehmensgeschichte 24 (1979), S. 99-135.

J.S. KÖGL, Mosonmegyei német kéziratos énekeskönyvek, Budapest 1941 (Német néprajztanulmányok IV) (*Deutsche handschriftliche Volksliedsammlungen aus dem Wieselburger Komitat*).

F. KÖLCSEY, A magyaróvári gazdasági intézet rövid ismertetése, in: Kölcsey Ferencz minden munkái. 3. kiadás, Budapest 1886, S. 260–270 (*Eine kurze Vorstellung der landwirtschaftlichen Bildungsanstalt in Ungarisch-Altenburg*).

K. KOLLNIG, Wandlungen im Bevölkerungsbild der pfälzischen Oberrheingebietes, Heidelberg 1952.

J. KOMLOS, The Habsburg Monarchy as a Customs Union. Economic Development in Austria–Hungary in the Nineteenth Century, Princeton (New Jersey) 1983.

F. KONERSMANN, Duldung, Privilegierung, Assimilation und Säkularisation. Mennonitische Glaubensgemeinschaften in der Pfalz, in Rheinhessen und am nördlichen Oberrhein, in: M. HÄBERLEIN/M. ZÜRN (Hrsg.), Minderheiten, Obrigkeit und Gesellschaft in der Frühen Neuzeit. Integrations- und Abgrenzungsprozesse im süddeutschen Raum, St. Katharinen 2001, S. 339-375.

F. KONERSMANN, Existenzbedingungen und Strategien protokapitalistischer Agrarproduzenten. Bauernkaufleute in der Pfalz und in Rheinhessen (1770-1860), in: Österreichische Zeitschrift für Geschichtswissenschaften 13 (2002), Heft 4, S. 62-86.

F. KONERSMANN, Rechtslage, soziale Verhältnisse und Geschäftsbeziehungen von Mennoniten in Städten und auf dem Land. Mennonitische Bauernkaufleute in der Pfalz und in Rheinhessen (18.-19. Jahrhundert), in: Mannheimer Geschichtsblätter 10 (2003), S. 83-115.

F. KONERSMANN, Bauernkaufleute auf Produkt- und Faktormärkten. Akteure, Konstellationen und Entwicklungen in der Pfalz und Rheinhessen (1760-1880), in: Zeitschrift für Agrargeschichte und Agrarsoziologie 52 (2004), S. 23-43.

F. KONERSMANN, Studien zur Genese rationaler Lebensführung und zum Sektentypus Max Webers. Das Beispiel mennonitischer Bauernfamilien im deutschen Südwesten (1632-1850), in: Zeitschrift für Soziologie 33 (2004), S. 418-437.

F. KONERSMANN, Soziogenese und Wirtschaftspraktiken einer agrarkapitalistischen Sonderformation. Mennonitische Bauernkaufleute in Offstein (1762-1855), in: A. HOLENSTEIN/S. ULLMANN (Hrsg.), Nachbarn, Gemeindegenossen und die anderen. Minderheiten und Sondergruppen im Südwesten des Reiches während der Frühneuzeit, Epfendorf 2004, S. 215-237.

F. KONERSMANN, Schriftgebrauch, Rechenfähigkeit, Buchführung und Schulbesuch von Bauern in der Pfalz und in Rheinhessen, 1685-1830, in: A. HANSCHMIDT/H.-U. MUSOLFF (Hrsg.), Elementarbildung und Berufsausbildung, 1450-1750, Köln/Weimar/Wien 2005, S. 287-313.

F. KONERSMANN, Entfaltung einer agrarischen Wachstumsregion und ihre ländlichen Akteure am nördlichen Oberrhein (1650-1850), in: Zeitschrift für die Geschichte des Oberrheins 154 (2006), S. 171-216.

F. KONERSMANN, Du *stand* paysan à la classe des propriétaires terriens et des agriculteurs. Paysans-négociants dans le Palatinat, en Hesse-Rhénane et dans la Haute-Rhénanie du Nord (1740-1880), in: F. MENANT/J.-P. JESSENNE (Ed.), Les Élites rurales dans l'Europe médiévale et moderne, Toulouse 2007, p. 211-228.

F. KONERSMANN, Rechenfähigkeit, Buchführung und Zeitmanagement von Bauern. Erfahrung und Sozialisation in großbäuerlichen Familien der Pfalz und Rheinhessens (1685-1870), in: Jahrbuch für Historische Bildungsforschung 14 (2008), S. 159-188.

F. KONERSMANN, Freundschaft im Angesicht des Krieges. Kulturhistorische Studien zu den Widmungen im Gästebuch der mennonitischen Bauernfamilie David Möllinger senior in Monsheim (1781-1817), in: Kaiserslauterer Jahrbuch für Pfälzische Geschichte und Volkskunde 8/9 (2008/2009), S. 227-252.

F. KONERSMANN, Bäuerliche Branntweinbrenner. Ihre Schlüsselrolle in der Agrarmodernisierung des deutschen Südwestens (1740-1880), in: Mitteilungen des Historischen Vereins der Pfalz 107 (2009), S. 165-184.

F. KONERSMANN, Das Gästebuch der Mennonitischen Bauernfamilie David Möllinger senior, 1781-1817. Eine historisch-kritische Edition, Alzey 2009.

F. KONERSMANN, Entstehung und Struktur agrarischer Arbeitsmärkte in der Pfalz, in Rheinhessen und am nördlichen Oberrhein (1770-1880), in: R. WALTER (Hrsg.), Geschichte der Arbeitsmärkte, Stuttgart 2009, S. 229-254.

F. KONERSMANN, Handelspraktiken und verwandtschaftliche Netzwerke von Bauernkaufleuten. Die mennonitischen Bauernfamilien Möllinger und Kägy in Rheinhessen und in der Pfalz (1710-1846), in: M. HÄBERLEIN/M. HERZOG/C. JEGGLE (Hrsg.), Praktiken des Handels, St. Katharinen 2010, S. 631-662.

F. KONERSMANN, Land and Labour intensification in the agricultural Modernization of Southwest Germany (1760-1860), in: M. OLSSON/P. SVENSSON (Ed.), Agricultural production and productivity in Europe, Turnhout 2011, S. 37-62.

F. KONERSMANN, Auf der Suche nach ‚Bauern', ‚Bauernschaft' und ‚Bauernstand'. Hypothesen zur historischen Semantik bäuerlicher Agrarproduzenten (15.-19. Jahrhundert), in: D. MÜNKEL/F. UEKÖTTER (Hrsg.), Das Bild des Bauern vom Mittelalter bis ins 21. Jahrhundert. Selbst- und Fremdzuschreibungen. Deutschland, Europa, USA, München 2011 [in Vorbereitung].

M. KOPSIDIS, Marktintegration und Entwicklung der westfälischen Landwirtschaft, 1780-1880. Marktorientierte ökonomische Entwicklung eines bäuerlich strukturierten Agrarsektors, Münster 1996.

M. KOPSIDIS, Die Leistungsfähigkeit der westfälischen Landwirtschaft am Vorabend der Agrarreformen 1822/35 (im statistischen Vergleich von 79 Abschätzungsverbänden), in: Westfälische Forschungen 54 (2004), S. 307-377.

M. Kopsidis, Agrarentwicklung. Historische Agrarrevolutionen und Entwicklungsökonomie, Stuttgart 2006.

R. Kreutzer, Seckenheimer Familien 1641-1900, Seckenheim 1997.

R. Kreutzer, Heddesheimer Familien 1647-1900, Heddesheim 2004.

P. Kriedte, Spätfeudalismus und Handelskapital. Grundlinien einer europäischen Wirtschaftsgeschichte vom 16. bis zum Ausgang des 18. Jahrhunderts, Göttingen 1980.

F. Krins, Eine Musterkartendruckerei in Lüdenscheid zu Anfang des 19. Jahrhunderts, in: Der Märker 25 (1975), S. 36-38.

R. Kropf, Agrargeschichte des Burgenlandes in der Neuzeit. Von beginn des 16. Jahrhunderts bis zur Aufhebung der Grundherrschaft im Jahre 1848, in: Zeitschrift für Agrargeschichte und Agrarsoziologie 20 (1972), S. 3-22.

B. Krug-Richter, Die Bilder bäuerlich-dörflicher und städtischer Beobachter vom Gegenüber. Anmerkungen zum Forschungsstand, in: C. Zimmermann (Hrsg.), Dorf und Stadt. Ihre Beziehungen vom Mittelalter bis zur Gegenwart, Frankfurt / Main 2001, S. 89-98.

L. Kuchenbuch, Bäuerliche Gesellschaft und Klosterherrschaft im 9. Jahrhundert. Studien zur Sozialstruktur der Familia der Abtei Prüm, Wiesbaden 1978.

L. Kuchenbuch, Potestas und Utilitas. Ein Versuch über Stand und Perspektiven der Forschung zur Grundherrschaft im 9.-13. Jahrhundert, in: Historische Zeitschrift 265 (1997), S. 117-146.

L. Kuchenbuch, Vom Dienst zum Zins? Bemerkungen über agrarische Transformationen in Europa vom späteren 11. bis zum beginnenden 14. Jahrhundert, in: Zeitschrift für Agrargeschichte und Agrarsoziologie 51 (2003), S. 11-29.

B. Kümin/A. Radeff, Markt-Wirtschaft. Handelsinfrastruktur und Gastgewerbe im alten Bern, in: Schweizerische Zeitschrift für Geschichte 50 (2000), S. 1-19.

F. Lampp, Die Getreidehandelspolitik in der ehemaligen Grafschaft Mark während des 18. Jahrhunderts, Münster 1912.

G. Lange, Das ländliche Gewerbe in der Grafschaft Mark am Vorabend der Industrialisierung, Köln 1976.

U. Laufer, Technik und Bildung. Bürgerliche Initiativen und staatliche Reglementierung im beruflich-technischen Schulwesen Bayerns und der bayerischen Pfalz, 1789-1848, Mannheim 2000.

E. v. Lehe, Die Märkte Hamburgs von den Anfängen bis in die Neuzeit (1911), Wiesbaden 1966.

B.H. Lienen, Aspekte des Wandels bäuerliche Betriebe zwischen dem 14. und dem 17. Jahrhundert an Beispielen aus Tudorf (Kreis Paderborn), in: Westfälische Forschungen 41 (1991), S. 288-315.

J. Linaa, Keramik, kultur og kontakter. Køkken- og bordtøjets brug og betydning i Jylland 1350-1650, Højbjerg 2006.

K.-J. Lorenzen-Schmidt, Das „Registrum ... der halvenn Bede inn der Cremper marsch unnd im Carspell tho Itzeho" von 1512, in: Archiv für Agrargeschichte der holsteinischen Elbmarschen 2 (1980), S. 65-78.

K.-J. Lorenzen-Schmidt, Das „Registrum der vullen bede inn der Cremppermarsch" aus dem Jahre 1514, in: Archiv für Agrargeschichte der holsteinischen Elbmarschen 6 (1984), S. 161-168.

K.-J. Lorenzen-Schmidt, Die adligen Güter in den holsteinischen Elbmarschen um 1825 nach der Erhebung des Segeberger Amtmannes von Rosen, in: Archiv für Agrargeschichte der holsteinischen Elbmarschen 6 (1984), S. 53-108.

K.-J. Lorenzen-Schmidt, Zur Statistik der Landwirtschaft im Amt Steinburg im Jahre 1825 nach den Erhebungen des Segeberger Amtmannes von Rosen, in: Archiv für Agrargeschichte der holsteinischen Elbmarschen 7 (1985), S. 1-40.

K.-J. LORENZEN-SCHMIDT, Hufner und Kätner. Ein Versuch zur sozialstrukturellen Entwicklung in den holsteinischen Elbmarschen, in: Archiv für Agrargeschichte der holsteinischen Elbmarschen 8 (1986), S. 33-67.

K.-J. LORENZEN-SCHMIDT, Zur Landwirtschaft in der Herrschaft Herzhorn, Sommerland und Grönland [im Jahr 1825], in: Archiv für Agrargeschichte der holsteinischen Elbmarschen 8 (1986), S. 141-145.

K.-J. LORENZEN-SCHMIDT, Die Landwirtschaft der Marschdistrikte der Herrschaft Pinneberg im Jahr 1825, in: Archiv für Agrargeschichte der holsteinischen Elbmarschen 8 (1986), S. 128-129.

K.-J. LORENZEN-SCHMIDT, Die Landwirtschaft in den Marschgebieten der Klöster Itzehoe und Uetersen im Jahre 1825, in: Archiv für Agrargeschichte der holsteinischen Elbmarschen 8 (1986), S. 110-111.

K.-J. LORENZEN-SCHMIDT, Die Landwirtschaft in Raa und Spiekerhörn im Jahre 1825, in: Archiv für Agrargeschichte der holsteinischen Elbmarschen 8 (1986), S. 69.

K.-J. LORENZEN-SCHMIDT, Die Vermögens- und Sozialverhältnisse des Amtes Steinburg im Jahre 1499, in: Archiv für Agrargeschichte der holsteinischen Elbmarschen 8 (1986), S. 146-152.

K.-J. LORENZEN-SCHMIDT, Über das Heiratsverhalten von Krempermarschbauern, in: Archiv für Agrargeschichte der holsteinischen Elbmarschen 8 (1986), S. 130-140.

K.-J. LORENZEN-SCHMIDT, Die Landwirtschaft der Marschdistrikte der Herrschaft Pinneberg im Jahr 1825, in: Archiv für Agrargeschichte der holsteinischen Elbmarschen 8 (1986), S. 128-129.

K.-J. LORENZEN-SCHMIDT, Die Kremper-Marsch-Commüne. Gemeinde-Strukturen in den holsteinischen Elbmarschen 1470 - 1890, in: U. LANGE (Hrsg.), Landgemeinde und frühmoderner Staat, Sigmaringen 1988, S. 115-128.

K.-J. LORENZEN-SCHMIDT, Der Nachlaß eines vermögenden Elskoper Rentiers 1904, in: Archiv für Agrargeschichte der holsteinischen Elbmarschen 10 (1988), S. 78-83.

K.-J. LORENZEN-SCHMIDT, Die große Agrarkrise von 1819 bis 1828 in den holsteinischen Elbmarschen, in: Archiv für Agrargeschichte der holsteinischen Elbmarschen 11 (1989), S. 37-47.

K.-J. LORENZEN-SCHMIDT (Hrsg.), Pferde für Europa. Pferdehändler Johann Ahsbahs & Co, Steinburg 1830-1840, Kiel 1991.

K.-J. LORENZEN-SCHMIDT, Die große Agrarkrise in den Herzogtümern 1819-1829, in: J. BROCKSTEDT (Hrsg.), Wirtschaftliche Wechsellagen in Schleswig-Holstein vom Mittelalter bis zu Gegenwart, Neumünster 1991, S. 175-197.

K.-J. LORENZEN-SCHMIDT, Anschreibebuchforschung in den holsteinischen Elbmarschen, in: K.-J. LORENZEN-SCHMIDT/B. POULSEN (Hrsg.), Bäuerliche Anschreibebücher als Quellen zur Wirtschaftsgeschichte, Neumünster 1992, S. 147-163.

K.-J. LORENZEN-SCHMIDT, Jütische Pferde für Europa. Ein holsteinischer Zwischenhändler 1830-1840, in: Zeitschrift für Agrargeschichte und Agrarsoziologie 40 (1992), S. 186-205.

K.-J. LORENZEN-SCHMIDT, Bauern handeln über See. Die Westküste Nordelbiens als Beispielsgebiet (15.-18. Jahrhundert), in: H. GERSTENBERGER/U. WELKE (Hrsg.), Zur See? Maritime Gewerbe an den Küsten von Nord- und Ostsee, Münster 1999, S. 13-30.

K.-J. LORENZEN-SCHMIDT, Stadtgebundene Verschriftlichungsprozesse und ihre Mediatoren in den Dörfern des 18. und 19. Jahrhunderts, in: C. ZIMMERMANN (Hrsg.), Dorf und Stadt. Ihre Beziehungen vom Mittelalter bis zur Gegenwart, Frankfurt am Main 2001, S. 127-138.

K.-J. LORENZEN-SCHMIDT, Eheanbahnung und Ehe bei Bauernfamilien der holsteinischen Elbmarschen in der Kaiserzeit. Das Beispiel Emilie Angeline Greve (1851-1930), in: A. LUTZ (Hrsg.), Geschlechterbeziehungen in der Neuzeit. Studien aus dem norddeutschen Raum, Neumünster 2005, S. 109-122.

K.-J. LORENZEN-SCHMIDT (Hrsg.), Geld und Kredit in der Geschichte Norddeutschlands, Neumünster 2006.

K.-J. LORENZEN-SCHMIDT/B. POULSEN (Hrsg.), Bäuerliche Anschreibebücher als Quellen zur Wirtschaftsgeschichte, Neumünster 1992.

K.-J. LORENZEN-SCHMIDT/B. POULSEN (Ed.), Writing Peasants. Studies on Peasant Literacy in Early Modern Northern Europe, Gylling 2002.

K. LUKÁCS, Adatok a Fertö és a Rábaköz halászatának történetéhez, in: Ethnographia 1953, S. 282–290 (*Beiträge zur Fischerei des Neusiedler Sees und der Raabau*).

H.R. LUTZ, Wer war der gemeine Mann? Der dritte Stand in der Krise des Spätmittelalters, München 1979.

J.P. MAARBJERG, Scandinavia in the European World-Economy, ca. 1570-1625: Some Local Evidence of Economic Integration, New York 1995

G. MAHLERWEIN, Die Herren im Dorf. Bäuerliche Oberschicht und ländliche Elitenbildung in Rheinhessen 1700-1850, Mainz 2001.

M. MAZOYER/L. ROUDART, Histoire des agricultures du monde. Du néolithique à la crise contemporaine, Paris 2. Aufl. 2002.

H. MEDICK, Weben und Überleben in Laichingen 1650-1900. Lokalgeschichte als Allgemeine Geschichte, Göttingen 1996.

T. MEIER/R. SABLONIER (Hrsg.), Wirtschaft und Herrschaft. Beiträge zur ländlichen Gesellschaft in der östlichen Schweiz (1200-1800), Zürich 1999.

„Mein Feld ist die Welt". Musterbücher und Kataloge 1784-1914. Eine Ausstellung der Stiftung Westfälisches Wirtschaftsarchiv Dortmund in Zusammenarbeit mit dem Westfälischen Museumsamt Münster, Dortmund 1984.

G. MÉREI, A magyar királyság külkereskedelmi piaci viszonyai 1790–1848 között, in: Századok 1981/3, S. 463–521 (*Marktverhältnisse des Außenhandels in Ungarn zwischen 1790–1848*).

P. MICHEL, Chronik von Monsheim. Geschichte eines rheinhessischen Dorfes, Monsheim 1983.

Middelalder-arkæologisk Nyhedsbrev, 51, Aarhus 2003.

H. MIKKELSEN/J. SMIDT-JENSEN, En smuk lille by, in: Skalk 5 (1995), S. 5-10.

M. MITTERAUER, Das Problem der zentralen Orte als sozial- und wirtschaftshistorische Forschungsaufgabe, in: Markt und Stadt im Mittelalter. Beiträge zur historischen Zentralitätsforschung, hrsg. v. dems., Stuttgart 1980, S. 22-51.

J.C. MOESGAARD, Enkeltfundne mønter fra vikingetiden, in: Beretning fra attende tværfaglige vikingesymposium, hrsg. von G. FELLOWS-JENSEN und N. LUND, Aarhus 1999, S. 17-34.

O. MORTENSØN, Renæssancens fartøjer - sejlads og søfart i Danmark 1550-1650, Rudkøbing 1995.

R.-E. MOHRMANN, Die Eingliederung städtischen Mobiliars in braunschweigischen Dörfern, nach Inventaren des 18. und 19. Jahrhunderts, in: G. WIEGELMANN (Hrsg.), Kulturelle Stadt-Land-Beziehungen in der Neuzeit, Münster 1978, S. 297-337.

F. MONHEIM, Agrargeographie des Neckarschwemmkegels. Historische Entwicklung und heutiges Bild einer kleinräumig differenzierten Agrarlandschaft, Heidelberg/München 1961.

M. DE MOOR, The occupational and geographical mobility of farm labourers in Flanders from the end of the 19th to the middle of the 20th century, in: B. BLONDÉ/E. VANHAUTE/M. GALAND (Ed.), Labour and labour markets between towns and countryside (Middle Ages-19th century), Turnhout 2001, S. 292-303.

J. MOOSER, Ländliche Klassengesellschaft, 1770-1848. Bauern und Unterschichten, Landwirtschaft und Gewerbe im östlichen Westfalen, Göttingen 1984.

P. MOSER, Kein Sonderfall. Entwicklungen und Potenzial der Agrargeschichtsschreibung in der Schweiz im 20. Jahrhundert, in: E. BRUCKMÜLLER/E. LANGTHALER/J. REDL (Hrsg.), Agrargeschichte schreiben. Traditionen und Innovationen im internationalen Vergleich, Innsbruck 2004, S. 132-154.

C. MULDREW, Zur Anthropologie des Kapitalismus. Kredit, Vertrauen, Tausch und die Geschichte des Marktes in England 1500-1750, in: Historische Anthropologie 6 (1998), S. 167-199.

F. MÜLLER, Aussterben oder Verarmen. Eine Berner Patrizierfamilie während Aufklärung und Revolution, Baden 2000.

H.-H. MÜLLER, Märkische Landwirtschaft vor den Agrarreformen von 1807. Entwicklungstendenzen des Ackerbaus in der zweiten Hälfte des 18. Jahrhunderts, Potsdam 1967.

H.-H. MÜLLER, Akademie und Wirtschaft im 18. Jahrhundert. Agrarökonomische Preisaufgaben und Preisschriften der Preußischen Akademie der Wissenschaften (Versuch, Tendenzen und Überblick), Berlin 1975.

J.-H. MÜLLER, Domänenpächter im 19. Jahrhundert, in: Jahrbuch für Wirtschaftsgeschichte, Heft 1 (1989), S. 123-137.

W. MÜLLER-WILLE, Der Feldbau in Westfalen im 19. Jahrhundert, in: Westfälische Forschungen 1 (1938), S. 302-325.

H. MUTH, „Bauer" und „Bauernstand" im Lexikon des 19. und 20. Jahrhunderts, in: Zeitschrift für Agrargeschichte und Agrarsoziologie 16 (1968), S. 72-98.

G. NIEMANN, Einige Bemerkungen auf einer kleinen Reise nach Wewelsfleth in der Wilstermarsch, im Junius des Jahres 1798, in: Archiv für Agrargeschichte der holsteinischen Elbmarschen 3 (1981), 25-28.

H. OTTENJANN, Lebensbilder aus dem ländlichen Biedermeier: Sonntagskleidung auf dem Lande. Die Scherenschnitte des Silhouetteurs Dilly aus dem nordwestlichen Niedersachsen, Hildesheim 1984.

M. PAGEL/C. WILKENS, Die neuzeitliche Entwicklung einer norddeutschen Fleckensgemeinde. Bardowick vom 16. bis 19. Jahrhundert. Teil III: Leusmeier, Bauleute und andere Hofstellen, ihre Dienste, Zehnte, Zinsleistungen und ihre Gerechtsame sowie der Anbau von Gemüse als Erwerbsbasis in der Zeit vom 16. bis 19. Jahrhundert, Frankfurt am Main/Bern 2005.

M. PELZER, Landwirtschaftliche Vereine im 19. Jahrhundert. Nordwestdeutsche Beispiele zu einem vernachlässigten Phänomen, in: Osnabrücker Mitteilungen 106 (2001), S. 169-199.

J. PETERS, Mit Pflug und Gänsekiel. Selbstzeugnisse schreibender Bauern. Eine Anthologie, Köln/Weimar/Wien 2003.

H.C. PEYER, Leinwandgewerbe und Fernhandel der Stadt St. Gallen von den Anfängen bis 1520, St. Gallen 1960.

E. PFAFF, 50 Jahre Tabakbauverein Plankstadt, in: Der deutsche Tabakbau 57 (1977), S. 122-126.

U. PFISTER, Protoindustrie und Landwirtschaft, in: D. EBELING/W. MAGER (Hrsg.), Protoindustrie in der Region. Europäische Gewerbelandschaften vom 16. bis zum 19. Jahrhundert, Bielefeld 1997, S. 57-84.

T. PIERENKEMPER, Englische Agrarrevolution und preussisch-deutsche Agrarreformen in vergleichender Perspektive, in: DERS. (Hrsg.), Landwirtschaft und industrielle Entwicklung. Zur ökonomischen Bedeutung von Bauernbefreiung, Agrarreform und Agrarrevolution, Wiesbaden 1989, S. 7-25.

T. PIERENKEMPER, Unternehmensgeschichte. Eine Einführung in ihre Methoden und Ergebnisse, Stuttgart 2000.

E. PITZ, Die Zolltarife der Stadt Hamburg, Hamburg 1961.

E. Pitz, Wirtschafts- und Sozialgeschichte Deutschlands im Mittelalter, Wiesbaden 1979.

M. Pohl, Hamburger Bankengeschichte, Mainz 1986.

E. Porsmose, De fynske landsbyers historie - i dyrkningsfællesskabets tid, Odense 1987.

B. Poulsen, Møntbrug i Danmark 1100-1300, in: Fortid og Nutid 28 (1979), S. 281-285.

B. Poulsen, Wirtschaftliche und rechtliche Aspekte des nordfriesischen Salzes im Spätmittelalter und in der frühen Neuzeit, in: J.-C. Hoquet/R. Palme (Hrsg.), Das Salz in der Rechts und Handelsgeschichte, Schwaz 1991, S. 279-292.

B. Poulsen, Skibsfart og kornhandel omkring de slesvigske kyster ved det 16. århundredes begyndelse, in: Historie (1995), S. 38-58.

B. Poulsen, Fra middelalder til renæssance: Vækst og strukturændringer i søfarten på Ålborg 1518-1583, in: H. Jeppesen/A.M. Møller/H.S. Nissen/N. Thomsen (Hrsg.), Søfart. Politik. Identitet. Tilegnet Ole Feldbæk, København 1996, S. 43-64.

B. Poulsen, Middelalder, in: V. Bruhn/P. Holm/P.S. Meyer/J.D. Rasmussen/I. Stouman (Hrsg.), Før byen kom ... Esbjergs historie, Bd. 1, Esbjerg 1996, S. 159-192.

B. Poulsen, Byens styre og næring, in: H.R. Lauridsen (Hrsg.), Viborgs historie, Bd. 1, Viborg 1998, S. 123-172.

B. Poulsen, Samfundet set af en 1500-tals borger. Om typer og social mobilitet i Hans Christensen Sthens "Kort Vending", in: C. Bjørn/B. Fonnesbech-Wulff (Hrsg.), Mark og menneske. Studier i Danmarks historie 1500-1800. Tilegnet Karl-Erik Frandsen, Ebeltoft 2000, S. 123-139.

B. Poulsen, Trade and Consumption Among Late Medieval and Early Modern Danish Peasants, in: Scandinavian Economic History Review, 52/1 (2004), S. 52-68.

B. Poulsen, Marked og agrar regionalisering i Danmark, 1100-1600, in: P.G. Møller/M.S. Kristiansen (Hrsg.), Bygder. Regionale variationer i det danske landbrug fra jernalder til 2000, Auning 2006, S. 105-118.

R. Prass, Artikel: Alphabetisierung, in: Enzyklopädie der Neuzeit, Bd. 1, Stuttgart/Weimar 2005, Sp. 241-243.

H. Prickler, Zur Geschichte des burgenländisch-westungarischen Weinhandels in die Oberländer Böhmen, Mähren, Schlesien und Polen. I–III, in: Zeitschrift für Ostforschung. Länder und Völker im östlichen Mitteleuropa 14 (1965), S. 294–320, S. 495–529, S. 731–754.

H. Prickler, Zur Geschichte der Salpetererzeugung im burgenländisch-westungarischen Raum, in: Burgenländische Heimatblätter (1969), S. 19-42.

H. Probst, Seckenheim. Geschichte eines Kurpfälzer Dorfes, Mannheim 1981.

H. Probst, Neckarau, Bd. 2, Von den Anfängen bis ins 18. Jahrhundert, Mannheim 1988.

H. Probst, Bevölkerungsstatistik im 18. Jahrhundert am Beispiel Seckenheim, in: Mannheimer Geschichtsblätter NF 8 (2001), S. 411-418.

H.-J. Puhle, Politische Agrarbewegungen in kapitalistischen Industriegesellschaften. Deutschland, USA und Frankreich im 20. Jahrhundert, Göttingen 1975.

R. Ramseyer-Hugi, Das altbernische Küherwesen, Bern 1961.

K. Ranke, Agrarische und bäuerliche Denk- und Verhaltensweisen im Mittelalter, in: R. Wenskus/H. Jankuhn/K. Grinda (Hrsg.), Wort und Begriff „Bauer", Göttingen 1975, S. 207-246.

S. Reekers, Beiträge zur statistischen Darstellung der gewerblichen Wirtschaft Westfalens um 1800. Teil 5: Grafschaft Mark, in: Westfälische Forschungen 21 (1968), S. 98-161.

S. Reicke, Das deutsche Spital und sein Recht im Mittelalter, Bd. II, Das deutsche Spitalrecht, Stuttgart 1932.

W. REININGHAUS, Christoph Winkel. Ein Iserlohner Kaufmann und Pietist. Eine Untersuchung seines Nachlasses von 1779, in: Der Märker 36 (1987), S. 307-316.

W. REININGHAUS, Die Stadt Iserlohn und ihre Kaufleute (1700-1815), Dortmund/Münster 1995.

W. REININGHAUS, Wirtschaft, Staat und Gesellschaft in der alten Grafschaft Mark, in: E. TROX (Hrsg.), Preußen im südlichen Westfalen. Wirtschaft, Gesellschaft und Staat insbesondere im Gebiet der Grafschaft Mark bis 1870/71, Lüdenscheid 1993, S. 11-41.

RETHINKING PEASANTS. A Dialog between Michael Kearney and Michael J. Watts, in: Österreichische Zeitschrift für Geschichtswissenschaften 13 (2002), Heft 4, S. 51-62.

M. RICHARZ, Viehhandel und Landjuden im 19.Jahrhundert. Eine symbiotische Wirtschaftsbeziehung in Südwestdeutschalnd, in: Menora. Jahrbuch für deutsch-jüdische Geschichte 1 (1990), S. 66-88.

D. RIPPMANN, Bauern und Städter. Stadt-Land-Beziehungen im 15. Jahrhundert. Das Beispiel Basel, unter besonderer Berücksichtigung der Nahmarktbeziehungen und der sozialen Verhältnisse im Umland, Basel/Frankfurt am Main 1990.

D. RIPPMANN, Kommentar zu W. Rösener, Stadt-Land-Beziehungen im Mittelalter, in: C. ZIMMERMANN (Hrsg.), Dorf und Stadt. Ihre Beziehungen vom Mittelalter bis zur Gegenwart, Frankfurt am Main 2001, S. 55-65.

D. RIPPMANN, Bilder vom Bauern im Mittelalter: Ikonographie und Quellentypologien, in: D. MÜNKEL/F. UEKÖTTER (Hrsg.), Das Bild des Bauern vom Mittelalter bis ins 21. Jahrhundert. Selbst- und Fremdzuschreibungen. Deutschland, Europa, USA, München 2011 [im Druck].

J. RODITCZKY, Adatok a magyar mezögazdaság történetéhez. A juhtenyésztés. Nyomatott Czéh Sándornál, Magyar-Óvár 1880 (*Beiträge zur Geschichte der ungarischen Landwirtschaft. Die Schafzucht*).

W. RÖSENER, Krisen und Konjunkturen der Wirtschaft im spätmittelalterlichen Deutschland, in: F. SEIBT und W. EBERHARD (Hrsg.), Europa 1400, Die Krise des Spätmittelalters, Stuttgart 1984, S. 24-38.

W. RÖSENER, Bauern im Mittelalter, München 1985.

W. RÖSENER, Grundherrschaft im Wandel. Untersuchungen zur Entwicklung geistlicher Grundherrschaften im südwestdeutschen Raum vom 9. bis zum 14. Jahrhundert, Göttingen 1991.

W. RÖSENER, Die Stadt-Land-Beziehungen im Mittelalter. Ihre Beziehungen vom Mittelalter bis zur Gegenwart, in: C. ZIMMERMANN (Hrsg.), Dorf und Stadt. Ihre Beziehungen vom Mittelalter bis zur Gegenwart, Frankfurt am Main 2001, S. 35-54.

W. RÖSENER, Europa im Spätmittelalter und die agrarische Welt Probleme und Defizite der Forschung, in: Vierteljahrsschrift für Sozial- und Wirtschaftsgeschichte 93 (2006), S. 322-336.

C. ROSÉN, Stadsbor och bönder. Materiell kultur och social status i Halland från medeltid till 1700-tal, Halmstad 2004.

S. ROUETTE, Der traditionale Bauer. Zur Entstehung einer Sozialfigur im Blick westfälisch-preußischer Behörden im 19. Jahrhundert, in: R. DÖRNER/N. FRANZ/C. MAYR (Hrsg.), Lokale Gesellschaften im historischen Vergleich. Europäische Erfahrungen im 19. Jahrhundert, Trier 2001, S. 109-138.

S. ROUETTE, Erbrecht und Besitzweitergabe: Praktiken in der ländlichen Gesellschaft Deutschlands, Diskurse in Politik und Wissenschaft, in: R. PRASS/J. SCHLUMBOHM/G. BÉAUR/C. DUHAMELLE (Hrsg.), Ländliche Gesellschaften in Deutschland und Frankreich, 18.-19. Jahrhundert, Göttingen 2003, S. 145-166.

D.W. SABEAN, Landbesitz und Gesellschaft am Vorabend des Bauernkrieges, Stuttgart 1972.

D.W. SABEAN, Probleme der deutschen Agrarverfassung zu Beginn des 16. Jahrhunderts. Oberschwaben als Beispiel, in: P. BLICKLE (Hrsg.), Revolte und Revolution in Europa, München 1975, S. 132-150.

D.W. SABEAN, Property, Production and Family in Neckarhausen 1700-1870, Cambridge 1990 [Reprint 1997].

R. SABLONIER, Das Dorf im Übergang vom Hoch- zum Spätmittelalter. Untersuchungen zum Wandel ländlicher Gemeinschaftsformen im ostschweizerischen Raum, in: L. FENSKE/W. RÖSENER/T. ZOTZ (Hrsg.), Institutionen, Kultur und Gesellschaft im Mittelalter, Sigmaringen 1984, S. 727-745.

R. SABLONIER, Innerschweizer Gesellschaft im 14. Jahrhundert, in: HISTORISCHER VEREIN DER FÜNF ORTE (Hrsg.), Innerschweiz und frühe Eidgenossenschaft. Jubiläumsschrift 700 Jahre Eidgenossenschaft, Bd. 2, Olten 1990, S. 10-233.

R. SABLONIER, Verschriftlichung und Herrschaftspraxis: Urbariales Schriftgut im spätmittelalterlichen Gebrauch, in: C. MEIER U.A. (Hrsg.), Pragmatische Dimensionen mittelalterlicher Schriftkultur (Akten des Internationalen Kolloquiums 26.-29. Mai 1999), München 2002, S. 91-120.

R. SANDGRUBER, Die Anfänge der Konsumgesellschaft. Konsumgüterverbrauch, Lebensstandard und Alltagskultur in Österreich im 18. und 19. Jahrhundert, Wien 1982.

P. SÁNDOR, A parasztbirtok történeti statisztikai vizsgálata Moson megyében I–II, in: Statisztikai Szemle 1968/4. S. 415–430; 1968/5. S. 531–543 (*Historische-statistische Untersuchung des Wieselburger Bauerngrundes*).

M. SCHAAB, Die Wiederherstellung des Katholizismus in der Kurpfalz, in: Zeitschrift für die Geschichte des Oberrheins 114 (1966), S. 147-205.

F. SCHACHT, Ueber landwirtschaftlich-soziale Zustände in den Holsteiner Marschen, in: Schleswig-Holsteinische Jahrbücher 1 (1884), 173-213.

C. SCHEER/U. MATTHIEU, Das Barghus in der Wilstermarsch. Die Geschichte der Barghäuser und Bargscheunen, o.O. 1995.

M. SCHERM, Kleine und mittelständische Betriebe in unternehmerischen Netzwerken. Die Reidemeister auf der Vollme im vor- und frühindustriellen Metallgewerbe der Grafschaft Mark, Stuttgart 2009.

O. SCHIØRRING, En middelalderby forandrer sig - hovedresultater fra ti års udgravninger i Horsens, in: KUML. Årbog for Jysk Arkæologisk Selskab, 2000, S. 113-149.

D. SCHLÄPPI, Lebhafter Einzelhandel mit vielen Beteiligten. Empirische Beobachtungen und methodische Überlegungen zur bernischen Ökonomie am Beispiel des Fleischmarkts im 17. und 18. Jahrhundert, in: Traverse. Zeitschrift für Geschichte 3 (2005), S. 40-53.

D. SCHLÄPPI, Der Lauf der Geschichte der Zunftgesellschaft zu Metzgern seit der Gründung, in: ZUNFTGESELLSCHAFT ZU METZGERN BERN (Hrsg.), Der volle Zunftbecher. Menschen, Bräuche und Geschichten aus der Zunftgesellschaft zu Metzgern, Bern 2006, S. 15-199, 302-304.

D. SCHLÄPPI, Geschäfte kleiner Leute im Spannungsfeld von Markt, Monopol und Territorialwirtschaft. «Regionaler Handel» als heuristische Kategorie am Beispiel des Fleischgewerbes der Stadt Bern im 17. und 18. Jahrhundert, in: M. HÄBERLEIN/C. JEGGLE (Hrsg.), Praktiken des Handels, Sammelband IV. und V. Irseer Arbeitskreis für vorindustrielle Wirtschafts- und Sozialgeschichte, Konstanz 2010, S. 451-495.

J. SCHLUMBOHM, Lebensläufe, Familien, Höfe. Die Bauern und Heuerleute des Osnabrückischen Kirchspiels Belm in protoindustrieller Zeit, 1650-1860, Göttingen 2. durchgesehene Auflage 1997.

J. SCHLUMBOHM (Hrsg.), Soziale Praxis des Kredits, 16.-20. Jahrhundert, Hannover 2007.

E. SCHREMMER, Agrarverfassung und Wirtschaftsstruktur. Die südostdeutsche Hofmark – eine Wirtschaftsherrschaft, in: Zeitschrift für Agrargeschichte und Agrarsoziologie 20 (1972), S. 42-65.

E. SCHREMMER, Faktoren, die den Fortschritt in der deutschen Landwirtschaft im 19. Jahrhundert bestimmten, in: Zeitschrift für Agrargeschichte und Agrarsoziologie 36 (1988), S. 33-77.

F. SCHRÖDER, Zur Geschichte des Tabakwesens in der Kurpfalz, Berlin 1909.

W. SCHULZE, Mikrohistorie versus Makrohistorie? Anmerkungen zu einem aktuellen Thema, in: C. MEIER/J. RÜSEN (Hrsg.), Historische Methode, München 1988, S. 319-341.

I. SCHWAB, Maßnahmen der Stadt München zur Behebung von Versorgungsengpässen im Brot und Fleischgewerbe um 1600 (Vortrag am VI. Irseer Arbeitskreis für vorindustrielle Wirtschafts- und Sozialgeschichte, 24.-26. März 2006).

I. SCHWAB, Rinder aus dem Umland – Ochsen aus Ungarn. Entwicklungsprobleme des städtischen Ernährungsgewerbes in der frühen Neuzeit am Beispiel einer oberdeutschen Residenzstadt, in: Scripta Mercaturae, Zeitschrift für Wirtschafts- und Sozialgeschichte 29 (1995/1), S. 20-79.

P. SCHWAB, Der Tabakanbau in der Pfalz und in Holland, Karlsruhe 1852.

F. SCHWENNICKE, Die holsteinischen Elbmarschen vor und nach dem Dreißigjährigen Kriege, Leipzig 1914.

T. SCOTT (Ed.), The Peasantries of Europe from the Fourteenth to the Eighteenth Centuries, London/New York 1998.

A. SCZESNY, Nahrung, Gemeinwohl und Eigennutz im ostschwäbischen Textilgewerbe der Frühen Neuzeit, in: R. BRANDT/T. BUCHNER (Hrsg.), Nahrung, Markt oder Gemeinnutz. Werner Sombart und das vorindustrielle Handwerk, Bielefeld 2004, S. 131-154.

J. SÉGUY, Les Assemblées Anabaptistes-Mennonites de France, Paris/La Haye 1977.

H. SEUFFERT, Rheinpfalz, in: DERS. (Hrsg.), Arbeits- und Lebensverhältnisse der Frauen in der Landwirtschaft in Württemberg, Baden, Elsass-Lothringen und Rheinpfalz, Jena 1914, S. 307-336.

H. SIEGRIST (Hrsg.), Bürgerliche Berufe. Zur Sozialgeschichte der freien und akademischen Berufe im internationalen Vergleich, Göttingen 1988.

H. SLICHER VAN BATH, The Agrarian History of Western Europe 500-1800, London 1965.

C. SØNDERGAARD, Den jydske hesteavls historie, Odense 1907.

S. SONDEREGGER, Landwirtschaftliche Entwicklung in der spätmittelalterlichen Nordostschweiz. Eine Untersuchung ausgehend von den wirtschaftlichen Aktivitäten des Heiliggeist-Spitals St. Gallen, St. Gallen 1994.

S. SONDEREGGER, Der Rebbrief von 1471 – eine wichtige Quelle zum Weinbau im St. Galler Rheintal. Kommentar und Edition, in: T. MEIER/R. SABLONIER (Hrsg.), Wirtschaft und Herrschaft. Beiträge zur ländlichen Gesellschaft in der östlichen Schweiz (1200-1800), Zürich 1999, S. 43-53.

S. SONDEREGGER, Die Arbeit am Chartularium Sangallense, in: M. MAYER/S. SONDEREGGER/H.-P. KAESER (Hrsg.), Lesen – Schreiben – Drucken (Festschrift für Ernst Ziegler), St. Gallen 2003, S. 25-39.

S. SONDEREGGER/M. Weishaupt, Spätmittelalterliche Landwirtschaft in der Nordostschweiz, in: Appenzellische Jahrbücher 1987, S. 29-71.

S. SONDEREGGER/A. ZANGGER, Zur Deckung des bäuerlichen Konsumbedarfs in der Ostschweiz im Spätmittelalter, in: Geschichte der Konsumgesellschaft. Märkte, Kultur und Identität (15.-20. Jahrhundert), Zürich 1998, S. 15-33.

M. SPRINGER, Die Franzosenherrschaft in der Pfalz, 1792-1814 (Departement Donnersberg), Berlin/Leipzig 1926.

G.P. SREENIVASAN, The Peasants of Ottobeuren, 1487-1726. A Rural Society in Early Modern Europe, Cambridge 2004.

V. STAMM, Gab es eine bäuerliche Landflucht im Hochmittelalter? Land-Stadt-Bewegungen als Auslösungsfaktor der klassischen Grundherrschaft, in: Historische Zeitschrift 276 (2003), S. 305-322.

J. STEENSTRUP, Studier i Kong Valdemars Jordebog, København 1873.

A. STRAUB, Das badische Oberland im 18. Jahrhundert. Die Transformation einer bäuerlichen Gesellschaft vor der Industrialisierung, Husum 1977.

J. STRUVE, Die Kremper Marsch in ihren wirtschaftlichen Verhältnissen, Diss. phil. Heidelberg, Merseburg 1903.

H. STURM, Die Pfälzischen Eisenbahnen, Speyer 1967.

M. SWENSSON, Bondehamnar i nordvästra Skåne och Blekinge under 1600-talet, in: (Svensk) Historisk Tidsskrift, 12 R., Bd. 4 (1969), S. 47-95.

F. SWIACZNY, Die Juden in der Pfalz und in Nordbaden im 19. Jahrhundert und ihre wirtschaftlichen Aktivitäten in der Tabakbranche. Zur historischen Sozialgeographie einer Minderheit, Mannheim 1996.

J. SYDOW, Spital und Stadt in Kanonistik und Verfassungsgeschichte des 14. Jahrhunderts, in: H. PATZE (Hrsg.), Der deutsche Territorialstaat im 14. Jahrhundert, Konstanz u.a. 1970, S. 175-195.

W. TROSSBACH/C. ZIMMERMANN, Einleitung, in: W. TROSSBACH/C. ZIMMERMANN (Hrsg.), Agrargeschichte. Positionen und Perspektiven, Stuttgart 1998, S. 1-6.

W. TROSSBACH, Historische Anthropologie und frühneuzeitliche Agrargeschichte deutscher Territorien. Anmerkungen zu Gegenständen und Methoden, in: Historische Anthropologie 5 (1997), S. 187-211.

W. TROSSBACH, Beharrung und Wandel „als Argument". Bauern in der Agrargesellschaft des 18. Jahrhunderts, in: W. TROSSBACH/C. ZIMMERMANN (Hrsg.), Agrargeschichte. Positionen und Perspektiven, Stuttgart 1998, S. 107-136.

W. TROSSBACH, Offenheit und Komplexität ländlicher Gemeinden in verstädterten Landgebieten, in: A. HOLENSTEIN/S. ULLMANN (Hrsg.), Nachbarn, Gemeindegenossen und die anderen. Minderheiten und Sondergruppen im Südwesten des Reiches während der Frühen Neuzeit, Epfendorf 2004, S. 125-150.

W. TROSSBACH/C. ZIMMERMANN, Geschichte des Dorfes. Von den Anfängen im Frankenreich zur bundesdeutschen Gegenwart, Stuttgart 2006.

W. TROSSBACH, Artikel: Ländliche Gesellschaft, in: Enzyklopädie der Neuzeit, Bd. 7, Stuttgart/Weimar 2008, Sp. 504-531.

W. TROSSBACH, Artikel: Landwirtschaft, in: Enzyklopädie der Neuzeit, Bd. 7, Stuttgart/Weimar 2008, Sp. 580-605.

M. VON TSCHARNER-AUE, Die Wirtschaftsführung des Basler Spitals bis zum Jahre 1500. Ein Beitrag zur Geschichte der Löhne und Preise, Basel 1983

S. TVEITE, Norsk skogbrukshistorie, Bd. 2, Oslo 1971.

J. ULRIKSEN, Danish sites and settlements with a maritime context, AD 200-1200, in: Antiquity 68 (1994), S. 797-811.

J. ULRIKSEN, Anløbspladser. Besejling og bebyggelse i Danmark mellem 200 og 1100 e. Kr., Roskilde 1997.

J. ULRIKSEN, The Late Iron Age and Early Medieval Period in the Western Baltic, in: K. MØLLER/K.B. PEDERSEN (Hrsg.), Across the western Baltic. Proceedings from an archeological conference in Vordingborg, Odense 2006, S. 227-255.

E. ULSIG, Bonde og godsejer ved slutningen af dansk middelalder, in: P. INGESMAN/J.V. JENSEN (Hrsg.), Danmark i senmiddelalderen, Aarhus 1994, S. 106-122.

A. VERHULST, Aspekte der Grundherrschaftsentwicklung des Hochmittelalters aus westeuropäischer Perspektive, in: W. RÖSENER (Hrsg.), Grundherrschaft und bäuerliche Gesellschaft im Hochmittelalter, Göttingen 1995, S. 16-30.

O. Vestergaard, Forkøb, landkøb og forprang i middelalderlig dansk handelslovgivning, in: T.E. Christiansen (Hrsg.), Middelalderstudier. Tilegnede Aksel E. Christensen på tresårsdagen 11. september 1966, København 1966, S. 185-218.

V. Vogel, Schleswig im Mittelalter. Archäologie einer Stadt, Neumünster 1989.

O. Volk, Weinbau und Weinabsatz im späten Mittelalter. Forschungsstand und Forschungsprobleme, in: Alois Gerlich (Hrsg.), Weinbau, Weinhandel und Weinkultur, Stuttgart 1993, S. 49-163.

E. Voye, Geschichte der Industrie im märkischen Sauerlande, Bd. 2, Hagen 1910.

G. Wagner-Kyora, Bauer und Schmied. Die Hagener Sensenarbeiter und die Industrieregion Märkisches Sauerland 1760-1820, Bielefeld 2000.

W. Walther/G. Michel, Vergangenheit bewahren – ein Familienarchiv, in: Heimatjahrbuch des Landkreises Kaiserslautern (2007), S. 111-120.

W. Weidmann, Die pfälzische Landwirtschaft zu Beginn des 19. Jahrhunderts, Saarbrücken 1968.

W. Weidmann, Die Geschichte der pfälzischen Landwirtschaft von der Französischen Revolution bis zum Deutschen Zollverein (1789-1833/34), in: W. Weidmann (Hrsg.), Schul-, Wirtschafts- und Sozialgeschichte der Pfalz, Bd. 1, Otterbach 1999, S. 220-314.

W. Weidmann, Andere landwirtschaftliche Sonderkulturen, in: ebd., S. 418-464.

M. Weishaupt, Vieh- und Milchwirtschaft im spätmittelalterlichen Appenzellerland, ungedruckte Lizentiatsarbeit bei Prof. Dr. R. Sablonier, Zürich 1986.

R. Wenskus, „Bauer" – Begriff und historische Wirklichkeit, in: R. Wenskus/H. Jankuhn/K. Grinda (Hrsg.), Wort und Begriff „Bauer", Göttingen 1975, S. 11-28.

G. Wiegelmann, Novationsphasen der ländlichen Sachkultur Nordwestdeutschlands seit 1500, in: Zeitschrift für Volkskunde 72 (1976), S. 177-200.

E. Winkhaus, Wir stammen aus Bauern- und Schmiedegeschlecht. Genealogie eines süderländischen Sippenkreises und der ihm angehörenden Industriepioniere, Görlitz 1932.

H. Wunder, Zum Stand der Erforschung frühmoderner und moderner bäuerlicher Eliten in Deutschland, in: Archiv für Sozialgeschichte 19 (1979), S. 597-607.

H. Wunder, Der dumme und der schlaue Bauer, in: C. Meckseper/E. Schraut (Hrsg.), Mentalität und Alltag im Spätmittelalter, Göttingen 1985, S. 34-53.

H. Wunder, Die bäuerliche Gemeinde in Deutschland, Göttingen 1986.

H. Wunder, Aspekte der Gutsherrschaft im Herzogtum und Königreich Preußen im 17. zu Beginn des 18. Jahrhunderts. Das Beispiel Dohna, in: J. Peters (Hrsg.), Gutsherrschaftsgesellschaften im europäischen Vergleich, Berlin 1997, S. 225-250.

H. Wunder, Artikel: Bauer, in: Enzyklopädie der Neuzeit, Bd. 1, Stuttgart/Weimar 2005, Sp. 1028-1044.

J. Wysocki, Die pfälzische Wirtschaft von den Gründerjahren bis zum Ausbruch des Ersten Weltkrieges, in: Industrie- und Handelskammer für die Pfalz (Hrsg.), Beiträge zur pfälzischen Wirtschaftsgeschichte, Speyer 1968, S. 213-251.

A. Zangger, Wittenbach im Mittelalter, in: Politische Gemeinde Wittenbach (Hrsg.), Wittenbach. Landschaft und Menschen im Wandel der Zeit, Wittenbach 2004, S. 47-146.

A. Zangger, Zur Verwaltung der St. Galler Klosterherrschaft unter Abt Ulrich Rösch, in: W. Vogler (Hrsg.), Ulrich Rösch, St. Galler Fürstabt und Landesherr, St. Gallen 1987, S. 151-178.

B. Zeller, Die schwäbischen Spitäler, in: Zeitschrift für Württembergische Landesgeschichte (Festschrift Karl Otto Müller), Stuttgart 1954, S. 71-89.

E. ZIEGLER, Die Verwaltung des Heiliggeist-Spitals, in: Ad Infirmorum Custodiam. Zur Einweihung der Geriatrischen Klinik. 750 Jahre Heiliggeist- und Bürgerspital in St. Gallen, St. Gallen 1980, S. 21-27.

E. ZIEGLER (Hrsg.), Vom Heiliggeist-Spital zum Bürgerspital St. Gallen, St. Gallen 1995.

C. ZIMMERMANN, „Die Entwicklung hat uns nun einmal in das Erwerbsleben hineingeführt". Lage, dörflicher Kontext und Mentalität nordbadischer Tabakarbeiter 1880-1930, in: Zeitschrift für die Geschichte des Oberrheins 135 (1987), S. 323-358.

C. ZIMMERMANN, Arbeiterbauern. Die Gleichzeitigkeit von Feld und Fabrik (1890-1960), in: Sozialwissenschaftliche Informationen 2 (1998), S. 176-181.

C. ZIMMERMANN, Ländliche Gesellschaft und Agrarwirtschaft im 19. und 20. Jahrhundert. Transformationsprozesse als Thema der Agrargeschichte, in: W. TROSSBACH/C. ZIMMERMANN (Hrsg.), Agrargeschichte. Positionen und Perspektiven, Stuttgart 1998, S. 137-163.

C. ZIMMERMANN, Dorf und Stadt. Geschichte ihrer historischen Beziehungsstruktur vom Mittelalter bis zur Gegenwart, in: C. ZIMMERMANN (Hrsg.), Dorf und Stadt. Ihre Beziehungen vom Mittelalter bis zur Gegenwart, Frankfurt am Main 2001, S. 9-28.

C. ZIMMERMANN (Hrsg.), Dorf und Stadt. Ihre Beziehungen vom Mittelalter bis zur Gegenwart, Frankfurt am Main 2001.

Autorenverzeichnis

JOHANNES BRACHT, Dr. des., M.A., wissenschaflicher Mitarbeiter am Institut für Wirtschafts- und Sozialgeschichte an der Westfälischen Wilhelms-Universität in Münster, geb. 1972. Arbeitsschwerpunkte: Agrarentwicklung Nordwestdeutschlands 1550-1900, Kredit, Sparen und Vererbungspraxis in der ländlichen Gesellschaft des 18. und 19. Jhs. sowie vorindustrielle Metallgewerbe; mail: jbracht@uni-muenster.de.

NIELS GRÜNE, Dr. phil., M.A., wissenschaftlicher Mitarbeiter des Sonderforschungsbereichs 584 an der Universität Bielefeld, geb. 1972. Arbeitsschwerpunkte: Geschichte ländlicher Gesellschaften, politische Kulturgeschichte der Frühen Neuzeit, historische Korruptionsforschung; mail: ngruene@uni-bielefeld.de.

GERGELY KRISZTIÁN HORVÁTH, PD Dr., Soziologe, Oberassistent am Lehrstuhl für Historische Soziologie an der Eötvös Loránd Universität Budapest, geb. 1974. Forscht zur Sozialgeschichte ländlicher Gesellschaften Ungarns (18.-20. Jh.); mail: hktm@freemail.hu.

FRANK KONERSMANN, Dr. phil., M.A., wissenschaftlicher Mitarbeiter an der Fakultät für Geschichtswissenschaft der Universität Bielefeld, geb. 1961. Einer von drei Redakteuren im Projekt ‚Grundzüge der Agrargeschichte und Geschichte ländlicher Gesellschaften in Deutschland 1300-2000', das von der Gesellschaft für Agrargeschichte (GfA) in Frankfurt finanziert wird; demnächst Abschluss der Habilitationsschrift: Bauernhändler in einer agrarischen Exportregion des deutschen Südwestens (1740-1880); mail: fkonersm@uni-bielefeld.de.

KLAUS-J. LORENZEN-SCHMIDT, Dr. phil., M.A., Oberarchivrat am Staatsarchiv Hamburg, geb. 1948. Sprecher des Arbeitskreises für Wirtschafts- und Sozialgeschichte Schleswig-Holsteins; forscht zur Stadt- und Agrargeschichte Schleswig-Holsteins, zu bäuerlichen Schreibebüchern und zur spätmittelalterlichen Kirchengeschichte Norddeutschlands; mail: klaus-joachim.lorenzen-schmidt@bkm.hamburg.de.

BJØRN POULSEN, Dr. phil., Professor, Department of History and Area Studies, University of Aarhus, Dänemark, geb. 1955. Mitglied von The Danish Council for Independent Research (Humanities), forscht zur Kultur- und Sozialgeschichte Skandinaviens und Schleswig-Holsteins in Mittelalter und Früher Neuzeit; mail: hisbp@hum.au.dk.

DANIEL SCHLÄPPI, Dr. phil., wissenschaftlicher Mitarbeiter am Historischen Institut der Universität Bern, geb. 1968. Aktuelles Forschungsprojekt ‚Gemeinbesitz, kollektive Ressourcen und die politische Kultur in der alten Eidgenossenschaft (17. und 18. Jahrhundert)'; mail: daniel.schlaeppi@hist.unibe.ch.

STEFAN SONDEREGGER, PD Dr. phil., Stadtarchivar der Ortsbürgergemeinde St. Gallen, geb. 1958. Bearbeiter des Chartularium Sangallense (Urkundenbuch); forscht und lehrt zur Wirtschafts- und Sozialgeschichte des Mittelalters sowie zu Historischen Hilfswissenschaften; mail: stefan.sonderegger@ortsbuergergemeinde.ch.

Quellen und Forschungen zur Agrargeschichte

Herausgegeben von
Peter Blickle, Stefan Brakensiek, Heinrich R. Schmidt
und Clemens Zimmermann

Band 53 • Niels Grüne

Dorfgesellschaft - Konflikterfahrung - Partizipationskultur
Sozialer Wandel und politische Kommunikation in Landgemeinden der badischen Rheinpfalz (1720-1850)

2011. ca. 460 S., geb. ca. € 68,-. ISBN 978-3-8282-0505-5

Am unteren Neckar gerieten die Dörfer im frühen 18. Jh. infolge eines stetigen Bevölkerungsanstiegs unter erheblichen Ressourcendruck. Die daraus resultierenden sozialen Spannungen entluden sich hier in heftigen inneren Konflikten, die oftmals zu einer Lähmung der kommunalen Selbstregulation führten. In der Rheinpfalz aber wirkten agrarische Umwälzungen auf eine Stabilisierung der lokalen Sozial- und Partizipationsstrukturen hin. Mehr noch verschoben sich im Zuge dessen die Einstellungen maßgeblicher Einwohnergruppen zu obrigkeitlichen Lenkungsansprüchen in nachhaltiger Weise. Im Wechselspiel mit der Herausbildung politischer Lager auf territorialer Ebene wuchsen dadurch im dörflichen Milieu zum Teil bemerkenswert enge Verbindungen zur liberalen Reform- und Oppositionsbewegung.

Die wirtschaftliche, soziale und politische Entwicklung von Dorfgemeinden der badischen Rheinpfalz zwischen etwa 1720 und 1850 steht im Mittelpunkt der Darstellung. Die Stichwörter ,lokale Herrschaft', ,dörfliche Politik' und ,distanzierte Partizipation' stecken das theoretische und sachliche Spannungsfeld ab, in dem sich die Untersuchung bewegt.

Band 51 • Rüffer

Vererbungsstrategien im frühneuzeitlichen Westfalen
Bäuerliche Familien und Mentalitäten in den Anerbengebieten der Hellwegregion

2008. XII/324 S., geb. € 64,-. ISBN 978-3-8282-0446-1

Die Lebens- und Erfahrungswelten der frühen Neuzeit sind uns heute fremd geworden. Die Frage nach der Regelung der sozialen Verhältnisse innerhalb der bäuerlichen Gesellschaft lenkt den Blick schnell auf die vielfältigen rechtlichen Bestimmungen, denen die damaligen Menschen unterworfen waren. Die Erbsysteme gestalteten die bäuerlichen Handlungsweisen.

Diese Untersuchung rückt das Anerbenrecht in den Mittelpunkt. Dessen rechtliche Normen eröffnen sehr differenzierte Handlungspraktiken und Strategien bei der Vererbung. Die Interpretation und Kombination sehr unterschiedlicher Quellen zeigt die Dimensionen der sozialen Logik, die hinter den praktizierten Erbfolgeregelungen der Bauern stand.

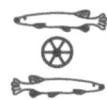 Lucius & Lucius · Stuttgart

Quellen und Forschungen zur Agrargeschichte

Herausgegeben von
Peter Blickle, Stefan Brakensiek, Heinrich R. Schmidt
und Clemens Zimmermann

Band 50 • Müller

Diktatur und Revolution

Reformation und Bauernkrieg in der Geschichtsschreibung des ‚Dritten Reiches'
und der DDR

2004. VIII/360 S., geb. € 64,- ISBN 978-3-8282-0289-4

Der Autor analysiert die beiden deutschen Diktaturen im 20. Jhdt. Es erweist sich, dass gerade das ungleiche Ereignispaar Reformation und Bauernkrieg als ideales Objekt für eine historiographische Untersuchung zum „Dritten Reich" und zur DDR zu dienen vermag. Der Autor geht fortlaufend auf Übereinstimmungen und Differenzen zwischen einzelnen Interpretationen sowie der Bedeutung und Funktion der Geschichtsschreibung in den beiden deutschen Diktaturen ein. Durch die Vergleichsfolie der jeweils anderen Diktatur wird der Blick auf die jeweilige Rezeptionsgeschichte nochmals geschärft. Dabei interessiert die stoffliche Seite ebenso wie die Produktionsmechanismen, die normativen Deutungsrahmen und deren Verhältnis zum Geschichtsbild.

Band 49 • Gerber

Gemeinde und Stand

Die zentraljapanische Ortschaft Ōyamazaki im Spätmittelalter
Eine Studie in transkultureller Geschichtswissenschaft

2005. XIV/635 S. + 20 S. jap. Zus.-fass., geb. € 68,-. ISBN 978-3-8282-0260-3

Die Studie setzt einen eigenständigen „transkulturellen" Ansatz am Beispiel der Geschichte der japanischen Ortschaft Oyamazaki im Mittelalter um. Diesem Fallbeispiel nähert sie sich mit den wichtigsten Debatten und Strömungen der japanischen Mittelalterforschung in der zweiten Hälfte des 20. Jh. an. Entwickelt wird eine Art Lexikon der japanischen geschichtlichen Grundbegriffe, indem die verfassungsgeschichtlichen Konzepte Recht, Herrschaft, Staat und Feudalismus nachgezeichnet werden. Anschließend setzt sich die Analyse mit vier Forschungssträngen zu den Strukturmerkmalen und Dynamiken der Lokalgesellschaften des japanischen Mittelalters auseinander. Auf der Grundlage der auf diese Weise gewonnenen Konzepte schließt die Studie des Archivs von Oyamazaki an, welches die Handelsaktivitäten einer Ölgilde sowie der Bruderschaft der so genannten Gottesleute des Grossschreins Iwashimizu dokumentiert. Am konkreten Beispiel werden Fragen zu Herrschaftsstruktur und Gemeindeformen im japanischen Mittelalter entwickelt, welche aus einer vergleichenden Sicht als Fragen und Thesen an die deutsche Mittelalterforschung zurückgegeben werden.

 Lucius & Lucius · Stuttgart

Bei Fragen zur Produktsicherheit wenden Sie sich bitte an:
If you have any questions regarding product safety,
please contact:

Walter de Gruyter GmbH
Genthiner Straße 13
10785 Berlin
productsafety@degruyterbrill.com